高等学校网络空间安全专业“十三五”规划教材

工业控制系统信息安全

曹国彦　潘　泉
刘　勇　张定华　编

西安电子科技大学出版社

内 容 简 介

本书是在我国高等教育对网络空间安全提出了更高要求的背景下编写而成的，是一本关于工业控制系统信息安全的基础教材。本书围绕工业控制系统信息安全的核心问题——防范性地化解工业控制系统风险，首先介绍了工业控制系统的基本组成单元及子系统(其资产性)，然后讨论工业控制系统的特性、脆弱性及所面临的威胁，引出工业控制系统所面临的风险及风险分析，最后在理解风险的基础上，从五个常用的安全控制角度介绍工业控制系统安全控制措施的基本思想、方法以及具体实现。

本书可作为信息安全和工业自动化等相关专业本科生的专业教材，也可作为工业控制系统信息安全的研究人员和工程技术人员的培训用书和参考书。

图书在版编目(CIP)数据

工业控制系统信息安全/曹国彦等编. —西安：西安电子科技大学出版社，2019.8

ISBN 978-7-5606-5340-2

Ⅰ. ①工… Ⅱ. ①曹… Ⅲ. ①工业控制系统—信息安全 Ⅳ. ①TP273

中国版本图书馆 CIP 数据核字(2019)第 117391 号

策划编辑 陈 婷

责任编辑 盛晴琴 陈 婷

出版发行 西安电子科技大学出版社(西安市太白南路 2 号)

电 话 (029)88242885 88201467 邮 编 710071

网 址 www.xduph.com 电子邮箱 xdupfxb001@163.com

经 销 新华书店

印刷单位 陕西天意印务有限公司

版 次 2019 年 8 月第 1 版 2019 年 8 月第 1 次印刷

开 本 787 毫米×1092 毫米 1/16 印张 19

字 数 444 千字

印 数 1～3000 册

定 价 43.00 元

ISBN 978-7-5606-5340-2/TP

XDUP 5642001-1

高等学校网络空间安全专业“十三五”规划教材

编审专家委员会

前　言

工业控制系统信息安全的重要性不言而喻，它不仅关系到企业的正常生产运营、居民的基本生计生活需求，甚至在国家层面，也直接关系到国家工程、基础设施与稳定运行的安全。越来越多的工控系统安全事件让组织、企业、政府和国家认识到其重要性和危害性。

2014年年底，德国联邦信息安全办公室发布了一份《2014年信息安全报告》，这份44页的报告披露了一起针对IT安全关键基础设施的网络攻击事件，这个事件造成了重大物理伤害。受攻击的是德国的一个钢铁厂。钢铁厂遭到高级持续威胁(APT)攻击。攻击者使用鱼叉式钓鱼邮件和社会工程手段，获得了钢铁厂办公室网络的访问权。然后利用办公网络进入生产网络，操作控制网络，造成工控系统的控制组件和整个生产线被迫停止运转，从而给钢铁厂造成了重大破坏。2015年12月，网络攻击者利用他们在乌克兰能源网络中的立足点关闭了三家电力配送公司，造成了持续几小时的停电。一年后，攻击者再次袭击了乌克兰的能源部门，将基辅市部分地区的电力中断了大约一个小时。著名的"震网"(Stuxnet)病毒被认为是工业控制系统攻击的典型代表。含有计算机病毒"震网"的U盘故意被伊朗核能设施的员工"意外"捡到，该员工把U盘插入内部网的计算机后，计算机组网中毒并迅速蔓延。之后通过设施内部往来陆续控制了德国西门子PLC(可编程逻辑控制器)，让数千台离心机超载，造成物理性破坏，直接导致伊朗核开发推迟了四年之久。

众多针对工业控制系统的网络攻击让政府、组织、信息安全专业人员等认识到工业控制系统信息安全防护的重要性，在各政府与组织的主导下，相继发布了一系列针对工业控制系统安全的指导文件甚至安全标准。国际标准化组织(ISO)、国际电工委员会(IEC)、中国工业与信息化部等组织开发和发布的一系列信息安全标准和工业控制信息安全指导，用于规划、指导信息系统和工业控制系统建设与防护。这一系列标准主要有：

ISO/IEC 27001：2013是ISO和IEC于2013年10月发布的ISO/

IEC 27000 标准系列信息安全管理体系标准的组成部分，规定了一种管理系统，旨在明确管理控制下获取信息安全的指导。

北美电力可靠性协会(NERC)的 NERC1300 标准为关键基础设施提供保护。

国际自动化协会(ISA)安全合规研究所(ISCI)的 IEC－62443 工业和自动化控制系统(IACS)信息安全标准为第一个合格评定方案。这一标准在不断改进，并对工业控制系统及其安全进行了详细定义与指导，是最为重要的国际工业控制系统安全防护指导文件之一。

美国国家标准与技术研究所(NIST)发布的 800－12 对计算机安全和控制领域做了广泛的概述，强调了安全控制的重要性和实现安全控制的方法。NIST 于 2013 年发布的工业控制系统安全指导特别报告(NIST. SP800－82)指导怎样保护工业控制系统，包括主要的基础设施 SCADA 系统、分布式控制系统和可编程控制器。这个报告不仅提供了工业控制系统的基本拓扑、基本威胁和脆弱性识别，还提供了相应的降低风险的安全建议。这个指导报告基本奠定了工业控制系统的安全基石，很好地规范了行业。

我国工业与信息化部也相继参考国外标准发表了一系列关于工业控制系统信息安全的指导规范与标准，例如《工业控制系统信息安全防护指南》、《工业控制系统信息安全防护指引》、《工业控制系统安全控制应用指南》和《工业控制系统信息安全防护能力评价方法》等文件。我国工业与信息化部发布的系列标准与规范，为我国工业控制安全管理、运维和标准化建立了规范，极大地促进了我国工业控制系统信息安全的发展。

工业控制系统信息安全是传统的信息安全和网络安全的延伸，同时工业控制系统又具有很强的行业性。在智能制造系统中，由于新的数字制造的发展(如工业 4.0 或中国智能制造 2025)，传统的制造单元被系统地整合在智能网络里，通过局域网通信和控制链方式，显著降低了车间操作者的介入要求，增加了自动化程度，但客观上网络安全威胁蔓延至制造系统的控制单元与执行单元中，为安全生产带来了挑战。在能源工业控制系统中，能源系统的信息和物理组件深度融合，从而形成了一个通过网络通信和嵌入式实时系统组建的整合信息和物理方面的能源处理系统。能源系统的物理组件具有信息资源，当软件被嵌入到能源系统的子系统或物理组件中时，整个系统的资源可被网络攻击者利用，通过对子系统或者局部组件的攻击从而支配整个系统资源。智能电网使用电脑网络控制电网发电、电能负载和配电资产，网络攻击者可能通过电脑硬件或者软件漏洞破坏发电的正常运行，从而危害负载以及相关配电资产。在交通系统中，交通系统是一个巨大的、开放的、相互依存的网络，承载着巨量的货运和亿万的乘客。交通系统组网包括信息和通信技术及其所需的基础设施、车辆和驾驶员、多种运输方式的接口等，一旦被专业的网络攻击者所利用，会损坏交通运输系统的基础设施安全以及数据安全。总而言之，工业控制系统信息安全迫在眉睫，这也是编写本书的直接背景。

本书从信息安全的角度出发，面向未来智能工业环境，讨论工业控制系统与相关应用的基本信息安全问题。本书以研究从基础知识到工业环境应用为立足点。本书的编写思想是：在美国 NIST 发布的 SP800－82《Guide to Industrial Control Systems Security》指导文件的基础上，梳理工业控制系统信息安全的主要问题，为工业控制安全分析奠定基础。同时，随着信息物理系统、物联网、嵌入式系统、射频识别、电力线通信、无线传感器、虚拟化和云计算平台等技术在工业控制系统中的应用越来越普及，本书加入了关于这些技术在工业环境应用中安全性的讨论。

本书的主要组织及结构如下：

第 1 章介绍工业控制系统组网所用的主要通信协议与总线的基本知识，特别是针对工业控制系统的专有协议与总线。

第 2 章介绍工业控制系统的主要子系统及组件，如 SCADA 系统、DCS 系统和 PLC 等。

第 3 章建立在第 1 章和第 2 章的基础之上，介绍工业控制系统的基本架构及行业特点。

前三章构成本书的第一部分——工业控制系统基础介绍。

第 4 章介绍工业控制系统的特性、威胁和脆弱性，为第 5 章风险评估奠定基础。

第 5 章介绍工业控制系统信息安全的核心内容——风险评估，介绍风险评估的基本思想与方法，通过一个简单的实例，评价工业控制系统信息安全的风险。

第 4 章和第 5 章构成了工业控制系统信息安全分析的核心内容——信息的风险评估，为后续信息安全控制措施提供理论基础。

第 6 章介绍信息安全的最直接最有效的安全措施——隔离技术。隔离技术是工业控制系统信息安全最常用的防护手段，也是我国当前工业控制系统安全防护最广泛使用的措施。本章最后介绍当前工业信息安全防护的纵深防御思想。纵深防御是当前工业控制系统安全防御的核心思想。

第7章至第10章分别从认证与权限、审计与数据安全、管理与运维和漏扫与靶场四个方面介绍工业控制系统信息安全防护的重要措施，从相应技术的基本原理到应用实现来介绍四个方面的具体思想与实现方式。

第11章从四个工业环境出发，介绍四个工业环境的信息安全实例，这四个行业分别为能源行业、电力行业、智能制造行业和交通行业。

特别感谢陕西思科瑞迪公司在本书编写过程中所提供的大力支持，同时还要特别感谢参与本书编写的王如月、梅欣、张愚等同仁。

由于作者水平有限，书中不足在所难免，敬请读者、专家批评指正。

作　者

2019年1月

目　录

第 1 章　工业控制系统通信及专有协议

1.1　数据通信

数据通信系统是指以计算机为中心，通过数据传输信道将分布在各处的数据终端设备连接起来，以实现数据通信为目的的系统。

数据通信系统由数据信息的发送设备、接收设备、传输介质、传输报文、通信协议等组成。香农定义的广义通信系统模型如图 1-1 所示。

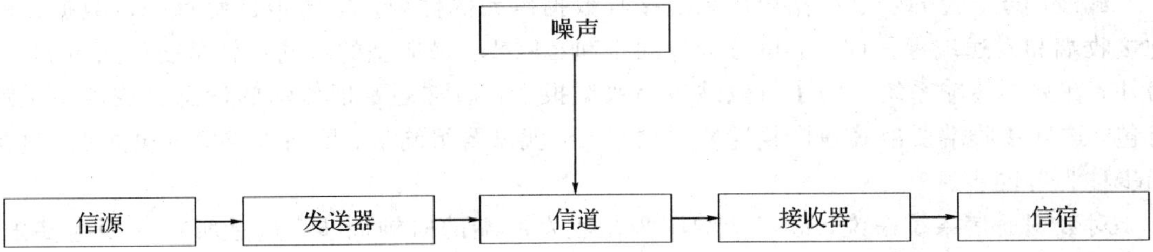

图 1-1　广义通信系统模型

图 1-1 中，信源是指传输数据信息的产生者；发送器将信息变换为适合于信道上传输的信号；信道是指发送器与接收器之间用于传输信号的物理介质(传输介质)。信号经过传输在接收器处变为信息。信宿是信息的接收者。通信传输过程会受到噪声的干扰，它往往会影响接收者正确地接收和理解所收到的信息。协议是数据通信规则的集合，目的是把接收到的信息还原为原有信息并为接收者所理解。如果没有协议，两台设备即使连接也无法通信。

发送设备、接收设备和传输介质是通信系统的硬件。发送设备将信源产生的数据经过编码变换为信号形式，送往传输介质；接收设备从带有干扰的信号中正确恢复出原有信号，并进行解码、解密等操作。

传输信道可以是简单的两条导线，也可以是由传输介质、数据中继、交换、存储、管理设备构成的网络。传输信道是为收发两地的数据流提供传输的信道，由传输介质和其他数据处理设备两部分组成。传输介质分为有线介质和无线介质两种，有线介质有双绞线、同轴电缆和光纤等，无线介质为空气，传输手段为微波、红外线、激光等。由光纤、同轴电缆、双绞线等有线介质构成有线通信，而由微波接力或卫星中继等方式通过大气层传输则构成无线通信。有线通信具有性能稳定、受外界干扰少、维护方便、保密性强等优点，但敷设工程量大，一次性投资也大。而无线通信利用无线电磁波在空气中传输信号，无需敷设有形介质，一次性投资相对较少，通信建立较灵活，但受空气环境影响较大，保密性较差。

1.1.1 数据传输的基本概念

1. 数据传输模式

1）传输模式

数据传输模式是指数据在信道上传输所采取的方式。数据传输模式有不同的分类方式：按照数据代码传输的顺序，可以分为并行传输和串行传输；按照数据传输的同步方式，可以分为同步传输和异步传输；按照数据传输的流向和时间关系，可以分为单工、半双工和全双工数据传输；按照数据信号的特点，可以分为基带传输、频带传输和数字数据传输。

2）同步技术

在数据通信系统中，通信系统的接收设备与发送设备的数据序列在时间上必须取得同步，以准确地接收发来的每位数据。这就要求接收设备按照发送设备所发送的每个位的重复频率及起止时间来接收数据，而且接收时还要不断校准时间和频率，这一过程称为同步。在数据通信系统中主要有载波同步、位(码元)同步和群(码组、帧)同步。

载波同步、位同步是数据通信系统接收数据码元的需要。位同步是使每一位数据传输中接收端和发送端保持同步，可分为外同步和自同步。最典型的自同步就是曼彻斯特编码。另外，在数据传输系统中为了有效地传递数据报文，通常还要把传输的信息分成若干组或打包，这样接收端要准确地恢复这些数据报文，就需要组同步、帧同步或信息包同步，这类同步称为群同步。

对数据通信系统来说，最基本的同步是收发两端的时钟同步，这是所有同步的基础。为了保证数据准确地传递，要求系统定时信号满足以下两点：

(1) 接收端的定时信号频率与发送端的定时信号频率相同。

(2) 定时信号与数据信号间保持固定的相位关系。

3）基带传输、频带传输和数字数据传输

基带传输是指原始信号不经调制，直接在信道上传输，即直接将计算机(或中断)输出的二进制“1”或“0”的电压(或电流)基带信号送到电路中进行传输。

频带传输是指把二进制“1”或“0”代表的信号，通过调制解调器变换成具有一定频带范围的模拟信号后进行传输，到达接收端后再把接收信号解调成原来的数字信号。

数字数据传输是利用数字话路传输数据信号的一种方式，这种方式效率高，传输质量较好。数字数据传输方式通常需要单独构成一个数字数据传输网(DDN)，因而初始投资较高，而采用模拟信道传输时完全可以利用已有的模拟电话网，只需在所用信道的两端各增设一个调制解调器作为数字传输用的数据电路终接设备(DCE)即可。同时，在 DDN 内部要求全网的时钟系统保持同步，否则在实现电路的转接和分支时就会有一定困难，在这一点上不如采用模拟信道传输灵活。

4）通信线路工作方式

单工通信是指通信只在一个方向上进行，在发送端和接收端之间有明确的方向性。如计算机向显示器传输数据采用的就是单工方式。

半双工通信是指通信可以在两个方向上进行，但不能同时进行传输，必须轮流进行。

全双工通信是指通信可以在两个方向上同时进行，当设备在一条线路上发送数据时，它也可以接收到其他数据。进行全双工通信时收发两端都需要安装调制解调器。

2. 数字数据传输

二进制数据可采用并行模式传输和串行模式传输两种方式进行传输。在并行模式下，每一个时钟脉冲有多位数据被传送；而在串行模式下，每一个时钟脉冲只发送一位数据。另外，发送并行数据只有一种方式，而对于串行传输则有两种方式——同步传输和异步传输。

1）并行传输

并行传输(Parallel Transmission)是将由“1”和“0”组成的二进制数每 n 位组成一组，在发送时 n 位同时发送，即数据以成组的方式在两条以上并行信道上同时传输。在传输过程中，使用 n 根线路同时发送 n 位，每一位都有自己独立的线路，并且一组中的所有 n 位都能够在同一个时钟脉冲从一个设备传送到另一个设备上。

2）串行传输

串行传输(Serial Transmission)是使数据流以串行方式在一条信道上一位接一位地传输。通常情况下，采用串行传输的线路，在设备内部都采用并行通信方式，这就需要在发送端和通信线路之间以及通信线路和接收端之间进行转换。

在进行串行传输时，接收端正确地划分串行数据码流中的传输数据，并采取一定措施发送一个个字符的传输方式，称为字符同步。根据实现字符同步的方式不同，串行数据传输可分为异步传输和同步传输。

3. 同步传输与异步传输

同步传输是以一定时钟节拍来发送数据信号的。这个时钟可以是参与通信的那些设备或器件中的一台产生的，也可以是外部时钟信号源提供的。时钟可以有固定的频率，也可以间隔不固定的周期进行转换。所有传输的数据位都和这个时钟信号同步。在进行同步传输时，不是独立地发送每个字符，而是连续地发送位流，并且不需要每个字符都有自己的开始位和停止位，而是把它们组合起来一起发送，这些组合称为数据帧，简称为帧。

在异步传输中，每个节点都有自己的时钟信号，每个通信节点必须在时钟频率上保持一致，并且所有的时钟必须在一定误差范围内相吻合。异步传输并不要求在传送信号的每一数据位时收发两端都同步。

4. 差错控制

在数据通信过程中，由于各种干扰及传输线路本身的因素，在传输过程中会不可避免地发生错误，特别是随着无线通信应用的增多，无线通信的差错率要远高于有线通信。为了提高通信系统的传输质量而采取的检测与校正方法就是差错控制。

差错控制的工作方式有两类：一类是接收端检测到接收的数据有差错时，接收端自动纠正差错；另一类是接收端检测出错误后不是自动纠错，而是反馈给发送端一个表示错误的应答信号，要求重发，直到正确接收为止。目前常用的差错控制方式有以下三种。

1）反馈纠错

反馈纠错是指发送端发送的码字具有检错能力，接收端根据协议对所接收的码字检测是否有错误，然后通过反馈信道将判决结果反馈给发送端，要求发送端重传出错信息，直到正确为止。

2）前向纠错

前向纠错指发送端将信息码元按照一定规则加上监督信息，构成纠错码(纠错码的纠错能力有限)，当接收的码字中有差错且在该码字的纠错能力之内时，接收端会自动纠错，但当错误超过码字的纠错能力时将无法纠错。

3）混合纠错

混合纠错是反馈纠错和前向纠错两种方式的结合。当接收端收到码字后首先判断有无差错，如果差错在编码的纠错能力之内，则自动纠错；如果超过编码的纠错能力，则通过反馈信道命令发送端重发以纠正错误，直到正确为止。

差错检测就是监视收到的数据并判别是否发生了传输错误，它仅仅识别出现错误现象而不识别错误发生在哪位或哪几位。差错检测常用的方法有以下两种：

(1) 奇偶校验码。奇偶校验码是指通过增加冗余位来使得码字某些位中“1”的个数保持为偶数或奇数的编码方式。

(2) 循环码(Cyclical Redundancy Check，CRC)。CRC码是一种检错率高、编码效率高的检错码。CRC码的原理是：任何一个由二进制数位串成的代码都可以与一个只有“1”和“0”为系数的多项式建立一一对应关系。

CRC校验码的检错能力很强，除了能检查出离散错外，还能检查出突发错。其检错能力如下：

- 能检查出全部单个错。
- 能检查出全部离散的二位错。
- 能检查出全部奇数个数。
- 能检查出全部长度小于或等于 k 位的突发错。
- 能以 $1-(1/2)^{k-1}$ 的概率检查出长度为 $k+1$ 位的突发错。

1.1.2 串行通信

几乎所有的仪表、控制设备都配置有串行接口。串行通信接口中有两个重要的概念，即数据终端设备(Data Terminal Equipment，DTE)和数据电路终接设备(Data Circuit-terminating Equipment，DCE)。在通信线路的两端都要有DTE和DCE。DTE用于产生数据并且将数据传输到DCE，而DCE将此信号转换成适当的形式在传输线路上进行传输。在物理层，DTE可以是终端、微机、打印机、传真机等其他设备，但是一定要有一个转接设备才可以通信。DCE是指可以通过网络传输或接收模拟数据或数字数据的任意一个设备，最常用的设备就是调制解调器。

1. 串行通信的主要参数

串行通信中，交换数据的双方利用传输在线路上的电压变化来达到数据交换的目的，但是如何从不断改变的电压状态中解析出其中的信息，就需要双方共同决定如何发送数据和命令。因此，为了进行通信，双方必须遵守一定的通信规则，这个通信的规则就体现在对通信端口参数的初始化上。利用通信端口的初始化可实现对以下四项的设置。

1）数据的传输速度

要使双方的数据读取正常，就要考虑到传输速率——波特率(Baud Rate)，它代表的意义是每秒所能产生的最大电压状态改变率。由于原始信号经过不同的波特率取样后，所得到的结果完全不一样，因此通信双方采用相同的通信速度非常重要。

2）数据的发送单位

一般串行通信端口所发送的数据是字符型的，这时一般采用 ASCII 码或 JIS(日本工业标准)码。若用来传输文件，则会使用二进制的数据类型。

3）起始位及停止位

由于异步串行传输中没有使用同步时钟脉冲作为基准，因此接收端完全不知道发送端何时将进行数据的发送。为了解决这个问题，就在发送端要开始发送数据时，将传输在线路上的电压由低电位提升至高电位(逻辑 0)，而当发送结束后，再将高电位降至低电位(逻辑 1)。接收端会因为起始位的触发而开始接收数据，并因停止位的通知而确知数据的字符信号已经结束。起始位固定为 1 位，而停止位则有 1、1.5 及 2 位等多种选择。

4）校验位的检查

校验位是用来检查所发送数据正确性的一种校验码，分为奇校验(Odd Parity)和偶校验(Even Parity)，分别检查字符中“1”的数目是奇数个还是偶数个。

2. 串行通信的流量控制

在串行通信中，当数据要由 A 设备发送到 B 设备前，数据会先被送到 A 设备的数据输出缓冲区，接着再由此缓冲区将数据由线路发送到 B 设备；同样，当数据利用硬件线路发送到 B 设备时，数据会先被发送到 B 设备的接收缓冲区，而 B 设备的处理器再到接收缓冲区将数据读取并进行处理。

流量控制就是为了保证传输双方都能正确地发送和接收数据而不会漏失。如果发送的速度大于接收的速度，而接收端的处理器来不及处理，则接收缓冲区在一定时间后会溢出，造成以后发送来的数据无法进入缓冲区而漏失。解决这个问题的方法是让接收端通知发送端何时发送以及何时停止发送。流量控制又称握手(Hand Shaking)，常用的方式有硬件握手和软件握手。

下面简要介绍工业通信领域主要的串行通信的标准，包括 RS－232C、RS－422 和 RS－485。

1）RS－232C 串行通信

RS(Recommended Standard)代表推荐标准，232 是标识号，C 代表 RS－232 的最新一次修改。RS－232C 是用于数字终端设备 DTE 与数字电路终端设备 DCE 之间的接口标准。该标准所定义的内容属于国际标准化组织 ISO 所指定的开放式系统互连参考模型中的最底层——物理层所定义的内容。

RS－232C 被定义为一种在低速率串行通信中增加通信距离的单端标准。RS－232C 采取不平衡传输方式，即所谓的单端通信。收、发端的数据信号是相对于信号的，如从 DTE 设备发出的数据在使用 DB25 连接器时 2 脚相对 7 脚(信号地)的电平。典型的 RS－232C 信号在正负电平之间摆动，在发送数据时，发送端驱动器输出正电平为＋5～＋15 V，负电平为－15～－5 V。当无数据传输时，线上为 TTL，从开始传送数据到结束，线上电平从 TTL 电平到 RS－232C 电平再返回 TTL 电平。接收器典型的工作电平为＋3～＋12 V 与－12～－3 V。由于发送电平与接收电平的差仅为 2～3 V，所以其共模抑制能力差，再加上双绞线上的分布电容，其传送距离最大为约 15 m，最高速率为 20 kb/s。RS－232C 是为点对点(即只用一对收发设备)通信而设计的，其驱动器负载为 3～7 kΩ。因此，RS－232C 适合本地设备之间的通信。

2）RS－422 串行接口

RS－422 标准的全称是“平衡电压数字接口电路的电气特性”，它定义了接口电路的特性。典型的 RS－422 有四线接口，连同一根信号地线，共 5 根线。RS－422 允许在相同传输线上连接多个接收节点，最多可接 10 个节点，即一个主设备(Master)，其余为从设备(Salver)，从设备之间不能通信，所以 RS－422 支持点对多的双向通信。RS－422 四线接口由于采用单独的发送和接收通道，因此不必控制数据方向，各装置之间任何必需的信号交换均可以按软件方式(XON/XOFF 握手)或硬件方式(一对单独的双绞线)实现。RS－422 的最大传输距离为 4000 英尺(约 1219 m)，最大传输速率为 10 Mb/s。其平衡双绞线的长度与传输速率成反比，在 100 kb/s 速率以下，才可能达到最大传输距离。只有在很短的距离下才能获得最高速率传输。一般 100 m 长的双绞线上所能获得的最大传输速率仅为 1 Mb/s。

3）RS－485 串行接口

RS－485 标准扩展了 RS－422 串行通信的应用范围，增加了多点、双向通信能力，即允许多个发送器连接到同一条总线上，同时增加了发送器的驱动能力和冲突保护特性，扩展了总线共模范围。RS－485 可以采用二线与四线方式。二线制可实现真正的多点双向通信。而采用四线连接时，与 RS－422 一样只能实现点对多的通信，即只能有一个主设备，其余为从设备。但它比 RS－422 有所改进，无论四线还是二线连接方式，总线上可连接的设备最多不超过 32 个。RS－485 与 RS－422 的不同还在于其共模输出电压，RS－485 为－7～＋12 V，而RS－422 为－7～＋7 V。RS－485 与 RS－422 一样，其最大传输距离为 4000 英尺(约 1219 m)，最大传输速率为 10 Mb/s。平衡双绞线的长度与传输速率成反比，在 100 kb/s 速率以下，才可能使用规定最长的电缆长度。

3. 串口服务器

串行通信接口是大量自动化仪表和控制装置的基本通信接口，在自动化领域仍然广泛使用。然而，计算机的串口数量有限，虽然可以采用串口扩展卡来增加 PC 的串口数量，但它要占用主机资源，并可能导致系统不稳定，同时连接的终端数目和距离有限。随着企业信息化的要求不断提高以及远程监控的需要，将这些串口设备与信息网络连接变得十分迫切。为了解决众多串行通信设备的联网问题，许多控制设备与通信设备厂家生产了一类串口设备联网产品——串口服务器。通过串口服务器设备制造厂家自带的软件，可以把计算机之外的接口虚拟到计算机上，成为计算机的一个串口，应用程序可以像使用计算机上自带的串口一样来使用这些虚拟出来的串口。串口服务器不占用主机资源，且具有终端服务器的功能，可将现有的传统的串口设备立即转换成具备网络接口的外设，保障用户原有硬件和软件的投资而不影响设备的任何性能。

图 1－2 为典型的基于 RS－485 总线的主从式监控系统结构。在这种结构中，RS－232/

485 转换器与计算机的距离很短，这制约了这种结构的系统的应用范围。

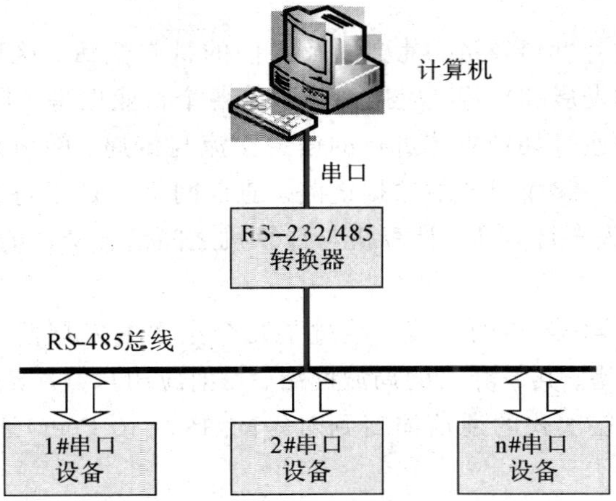

图 1-2　基于 RS-485 总线的主从式监控系统结构

利用串口服务器，将图 1-2 所示的系统结构改造成图 1-3(a)所示。在图 1-3(a)所示的系统中，计算机与串口服务器是通过以太网连接的，因此，它们之间的距离可以很长，实现了通过在串口服务器的 RS-485 总线上挂接串口设备的目的，然而，由于 RS-485 总线距离最大是 1200 m，因而采用这种方式时串口设备之间的距离以及串口设备与串口服务器之间的距离受总线距离的限制。为此，可以把图 1-3(a)所示的系统结构改成图 1-3(b)所示。这里，每个串口设备都配置一个串口服务器，将串口设备与串口服务器的串行接口连接，而串口服务器的以太网口通过交换机与计算机连接。不过，在这种方式中，每个串口服务器都需要一个单独的 IP 地址。

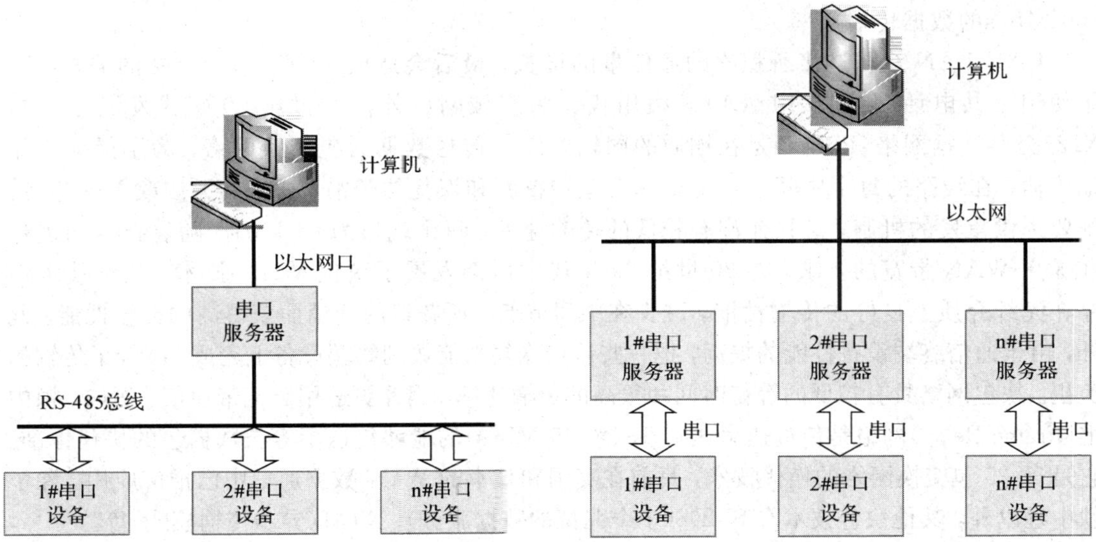

(a) 串口设备公用一个串口服务器　　(b) 每个串口设备配一个串口服务器

图 1-3　串口设备联网方式

1.1.3 通信网络概述

信息技术正在改变着世界经济、社会以及人们的日常生活。这种巨大的变化源于技术的创新以及传统工业的发展和重组，应用新技术的各个行业也将不断发生变化。

通信是人与人之间通过某种媒体进行的信息交流与传递。网络是用物理链路将各个孤立的工作站或主机连在一起而组成的数据链路。通信网络就是指将各个孤立的设备进行物理连接，实现人与人、人与计算机、计算机与计算机之间信息交换的链路，从而达到资源共享和通信的目的。

数据通信已经历了40多年的发展，经过了几个主要的发展阶段，如大型主机终端通信、小型计算机通信网络、共享介质的局域网络、目前应用日益广泛的数据交换技术等。总体来说，数据通信已由层次式的通信演变到对等的(Peer to Peer)通信，即客户机/服务器的数据通信方式。

数据通信存在着LAN(Local Area Network)和WAN(Wide Area Network)两个界限。LAN有高的数据传输速率，如以太网(10 Mb/s)、令牌环网(有4 Mb/s和16 Mb/s两种数据传输速率)属于宽带网络。和LAN相比，WAN的数据通信速率要低得多，已从早期的19.2 kb/s发展到56 kb/s、64 kb/s。但是近年来的趋势也在向宽带的方向发展，如使用T1(E1)、T3(E3)租用线或专线。随着网络带宽的增加，通信线路使用的传输介质也从铜线转为光纤。

随着近些年Internet网络应用的迅速发展，数据网络通信技术呈现出迅猛的发展趋势。目前世界上有上亿台计算机连接在LAN上，并且由于PC的计算能力在迅速提高，功能强大的PC在LAN上产生了很大的通信量，因此促使LAN技术向更高的数据传输速率方向发展，如TDDi、快速以太网、ATM LAN等，这些局域网具有100 Mb/s甚至超出100 Mb/s的数据传输速率。

LAN-LAN互相连接所积累的通信量的增长，最后会造成对高速率WAN的需求。除了使用公共电话网或者T1(E1)等租用线作为广域网以外，20世纪70年代发展起来的X.25公共数据网络(PSDN)是在铜质的同轴电缆上传送数据的包交换网络，为了保证可靠地传输，在线路的每个中间节点上要花费差错校验和恢复的开销，如果有无法改正的差错，则要提供重发的机制，且只允许有较低的传输速率，每个端口为64 kb/s。随着技术的进步和提高WAN带宽的要求，在20世纪80年代中后期发展了快包WAN技术。快包技术依靠在光纤介质上良好的传输性能，减少在中间节点上所花费的开销而获得高的传输性能。此外，由于通信终端设备性能的提高，把一些差错恢复功能放到终端设备上完成，减轻了传输的负担。快包网络具有较低的等待时间和很高的传输速率，因此更适用于宽带通信。例如，帧中继(Frame Relay)网络是传输速率达到T3(约45 Mb/s)的能够传送不等长数据包的快包标准。它是X.25包交换网络的换代技术，目前在美国和日本的WAN数据通信中已推广应用。除了帧中继以外，其他快包技术有SMDS(多个兆位的数据服务)、ATM(异步传输模式)等。

快包技术中，ATM是在LAN和WAN网络上具有良好应用前景的快包技术。ATM网络技术利用短的固定大小的信元作为传输单位，在光纤介质线路上传输，可以提供上百兆到上千比特每秒的数据传输速率。除了数据传输速率高以外，ATM网络针对不同的传输应用要求，可以提供多种服务品质(QOS)。例如，对于传输延时敏感的语音和视频信号的通信，提供优先级机制，使这些信息先于其他数据信息传输。此外，短的固定大小的信元，也有利于网络中的交换。因此，ATM 信元不仅用在 ATM 网络中，在带宽的 ISDN(综合业务数字网)和未来的公共宽带网络 SONET/SDH(同步光网络/同步数字系列)中，也使用 ATM 信元作为信息传输的单位。

1.2 工业以太网

1.2.1 以太网技术

以太网(Ethernet)是一种局域网协议，是在美国夏威夷大学的多个节点使用同一个信道进行通信的网络的基础上，开发的一种采用带有冲突检测的载波侦听多址访问(CSMA/CD)协议用来连接办公室的计算机和打印机等办公设备的网络。

目前使用的以太网都是指符合 IEEE802.3 标准的以太网。在以太网 802.3 标准中，规定了 OSI 参考模型中物理层和数据链路层中 MAC 子层的网络协议。其中，物理层定义了传输介质、连接器、电信号类型和网络拓扑，用于完成数据的编译码和信道访问。数据链路层规定了介质访问协议和数据传输的帧格式，主要实现数据拆装和链路的管理，保证数据帧在链路上无差错地可靠传输。

Ethernet 采用星型或总线型结构，传输速率为 10 Mb/s、100 Mb/s、1000 Mb/s 或更高。以太网物理层传输电缆常用的是 10BASE－T 双绞线电缆，此外还有 10BASE－2(细缆)、10BASE－5(粗缆)，在高速传输和有干扰的场合采用 100BASE-F(光纤)。网络机制从早期的共享式发展到目前盛行的交换式，工作方式从单工发展到全双工。数据编码采用曼彻斯特编码(Manchester Encoding)或差分曼彻斯特编码。其输出信号高电平为＋0.85 V，低电平为－0.85 V，直流电压为 0V。

在 OSI 层协议中，以太网本身只定义了物理层和数据链路层，作为一个完整的通信系统，它需要高层协议的支持。自从 ARPANET 将 TCP/IP 和以太网捆绑在一起之后，以太网便采用 TCP/IP 作为其高层协议，TCP 用来保证传输的可靠性，IP 则用来确定信息传递路线。

以太网的数据链路层分为媒体访问控制(MAC)子层和逻辑链路控制(LLC)子层。MAC 子层的任务是解决网络上的所有节点共享一个信道所带来的信道争用问题；LLC 子层的任务是把要传输的数据组成帧，并且解决差错控制和流量控制的问题，从而在不可靠的物理链路上实现可靠的数据传输。

由于历史的原因，以太网帧格式多达 5 种。但如今多数 TCP/IP 应用都是用 IEEE 802.3 V2 帧格式，而交换机之间的 BPDU(桥协议数据单元)数据包则是 IEEE 802.3 LLC 的帧，VLAN Trunk 协议(如 802.1Q 和 Cisco)的 CDP 等则是采用 IEEE 802.3 SNAP 的帧。

以太网帧的开始处都有 64 比特(8 字节)的前导码。其中，前 7 个字节称为前同步码(Preamble)，内容是十六进制数 0xAA，最后 1 字节为帧起始标志码 0xAB，它标志着以太网帧的开始。前导码的作用是提醒接收系统有帧的到来，以及使到来的帧与计时器进行同步。前导码其实是在物理层添加上去的，并不是(正式的)帧的一部分。其目标是允许物理层在接收到实际的帧起始符之前检测载波，并且与接收到的帧时序达到稳定同步。除此之外，不同格式的以太网帧的各字段定义都不相同，彼此也不兼容。IEEE 802.3 帧格式如图 1－4 所示。

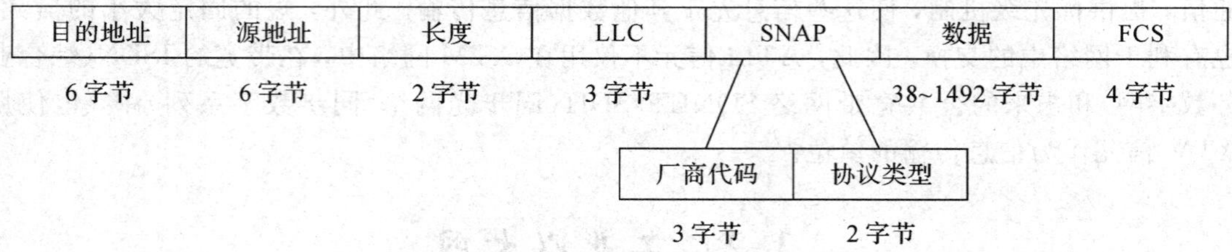

图 1-4　IEEE 802.3 以太网帧格式

该帧由 IEEE 802.3 报头、IEEE 802.2LLC 报头、SNAP 报头、数据和 802.3 报尾组成。SNAP 也带有 LLC 头，但是扩展了 LLC 属性，添加了一个 2 字节的协议类型域(同时将 SAP 的值置为 AA)，从而使其可以标识更多的上层协议类型；另外添加了一个 3 字节的厂商代码字段用于标记不同的组织。

具体说明如下：

目的地址(DA)为 48 位，表示帧准备发往目的站的地址，共 6 个字节，可以是单址(代表单个站)、多址(代表一组站)或全地址(代表局域网上的所有站)。当目的地址出现多址时，表示该帧被一组站同时接收，称为“组播”(Multicast)。目的地址出现全地址时，表示该帧被局域网上所有站同时接收，称为“广播”(Broadcast)。通常以 DA 的最高位来判断地址的类型，如果为“0”则表示单址，为“1”则表示组播；如果目的地址内容全为“1”，则表示该帧为广播帧。

源地址(SA)为 48 位，表明该帧的数据是哪个网卡发出的，即发送端的网卡地址。网卡地址是唯一的。为了标识以太网上的每台主机，需要给每台主机上的网络适配器(网络接口卡)分配一个唯一的通信地址，即以太网地址(也称为网卡的物理地址、MAC 地址)。IEEE 负责为网络适配器制造厂商分配以太网地址块，各厂商为自己生产的每块网络适配器分配一个唯一的以太网地址。因为在每块网络适配器出厂时，其以太网地址就已被烧录到网络适配器中，所以有时我们也将此地址称为烧录地址(Burned-In-Address，BIA)。

以太网地址长度为 48 比特，共 6 个字节。Ethernet 的物理地址如图 1-5 所示。其中，前 3 字节为 IEEE 分配给厂商的厂商代码，后 3 字节为网络适配器编号。

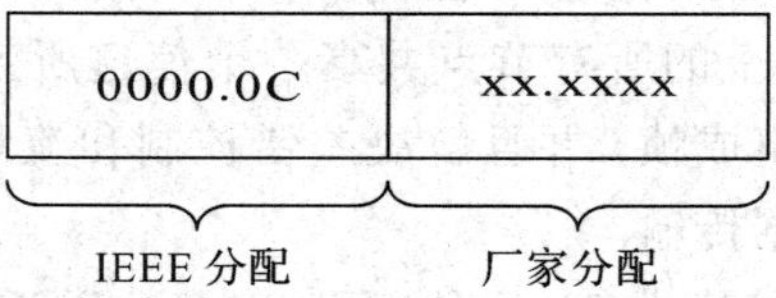

图 1-5　Ethernet 的物理地址

长度为 2 字节，指明紧随其后的以字节为单位的数据域字段的总长度，其取值范围为 46～1500 字节。

数据域字段由 802.2 报头与数据信息组成，其长度为 46～1500 个字节。数据域字段的最小长度必须为 46 字节，以保证帧长至少为 64 字节。如果所传送的信息数据长度过小，使帧的总长度无法达到 64 个字节的最小值，那么相应软件将会自动填充数据段，以确保整个帧的长度不低于 64 个字节。数据域字段的默认最大长度为 1500 字节。

在数据域字段中，前 8 个字节构成了 802.2 逻辑链路控制(LLC)的首部，包括两个服务访问点：源服务访问点(SSAP)和目的服务访问点(DSAP)。它们用于标识以太网帧所携带的上层数据类型，其值均为 0xAA。1 个字节的“控制”字段，一般被设为 0x03，指明采用无连接服务的 802.2 无编号数据格式。3 个字节的组织唯一标识符其值均为 0x00。2 个字节的“协议类型”字段，用来表示数据域的数据类型，如 0x0800，表示 IP 数据报。由此可知，实际的数据信息长度为 38～1492 字节。

帧检验序列(FCS)是 32 位冗余检验码(CRC)，用于检验除前导码和 FCS 以外的内容。当发送站发出帧时，一边发送，一边逐位进行 CRC 检验。最后形成一个 32 位 CRC 检验和填在帧尾 FCS 位置中一起在媒体上传输。接收站接收后，从 DA 开始同样边接收边逐位进行 CRC 检验。最后接收站形成的检验和若与帧的检验和相同，则表示媒体上传输未被破坏；反之，接收站认为帧被破坏，会通过一定的机制要求发送站重发该帧。

802.3 帧长最大值为 1518 字节，最小值为 64 字节。

1.2.2　工业以太网概述

控制网络发展的基本趋势是通信协议逐渐趋向开放、透明。在工业控制领域，用多台智能仪表信息交互传输的网络代替了传统的用导线传输模拟信号。现场总线的开放性是有条件的、不彻底的。目前的现场总线种类繁多，互不兼容。因此工业以太网就是适应这一需要而迅速发展起来的新的工业控制网络通信标准。

一般来讲，工业以太网要求在技术上与商用以太网(IEEE 802.3 标准)兼容，在产品设计时在材质的选用与产品的强度、适用性、实时性、可互操作性、可靠性、抗干扰性和安全性等方面能满足工业现场的需要。

工业控制网络不仅是一个完成数据传输的通信系统，还是一个借助网络完成控制功能的自动化系统。它除了完成数据传输之外，往往还需要依靠所传输的数据和指令，执行某些计算与操作功能，并且由多个网络节点协调完成自控任务。因而它需要在应用、用户等高层协议与规范上满足开放系统的要求，满足互操作条件。

目前工业以太网主要用在控制级及监控级，特别是在过程工业测控现场仍然大量采用现有的现场总线，如 FF 和 Profibus PA。但在制造业等领域，一些远程 I/O、变频器及人机界面等都向工业以太网接口快速过渡，市场上这类产品越来越多。

工业以太网在工业通信的背景下对以下方面有特殊功能要求：

1. 通信实时性和确定性

确定性是指网络中任何节点、在任何负载情况下都能在规定的时间内得到数据发送的机会，任何节点都不能独占传输媒介。实时性主要通过响应时间和循环时间来反映。

传统以太网的媒介访问方式——CSMA/CD 碰撞检测方式有无法预见的延迟特性，当实时数据与非实时数据碰撞时，会带来不可预见的较长延迟。现在，以太网技术有了飞速进步。交换技术、全双工通信、快速以太网、千兆以太网、VLAN、IGMP、端口优先级等网络技术的出现使以太网具有了实时性，成为一个确定性的网络，也使工业以太网成为可能。首先，以太网的通信速率从 10 Mb/s、100 Mb/s 增大到如今的 1000 Mb/s、1 Gb/s，在数据吞吐量相同的情况下，通信速率的提高意味着网络负荷的减轻和网络传输延时的减小，即网络碰撞概率大大减小。其次，采用星型网络拓扑结构，交换机将网络划分为若干个网段。以太网交换机由于具有数据存储、转发的功能，使各端口之间输入和输出的数据帧能够得到缓冲，不再发生碰撞；同时工业以太网交换机还可对网络上传输的数据进行过滤，使每个网段内节点间数据的传输只限在本地网段内进行，而不需经过主干网，也不占用其他网段的带宽，从而降低了所有网段和主干网的网络负荷。第三，全双工通信又使得端口间两对双绞线(或两根光纤)上分别同时接收和发送报文帧，而不会发生冲突。因此，采用交换式集线器和全双工通信，可使网络上的冲突域不复存在(全双工通信)，或碰撞概率大大减小(半双工)，从而使以太网通信确定性和实时性有很大提高。

2. 网络弹性

网络弹性是指以太网应用于工业现场控制时，必须具有较强的网络可用性。工业以太网的网络弹性包括以下几个方面：

可靠性：在基于以太网的控制系统中，网络成为关键性设备，系统和网络的结合使得可靠性成为设计重点。高可靠重负荷设计的工业以太网能最好地满足这种要求。此外，在实际应用中，主干网可采用光纤传输，对于重要的网段还可采用冗余网络技术，以提高网络的抗干扰能力和可靠性。

可恢复性：当网络系统中任何一个设备或网段发生故障而不能正常工作时，系统能依靠事先设计的自动恢复程序将断开的网络重新链接起来，并将故障进行隔离，使任何一个局部故障不会影响整个系统的正常运行。工业以太网通常使用光纤环网作为链路冗余，以此保证系统不间断地运行。

可维护性：工业以太网通过使用网管软件进行故障定位和自动报警，使故障能够得到及时处理，同时网管软件还可以进行性能管理、配置管理、变化管理等。工业以太网使用导轨式安装或模块化结构来满足维修更换的快速性和便捷性。

网络安全性：工业以太网把传统的三层网络系统(信息层、控制层、设备层)合为一体，使各层网络之间的数据能够“透明”地传输，让数据传输的速率更快、实时性更高，同时还可以方便地接入Internet，实现远程监控等功能。在这种情况下，网络安全就显得尤为重要。对此，可采用网络隔离的办法，如采用网关、路由器和防火墙将内部网络与外部网络分开。

环境适应性：针对工业应用环境需要，商家生产了许多具有相应防护等级的工业级产品。这些产品专门针对工作温度、湿度、干扰、辐射等工业现场环境的不同需要，分别采取相应的措施，从而更好地满足工业现场的使用要求。

1.2.3 几种典型的工业以太网

在IT领域，典型的应用层协议包括HTTP、FTP、SNMP等。然而，当把以太网技术用于工业控制时，由于长久以来不同的工控厂家采取不同的通信协议，同时工业控制对应用层协议有实时性要求等，因此到目前为止在工业控制系统中还没有统一的应用层协议。鉴于Ethernet/IP、Profinet、Modbus-IDA和HSE在市场上占有率较高，下面对这几种工业以太网做简单介绍。

1. Ethernet/IP实时以太网

Ethernet/IP采用了应用广泛的以太网通信芯片以及物理介质，并且在TCP/IP之上附加了CIP(Common Industrial Protocol)实时扩展功能，它在应用层进行实时数据交换和运行实时应用。CIP的控制部分用于实时I/O报文或隐形报文，CIP的信息部分用于报文交换。Controlnet、Devicenet 和 Ethernet/IP 都使用该协议通信，三种网络分享相同的对象库，对象和装置行规使得多个供应商的装置能在上述三种网络中实现即插即用。Ethernet/IP 能够用于处理多达每个包 1500 字节的大批量数据，它以可预报方式管理大批量数据。

Ethernet/IP 工业以太网具有许多优点，比如由它组成的系统兼容性和互操作性好，资源共享能力强，可以很容易地实现控制现场的数据与信息系统上的资源共享；数据的传输距离长，传输速率高；易与 Internet 连接，成本低，易组网，与计算机、服务器的接口十分方便，受到了广泛的技术支持。基于商业以太网开发的各种以太网报文侦听和流量优化控制软件，甚至可以不加修改地应用到工业以太网控制系统中。目前 Ethernet/IP 工业以太网的应用主要是在自动化计算机网络的信息层和控制层。

2003 年 ODVA 组织将 IEEE 1588 精确时间同步协议用于 Ethernet/IP，制定了 CIPsync 标准以进一步提高 Ethernet/IP 的实时性。该标准要求每秒钟由主控制器广播一个同步化信号到网络上的各个节点，要求所有节点的同步精度准确到微秒级。为此，芯片制造商增加一个“加速”线路到以太网芯片，从而将精度改善到 500 毫微秒。由此可见，CIPsync 是 CIP 的实时扩展。

Ethernet/IP 像其他 CIP 网络一样，它遵从 OSI 七层模型。Ethernet/IP 在会话层以上执行 CIP，并使 CIP 适应传输层以下特殊的 Ethernet/IP 技术，其网络模型如图 1－6 所示。

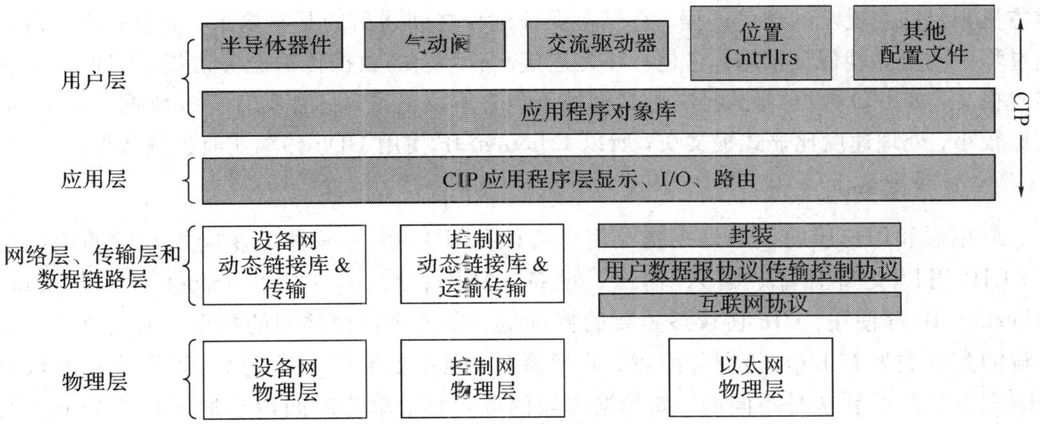

图 1－6　Ethernet/IP 的网络模型

1）物理层

在 Ethernet/IP 中，物理层主要为它提供了物理的电气、机械等特性描述。Ethernet/IP 在物理层和数据链路层使用标准的 IEEE 802.3 技术。这个标准提供了物理介质规范，为设备间移动的数据包定义了一个简单的帧格式，并且当两个设备试图同时使用数据通道时，还提供了一系列决定网络设备响应的规则。Ethernet/IP 网络采用有源星型拓扑结构，所有设备以点对点的方式直接与交换机建立连接。Ethernet/IP 在物理层和数据链路层采用以太网，其主要由以太网控制器芯片来实现。Ethernet/IP 采用同轴电缆、双绞线和光纤作为传输介质。使用双绞线的传输距离为 100 m。其中，10Base－T 用于 10 Mb/s 网段的连接；100Base. TX 用于 100 Mb/s 网段连接和快速以太网运行。光纤为长距离传输提供了解决方案，它的传输距离为 200 m。其中，10Base－FL 用于 10 Mb/s 连接；100Base－FX 用于 100 Mb/s(快速以太网)连接；1000Base - SX 用于 1 Gb/s 连接。

2）数据链路层

IEEE 802.3 规范也作为 Ethernet/IP 数据链路层上设备间传输数据包的标准。以太网使用 CSMA/CD 机制来解决通信介质的竞争。当节点想传送数据时，它先侦听网络，如果侦听到两个或更多个节点之间的冲突，则此节点要停止传送并等待一个随机时间后重试。此随机时间由标准的二进制指数回退(Binary Exponential Back - off，BEB)算法来决定。在达到 10 次碰撞后，此随机时间固定在 1023 个时隙，在 16 次碰撞之后，节点不再试图传送并向节点微处理器报告传送失败，由更高层协议决定是否重试。

3）网络层和传输层

在网络层和传输层，Ethernet/IP 利用 TCP/IP 协议在一个或多个设备之间发送信息。在这两层中，所有 CIP 网络使用封装技术封装标准 CIP 报文。TCP/IP 封装允许网络上的节点将信息作为数据部分嵌入到以太网报文中。节点发送 TCP/IP 协议到数据链路层。通过使用 TCP/IP，Ethernet/IP 能够发送显式报文，用于节点间执行客户-服务类型处理。因为 TCP 用于大量数据的可靠传输是非常理想的，所以 Ethernet/IP 使用 TCP/IP 封装 CIP 显式报文，这些显式报文通常为组态、诊断和事件数据。Ethernet/IP 的 UDP 是与网络层相邻的上一层常用的一个非常简单的协议，它的主要功能是在 IP 层之上提供协议端口功能，以标识源主机和目的主机上的通信进程。它只是保证进程之间通信的基本要求，而没有提供数据传输过程中的可靠性保证措施。它是一种无连接、不可靠的数据传输服务协议。UDP 用来传输实时报文，如 I/O 数据(隐式报文的数据域不包含协议信息，只有实时 I/O 数据)等。UDP 报文比较小，处理速度比显式报文快，所以 Ethernet/IP 使用 UDP 传输实时控制数据。

4）应用层和用户层

应用层和用户层的核心是控制及信息协议(CIP)。作为一种工业应用开发的应用层协议，CIP 用以支持程序、输入/输出、设备、网络、路由，被 Devicenet、Controlnet 和 Ethernet/IP 等使用。CIP 协议最重要的特点是可以传输多种类型的数据。工业应用中需要传输的数据类型有 I/O、互锁、配置、故障诊断、程序上传和下载。这些不同类型的数据对传输服务质量的要求是不同的，如数据传输的确定性、单位时间内有通信行为的节点所占的比例、传输的实时性。CIP 根据所传输的数据对传输服务质量要求的不同，把报文分为两种：显式报文和隐式报文。显式报文用于传输对时间没有苛求的数据，如程序的上传和下载、系统维护、故障诊断、设备配置等。隐式报文用于传输对时间有苛求的数据，如 I/O、实时互锁等。在网络底层协议的支持下，CIP 用不同的方式传输不同类型的报文，以满足对传输服务质量的不同要求。CIP 是面向连接的，在通信开始之前建立起连接，获取位移的连接标识符(Connection ID)。如果连接涉及双向的数据传输，就需要两个 CID。CID 的定义格式与具体网络有关。未连接报文需要包括完整的目的地节点地址、内部数据描述符等信息。另外，CIP 使用生产者和消费者的形式，允许网络上所有节点同时从一个数据源存取同一数据，因此使数据传输达到按需的最优化，避免了带宽浪费，提高了系统的通信效率，保证了数据传输的实时性。CIP 一方面提供实时 I/O 通信，另一方面实现信息的对等传输，其控制部分通过隐式报文来实现实时 I/O 通信，信息部分则通过显式报文来实现非实时信息交换。

不同于源/目的通信模式，Ethernet/IP 采用生产/消费模式，它允许网络上的节点同时存取同一个源的数据。在生产/消费模式中，数据被分配唯一的标识，每一个数据源一次性地将数据发送到网络上，其他节点选择性地读取这些数据，从而提高了系统的通信效率。

CIP 报文定义了显式报文和隐式报文两种报文类型，隐式报文是对时间有苛刻要求的 1/O 信息(时间触发、控制器互锁等)，此时数据量不大，但需要高的传输速度，所以这部分采用的是速度较快的 UDP 协议；显式报文数据量较大，但不需要一直连接，所以这部分采用 TCP 协议。

CIP 报文的通信分为无连接的通信和基于连接的通信。无连接的报文通信是 CIP 定义的最基本的通信方式。设备的无连接通信资源由无连接报文管理器 UCMM 管理。无连接通信不需要任何设置或任何机制保持连接激活状态；基于连接的报文通信是 CIP 网路传递报文的另一种方式，可用来传递 1/O 数据和显式报文。这种通信方式支持生产者/消费者模式的多点传输关系，一次向多个目的节点进行高效的数据传输。

2. Profinet 实时以太网

Profinet 实时工业以太网是由 Profibus International(PI)组织提出的基于以太网的自动化标准。它基于工业以太网技术，使用 TCP/IP 和 IT 标准，是一种实时以太网技术，同时无缝地集成了现有的现场总线系统。作为完整、先进的工业通信解决方案，Profinet 包括 8 个主要功能模块，分别为实时通信、分布式现场设备、运动控制、分布式智能、网络安装、IT 标准和网络安全、故障安全、过程自动化。

Profinet 的网络模型如图 1-7 所示。Profinet 的物理层采用了快速以太网的物理层；数据链路层采用的也是 IEEE 802.3 标准，但采取了改进措施；网络层和传输层采用了 IP/TCP/UDP；OSI 中的第 5 层、第 6 层未用；根据分布式系统中 Profinet 控制对象的不同，应用层分为无连接的和有连接的两种。

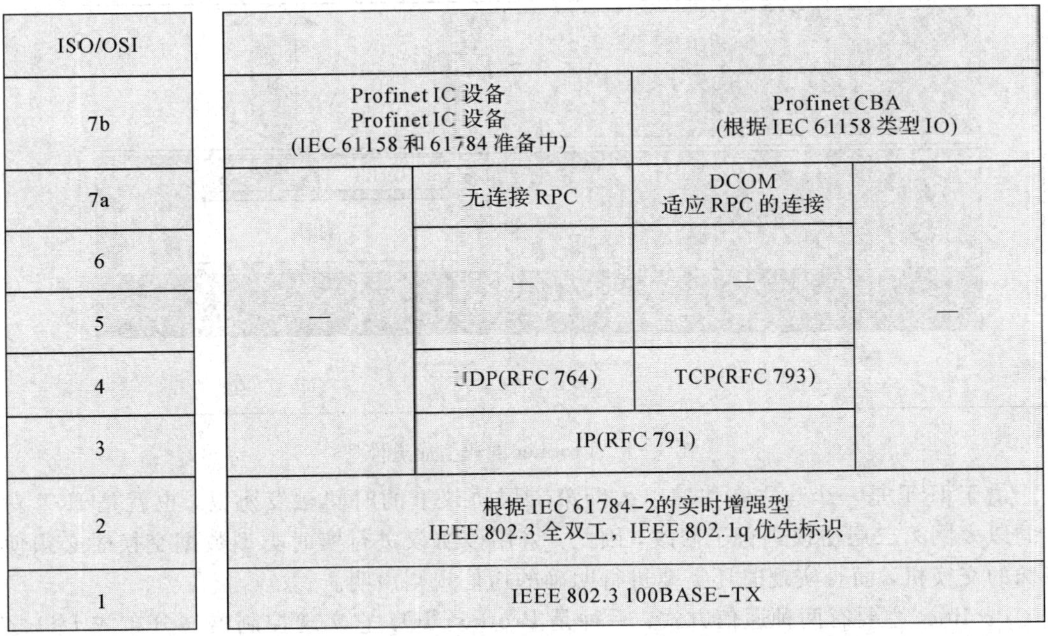

ISO/OSI
7b
7a
6
5
4
3
2
1
Profinet IC 设备
Profinet IC 设备
(IEC 61158 和 61784 准备中)
Profinet CBA
(根据 IEC 61158 类型 IO)
无连接 RPC
DCOM
适应 RPC 的连接
—
—
—
—
UDP(RFC 764)
TCP(RFC 793)
IP(RFC 791)
根据 IEC 61784-2的实时增强型
IEEE 802.3 全双工，IEEE 802.1q 优先标识
IEEE 802.3 100BASE-TX

图 1-7　Profinet 的网络模型

Profinet 中的通信采用的是生产者和消费者方式，数据生产者(如现场的传感器等)把信号传送给消费者(如 PLC 主站)，然后消费者根据控制程序对数据进行处理后，再把输出数据返送给现场的消费者(如执行器等)。

由于 TCP/IP 或 UDP/IP 都不能满足过程数据循环更新时间小于 10 ms 的要求，对以太网中影响实时性和确定性的因素也必须改进才能满足工业自动化领域的要求，因此 Profinet 的通信通道模型采用如图 1-8 所示的结构。从图 1-8 中可以看出，在 Profinet 设备的一个通信循环周期内，Profinet 提供一个标准通信通道和两类实时通信通道。标准通道是使用 TCP/IP 协议的非实时通信通道，主要用于设备参数化、组态和读取诊断数据。实时通道 RT 是软实时(Software RT，SRT)方案，主要用于过程数据的高性能循环传输、事件控制的信号与报警信号等。旁路通信协议模型的第 3 层和第 4 层提供精确的通信能力。为优化通信功能，Profinet 根据 IEEE 802.1p 定义了报文的优先级，最多可用 7 级。实时通道 IRT 采用了等时同步实时(Isochronous Real-Time，IRT)的 ASIC 芯片解决方案，以进一步缩短通信栈的处理时间，特别适用于高性能传输、过程数据的等时同步传输以及快速的时钟同步运动控制应用。在 1 ms 时间周期内，可实现对 100 多个轴的控制，而抖动不足 1 μs。模型中的标准 IT 应用层协议可用于 Profinet 和 MES、ERP 等上层网络的数据交换。

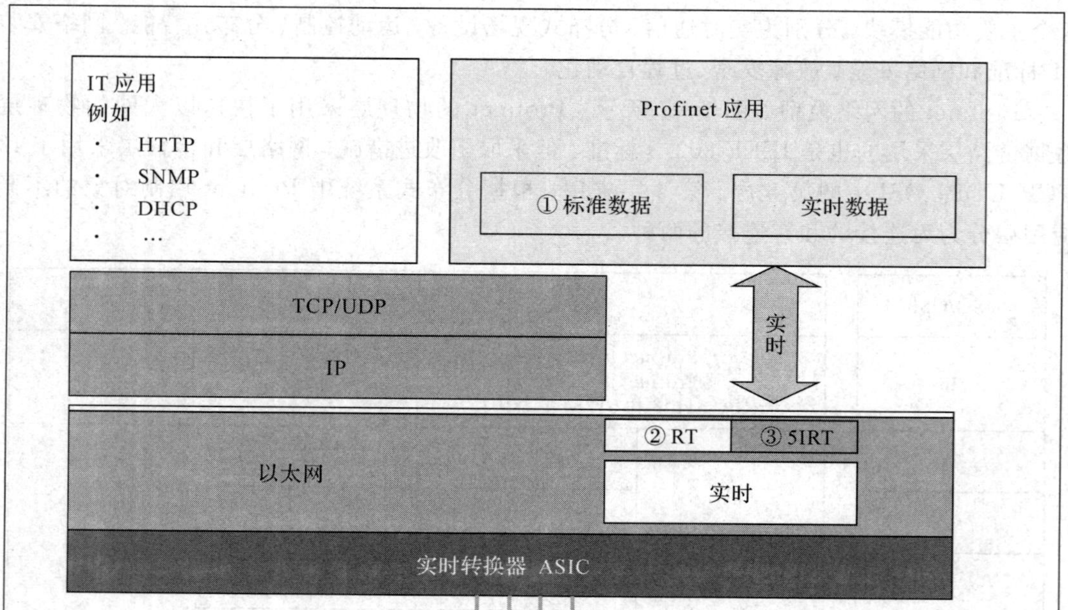

图 1-8　Profinet 的通信通道模型

由于 IRT 是一个建立在快速以太网第二层协议上的时间触发协议，也就是 IRT 对标准的以太网第二层协议进行了修改，因此，采用该协议进行实时类型数据交换时必须使用特殊的交换机，而且实现时还需要进行明确的通信规则声明。

Profinet 主要有两种通信方式：一种是 Profinet IO，它实现控制器与分布式 I/O 之间的实时通信；另外一种是 Profinet CBA，实现分布式智能设备之间的实时通信。工业控制系统可由多个分布式系统组成。例如，A系统由PLC控制器及由其控制的现场设备构成，二者通过支持Profinet标准的以太网口直接连接到工业以太网上。B系统由两台连接在Profibus-DP总线上的现场设备和PLC控制器组成，它们分别由支持Profinet的代理服务器和以太网接口挂接在工业以太网上。对于两个分布式子系统A/B内部，通过采用Profinet IO方式可实现系统内部的高速过程数据通信。而子系统A/B之间，通过跨供应商的组态软件，可将A、B系统中的机电设备和应用软件组态为智能模块，经过Profinet组件的生成、连接和下载实现Profinet CBA通信，达到A、B子系统以及PC监视器之间组态、HMI监控及诊断数据交换的目的。

3. Modbus-IDA实时以太网

Modbus组织和IDA(Interface for Distributed Automation)集团都致力于建立基于Ethernet TCP/IP和web互联网技术的分布式智能自动化系统，为了提高竞争力，2013年10月，两个组织宣布合并，联手开发Modbus-IDA实时以太网。

Modbus-IDA也采用了当前应用广泛的以太网通信芯片以及物理媒体，其实时扩展方案是为以太网建立一个新的实时通信应用层，采用一种新的通信协议RTPS(Real-Time Publish/Subscribe)实现实时通信，该协议的实现则由一个中间件来完成。Modbus-IDA通信协议模型建立在面向对象的基础上，这些对象可以通过API应用程序接口被应用层调用。通信协议同时提供实时服务和非实时服务。非实时通信基于TCP/IP协议，充分采用IT成熟技术，如基于网页的诊断和配置(HTTP)、文件传输(FTP)、网络管理(SNMP)、地址管理(BOOTP/DHCP)和邮件通知(SMTP)等；实时通信服务建立在RTPS实时发布者/预订者模式和Modbus协议之上。RTPS协议及其应用程序接口API由一个对各种设备都一样的中间件来实现，它采用美国RTI(Real-Time Innovations)公司的NDDS3.0(Network Data Delivery Service)实时通信系统。RTPS建立在Publish/Subscribe模式的基础上，并进行了扩展，增加了设置数据发送截止时间、控制数据流速率和使用多址广播等功能。它可以简化为一个数据发送者和多个数据接收者之间通信编程的工作，极大地减轻网络的负荷。RTPS构建在UDP协议之上，Modbus协议构建在TCP协议之上。

4. HSE高速以太网

HSE(High Speed Ethernet)是由FF提出的工业以太网协议，它支持所有的FFH1低速总线的功能。HSE是802.3协议以太网、TCP/IP和UDP/IP协议，以及独具特色的现场设备访问技术FDA的结合体。FF现场总线基金会明确将HSE定位于实现控制网络与Internet的集成。HSE技术的一个核心部分就是链接设备，它是HSE体系结构将H1(31.25 kb/s)设备连接到100 Mb/s的HSE主干网的关键组成部分，同时还具有网桥和网关的功能。网桥功能能够用于连接多个H1总线网段，使同一H1网段上的H1设备之间能够进行对等通信而无需主机系统的干预。网关功能允许将HSE网络连接到其他的工厂控制网络和信息网络，HSE链接设备不需要为H1子系统作报文解释，而是将来自H1总线网段的报文数据集合起来并且将H地址转化为IP地址。在这种体系结构的基础上，不仅可以实现在标准的Ethernet结构框架内的无缝操作，而且可以有效阻断特殊类型信息出入网络，保证网络信息安全。

1.3 现场总线

随着控制、计算机、通信、网络等技术的发展，信息交换沟通的领域正在迅速覆盖从工厂的现场设备层到控制、管理的各个层次，覆盖从工段、车间、工厂、企业乃至世界各地的市场。信息技术的飞速发展，引起了自动化系统结构的变革，逐步形成了以网络集成自动化系统为基础的企业信息系统。现场总线(Fieldbus)就是顺应这一形式发展起来的新技术。

现场总线是当今自动化领域技术发展的热点之一，被誉为自动化领域的计算机局域网。它的出现标志着工业控制技术领域又一个新时代的开始，并将对该领域的发展产生重要的影响。

现场总线是应用在生产现场、在微机化测量控制设备之间实现双向串行多节点数字通信的系统，也称为开放式、数字化、多点通信的底层控制网络。现场总线技术将专用微处理器置入传统的测量控制仪表，使它们各自具有了数字计算和数字通信能力，采用可进行简单连接的双绞线等作为总线，把多个测量控制仪表连接成网络系统，并按公开、规范的通信协议，在位于现场的多个微机化测量控制设备之间以及现场仪表与远程监控计算机之间，实现数据传输与信息交换，形成各种适应实际需要的自动控制系统。简而言之，是把单个分散的测量控制设备变成网络节点，以现场总线为纽带，把它们连接成可以相互沟通信息、共同完成自控任务的网络系统与控制系统。现场总线给自动化领域带来的变化，犹如众多分散的计算机被网络连接在一起，使计算机的功能、作用发生的变化一样。现场总线使自控系统与设备具有了通信能力，把它们连接成网络系统，加入到信息网络的行列。因此，把现场总线技术说成是一个控制技术新时代的开始并不过分。

现场总线是20世纪80年代中期发展起来的。随着微处理器与计算机功能的不断增强和价格的急剧降低，计算机与计算机网络系统得到迅速发展，而处于生产过程底层的测控自动化系统采用一对一连线，用电压、电流的模拟信号进行测量控制，或采用自封闭式的集散系统，难以实现设备之间以及系统与外界之间的信息交换，使自动化系统成为“信息孤岛”。实现整个企业的信息集成，实施综合自动化，就必须设计出一种能在工业现场环境运行、性能可靠、造价低廉的通信系统，形成工厂底层网络，完成现场自动化设备之间的多点数字通信，实现底层现场设备之间以及生产现场与外界的信息交换。现场总线就是在这种实际需求的驱动下应运而生的。

现场总线控制系统既是一个开放的通信网络，又是一种全分布控制系统。它作为智能设备的联系纽带，把挂接在总线上、作为网络节点的智能设备连接为网络系统，并进一步构成自动化系统，实现基本控制、补偿计算、参数修改、报警、显示、监控、优化及控管一体化的综合自动化功能。这是一项以智能传感器、控制、计算机、数字通信、网络为主要内容的综合技术。

由于现场总线适应了工业控制系统向分散化、网络化、智能化方向的发展，因此一经产生便成为全球工业自动化技术的热点，受到了全世界的普遍关注。现场总线的出现，导致目前生产的自动化仪表、集散控制系统(DCS)、可编程控制器(PLC)在产品的体系结构、功能结构方面产生了较大变革：传统的模拟仪表将逐步让位于智能化数字仪表，并具备数字通信功能，出现了一批集检测、运算、控制功能于一体的变送控制器，出现了集检测温度、压力、流量于一身的多变量变送器，出现了带控制模块和具有故障信息的执行器，并由此极大地改变了现有的设备维护管理办法。

1.3.1 现场总线的体系结构与特点

现场总线原本是指现场设备之间公用的信号传输线。根据 IEC/ISA 定义，现场总线是连接智能现场设备和自动化系统的数字式、双向传输、多分支的通信网络。在过程控制领域内，它就是从控制室延伸到现场测量仪表、变送器和执行机构的数字通信总线。它取代了传统模拟仪表单一的 4～20 mA 传输信号，实现了现场设备与控制室设备间的双向、多信息交换。控制系统中应用现场总线，一是可极大地减少现场电缆以及相应接线箱、端子板、I/O 卡件的数量；二是为现场智能仪表的发展提供了必需的基础条件；三是极大地方便了自控系统的调试以及对现场仪表运行工况的监视管理，提高了系统运行的可靠性。

现场总线将当今网络通信与管理的概念带入控制领域，代表了今后自动化控制体系结构发展的一种方向。2003 年 4 月，IEC 61158 第 3 版现场总线标准正式成为国际标准，规定了 10 种现场总线：

(1) TS61158 现场总线。

(2) Controlnet 和 Ethernet/IP 现场总线。

(3) Profibus 现场总线。

(4) P-NET 现场总线。

(5) FF HSE 现场总线。

(6) Swiftnet 现场总线(2007 年的 IEC 61158 Ed.4 被撤销)。

(7) World FIP 现场总线。

(8) Interbus 现场总线。

(9) FF H1 现场总线。

(10) Profinet 现场总线。

最新的 2007 年的 IEC 61158 第 4 版本，已经有 20 种现场总线国际标准，可见标准之多。

现场总线是以 ISO 的 OSI 模型为基本框架，并根据实际需要进行简化的体系结构系统，它一般包括物理层、数据链路层、应用层、用户层。物理层向上连接数据链路层，向下连接介质。物理层规定了传输介质(双绞线、无线和光纤)、传输速率、传输距离、信号类型等。在发送期间，物理层对来自数据链路层的数据流进行编码并调制。在接收期间，它用来自介质的控制信息将接收到的数据信息实现解调和解码，并送给链路层。数据链路层负责执行总线通信规则，处理差错检测、仲裁、调度等。应用层为最终用户的应用提供一个简单接口，它定义了如何读、写、解释和执行一条信息或命令。用户层实际上是一些数据或信息查询的应用软件，它规定了标准的功能块、对象字典和设备描述等应用程序，为用户提供一个简单直观的使用界面。现场总线除具有一对 N 结构、互换性、互操作性、控制功能分散、互联网络、维护方便等优点外，还具有如下特点：

(1) 网络体系结构简单。现场总线的结构模型一般仅有 4 层，这种简化的体系结构具有设计灵活、执行直观、价格低廉、性能良好等优点，同时还保证了通信的速度。

(2) 综合自动化功能。现场总线把现场智能设备分别作为一个网络节点，通过现场总线来实现各节点之间、节点与管理层之间的信息传递与沟通，易于实现各种复杂的综合自动化功能。

（3）容错能力强。现场总线通过使用检错、自校验、监督定时、屏蔽逻辑等故障检测方法，极大地提高了系统的容错能力。

（4）提高了系统的抗干扰能力和测控精度。现场智能设备可以就近处理信号并采用数字通信方式与主控系统交换信息，不仅具有较强的抗干扰能力，其精度和可靠性也得到了很大的提高。

现场总线的这些特点，不仅保证了它完全适应目前工业界对数字通信和传统控制的要求，而且为综合自动化系统的实施打下了基础。

在现场总线系统中，人们通常按通信帧的长度，把数据传输总线分为传感器总线、设备总线和现场总线。传感器总线的通信帧长度只有几个或十几个数据位，属于位级的数据总线，典型的传感器总线就是ASI总线。设备总线的通信帧长度一般为几个到几十个字节，属于字节级的总线，如CAN总线就属于设备级总线。

1.3.2 几种有影响的现场总线

自20世纪80年代末以来，有些现场总线技术已逐渐形成其影响并在一些特定的应用领域显示了自己的优势。它们各具特点，显示了较强的生命力。

1. 基金会现场总线FF(Foundation Fieldbus)

基金会现场总线由现场总线基金会推出，已经被列入IEC 61158标准。FF是为适应自动化系统，特别是过程自动化系统在功能、环境与技术上的需求而专门设计的。FF适合在流程工业的生产现场工作，能适应安全防爆的要求，还可以通过通信总线为现场设备提供电源。为了适应离散过程与间歇过程控制的要求，近年来FF还扩展了新的功能块。

FF核心技术之一是数字通信。为了实现通信系统的开放性，其通信模型是参照ISO的OSI模型，并在此基础上根据自动化系统的特点进行演变后得到的。FF的参考模型具备ISO/OSI参考模型中的三层，即物理层、数据链路层和应用层，并按照现场总线的实际要求，把应用层划分为两个子层——总线范围子层与总线报文规范子层。此外，FF增加了用户层，因此可以将通信模型视为四层。物理层规定了信号如何发送；数据链路层规定了如何在设备间共享网络和调度通信；应用层规定了在设备间交换数据、命令、事件信息以及请求应答中的信息格式；用户层用于组成用户所需要的应用程序，如规定标准的功能块、设备描述，实现网络管理、系统管理等。

FF总线提供了H1和H2两种物理层标准。H1是用于过程控制的低速总线，传输速率为31.25 kb/s，传输距离为200 m、450 m、1200 m、1900 m四种，支持本质安全总线设备和非本质安全总线设备。H2为高速总线，其传输速率为1 Mb/s(此时传输距离为750 m)或2.5 Mb/s(此时传输距离为500 m)。H1和H2每段节点数可达32个，使用中继器后可达240个，H1和H2可通过网桥互联。

2. 过程现场总线Profibus

过程现场总线Profibus的传输速度可在9.6 kb/s～12 Mb/s范围内选择且当总线系统启动时，所有连接到总线上的装置应该被设成相同的速度。

Profibus - DP(Decentralized Periphery)和 Profibus - PA(Process Automation)是目前最常用的两种现场总线。它们主要使用主-从方式，通常周期性地与总线设备进行数据交换。Profibus 的通信模型是根据 ISO 7498 国际标准，以开放式系统互联网络 OSI 作为参考模型的。

(1) Profibus - DP——这是一种高速低成本通信，用于设备级控制系统与分散式 I/O 的通信。其基本特性同 FF 的 H2 总线，可实现高速传输，适用于分散的外部设备和自控设备之间的高速数据传输，用于连接 Profibus - PA 和加工自动化。该协议定义了第一、二层和用户接口，第三层到第七层未加描述。用户接口规定了用户及系统以及不同设备可调用的应用功能，并详细说明了各种不同 Profibus - DP 设备的设备行为。Profibus - DP 采用 RS - 485 作为物理层的连接接口，网络的物理连接采用屏蔽对双绞铜线的 A 型电缆。

(2) Profibus - PA——专为过程自动化设计，可使传感器(变送器)和执行机构连在一根总线上。其基本特性同 FF 的 H1 总线，十分适合防爆安全要求高、通信速度低的过程控制场合，可以提供总线供电。该协议定义了第一、二、七层，第三层到第六层未加描述。Profibus - PA 采用 IEC 61158 - 2 标准，通信速率固定为 31.25 kb/s。数据传输采用扩展的 Profibus - DP 协议。

3. Lonworks

Lonworks 是 Echelon 公司开发的数字通信协议，是一种全面的测控网络，采用数字式、双向多分支结构的组网方式。Lonworks 控制网络的基本组成单元是网络节点，网络节点具备独立的工作能力，使测控设备具备了数字计算和数字通信能力，通过多种通信介质以一个公共的、基于消息的控制协议与其他网络节点通信，通信网络是 Pear to Pear 对等通信形式，以提高信号的测量、传输和控制精度。

Lonworks 以其独特的技术优势，将计算机技术、网络技术和控制技术融为一体，在控制系统中引入了网络的概念，可以方便地实现更高效、更灵活，且更易于维护和扩展分布式测控网络系统，其独特性具体表现如下：

(1) 协议的开放性和互操作性：Lonworks 通信协议 Lontalk 支持 OSI 的所有七层模型，任何制造商的产品都可以实现互操作，而且对任何用户都是对等、开放的。

(2) 网络的兼容性：可采用通信介质包括双绞线、电力线、无线、红外线、光缆等，并且支持多种介质在同一网络中混合使用。

(3) 网络拓扑的多样性：支持总线型、星型、环型和自由形式等网络拓扑，也可以自由组合。

(4) 网络节点的独立性：基于功能强大的 Neuron 芯片设计的网络节点既能独立管理网络通信，同时也具备输入、输出以及控制等能力，增强了网络控制系统的可靠性。

(5) 强大的开发工具平台：Lonbuilder 和 Nodebuilder 帮助用户短期内完成网络节点的开发和网络建立。

(6) 专用的网络操作系统：LNS(Lonworks Network Services)是用于 Lonworks 技术开发和应用的网络操作系统，采用面向对象的管理方法，与 LON 网构成 Client/Server 结构，为网络管理和 HMI 建立提供了有效的手段。

Lonworks 核心技术包括 Lonworks 节点和路由器、Lontalk 协议、Lonworks 收发器以及节点开发工具等。

Lontalklon 协议是 Lonworks 技术的核心。该协议提供一套通信服务，装置中的应用程序能在网上对其他装置发送和接收报文而无需知道网络拓扑、名称、地址或其他装置的功能。Lontalk 协议能有选择地提供端到端的报文确认、报文证实和优先级发送功能，以便设定有界事务处理时间。对网络管理业务的支持使远程网络管理工具能通过网络和其他装置相互作用，包括重新设置网络地址和参数，下载应用程序，报告网络问题和节点应用程序的起始、终止和复位。

4. CAN 总线

CAN 是 Controller Area Network 的缩写，中文称为控制局域网。它是德国 Bosch 公司在 1986 年为解决现代汽车中众多测量与控制部件之间的数据交换而开发的一种串行数据通信总线，已成为 ISO 国际标准 ISO 11898。虽然该技术最初服务于汽车工业，但由于它具有技术与性价比方面的优势，现在在众多领域得到了应用。

CAN 总线规范了任意两个 CAN 节点之间的兼容性，包括电气特性及数据协议。CAN 协议分为两层：物理层和数据链路层。物理层决定了实际传送过程中的电气特性，在同一网络中，所有节点的物理层必须保持一致，但可以采用不同方式的物理层。CAN 的数据链路层功能包括帧组织形式，总线仲裁和检错、错误报告及处理，确认哪个信息要发送，确认接收到的信息以及为应用层提供接口等。

CAN 在可靠性、实时性与灵活性方面具有独特的优势，主要表现在以下 7 个方面：

(1) CAN 总线网络上的任意一个节点均可在任意时刻主动向网络上的其他节点发送信息，而不分主从节点。

(2) CAN 采用载波监听多路访问、逐位仲裁的非破坏性总线仲裁技术。一是先听再说，二是当多个节点同时向总线发送报文而引起冲突时，优先级较低的节点会主动地退出发送，而最高优先级的节点不受影响继续传输数据，从而极大地节省了总线仲裁时间。

(3) 通信灵活，可以方便地构成多机备份系统及分布式检测、控制系统。

(4) 网络上的节点可分成不同的优先级以满足不同的实时要求。采用非破坏性总线仲裁技术，当两个节点同时向网络上传送信息时，优先级低的节点主动停止数据发送，而优先级高的节点不受影响继续传输数据。

(5) 具有点对点、一点对多点及全局广播传送接收数据的功能。通信距离最远可达 10 km(速率为 5 kb/s)，在400 m 通信距离内，通信速率最高可达 1 Mb/s。网络节点数实际可达 110 个。

(6) 每一帧的有效字节数为 8，这样传输时间短，受干扰的概率低；每帧信息都有 CRC 校验及其他检错措施，数据出错率极低，可靠性极高。在传输信息出错严重时，节点可自动切断它与总线的联系，以使总线上的其他操作不受影响。

(7) 通信介质可采用双绞线、同轴电缆或光纤。

5. HART 总线

HART(Highway Addressable Remote Transducer，可寻址远程传感器)协议是由位于美国 Austin 的通信基金会制定的总线标准。它可使用工业现场广泛存在的 4～20 mA 模拟信号导线传送数字信号。HART 协议最早是美国 Rosement 公司于 1985 年推出的一种用于现场智能仪表和控制室设备之间的通信协议，它采用半双工的通信方式，属于模拟系统向数字系统转变过程中的过渡性产品，因而适应了市场的需求，在全美国范围得到了较快发展，并已成为全球过程自动化仪表的工业标准和使用最广泛的总线设备。目前多数过程自动化仪表都支持 HART 通信，多数 DCS 的过程 I/O 接口卡件也支持与仪表的 HART 通信。

HART 协议采用基于 Bell 202 标准的 FSK 频移键控信号，在低频的 4～20 mA 模拟信号上叠加幅度为 0.5 mA 的音频数字信号进行双向数字通信，数据传输速率为 1.2 Mb/s。由于 FSK 信号的平均值为 0，因此不影响传送给控制系统模拟信号的大小，保证了与现有模拟系统的兼容性。在 HART 协议通信中主要的变量和控制信息由 4～20 mA 的模拟信号传送，在需要的情况下，测量、过程参数、设备组态、校准、诊断信息通过 HART 协议访问。

HART 协议参考 ISO/OSI，采用了它的简化三层模型结构，即第一层物理层，第二层数据链路层和第七层应用层。物理层规定了信号的传输方法、传输介质，以实现模拟通信和数字通信同时进行而又互不干扰。通信介质的选择视传输距离长短而定。通常采用双绞同轴电缆作为传输介质时，最大传输距离可达到 1500 m。线路总阻抗应在 230～1100 Ω 之间。数据链路层规定了 HART 帧的格式，实现建立、维护、终结链路通信功能。HART 协议根据冗余检错码信息，采用自动重复请求发送机制，消除由于线路噪音或其他干扰引起的数据通信出错，实现通信数据的无差错传送。现场仪表要执行 HART 指令，操作数必须符合指定的大小。每个独立的字符包括 1 个起始位、8 个数据位、1 个奇偶校验位和 1 个停止位。由于数据的有无和长短并不恒定，所以 HART 数据的长度也是不一样的，最长的 HART 数据包含 25 个字节。应用层为 HART 命令集，用于实现 HART 指令。按命令方式工作，有三类 HART 命令：第一类称为通用命令，这是所有设备都理解、都执行的命令；第二类称为一般行为命令，所提供的功能可以在许多现场设备(尽管不是全部)中实现，这类命令包括最常用的现场设备的功能库；第三类称为特殊设备命令，以便于工作在某些设备中实现特殊功能，这类命令既可以在基金会中开放使用，又可以为开发此命令的公司所独有。在一个现场设备中通常可发现同时存在这三类命令。

HART 采用统一的设备描述语言 DDL。HART 能利用总线供电，可满足本质安全防爆要求，并可组成由手持编程器与管理系统主机作为主设备的双主设备系统。

6. Devicenet 总线

Devicenet 是由 Allen - Bradley 公司(Rockwell 自动化)开发的一种基于 CAN 的开放的现场总线标准。Devicenet 用户组织(ODVA)负责发布 Devicenet 规范以及对 Devicenet 标准进行维护。

Devicenet 是一个开放性的协议，每个 ODVA 成员都有资格发布基于 Devicenet 标准开发的后续产品。除了加入 ODVA 组织需交纳的会员费以及实际购买规范的费用外，使用 Devicenet 是免版税的。现在已经有超过 300 家公司注册成为 ODVA 的成员。全世界共有超过 500 家公司提供 Devicenet 产品。Devicenet 协议设计简单，实现成本较为低廉，但对于采用最底层的现场总线的系统来说，其性能是极高的。Devicenet 设备设计的范围为从简单的光电开关到复杂的半导体制造业用到的真空泵。

和其他协议一样，Devicenet 协议最基本的功能是在设备及其相应的控制器之间进行数据交换。因此，这种通信是基于面向连接的(点对点或多点传送)通信模型建立的。这样，Devicenet 既可以工作在主从模式，也可以工作在多主模式。Devicenet 的报文主要分为高优先级的进程报文(I/O 报文)和低优先级的管理报文(直接报文)。两种类型的报文都可以通过分段模式来传输不限长度的数据。Devicenet 的通信和应用都是基于对象模型的。预先定义好的对象简化了不同厂商的不同设备间的数据交换。通过建立不同设备的子集，用户可以从进一步的规范化中获益。

7. Interbus 总线

Interbus 作为 IEC 61158 标准之一，广泛地应用于制造业和机器加工行业中，用于连接传感器/执行器的信号到计算机控制站，是一种开放的串行总线系统。Interbus 总线于 1984 年推出，其主要技术开发者为德国的 Phoenix Contact 公司。Interbus Club 是Interbus 设备生产厂家和用户的全球性组织，目前在 17 个国家和地区设立了独立的 Club 组织，共有 500 多个成员。

Interbus 总线包括远程总线网络和本地总线网络，两种网络传送相同的信号，但电平不同。远程总线网络用于远距离传送数据，采用 RS-485 传输，网络本身不供电，远程网络采用全双工方式进行通信，传输速率为 500 kb/s。本地总线网络连接到远程网络上，网络的总线终端(Bus Terminal，BT)上的 BK 模块负责将远程网络数据转换为本地网络数据。

Interbus 总线上的主要设备有 BT 上的 BK 模块、I/O 模块和安装在 PC 或 PLC 等主设备中的总线控制板。总线控制板是 Interbus 总线上的主设备，用于实现协议的控制、错误的诊断、组态的存储等功能。I/O 模块实现在总线控制板和传感器/执行器之间接收和传输数据，可处理的数据类型包括机械制造和流程工业的所有标准信号。

8. Controlnet 总线

Controlnet 基于改型 Canbus 技术，用于 PLC 与计算机之间的通信网络。它可连接拖动装置、串并行设备、PC、人机界面等。它还可以沟通逻辑控制和过程控制系统，传输速率为 5 Mb/s。

控制网网络是一种高速确定性网络，用于对时间有苛刻要求的应用场合的信息传输。它为对等通信提供实时控制和报文传送服务。它作为控制器和 I/O 设备之间的一条高速通信链路，综合了现有各种网络的能力。

控制网网络是一种现代化的开放网络，具有如下功能：对在同一链路上的 I/O 实时互锁、进行对等通信的报文传送和编程操作，均具有相同的带宽；对于离散和连续过程控制应用场合，均具有确定性和可重复性。

1.3.3 现场总线的应用领域

通过 1.3.2 节的介绍，我们对目前最流行的几种现场总线有了概念性的了解，由于它们具有不同的特点，采用不同的物理媒体和标准，并且在实际应用中各有利弊，因此适用于不同的应用领域。下面我们进行简单的介绍。

Profibus 总线技术不仅在欧洲而且在国际上已得到广泛的认可与应用，1996 年批准为欧洲标准 EN 50170V2。Profibus 主要的应用领域有：

(1) 制造业自动化：汽车制造(机器人、装配线、冲压线等)，造纸，纺织。

(2) 过程控制自动化：石化，制药，水泥，食品，啤酒。

(3) 电力：发电，输配电。

(4) 楼宇：空调，风机，照明。

(5) 铁路交通：信号系统。

Profibus 总线不仅在现场级，而且在车间层管理都有很好的应用，同时也可以扩大到工厂级、以太网等更高级别的应用领域。

Interbus 是器件级的现场总线，由 Phoenix Contact 公司在 1987 年正式公布，1990 年对伙伴开放，现在是欧洲标准，应用在汽车、印刷等领域。

Devicenet 的应用包括：汽车、半导体芯片制造，电子产品制造，食品和饮料批量生产，化学处理，装配，包装和物料转移。在工业市场中，已有 1498 个注册的符合 Devicenet 协议标准的产品。Devicenet 进入中国的时间不长，但是在中国已有许多应用。据 Rockwell Automation 市场部提供的数据，上海通用汽车有一条 Devicetnet 的生产线，另外，生产可口可乐的上海申美饮料公司也部分采用了 Devicenet 技术。相信随着 Devicenet 技术的进一步完善和推广，Devicenet 有相当可观的应用前景，这也正是基于 Devicenet 的智能设备和远程检测系统成为国家高技术产业化工程示范项目的原因。

Controlnet 总线由 Allen - Bradley 公司于 1997 年推向市场，主要应用于汽车、化工、发电、过程控制、自动化制造等领域。Controlnet 的基础技术是 Rockwell Automation 企业于 1995 年 10 月公布的。1997 年 7 月成立了 Controlnet International 组织，Rockwell 便将此项技术转让给该组织。目前该组织成员有 50 多个，如 ABB Roboties、Honeywell Inc.、Yokogawa Corp.、Toshiba International、Procter & Gamble、Omron Electronics Inc. 等。

传统的工厂级控制体系结构有 5 层，即工厂层、车间层、单元层、工作站层、设备层。而 Rockwell 自动化系统简化为 3 层结构模式：信息层(EtherNet 以太网)、控制层和设备层。Controlnet 层通常传输大量的 I/O 通信信息，具有确定性和可重复性，并紧密联系控制器和 I/O 设备。Controlnet 在单根电缆上支持两种类型的信息传输：有实时性的控制信息和 I/O 数据传输，无时间苛求的信息发送和程序上传、下载。Controlnet 技术采取了一种新的通信模式，以生产者/客户模式取代了传统的源/目的模式，它不仅支持传统的点对点通信，而且允许同时向多个设备传递信息。生产者/客户模式使用时间片轮转算法保证各节点实现同步，从而提高了带宽利用率。

每一种现场总线都是在其支持公司或者组织多年产品技术研发成果的积累基础上产生的，其技术侧重面不一样，各有特色，主要应用领域也不尽相同，如 FF 主要适用于过程自动化，Profibus 主要应用于制造业自动化，P - Net 主要应用于农业与食品加工业，Controlnet 与 Interbus 主要用于汽车自动化，Lonworks 主要用于智能楼宇和家庭自动化，Worldfip 则在机车自动化方面应用较多，Swiftnet 用于航空航天领域。从目前各种现场总线的技术来看，还没有一种现场总线能够完全适用于所有应用领城。

1.4　工业通信中主要的通信协议与总线实例

1.4.1　Modbus 协议

Modbus 协议是一种由 Modicon 公司开发的通信协议，它最初的目的是实现可编程控制器之间的通信。利用 Modbus 通信协议，可编程控制器通过串行口或者调制解调器接入网络。该公司后来还推出 Modbus 协议的增强型 Modbusplus(MB+)网络，可连接 32 个节点，利用中继器可扩至 64 个节点。这种由 Modicon 公司最先倡导的通信协议，经过大多数公司的实际应用，逐渐被认可，成为一种事实上的标准协议，只要按照这种协议进行数据通信或传输，不同的系统就可以通信。

Modbus 协议定义了一种公用的消息结构，不用管它们是经过何种网络进行通信的。它制订了信息帧的格式，描述了服务端请求访问其他设备等客户端的过程，如怎样回应来自其他设备的请求，以及怎样侦测错误并记录。通过 Modbus 协议在网络上通信时，必须清楚每个控制器的设备地址，根据每个设备地址来决定要产生何种行动。如果需要回应，控制器将生成反馈信息并按照 Modbus 协议发出。标准的 Modbus 设备使用 RS－232 串行接口，它定义了连接口的针脚、电缆、信号位、传输波特率、奇偶校验位。控制器能直接或间接组网。控制器通信使用主-从技术，即只有一个设备(主设备)可以初始化传输(查询)，其他设备(从设备)根据主设备查询提供的数据做出相应反应。典型的主设备有计算机主机和可编程仪表。典型的从设备有可编程控制器和各种仪表等。

Modbus 协议建立了主设备查询的格式：设备(或广播)地址、功能代码、所有要发送的数据和错误检测域。从设备回应消息也由 Modbus 协议构成，包括确认要行动的域、要返回的数据和错误检测域。如果在消息接收过程中发生错误，或从设备不能执行其命令，则从设备将建立错误消息并把它作为回应发送出去。由查询消息中的功能代码可知被选中的从设备要执行何种功能。数据段包含了从设备要执行功能的任何附加信息。数据段必须包含要告之从设备的信息：从何寄存器开始读和要读的寄存器数量。错误检测域为从设备提供了一种验证消息内容是否正确的方法。如果从设备产生正常的回应，在回应消息中功能代码是在查询消息中功能代码的回应。数据段包括了从设备收集的数据：寄存器值或状态。如果有错误发生，功能代码将被修改，用于指出回应消息是错误的，同时数据段包含了描述此错误信息的代码。错误检测域允许主设备确认消息内容是否可用。

常用的 Modbus 通信协议有两种报文帧格式：一种是 Modbus ASCII；另一种是 Modbus RTU。一般来说，通信数据量少时采用 Modbus ASCII 协议，通信数据量大而且是二进制数值时，多采用 Modbus RTU 协议。

1) ASCII 方式

ASCII 方式数据帧的格式如表 1.1 所示。当服务端设为在 Modbus 网络上以 ASCII(美国标准信息交换代码)模式通信时，在消息中的每个 8 位字节都作为两个 ASCII 字符发送。这种方式的主要优点是字符发送的时间间隔可达到 1 s 而不产生错误。

表 1.1　ASCII 方式数据帧的格式

起始位	设备地址	功能代码	数据	LRC 校验	结束符
1 个字符	2 个字符	2 个字符	*N* 个字符	2 个字符	2 个字符

在 ASCII 方式下，消息帧以字符冒号“:”(ASCII 码 3AH)开始，以回车换行符(ASCII 码 0DH、0AH)结束。其他区域可以使用的传输字符是十六进制的 0～9，A～F。在传输过程中，网络上的设备不断侦测“:”字符，当有一个冒号接收到时，每个设备都解码下一个域(地址域)来判断是否发给自己的。

2）RTU 方式

RTU 方式数据帧的格式如表 1.2 所示。当控制器设为在 Modbus 网络上以 RTU(远程终端单元)模式通信时，在消息中的每个 8 位字节包含两个 4 位的十六进制字符。这种方式的主要优点是在同样的波特率下，可比 ASCII 方式传送更多的数据。

表 1.2　RTU 方式数据帧的格式

起始位	设备地址	功能代码	数据	CRC 校验	结束符
T1 - T2 - T3 - T4	8 个字符	8 个字符	8*N* 个字符	8 个字符	T1 - T2 - T3 - T4

使用 RTU 方式，消息帧的发送至少要以 3.5 个字符时间的停顿间隔开始。在网络波特率下非常容易实现多样的字符时间(起始位的 T1 - T2 - T3 - T4)。网络设备不断地侦测网络总线，包括在停顿间隔时间内。当第一个域(地址域)接收到后，每个设备都进行解码以判断是否发给自己的。在最后一个传输字符之后，至少用 3.5 个字符时间的停顿标定消息的结束。一个新的消息可在此停顿后开始。整个消息帧必须作为一个连续的流传输。如果在帧完成之前有超过 1.5 个字符时间的停顿时间，接收设备将刷新不完整的消息并假定下一字节是一个新消息的地址域。同样，如果一个新消息在小于 3.5 个字符时间内接着前一个消息开始，接收的设备将认为它是前一个消息的延续。但这将导致一个错误，因为在最后的 CRC 域的值不可能是正确的。

数据的校验方式有两种：LRC(纵向冗余校验)和 CRC(循环冗余校验)。

LRC 校验比较简单，它在 ASCII 协议中使用，检测消息域中除开始的冒号及结束的回车换行号外的内容。它是把每一个需要传输的数据按字节叠加后取反加 1。

CRC 是先调入一个数值为全“1”的 16 位寄存器，然后调用一过程将消息中连续的各当前寄存器中 8 位字节的值进行处理。仅每个字符中的 8 位数据对 CRC 有效，起始位和终止位以及奇偶校验位均无效。CRC 产生过程中，每个 8 位数据都单独和寄存器内容相或(OR)，结果向最低有效位方向移动，最高有效位以 0 填充。LSB(最低有效位)被提取出来检测；如果 LSB 为 1，寄存器单独和预置的值相或；如果 LSB 为 0，则不进行。整个过程要重复 8 次。在最后一位(第 8 位)完成后，下一个 8 位字节又单独和寄存器的当前值相或。最终寄存器中的值是消息中所有的字节都执行之后的 CRC 值。

Modbus/TCP 是 Modbus 协议族中的新成员，它是建立在标准的 TCP 协议基础上的 Modbus 协议扩展。由于公布较早并有广泛的应用开发基础，因此 Modbus/TCP 协议已经成为工业自动化网络时代的事实标准。Modbus/TCP 在支持 TCP/IP 协议的 Intranet(内联网)或 Internet 设备上传递 Modbus 信息报文。这种协议最常见的使用方式是作为网关连接 PLC、I/O 模块。传统的 Modbus 数据交换不需要事先申请，并且具有高抗噪声干扰的能力，通信双方只需交换少量的维护信息。Modbus/TCP 的最典型特征是面向连接。Modbus/TCP 在 Modbus的基础上增加了连接操作，即涵盖数据交换和连接操作。在 TCP 中，一个连接请求很容易被识别并建立，一个连接可以承载多个独立的数据交换。此外，TCP 允许大量的并发连接，连接发起者可以自由选择，另外建立一个连接或保持一个长期连接。

Modbus/TCP 方式数据帧的格式如表 1.3 所示，在消息中的每个 8 位字节包含两个 4 位的十六进制字符，消息数据长度不能超过 256 个字符。

表 1.3　Modbus/TCP 方式数据帧的格式

起始位	设备地址	功能代码	数据	CRC 校验	结束符
6 个字符	8 个字符	8 个字符	$8N$ 个字符	不使用	不使用

1.4.2　Profibus 总线

Profibus 是 Process Fieldbus 的缩写。Profibus 针对不同的应用需要推出了三种类型：Profibus-DP(Decentralized Periphery)、Profibus-PA(Process Automation)和 Profibus-FMS(Fieldbus Message Specification)。这三种类型均使用统一的总线访问协议，其中 Profibus-DP 采用经过优化的高速、廉价通信连接，专为自动控制系统和设备级分散 I/O 之间的通信设计，能满足设备级分布式控制系统的实时性、稳定性和可靠性要求；Profibus-PA 专为过程自动化设计，数据传输采用 IEC 11582 标准，支持本质安全要求和总线供电；Profibus-FMS 用来解决车间级通信任务，完成中等传输速度的循环和非循环通信任务，比 Profibus-DP 通信量大，使用更灵活，服务复杂多样，但实时性能稍低。所以，Profibus 覆盖了制造业自动化、楼宇自动化和过程自动化等多个自动化领域。

随着商务、办公领域的 IT 技术在企业信息化中的影响越来越大，Profibus 又提出了结合 Ethernet 的解决方案——Profinet。Profinet 采用了对象模型(COM/DCOM)，通过 TCP/IP 很容易实现对外信息的交换，原有的 Profibus 设备通过代理接口也可以方便地集成到 Profinet 中，如图 1-9 所示。如果把 Profibus-DP、Profibus-PA、Profibus-FMS 视为 Profibus 在不同自动化领域的应用技术，则 Profinet 可以看作 Profibus 结合 IT 技术后的纵向向上拓展，这一拓展对实现企业的管控一体化具有重大意义。需要注意，在一些数据量较大、实时性要求不十分严格的车间级通信中 Profinet 已经逐渐取代了原来 Profibus-FMS 的地位。所以在谈到 Profibus 技术时，主要指 Profibus-DP、Profibus-PA 以及 Profinet。

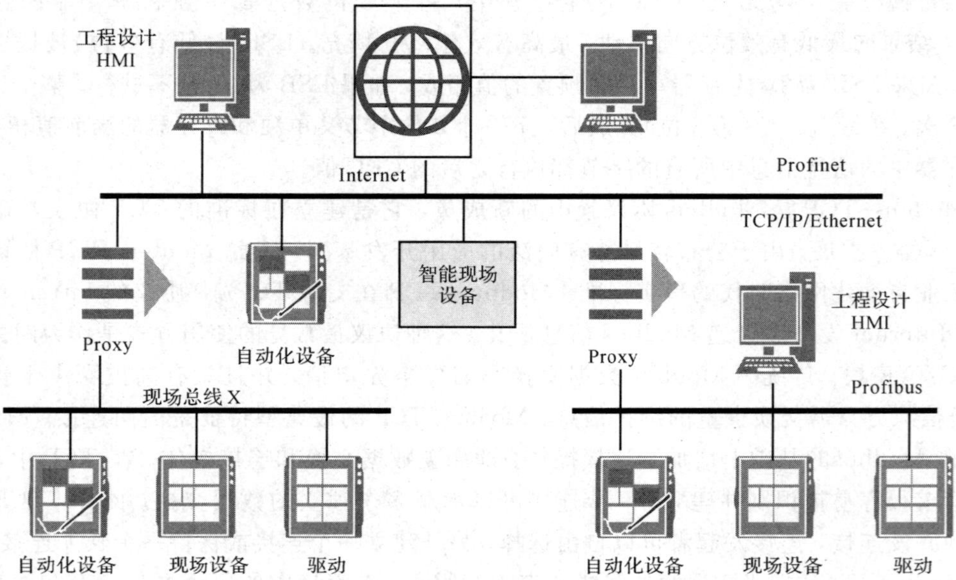

图 1-9　Profinet 的应用

Profibus－DP 总线的特点如下：

· 传输介质支持屏蔽双绞线和光纤。

· 传输速率范围宽(9.6 kb/s～12 Mb/s)，但同一网络上的所有设备必须选用同一传输速率。

· 传输距离：无中继的一个网络段最长可达 1.2 km。具体传输距离与传输速度有关。

· 支持总线形或树形拓扑，有终端电阻。

· 采用不归零的差分编码，支持半双工、异步传输。

· 为保证数据传输的完整性，采用海明距离(HD)＝4 的数据帧。

· 数据帧长度：短帧为 1 字节，普通帧为 3～255 字节。

· 数据传输服务：包括循环的数据传输和非循环数据传输。循环的数据传输是指主站按照预先定义的顺序循环地探询各站。其服务形式只有一种：有回答要求的发送/请求数据，如主站的令牌管理、与 DP 从站交换用户数据通信等。非循环的数据传输服务形式有两种：有/无应答要求的发送数据、有回答要求的发送/请求数据，如从站初始化阶段的参数配置、诊断等。

Profibus－DP 总线系统设备包括主站(主动站，有总线访问控制权，包括 1 类主站和 2 类主站)和从站(被动站，无总线访问控制权)。当主站获得总线访问控制权(令牌)时，它能占用总线，可以传输报文，从站仅能应答所接收的报文或在收到请求后传输数据。

1 类主站能够对从站设置参数，检查从站的通信接口配置，读取从站诊断报文，并根据已经定义好的算法与从站进行用户数据交换。1 类主站还能用一组功能与 2 类主站进行通信。所以 1 类主站在 DP 通信系统中既可作为数据的请求方(与从站的通信)，也可作为数据的响应方式(与 2 类主站的通信)。

2 类主站是一个编程器或一个管理设备，可以执行一组 DP 系统的管理与诊断功能。

从站是 Profibus－DP 系统通信中的响应方，它不能主动发出数据请求。

一个 DP 系统既可以是一个单主站结构，也可以是一个多主站结构。主站和从站采用统一编址方式，可选用 0～127 共 128 个地址，其中 127 为广播地址。一个 Profibus－DP 网络最多可以有 127 个主站，在应用实时性要求较高时，主站个数一般不超过 32 个。

单主站结构是指网络中只有一个主站，且该主站为 1 类主站，网络中的从站都隶属于这个主站，从站与主站进行主从数据交换。

多主站结构是指在一条总线上连接几个主站，主站之间采用令牌传递方式获得总线控制权，获得令牌的主站和其控制的从站之间进行主从数据交换。总线上的主站和各自控制的从站构成多个独立的主从结构子系统。

Profibus－DP 系统的总线访问控制要保证两个方面的需求：一方面，总线主站节点必须在确定的时间范围内获得足够的机会来处理它自己的通信任务；另一方面，主站与从站之间的数据交换必须快速且使用很少的协议报文。

Profibus－DP 系统支持混合的总线访问控制机制，主站之间采取令牌控制方式，令牌在主站之间传递，拥有令牌的主站拥有总线访问控制权；主站与从站之间采取主从的控制方式，主站具有总线访问控制权，从站仅在主站要求它发送时才可以使用总线。

当一个主站获得了令牌时，它就可以执行主站功能，与其他主站节点或所控制的从站节点进行通信。总线上的报文用节点地址来组织，每个 Profibus 主站节点和从站节点都有一个地址，而且此地址在整个总线上必须是唯一的。

在 Profibus - DP 系统中，这种混和总线访问控制方式可以是如下的系统：

- 纯主-主系统(执行令牌传递过程)；
- 纯主-从系统(执行主-从数据通信过程)；
- 混合系统(执行令牌传递和主-从数据通信过程)。

Profibus 的协议以 ISO/OSI 参考模型为基础，对其进行了简化。Profibus - DP 使用了第 1 层、第 2 层和用户层，第 3 层到第 7 层未使用(这些层必要的功能在第 2 层或用户层中实现)，这种精简的结构确保了高速的数据传输及较小的系统开销。

Profibus - DP 的协议结构如图 1 - 10 所示。物理层采用 RS - 485 标准，规定了传输介质、物理连接和电气等特性。Profibus - DP 的数据链路层称为现场总线数据链路层(Fieldbus Data Link layer，FDL)，包括与 Profibus - FMS、Profibus - PA 兼容的总线介质访问控制 MAC 以及现场总线链路控制(Fieldbus Link Control，FLC)，FLC 向上层提供服务存取点的管理和数据的缓存。第 1 层和第 2 层的现场总线管理(Fieldbus Management layer 1 and 2，FMA1/2)完成第 2 层特定总线参数的设定和第 1 层参数的设定，还完成这两层出错信息的上传。Profibus - DP 的用户层包括直接数据链路映射(Direct Data Link Mapper，DDLM)、DP 的基本功能和扩展功能、设备行规。DDLM 提供了方便访问 FDL 的接口，DP 设备行规是对用户数据含义的具体说明，规定了各种应用系统和设备的行为特征。

<table>
<tr><td rowspan="3">用户层</td><td colspan="2">DP设备行规</td></tr>
<tr><td colspan="2">DP基本功能和扩展功能</td></tr>
<tr><td colspan="2">DP用户接口
(直接数据链路映射DDLM)</td></tr>
<tr><td>第3~7层</td><td colspan="2">无</td></tr>
<tr><td>第2层
(数据链路层)</td><td>现场总线数据链路层
(FDL)</td><td rowspan="2">FMA1/2</td></tr>
<tr><td>第1层
(物理层)</td><td>物理层(PHY)</td></tr>
</table>

图 1 - 10　Profibus - DP 的协议结构

1.4.3　CAN 总线

CAN(Controller Area Network)即控制器局域网。由于具有高性能、高可靠性以及独特的设计，CAN 总线越来越受到人们的重视。德国的 Bosch 公司最初为了汽车监控和控制系统设计了 CAN 总线，现在，世界上许多著名汽车制造厂商都已经开始采用 CAN 总线来实现汽车内部控制系统与各检测和执行机构间的数据通信。由于 CAN 总线本身的特点，目前其应用范围已经不再局限于汽车行业，而向过程工业、机械工业、纺织工业、农用机械、机器人、数控机床、医疗器械及传感器等领域发展。CAN 已经形成国际标准，并被公认为最有前途的现场总线之一。

随着CAN在各种领域的应用和推广，对其通信格式标准化的要求日益提高。1991年9月Philips Semiconductors制定并发布了CAN技术规范。该技术规范包括A和B两部分。CAN2.0A给出了CAN报文标准格式，而CAN2.0B给出了标准和扩展的两种格式。此后，1993年11月ISO正式颁布了道路交通运输工具——数据信息交换——高速通信控制器局域网(CAN)国际标准ISO11898-1993，为控制器局域网的标准化、规范化铺平了道路。

1. CAN总线的基本概念

下面我们首先介绍一下CAN中的一些基础知识。

1）报文

总线上的信息以不同格式的报文发送，但长度有限。当总线开放时，任何连接的单元均可开始发送一个新报文。

2）位速率

CAN的位传输率在不同的系统中是不同的，而在一个给定的系统中，此速度是唯一的，并且是固定的。

3）优先权

在总线访问期间，标识符定义了一个报文静态的优先权。

4）远程数据请求

通过发送一个远程帧，需要数据的节点可以请求另一个节点发送一个相应的数据帧，该数据帧与对应的远程帧以相同标识符ID命名。

5）多主站

当总线开放时，任何单元均可开始发送报文，发送具有最高优先权报文的单元会赢得总线的访问权。

6）仲裁

当总线开放时，任何单元均可开始发送报文，若同时有两个或更多单元开始发送所产生的总线访问冲突，则运用逐位仲裁规则，借助标识符ID解决。这种仲裁规则可以使信息和时间均无损失。若具有相同标识符的一个数据帧和一个远程帧同时发送，则数据帧优先于远程帧。仲裁期间，每一个发送器都对发送位电平与总线上检测到的电平进行比较，若相同则该单元可继续发送。当发送一个“隐性”电平，而在总线上检测为“显性”电平时，该单元退出仲裁，并不再传送后继位。

7）安全性

为了获得尽可能高的数据传输安全性，在每个CAN节点中均设有错误检测、标定和自检的强有力措施。检测错误的措施包括：发送自检、循环冗余校验、位填充和报文格式检查。

8）出错标注和恢复时间

已损报文由检验出错误的节点进行标注。这样的报文将失效，并自动进行重发送。如果不存在新的错误，则从检出错误到下一个报文开始发送的恢复时间最多为29个位时间。

9）故障界定

CAN节点有能力识别永久性故障和暂时扰动，可自动关闭故障节点。

10）连接

CAN 串行通信链路是一条众多单元均可以被连接的总线，理论上，单元数目是无限的；实际上，单元总数受限于延迟时间和总线的电器负载。

11）应答

所有接收器均对接收报文的相容性进行检查，回答一个相容报文，并标注一个不相容报文。

2. CAN 总线的基本特点

CAN 属于总线式串行通信网络，由于采用了许多新技术以及独特的设计，与一般的通信总线相比，CAN 总线的数据通信具有突出的性能、可靠性、实时性和灵活性。其特点可以概括如下：

CAN 属于总线式串行通信网络，由于采用了许多新技术以及独特的设计，与一般的通信总线相比，CAN 总线的数据通信具有突出的性能，其特点可以概括如下：

CAN 为多主方式工作，网络上任一节点均可在任意时刻主动地向网络上其他节点发送信息，而不分主从，且无需站地址等节点信息。利用这一特点可方便地构成多机备份系统。CAN 网络上的节点信息分成不同的优先级，可满足不同的实时要求。CAN 采用非破坏性总线仲裁技术。当多个节点同时向总线发送信息时，优先级较低的节点会主动退出发送，而最高优先级的节点可不受影响地继续传输数据，从而大量节省了总线冲突仲裁时间，尤其是在网络负载很重的情况下也不会出现网络瘫痪的情况。

CAN 上的节点数主要取决于总线驱动电路，目前可达 110 个；报文标识符可达 2032 种(CAN2.0A)，而扩展标准(CAN2.0B)的报文标识符几乎不受限制。CAN 只需通过报文滤波即可实现采用点对点、一点对多点及全局广播等几种方式传送接收数据，无需专门的“调度”。

CAN 的每帧信息都有 CRC 校验及其他检错措施，保证了数据通信的可靠性。CAN 节点在错误严重的情况下具有自动关闭输出功能，以使总线上其他节点的操作不受影响。

CAN 总线通信格式采用短帧格式，传输时间短，受干扰概率低，具有极好的检错效果。每帧字节数最多为 8 个，可满足通常工业领域中控制命令、工作状态及测试数据的一般要求。同时，8B 也不会占用过长的总线时间，从而保证了通信的实时性。

CAN 的通信介质可为双绞线、同轴电缆或光纤，选择灵活。CAN 的通信速率最高可达 1 Mb/s(此时通信距离最长为 40 m)。

3. CAN 总线协议的格式

为使设计透明和执行灵活，遵循 ISO/OSI 标准模型，CAN 分为数据链路层和物理层，其中数据链路层又包括逻辑链路控制子层 LLC 和媒体访问控制子层 MAC。在 CAN 技术规范 2.0A 中，数据链路层的 LLC 与 MAC 子层的服务和功能被描述为目标层和传输层。CAN 的分层结构和功能如图 1-11 所示。

CAN 技术规范 2.0B 定义了数据链路层中的 MAC 子层和 LLC 子层的一部分，并描述了与 CAN 有关的外层接口。物理层定义信号怎样进行发送，因此，涉及位定时、位编码和同步的描述。在这部分技术规范中，未定义物理层中的驱动器/接收器特性，以便允许根据具体应用对发送媒体和信号电平进行优化。MAC 子层是 CAN 协议的核心，它描述从 LLC 子层接收到的报文和对 LLC 子层发送的认可报文。MAC 子层可响应报文帧、

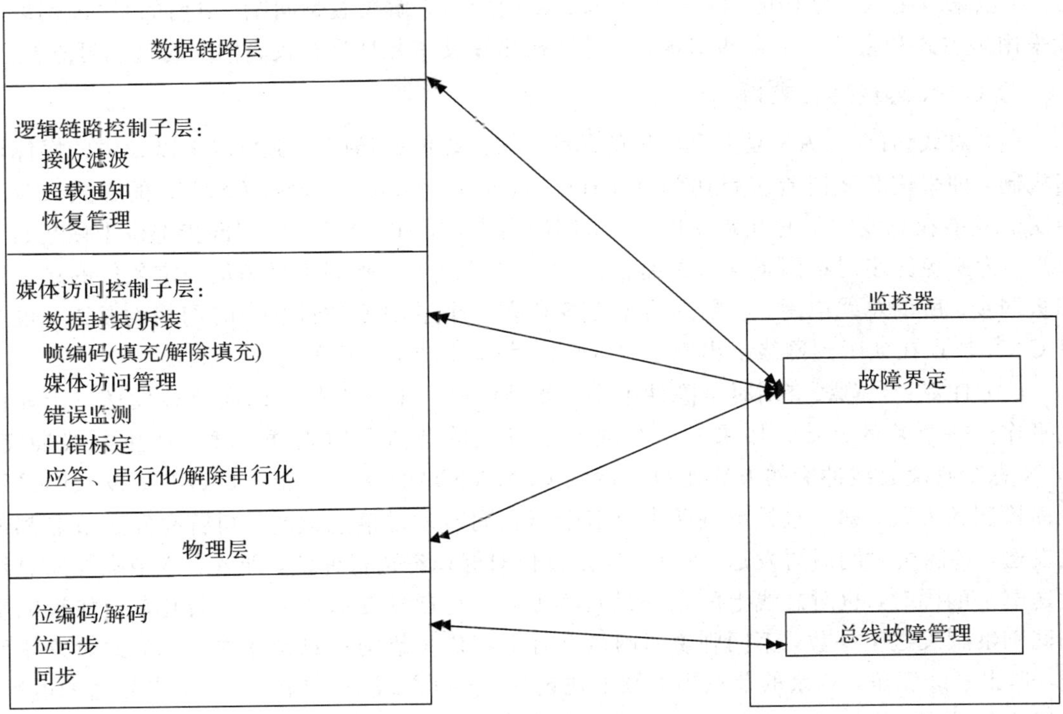

图 1－11 CAN 的分层结构和功能

仲裁、应答、错误监测和标定。MAC 子层由称为故障界定的一个管理实体监控，它具有识别永久故障或短暂扰动的自检机制。LLC 子层的主要功能是报文滤波、超载通知和恢复管理。

4. CAN 总线通信方式与规则

1）CAN 总线系统的通信方式

CAN 总线系统根据节点的不同，可以采取不同的通信方式以适应不同的工作环境和效率。

（1）多主式结构。

CAN 总线在多主式(Multimaster)通信方式下工作时，网络上任一节点均可在任意时刻主动向网络上其他节点发送信息，而不分主从。多主式的通信方式灵活，且无需占地址等节点信息。在这种工作方式下，CAN 网络支持点对点、一点对多点和全局广播方式接收/发送数据。为避免总线冲突，CAN 总线采用非破坏性总线仲裁技术，根据需要将各个节点设定为不同的优先级，并以标志符(ID)标定，其值越小，优先级越高，在发生冲突的情况下，优先级低的节点会主动停止发送，从而解决了总线冲突的问题。这是 CAN 总线的基本协议所支持的工作方式，无需上层协议的支持。

（2）主从式结构。

CAN 总线在主从式(Infrastructure)通信方式下工作时，网络上节点的功能是有区分的，无法像多主式结构的网络那样自由进行各种平等的点对点间的信息发送。在主从式结构系统的通信方式中，整个系统的通信活动要依靠主站中的调度器来安排。如果系统调度策略设计不当，系统的实时性、可靠性就会很差，容易引起瓶颈现象，妨碍正常有效的通信。所以采取主从式结构的网络需要采取必要的措施去解决瓶颈问题。目前的CAN网络一般采用多主式和主从式结合的结构，这种结构比较灵活并且具有较高的实时性和可靠性。

2）CAN总线通信规则

（1）总线访问：CAN是共享媒体的总线，它对媒体的访问机制类似于以太网的媒体访问机制，即采用载波监听多路访问（Carrier Sense Multiple Access，CSMA）的方式。CAN控制器只能在总线空闲时开始发送，并采用硬同步，所有CAN控制器同步都位于帧起始的前沿。为避免异步时钟因累计误差而错位，CAN总线中用硬同步后满足一定条件的跳变进行重同步。所谓总线空闲，就是网络上至少存在3个空闲位（隐性位）时网络的状态，也就是CAN节点在侦听到网络上出现至少3个隐性位时才开始发送。

（2）仲裁：当总线空闲时呈隐性电平，此时任何一个节点都可以向总线发送一个显性电平作为一个帧的开始。如果有两个或两个以上的节点同时发送，就会产生总线冲突。CAN总线解决总线冲突的方法比以太网的CSMA/CD方法有了很大的改进。以太网采用碰撞检测的方式，即一旦检测到两个或多个节点同时发送信息帧时，则所有发送节点都退出发送，待随机时间后再发送；而CAN是按位对标识符进行仲裁，即各发送节点在向总线发送电平的同时，也对总线上的电平进行读取，并与自身发送的电平进行比较，如果电平相同则继续发送下一位，不同则说明网络上有更高优先级的信息帧正在发送，此时停止发送，退出总线竞争，剩余的节点则继续上述过程，直到总线上只剩下一个节点发送的电平，总线竞争结束，优先级最高的节点获得了总线的使用权，继续发送信息帧的剩余部分直至全部发送完毕。

（3）编码/解码：帧起始域、仲裁域、控制域、数据域和CRC序列均使用位填充技术进行编码。在CAN总线中，每连续5个同状态的电平插入一位与它相补的电平，还原时每5个同状态的电平后的相补电平被删除，从而保证了数据的透明。

（4）出错标注：当检测到位错误、填充错误、形式错误或应答错误时，检测出错条件的CAN控制器将发送一个出错标志。

（5）超载标注：一些CAN控制器会发送一个或多个超载帧以延迟下一个数据帧或远程帧的发送。

5. CAN报文的帧格式

CAN通信协议2.0A规定了4种不同的帧格式：数据帧、远程帧、错误帧和超载帧。数据帧用于传送数据，远程帧用于请求数据，超载帧用于扩展帧序列的延迟时间，当局部检测到出错条件后产生一个全局信号错误帧。

远程帧用来请求总线上某个远程节点发送自己想要接收的某种数据，具有发出这种远程消息能力的节点收到这个远程帧后，尽力响应这个远地传送要求。所以对远程帧本身来说，是没有数据域的。在远程帧中，除了RTR位被设置成1，表示被动状态外，其余部分与数据帧完全相同。

错误帧由两个场组成：第一个场由来自各站的错误标志叠加得到，第二个场为常识出错界定符。报文传输过程中，检测到任何一个节点出错，立即于下一位开始发送错误帧，通知发送端停止发送。

超载帧和错误帧一样由两个场组成：超载标志和超载界定符。当接收端因内部原因要求缓发下一个数据帧或远程帧时，就向总线发出超载帧。超载帧还可以引发另一次超载帧，但以两次为限。

数据帧和远程帧同超载帧和错误帧相同，不管是何种帧，均与称为帧间空间的场位分开。相反，在超载帧和错误帧前面没有帧间空间，并且多个超载帧前面也不被帧间空间分割。

CAN 2.0A 数据帧由 7 个不同的位场组成，即帧起始标志位、仲裁场、控制场、数据场、CRC 检查场、ACK 应答场和帧结束标志位。数据场长度可以为零。

(1) 帧起始标志位(SOF)标志着数据帧和远程帧的开始，它以一个比特的显位出现，只有在总线处于空闲状态时，才允许站开始发送，这个状态将结束总线空闲状态(被动状态)，表明有某个节点设备开始发送消息，并且所有站都必须同步于首先开始发送的那个站的帧起始前沿。

(2) 仲裁场(Arbitration Field)由标识符(Identifier)和远程发送请求位(RTR)标志组成。对于 CAN 2.0A 标准，标识符的长度为 11 位，这些位以从高位到低位的顺序发送，最低位为 ID.0，其中最高 7 位不能全为隐位。在数据帧中，RTR 位总是设成 0，而在远程帧中必须为 1。对于 CAN 2.0B，标准格式和扩展格式的仲裁场的格式不同。在标准格式中，仲裁场由 11 位标识符和远程发送请求位 RTR 组成，标识符为 ID.28～ID.18；而在扩展格式中，仲裁场由 29 位标识符、替代远程请求 SRR 位、标识位和远程发送请求位组成，标识符位为 ID.28～ID.0。IDE 位对于扩展格式属于仲裁场，对于标准格式属于控制场。IDE (Identifier Extension，标识符扩展)在标准格式中以显性电平发送，而在扩展格式中以隐性电平发送。

(3) 控制场包括数据长度码和两个保留位，这两个保留位必须发送显性位。数据长度码(DLC)为 4 位，它指出了数据场的字节数目。

(4) 数据场由数据帧中被发送的数据组成，它可包括 0～8 个字节。

(5) CRC 检查场包括 CRC 序列，后随 CRC 界定符。

(6) ACK 应答场位包括应答间隙和应答界定符。在应答场中，发送器送出两个隐位。一个正确地接收到有效报文的接收器，在应答间隙，将此信息通过一个显位报告发送给发送器。所有接收到匹配 CRC 序列的站，通过在应答间隙内把显位写入发送器的隐位来报告。应答界定符是应答场的第二位，并且必须是隐位，因此，应答间隙被两个隐位包围。

(7) 帧结束：每个数据帧和远程帧均由 7 个隐位组成的标志序列界定。

下面以 CAN 2.0B 协议为例，介绍在常用的 CAN 控制器寄存器中 CAN 数据帧的格式。

CAN 2.0B 标准帧如图 1-12 所示。CAN 标准帧信息为 11 个字节，分为两部分：信息部分和数据部分。它的前 3 个字节为信息部分，后 8 个字节为数据部分。

图 1-12 中：

(1) 字节 1 为帧信息。第 7 位(FF)表示帧格式，在标准帧中，FF=0；第 6 位(RTR)表示帧的类型，RTR=0 表示为数据帧，RTR=1 表示为远程帧；DLC 表示在数据帧时实际的数据长度。

(2) 字节 2、字节 3 为报文识别码。

(3) 字节 4～字节 11 为数据帧的实际数据，远程帧时无效。

位数 字节数	7	6	5	4	3	2	1
字节 1	FF	RTR	X	X	DLC(数据长度)		
字节 2	(报文识别码)　ID.10~ID.3						
字节 3	ID.2~ID.0			RTR			
字节 4	数据 1						
字节 5	数据 2						
字节 6	数据 3						
字节 7	数据 4						
字节 8	数据 5						
字节 9	数据 6						
字节 10	数据 7						
字节 11	数据 8						

图 1－12　CAN 2.0B 标准帧

CAN 2.0B 扩展帧如图 1－13 所示。CAN 扩展帧信息为 13 个字节，分为两个部分：信息部分和数据部分。前 5 个字节为信息部分，后 8 个字节为数据部分。

位数 字节数	7	6	5	4	3	2	1
字节 1	FF	RTR	X	X	DLC(数据长度)		
字节 2	(报文识别码)　ID.28~ID.21						
字节 3	ID.20~ID.13						
字节 4	ID.12~ID.5						
字节 5	ID.4~ID.0				X	X	X
字节 6	数据 1						
字节 7	数据 2						
字节 8	数据 3						
字节 9	数据 4						
字节 10	数据 5						
字节 11	数据 6						
字节 12	数据 7						
字节 13	数据 8						

图 1－13　CAN 2.0B 扩展帧

图 1-13 中：

(1) 字节 1 为帧信息。第 7 位(FF)表示帧格式，在扩展帧中，FF=1；第 6 位(RTR)表示帧的类型，RTR=0 表示为数据帧，RTR=1 表示为远程帧；DLC 表示在数据帧时实际的数据长度。

(2) 字节 2～字节 5 为报文识别码，29 位有效。

(3) 字节 6～字节 13 为数据帧的实际数据，远程帧时无效。

数据帧对于不同的 CAN 上层协议，存在着不同的定义。例如，在 HiLon 协议 A 和 HiLon 协议 B中，支持广播和点对点传送命令数据。命令数据包可长达 256B。

6. 位定时与位同步的作用

在 CAN 总线中，位定时有一点小的偏差就会导致总线性能严重下降。虽然在许多情况下，位同步会修补由于位定时设置不当而产生的错误，但不能完全避免出错情况，并且在遇到两个或多个 CAN 节点同时发送时，错误的采样点会使节点启动错误认可标志，造成节点不能赢得总线上的任何动作。

同步跳转宽度规定了重同步发生时采样点在相位缓冲段内移动的距离。相位缓冲段和同步跳转宽度用来补偿振荡器容差，发生重同步时相位缓冲段会被加长或缩短。当总线发生从隐性到显性跳变时，会产生同步，其作用是控制采样点之间的距离。总线节点在每个时间份额都会采样总线，并与前一次采样值进行比较，如果前一次采样值是隐性而当前的采样值是显性，那么总线节点就会发生一次同步。如果跳变沿出现在同步段的前面，沿相位误差就是负的，反之就是正的。

在帧起始时，总线会进行一次硬同步。硬同步后，位时间由每个位定时逻辑单元在同步段之后重新启动，强迫引起硬同步的边沿处于重新启动位时间的同步段内。

当引起重同步的沿相位误差幅值小于或等于同步跳转宽度的数值时，重同步导致位时间延长或缩短，使采样点处于适当的位置。当沿相位误差幅值大于重同步跳转宽度时，如果相位误差为正，则相位缓冲段 1 延长数值等于同步跳转宽度；如果相位误差为负，则相位缓冲段 2 缩短数值等于同步跳转宽度。

通过同步，总线可以有效地滤除长度小于传播时间段与相位缓冲段 1 长度之和的噪声。但在一个位时间里只允许一种同步发生。除了噪声以外，绝大多数的同步都是由仲裁引起的，总线上的所有节点都要同步于最先开始发送的节点，但是由于总线延迟，节点的同步不可能达到理想的要求。如果最先发送的节点没有赢得总线仲裁，那么所有的接收节点都要重新同步于获得总线仲裁的节点。应答场的情况也是如此，总线上的接收节点都要同步于最先发送显性位的节点。但是若发送节点与接收节点的时钟周期不同并经过多次同步累加起来，则振荡器容差会导致同步在仲裁场之后出现。

7. CAN 总线系统的构成

CAN 总线是现场总线的一种，是一种有效支持分布式控制或实时控制的串行通信网络，隶属于控制网络的范畴。从原理和实现的角度，只要有两个 CAN 节点和将它们连接成一体的通信媒体(如双绞线)就可以构成一个 CAN 总线系统，这两个节点之间通过通信媒体交换信息。CAN 总线构成的控制网络的结构一般由控制器节点、传感器节点、执行器节点以及其他的监控节点(如人机界面)组成，CAN 作为控制局域网还可以通过网关和其他网络(如以太网)互联构成大型复杂的控制网络结构，如图 1－14 所示。

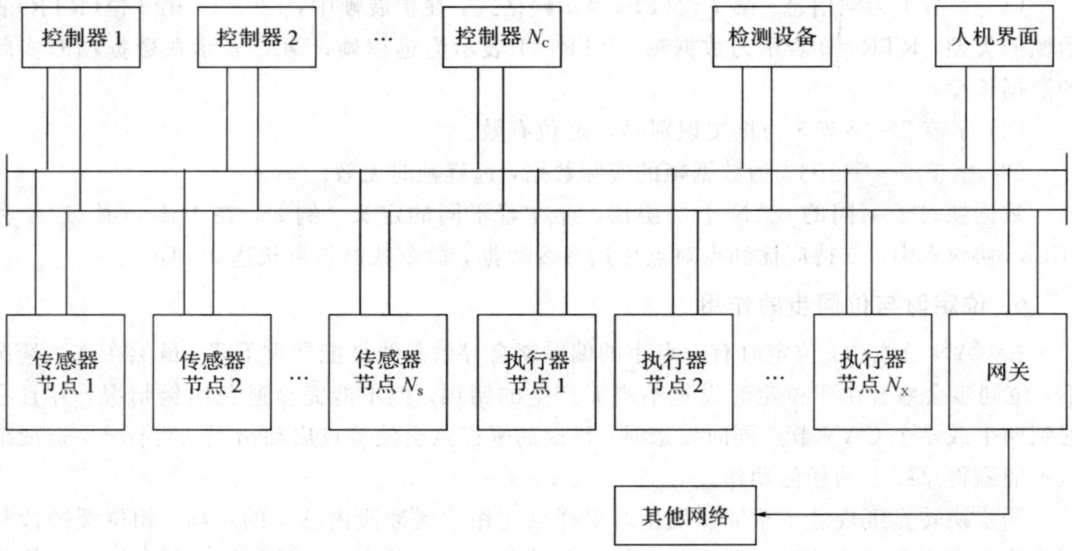

图 1－14 CAN 总线控制系统的结构

从控制系统的角度来看，最小的控制系统是一个单回路的简单闭环控制系统——由一个控制器、一个传感器和一个执行器组成；以 CAN 总线为基础的网络控制系统也可以由多个互不相关的控制回路组成，而它们共享一个控制网络——CAN 总线。按现场总线控制系统(FCS)的概念来说，传感器节点、执行器节点都可以集成控制器，即所谓的智能节点，这样就形成了真正分布式(主要指算法分散)的网络控制系统。如图 1－14 所示，CAN 这个局域网控制系统也可以作为整个大型控制系统的一个子系统，这时 CAN 通过网关和整个系统建立联系。

一个简单的 CAN 总线系统主要由上位计算机和微控制器构成，包括通用个人计算机和 CAN 的接口(CAN 适配卡和若干个 CAN 网络节点)。

CAN 适配卡是实现上位机系统和 CAN 总线连接的接口，它的作用和以太网网卡相同。带 CAN 适配卡的上位机在 CAN 总线系统中相当于一个网络节点，而一般的 CAN 节点都是由微控制器系统组成的。根据节点的功能，上位机分别完成某一特定的任务，如将传感器数据上传到总线上，或将网络中传来的控制数据输出到执行器来控制该执行器的动作。

CAN 是多主发送的网络结构，从 CAN 的角度，无所谓主节点和从节点的概念，但是在有些具体的应用中，为了系统的可靠性以及整体设计的考虑还是区分主节点和从节点的，如图 1－15 所示的系统中，和多数应用系统一样，上位机节点一般为系统的主节点。这个系统的原理是：主机(主节点)负责监控各个从机(从节点)，向从机发布指令，并接收、处理从机传来的检测数据；从机执行主机的指令，显示运行信息，向主机传送检测数据；CAN 接口电路负责各节点间的串行通信，两个 120 Ω 的电阻作为 CAN 线路的匹配电阻。

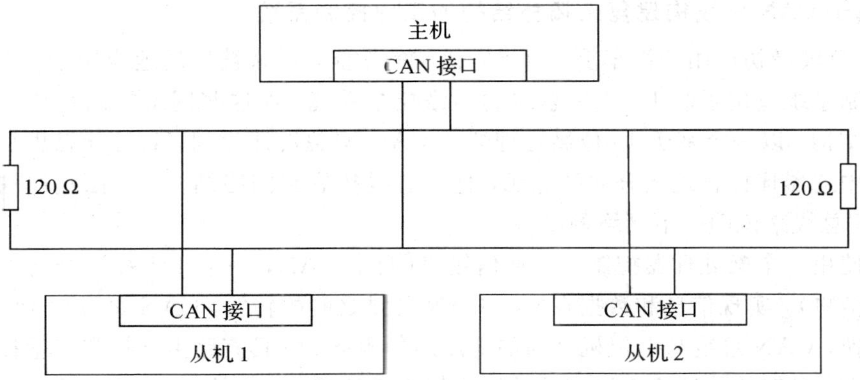

图 1－15　一种简单的 CAN 总线系统

8. CAN 总线系统的节点

CAN 总线上的节点一般是指挂在 CAN 总线上的传感部件、执行部件或控制器单元。CAN 总线是通过允许节点间对等的传播数据来实现网络通信的。节点的微控制器和上位机之间的通信可以是单向的，也可以是双向的。在双向的传输信息模式中，上位机可以通过节点传来的数据和状态值，采取报警或调整等反馈措施。

CAN 节点的构成是多种多样的，例如典型的智能传感器节点、执行器节点以及控制节点。节点形式的多样性间接丰富了 CAN 网络的类型。由于总线收发器物理信号驱动能力的限制，在一个 CAN 总线网络上，最多可挂接 110 个节点设备。

常用 CAN 节点的结构如图 1－16 所示。它是一个计算机系统、通用 PC 系统或嵌入式处理器系统。其关键部分是 CAN 网络控制器和 CAN 总线收发器，由它们来实现 CAN 总线的物理层和数据链路层协议，并和计算机系统实现 CAN 网络的通信。如果计算机系统中嵌入了控制器算法，则这个节点按照功能而言就是控制器节点；同样，如果计算机系统（一般是嵌入式微处理器系统）带有传感器接口，则这个节点就是智能传感器节点；如果连接电视用来驱动执行器，则这个节点就是执行器接口。当然，节点还可以提供其他形式的信号输入输出接口。一个节点可以具有多种功能，如带有输入输出接口并带有控制器算法，那么它就是一个完整的控制节点。

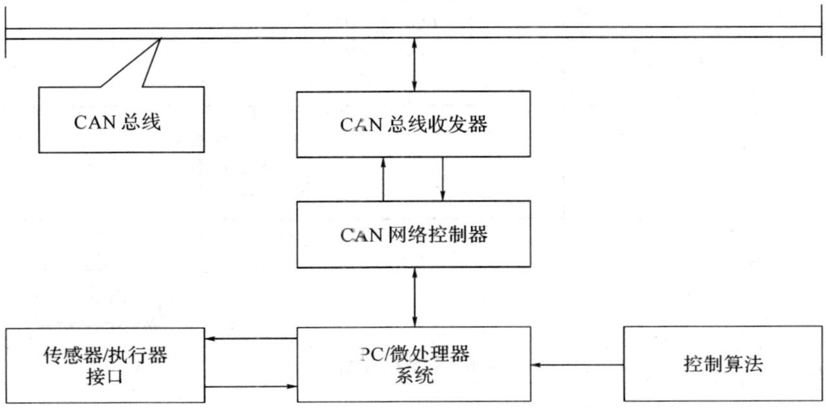

图 1－16　常用 CAN 节点的结构

9. 基于 CAN 总线构建复杂拓扑结构的工业控制系统

CAN 总线最初应用于汽车上，由于它优越的性能，后来被广泛地应用于多个领域。很多工业控制系统应用了基于 CAN 总线的网络控制系统，而这些网络控制系统一般具有复杂的拓扑结构。以一个基于 16 位微处理器的 CAN 网关设计为例，其设计思想是在硬件上用网关和中继器连接物理上分立的总线，把单总线拓展到网络结构。下面我们利用 485 总线和 CAN 总线来说明一下网络的结构。

网关使用一个微处理器控制 4 个通信接口(两个 CAN，一个 485 和一个与上位机之间的 232 通信口)，实现信息和数据在两条 CAN 总线之间的转发，CAN 总线和 485 总线之间的数据交换，CAN 总线与上位机之间的应用通信服务。它具有路由选择和流量控制两个基本功能，并有足够的处理速度以满足总线峰值流量的需要。此外，针对特定的应用，网关能提供本地实时时钟服务(Local real time clock service)。

可以将总线系统连接成环型结构，也可以根据需要将总线连接成树型结构，如图 1－17 所示。多条 CAN 总线和 485 总线通过我们设计的网关也可以连接成比较复杂的网络拓扑结构。

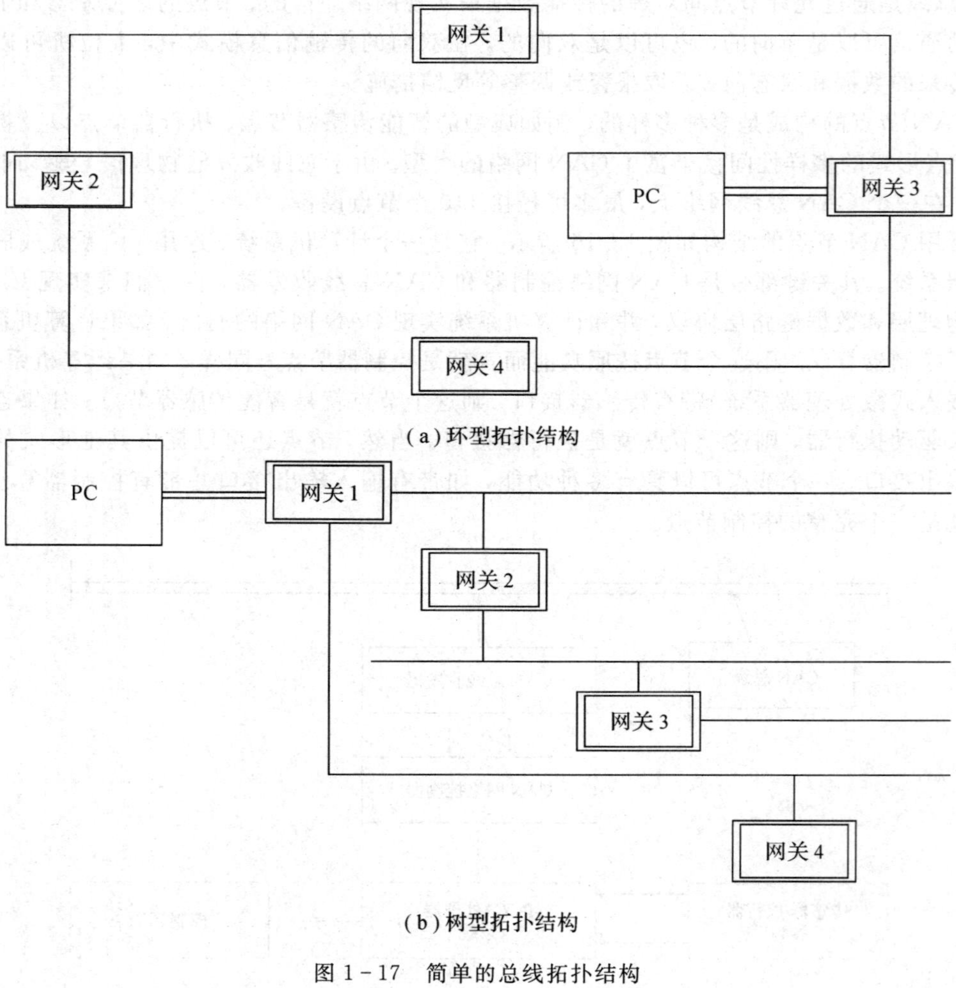

(b) 树型拓扑结构

图 1－17　简单的总线拓扑结构

10. CAN 总线的安全性讨论

控制器局域网(CAN)协议是所有现代汽车通信协议中使用最广泛的协议之一。CAN 作为广播网络运行，由节点创建的分组被分发到网络的所有区域，并且接收节点自己确定是使用还是丢弃分组。此行为的基本原理是使信息在整个网络中保持一致(德州仪器 Texas Instruments - 2008)。

CAN 实施中存在一些潜在的漏洞。接收节点取决于 CAN ID 处理分组，分组内的所有节点都将接收同样的数据包。因此，各个节点无法判断数据包是否为它们设计，也不知道该数据包来自哪个节点。这会导致另一种漏洞，即 CAN 无法识别节点是否合法。CAN 不对其节点进行任何形式的身份验证。因此，攻击者可以通过受损节点轻松发送欺骗消息。所有这些问题导致系统不仅不安全，还无法识别威胁。

攻击者可以通过各种方式潜入车辆网络中。最直接的方法是通过板载诊断(OBD-II)端口。它提供对 CAN 总线的直接访问，可用于收集诊断数据包(Checkoway - 2011)。但是，如果攻击者要与端口进行交互，则会将其视为网络上的节点。这将允许攻击者收集信息并可能传输消息。或者，攻击者可以在端口中安装某种远程设备并远程攻击车辆。最近，汽车制造商在逐步开发车辆中的无线通信，如通用汽车的 OnStar、丰田的 Safety Connect 和宝马的 BMW Assist(Checkoway - 2011)等系统允许车辆通过宽带服务进行通信。这些系统为攻击者提供了入侵车辆的新路线。

CAN 漏洞的核心是协议无法识别消息来源。在开发解决方案时，需要提出一种可以与当前 CAN 模型兼容的方法。通常通过设计一种机制，使 CAN 能够识别来自外部攻击者(恶意 ECU)的本地车辆硬件(合法 ECU)的 ECU。此外，针对节点开放性可能带来的重放攻击，需要通过创建一个区分一帧与下一帧的结构，抵御重放攻击。

实现这个目标的主要方式是允许 CAN 通过添加一个新字段来识别入侵者并抵制重放，将该字段添加到现有 CAN 帧中。该机制将产生包含在该字段中的新值。这些值可以是包括在帧中的数据和秘密值生成的散列值，该散列值将用作认证值。认证值可以识别制造中存在的车辆组件的消息；也可以使用时间戳允许系统识别重放攻击。

目前使用的 CAN 帧缺乏容纳其他字段的能力。BOSCH 最近提出的新 CAN FD(具有灵活数据速率的 CAN)对 CAN 协议进行了改进，包括灵活的数据传输速率和扩展的数据字段。传统的 CAN 格式只允许最大 8 字节的数据长度，而 CAN FD 协议可以支持最多 64 字节的消息(Hartwich - 2012)。此外，CAN FD 协议允许灵活的数据传输速率(从 CAN 中可用的 1 Mb/s 到高达 15 Mb/s)，这将使系统能够适应增加的消息长度。

1.4.4　DNP3 通信协议

DNP3(分布式网络协议)是过程自动化系统中组件之间使用的一组通信协议。它主要用于电力和自来水公司等公用事业，在其他行业中并不常见。DNP3 是为采集各种数据和控制设备之间的通信而开发的。它在 SCADA 系统中起着至关重要的作用，SCADA 主站(A. K. A. 控制中心)、远程终端单元(RTU)和智能电子设备(IED)使用 SCADA 系统。DNP3 主要用于主站和 RTU 或 IED 之间通信。控制中心通信协议(ICCP，为 IEC 60870 - 6 的一部分)用于主站间通信。竞争的标准包括旧的 Modbus 协议和较新的 IEC 61850 协议。

虽然 IEC 6085 - 5 仍在开发中，还没有被标准化，但需要创建一个标准，允许电网的各个供应商 SCADA 组件之间有互操作性。因此，在 1993 年 GE－Harris(以前称为 Westronic, Inc.)使用部分完成的 IEC 6085－5 协议规范作为开放和立即可实施的协议的基础，该协议特别适合北美的要求。该协议旨在允许在电力公用事业自动化系统所经受的恶劣环境中进行可靠通信，用于克服因 EMI 引起失真、组件老化(其预期寿命可延长至数十年)以及传输介质差等缺陷。

1. 安全性

尽管该协议的设计非常可靠，但它的设计并不能抵御黑客和其他可能希望破坏控制系统以禁用关键基础设施的恶意力量的攻击。

由于智能电网应用通常假设第三方访问智能电网的相同物理网络和底层 IP 基础设施，因此已经做了很多工作来为 DNP3 协议添加安全认证功能。DNP3 协议符合 IEC 62351－5。一些供应商支持通过线上接线进行串行通信加密或基于互联网协议的通信的虚拟专用网络。

DNP3 协议也被引用在 IEEE 标准 IEEE 1379－2000 中，它推荐了用于实现现代 SCADA Master－RTU/IED(主 RTU/IED)通信链路的一组最佳实践(不仅包括加密，还包括增强入侵方法的安全性的其他实践)。

2. 技术细节

DNP3 协议具有显著的特性，使其比诸如 Modbus 的旧协议更加强大、高效且可互操作，但代价是复杂性更高。

就网络的 OSI 模型而言，DNP3 指定了第 2 层协议。它为用户数据提供多路复用、数据分段、错误检查、链接控制、优先级排序和第 2 层寻址服务。它还定义了一个传输函数(与第 4 层的功能类似)和一个应用层(第 7 层)，还定义了适用于常见 SCADA 应用的函数和通用数据类型。DNP3 框架与 IEC 60870－5 FT3 框架非常相似，但不完全相同。DNP3 大量使用循环冗余校验码来检测错误。

通过面向事件的数据报告实现了改进的带宽效率。远程终端单元(RTU)监视数据点并在判定报告数据时生成事件(如当它更改值时)。这些事件放置在三个缓冲区之一中，与类 1、2 和 3 相关联。除此之外，类 0 被定义为受监视数据的“静态”或当前状态。

远程终端单元最初用 DNP3 术语“完整性轮询”(组合读取 1、2、3 和 0 类数据)进行询问。这会导致远程终端单元将所有缓冲事件以及所有静态点数据发送到主站。在此之后，Master 通过读取类 1、类 2 或类 3 来轮询事件数据。类的读取可以一起执行，也可以每个类以不同的速率读取，从而为不同类创建提供不同报告优先级的机制。完整性轮询后，仅发送重要的数据更改。与轮询所有内容相比，这样做可以显著提高响应式数据检索，无论其是否发生了明显变化。

远程终端单元还可以配置为在可用时自发报告 1 类、2 类或 3 类数据。

DNP3 协议支持与 RTU 的时间同步。DNP 协议具有所有点数据对象的时间戳变体，因此即使偶尔进行 RTU 轮询，仍然可以接收足够的数据来重建轮询之间发生的一系列事件。

DNP3 协议具有大量常见的面向点的对象库。这个扩展库的重点是消除对其他对象的位映射数据的需求，这在 Modbus 安装中经常发生。例如，浮点数变量可用，因此无需将数字映射到一对 16 位寄存器。这样做提高了兼容性并消除了字节序等问题。

DNP3 协议的远程终端单元可以是一个小型、简单的嵌入式设备，也可以是一个装满设备的大型复杂机架。DNP 用户组已建立了四级协议子集，以实现 RTU 合规性。DNP 用户组已经发布了实现最简单的级别 1 和级别 2 的测试过程。

该协议强大、高效，并与各种设备兼容，但随着时间的推移变得越来越复杂和微妙。此外，SCADA 概念在技术上很简单，但由于供应商实施的差异，集成多种类型设备的现场应用程序可能会变得很复杂，无法进行设置或故障排除。

3. IEEE 标准化

IEEE 于 2010 年 7 月 23 日采用 DNP3 作为 IEEE 标准 1815 - 2010。IEEE 标准 1815 - 2010 由 IEEE 电力和能源学会的输配电委员会和变电站委员会共同赞助，并得到了 DNP 用户组的额外投入。

2012 年 4 月，IEEE 批准标准 1815 - 2012 发布。IEEE 标准 1815 - 2010 被弃用。2012 版标准包括安全验证版本 5 的功能。IEEE 1815 - 2010 之前版本的安全验证仅使用预共享密钥；新版本能够使用公钥基础结构，并且有助于远程密钥更改。

1.4.5 OPC 规范

开放平台通信(OPC)是工业通信的一系列标准和规范。工业自动化行业特别工作组于 1996 年以名称 OLE for Process Control(用于过程控制的对象链接和嵌入)开发了原始标准。OPC 指定来自不同制造商的控制设备之间的实时工厂数据的通信。

在 OPC 协议于 1996 年首次发布之后，为了维持标准，成立了 OPC 基金会。由于 OPC 已经在过程控制领域之外被采用，因此 OPC 基金会在 2011 年更名为 Open Platform Communications。名称的更改反映了 OPC 技术可应用于楼宇自动化、离散制造、过程控制等。目前，OPC 已经超越了其原始的 OLE(对象链接和嵌入)实现，包括其他数据传输技术(如 Microsoft 的 .NET Framework、XML)，甚至超越了 OPC 基金会的二进制编码 TCP 格式。

1. 起源和用途

OPC 规范基于 Microsoft 为 Microsoft Windows 操作系统系列开发 OLE、COM 和 DCOM 技术。该规范定义了一组标准的对象、接口和方法，用于过程控制和制造自动化应用程序，以促进互操作性。最常见的 OPC 规范是 OPC 数据访问，用于读写实时数据。当供应商引用 OPC 时，通常意味着 OPC 数据访问(OPC DA)。OPC DA 自设立以来经历了三次重大修订。版本向后兼容，因此版本 1 OPC 的客户端仍然可以访问版本 3 OPC 的服务器，新规范添加了功能，仍然需要实现旧版本。但是，兼容 DA - 3 的客户端不一定适用于 DA 1.0 服务器。

除 OPC DA 规范外，OPC Foundation 还维护 OPC 历史数据访问(HDA)规范。与 OPC DA 可访问的实时数据相比，OPC HDA 允许访问和检索存档数据。

OPC 警报和事件规范也由 OPC 基金会维护。它定义了警报和事件类型消息信息的交换，以及可变状态和状态管理。

2. 设计

OPC 为基于 Windows 的软件应用程序和过程控制硬件提供通用桥接。标准定义了工厂车间设备访问现场数据的统一方法。无论数据的类型和来源如何，此方法都保持不变。硬件设备的 OPC 服务器为 OPC 客户端提供统一的访问数据的方法，目的是减少硬件制造商及其软件合作伙伴以及 SCADA（监控和数据采集）和其他 HMI（人机界面）生产商所需的重复工作量，以便将两者兼容。一旦硬件制造商为新硬件设备开发了 OPC 服务器，OPC 服务器的工作就是允许任何"顶端（top end）"访问硬件设备；一旦 SCADA 生产商开发了 OPC 客户端就可以访问硬件和 OPC 兼容服务器。OPC 的目的是定义通用接口，供 SCADA、HMI 或自定义软件重用。

OPC 规范中限制服务器提供对过程控制设备的访问。OPC 服务器可以编写任何内容。

为特定设备编写 OPC 服务后，任何能够作为 OPC 客户端的应用程序都可以重用 OPC 服务。OPC 服务器使用 Microsoft 的 OLE 技术（也称为组件对象模型或 COM）与客户端进行通信。COM 技术允许定义软件应用程序和过程硬件之间的实时信息交换标准。

值得注意的是，一些 OPC 规范已经发布，其他规范仅适用于 OPC 基金会的成员。因此，虽然没有公司"拥有"OPC 并且任何人都可以开发 OPC 服务器，但无论这些公司是否是 OPC 基金会的成员，非成员都不一定会使用最新的规范。任何人都可以集成 OPC 产品，系统集成商没有先决条件属于任何组织。因此，每个需要 OPC 产品的公司都应确保其产品得到认证，并且系统集成商必须接受必要的培训。

OPC 统一架构（UA）已经指定并正在通过其早期采用者程序进行测试和实施。它可以使用 Java、Microsoft .NET 或 C 实现，无需使用早期 OPC 版本的基于 Microsoft-Windows 的平台。UA 将现有 OPC 接口的功能与 XML 和 Web 服务等新技术相结合，以提供更高级别的 MES 和 ERP 支持。

2010 年 9 月 16 日，OPC 基金会和 MTConnect 研究所宣布合作，以确保两个标准之间的互操作性和一致性。

1.4.6 MTConnect 标准

MTConnect 是一种用于从数控机床中检索过程信息的制造技术标准。该标准始于 Sun Microsystems 的 David Edstrom 和加州大学伯克利分校（UCB）计算机科学教授 David Patters 在 2006年制造技术协会（AMT）年会上的讲座。这个讲座促进了开放式通信标准，以实现互联网与制造设备的两个连接。最初的开发是在来自行业代表的 UCB 电气工程和计算机科学（EECS）部门、UCB 机械工程（ME）部门（工程学院）和佐治亚理工学院的共同努力下进行的。由此产生的标准可在免版税许可条款下获得。

MTConnect 也是一种协议，用于车间设备和进行监控、数据分析的软件应用程序之间的数据交换。MTConnect 被称为只读标准，它仅定义从控制设备提取（读取）数据，而不是将数据写入控制设备。它可自由使用的开放标准用于 MTConnect 的所有方面。来自车间设备的数据以 XML 格式呈现，并且使用超文本传输协议（HTTP）作为底层传输被代理的信息提供者检索。MTConnect 提供 RESTful 接口，即接口是无状态的。不必建立会话来从 MTConnect 代理检索数据，也不需要登录或注销序列（除非添加了覆盖的安全协议）。建议将轻量级目录访问协议（LDAP）用于发现服务。

MTConnect 的首次公开演示是在 2008 年 9 月在伊利诺伊州芝加哥举行的国际制造技术展（IMTS）上。在那里，25 家工业设备制造商将他们的机械控制系统联网，提供可从连接到网络的任何支持 Web 的客户端检索的过程信息。

随后的示范是 2009 年 10 月在意大利米兰举行的 EMO(欧洲机床展)，以及芝加哥的 2010 IMTS。

MTConnect 标准有三个部分。第一部分通过 XML 模式提供有关 XML 文档的协议和结构的信息；第二部分指定机床组件和可用数据的描述；第三部分指定了向制造设备提供的数据流的组织方式。MTConnect Institute 正在考虑增加第四部分，以支持包括工具和工作持有的移动资产。

MTConnect 采用增量方法来定义制造设备通信的要求。它没有详尽地定义应用程序可以从制造设备收集的每个可能的数据，但它从业务和研究目标向前推进，以定义满足这些需求所需的元素。该标准编制了金属切割设备的重要组件和数据项。MTConnect 提供可扩展的 XML 模式，允许实现者添加自定义数据以满足其特定需求，同时提供尽可能多的通用性。

2010 年 9 月 16 日，MTConnect 研究所和 OPC 基金会宣布了各自组织之间的合作。

对于制造业而言，MTConnect 非常适用于制造业的信息物理系统(CPS)架构。5 级架构提供了采用 CPS 所有功能的框架。MTConnect 等数据采集和通信技术支持 CPS 的智能连接。

例如，如果可以在故障之前主动采取措施，则可以降低机床部件(如主轴轴承和滚珠丝杠)的意外停机时间，从而降低维护成本 提升生产效率。智能的磨损监测应用程序将使用 MTConnect 提取控制器数据和模式识别算法，以评估主轴和机床轴的磨损状况。磨损评估方法基于每个班次运行例行程序，将最新数据模式与基线数据模式进行比较；提出了在线工具状态监测模块，其使用诸如主轴电动机电流的控制器数据，以及其他附加的传感器(振动，声发射)来准确地估计和预测工具磨损。通过增加机床磨损信息的透明度，可以在出现严重停机或生产率损失之前主动采取措施。

习　　题

1. 简述数据通信系统的概念、组成及各部分的含义。
2. 简述差错控制的工作方式和常用检错方法。
3. 简述串口服务器的概念、特点和应用方式。
4. 简述工业以太网的概念和特点。
5. 简述现场总线的概念、体系结构和特点。
6. 常见的现场总线有哪些?
7. Modbus 通信协议有哪几种报文帧格式? 描述其内容。
8. 简述 Profibus 的概念和分类。
9. 简述 Profibus - DP 系统的工作过程。
10. 描述 Profibus - DP 的协议结构。
11. 简述 CAN 的概念、特点和分层结构。
12. 简述 CAN 报文的帧类型和帧格式。
13. 简述 CAN 报文滤波的原理和过滤模式。

14. 列出常用的 CAN 总线系统的拓扑结构。
15. 简述 CAN 协议的漏洞。

参考文献

[1] 史久根，张培仁，陈真勇. CAN 现场总线系统设计技术[M]. 北京：国防工业出版社，2004.

[2] 王华忠，陈冬青. 工业控制系统及应用：SCADA 系统篇[M]. 北京：电子工业出版社，2017.

[3] 夏继强，邢春香. 现场总线工业控制网络技术[M]. 北京：北京航空航天大学出版社，2005.

[4] 伏尔茨. Profibus 现场总线技术手册[Z]. 杨昌琨，译. 北京：中国机电一体化技术应用协会现场总线(Profibus)专业委员会，1997.

[5] 唐济杨. 现场总线(Profibus)技术应用指南[M]. 北京：中国机电一体化技术应用协会现场总线(Profibus)专业委员会，1998.

[6] 韩锋. Profibus-DP 应用技术研究及从站节点软硬件开发[D]. 北京：北京航空航天大学，2003.

[7] 阳宪惠. 工业数据通信与控制网络[M]. 北京：清华大学出版社，2003.

[8] 缪学勤. 实时以太网技术现状与发展[J]. 自动化博览，2005，22(2)：21-24，26.

[9] Profibus International. Profibus Specification[S]. 1998.

[10] JB/T 10308. 3-2001. 测量和控制数字数据通信工业控制系统用现场总线第 3 部分：Profibus 规范[S]. 中国机械工业联合会，2001.

[11] Profibus Trade Organization. GSD-Specification for Profibus-DP[S]. 1998.

[12] SIEMENS AG. Profibus-DP Device Description Data Files GSD[R]，1998.

[13] CARSTEN P，ANDEL T R，YAMPOLSKIY M，et al. A System to Recognize Intruders in Controller Area Network (CAN)[C]. in Proceedings of the 3rd International Symposium for ICS & SCADA Cyber Security Research. Ingolstadt，2015：111-114.

[14] 百度百科. 通信网络[EB/OL]. [2019-01-01]. https://baike.baidu.com/item/%E9%80%9A%E4%BF%A1%E7%BD%91%E7%BB%9C/1302896.

[15] WIKIPEDIA. DNP3[EB/OL]. [2019-01-01]. https://en.wikipedia.org/wiki/DNP3.

[16] IEEE 1379-2000 Recommended Practice for Data Communications Between Remote Terminal Units and Intelligent Electronic Devices in a Substation [S]. 2001.

[17] IEEE 1815-2010 Standard for Electric Power Systems Communications - Distributed Network Protocol (DNP3)[S]. 2010.

[18] IEEE 1815-2012 Standard for Electric Power Systems Communications - Distributed Network Protocol (DNP3)[S]. 2012.

[19] WIKIPEDIA. Open_Platform_Communications[EB/OL]. [2019-01-01]. https://en.wikipedia.org/wiki/Open_Platform_Communications.

[20] Opcfoundation. What-is-opc[EB/OL]. [2019-01-01]. https://opcfoundation.org/about/what-is-opc/.

[21] OPC Foundation. OPC Foundation and MTConnect Institute Announce a Memorandum of Understanding[Z]. (2010-10-21). on 2011-06-16. [2010-10-26].

[22] Sun Microsystems. Sun Microsystems Champions Open Standards to Usher in a New Era in Manufacturing[Z]. (2011-07-11)[2010-05-11].

[23] AMT. AMT's 2006 Annual Meeting: Manufacturing in the Internet Age(PDF)[Z]. Convention program. 2006-10-25. Retrieved, 2017-03-02.

[24] JABLONOWSKI J. Computer Standard To Streamline Shops[J]. Production Machining. [2009-12-18].

[25] VERNYI B. MTConnect in Your Future[J]. American Machinist, 2009, 151(10): 4.

[26] MTConnect. MTConnect Newsletter[Z]. 2009-01-20(PDF). Archived from the original (PDF) on 2011-07-27. [2009-12-17].

[27] ThomasNet. IMTS 2008: The "Rosetta Stone" of Interoperability and More[Z]. [2009-12-18].

[28] MTConnect. MTConnect Newsletter[Z]. 2008-10-07(PDF). Archived from the original (PDF) on, 2011-07-27. [2009-12-17].

[29] MTConnect. MTConnect Standard[S]. Archived from the original on 2011-07-27.

[30] OPC Foundation. OPC Foundation and MTConnect Institute Announce a Memorandum of Understanding[Z]. 2010-10-21. Archived from the original on 2011-06-16. [2010-10-26].

[31] LEE J, BAGHERI B, KAO Hung-An. A Cyber-Physical Systems architecture for Industry 4.0-based manufacturing systems[J]. Manufacturing Letters, 2015, 3(1): 18-23.

[32] Nc-link. NC-LINK Technology Co., Ltd [EB/OL]. [2019-01-01]. http://www.nc-link.cn/index.php?a=lists&catid=23.

第2章 工业控制系统基础

2.1 SCADA系统

2.1.1 SCADA系统的概念

SCADA(Supervisory Control And Data Acquisition)系统，即数据采集与监督控制系统。从SCADA系统名称可以看出，其包含两个层次的基本功能：数据采集和监督控制，集中的数据采集和控制是系统运行的关键。一般来讲，SCADA系统特指分布式远程计算机测控系统，主要用于测控点非常分散、分布范围广泛的生产过程或设备的监控，通常情况下，测控现场是无人值守或少人值守的。SCADA系统的定义：SCADA系统是一类功能强大的计算机远程监督控制与数据采集系统，它综合利用了计算机技术、控制技术、通信与网络技术，完成了对测控点分散的各种过程或设备的实时数据采集，本地或远程的自动控制，以及运行过程的全面实时监控、管理、安全控制和故障诊断、并为上级MES系统提供必要的数据接口和支持。

2.1.2 SCADA系统的组成

SCADA系统作为生产过程和事务管理自动化最为有效的计算机软硬件系统之一，它包含3个部分：第一部分是分布式的数据采集系统(下位机)；第二部分是过程监控与管理系统(上位机)；第三部分是数据通信网络，包括上位机网络系统、下位机网络，以及将上、下位机系统连接的通信网络。典型的SCADA系统总体结构如图2-1所示。

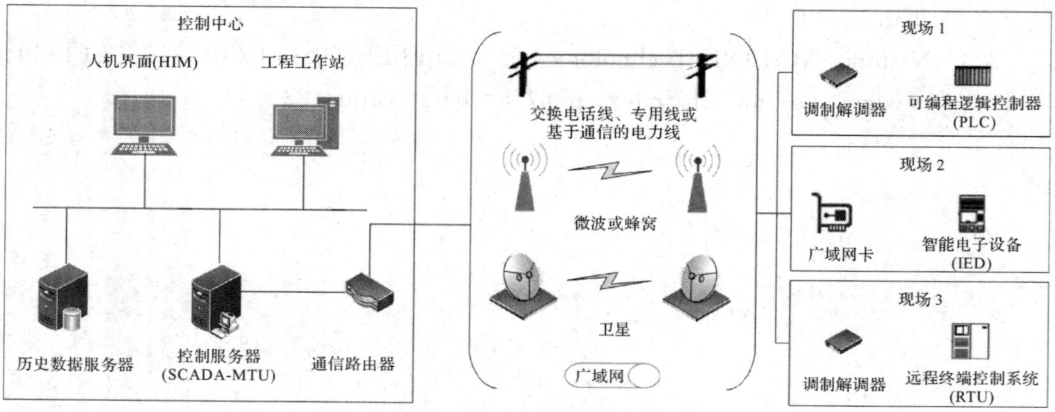

图2-1 SCADA系统总体结构

SCADA 系统广泛采用“管理集中、控制分散”的集散控制思想，因此，即使上、下位机通信中断，现场的测控装置仍能正常工作，确保系统的安全和可靠运行。

下面分别对这三个部分的组成和功能等方面进行介绍。

1. 上位机系统(监控中心)

1) 上位机系统的组成

上位机被称为“SCADA Sever”或 MTU(Master Terminal Unit)。上位机系统通常包括 SCADA 服务器、工程师站、操作员站、Web 服务器等，这些设备通常采用以太网联网。上位机硬件系统的组成主要有计算机、服务器、网络和通信设备等。在 SCADA 系统发展初期，上位机系统普遍采用工控机，近年来随着商用机可靠性的不断增强，以及商用机较工控机的价格优势，SCADA 系统选用商用机做上位机也越来越普遍。

上位机通过网络与在测控现场的下位机通信，并以各种形式(如声音、图形、报表等方式)显示给用户，以达到监视的目的。同时数据经处理后，告知用户设备的状态，这些处理后的数据可能会保存到数据库中，也可能通过网络系统传输到不同的监控平台上，还可能与别的系统结合形成功能更加强大的系统。上位机还可以接受操作人员的指示，将控制指令发送到下位机中，以达到远程控制的目的。

对于复杂的 SCADA 系统，可能包含多个上位机系统，即系统有一个总的监控中心外，还包括多个分监控中心。如大型电力系统，就包含多个地区监控中心。采用这种结构的好处是系统结构更加合理，任务管理更加分散，可靠性更高。每一个监控中心通常由不同功能的工作站组成，这些工作站包括：

(1) 数据库服务器——收集下位机传来的数据，进行汇总；

(2) Web 服务器——负责监控中心的网络管理与上一级监控中心的连接；

(3) 操作员站/人机界面(HMI)——通常是 SCADA 客户端，在监控中心完成各种管理和控制功能；

(4) 工程师站——负责系统的组态、画面制作和系统的各种维护。

2) 上位机系统功能

(1) 数据采集和状态显示。

SCADA 系统的首要功能就是数据采集，即首先通过下位机采集测控现场数据，然后上位机通过通信网络从众多的下位机中采集数据，进行汇总、记录和显示。通常情况下，下位机不具有数据记录功能，只有上位机才能完整地记录和保持各种类型的数据，为各种分析和应用打下基础。

上位机系统通常具有非常友好的人机界面，人机界面可以以各种图形、图像、动画、声音等方式显示设备的状态和参数信息、报警信息等。

(2) 远程监控。

SCADA 系统中，上位机汇集了现场的各种测控数据，这是远程监视、控制的基础。由于上位机采集数据具有全面性和完整性，监控中心的控制管理也具有也全局性，能更好地实现整个系统的合理、优化运行。特别是对许多常年无人值守的现场，远程监控是安全生产的重要保证。

（3）报警和报警处理。

SCADA 系统上位机的报警功能对于尽早发现和排除测控现场的各种故障，保证系统正常运行起着重要作用。上位机上可以以多种形式显示发生故障的名称、等级、位置、时间和报警信息的处理和应答情况。上位机系统可以同时处理和显示多点同时报警，并且对报警的应答做记录。

（4）事故追忆和趋势分析。

上位机系统的运行记录数据，如报警与报警处理记录、用户管理记录、设备操作记录与过程数据的记录对于分析和评价系统运行状况是必不可少的。对于预测和分析系统的故障，快速地找到事故的原因并找到恢复生产的方法是十分重要的，这也是评价一个 SCADA 系统其功能强弱的重要指标之一。

（5）与其他应用系统的结合。

工业控制的发展趋势就是管控一体化，也称综合自动化，典型的架构就是 ERP/MES/PCS 三级系统结构，SCADA 系统属于 PCS 层，是综合自动化的基础和保障。这就要求 SCADA 系统是开放的系统，可以为上层应用提供各种信息，也可以接收上层系统的调度、管理和优化控制指令，实现整个企业的综合自动化。

2. 下位机系统

下位机一般来讲都是各种智能节点，这些下位机都有自己独立的系统软件和由用户开发的应用软件。该节点不仅能完成数据采集功能，而且还能完成设备或过程的直接控制。这些智能采集设备与生产过程各种检测与控制设备结合，实时感知设备各种参数的状态，各种工艺参数值，并将这些状态信号转换为数字信号，并通过各种通信方式将下位机信息传递到上位机系统中，并且接受上位机的监控指令。典型的下位机有远程终端单元 RTU、可编程逻辑控制器 PLC、PAC 和智能仪表等。

1）远程终端单元(RTU)

RTU(Remote Terminal Unit)是安装在远程现场的电子设备，用来监视和测量安装在远程现场的传感器和设备，是 SCADA 系统的基本组成单元。RTU 将测得的状态或信号转换成可在通信媒体上发送的格式。它还将从中央计算机发送来的数据转换成命令，实现对设备的远程监控。不同厂家的 RTU 通常有自己的组网方式和编程软件，开放性较差。

RTU 的主要作用是进行数据采集和本地控制，进行本地控制时作为系统中一个独立的工作站，RTU 可以独立地完成连锁控制、前馈控制、PID 等工业上常用的控制功能；进行数据采集时作为一个远程数据通信单元，完成或响应本站与中心站或其他站的通信和遥控功能。

RTU 体现了“测控分散、管理集中”的思路。它在提高信号传输可靠性、减轻主机负担、减少信号电缆用量、节省安装费用等方面有显著的优点。与常用的工业控制设备 PLC 相比，RTU 通常要具有优良的通讯能力和更大的存储容量，适用于更恶劣的温度和湿度环境，提供更多的计算功能。

2）各种中、小型 PLC

典型的小型 PLC 产品有三菱的 FX_{2N} 系统 PLC、西门子的 S7－200 系统、OMRON 的

CPM1A 等，中型的 PLC 产品有三菱的 Q 系列、西门子的 S7－300 和施耐德的 Quantum 系列等。由于这些产品的性价比高、可靠性高、编程方便，因此在各种 SCADA 系统中得到了广泛的应用。随着现场总线技术的发展，现场总线在以 PLC 为下位机系统中的应用也不断增长。

3）可编程自动化控制器(Programmable Automation Controller，PAC)

目前的 PAC 产品主要包括两类：一类是以基于 PC 控制思想和控制系统编程语言标准化协会推出的 PAC 产品。典型的产品有研华公司的 ADAN－5510EKW、Beckoff 公司的 CX1000、NI 公司的 Compact FieldPoint 等。另一类是传统的 PLC 制造商直接把他们高端 PLC 就称为 PAC，典型的产品有通用电气公司的 PAC SystemsRX3i/7i、罗克韦尔公司的 CompactLogix 和 ControlLogix 等。这些厂家也注重这类产品的开放性，如其配套编程软件也能更好地支持 IEC6113－3 编程语言标准。

4）智能仪表

城市公用事业系统大量采用 SCADA 系统，与其他工业过程的 SCADA 系统相比，它们更侧重数据采集、信息集中管理与远程监管，而远程控制能力要求较低，大量使用各种现场仪表做下位机，如智能流量计量表、冷量热量表等。采用智能仪表控制后，下位机系统具有更强的控制功能。智能仪表与其他设备结合，实时感知设备各种参数状态和工艺参数值，并将这些状态信号转换为数字信号并通过通信网络传递到上位机系统中。例如，检测仪表属于下位机系统，在 SCADA 系统中起着重要作用。SCADA 系统中监控的参数按照数据类型可以分为模拟量、数字量和脉冲量。模拟量包括温度、压力、物位、流量等典型过程参数和其他各种参数；而数字量包括设备的启/停状态等。同时，下位机还可根据控制程序，完成现场设备的控制。

由于 SCADA 系统中上、下位机的通信可能中断，因此要求下位机系统具有自主控制能力。此外，对于 I/O 模块也要具有安全值设置等功能，这些措施既增强现场控制功能单元的主动性还提高了控制的可靠性。检测仪表包括检测元件(敏感元件或传感器)和转换电路。检测元件直接响应工艺变量，并转换为一个与之成对应关系的输出信号，这些信号可以是位移、电压、电流、电荷、频率、光量、热量等。如热电偶测温时，将被测温度转化为热电势信号；热电阻测温时，将被测温度转换为电阻信号。

3. 通信网络

通信网络实现 SCADA 系统的数据通信是 SCADA 系统的重要组成部分。与一般的过程监控相比，通信网络在 SCADA 系统中所起的作用更为重要，这主要是因为 SCADA 系统监控的过程大多具有地理分散的特点，如无线通信机站系统的监控。在一个大型 SCADA 系统中，包含多种层次的网络，如设备总线，现场总线；在控制中心有以太网；连接上、下位机的通信形式更是多样，既有有线通信，也有无线通信，有些系统还有微波、卫星等通信方式。

SCADA 系统中，由于越来越多的设备智能化和数字化，数字通信能力越来越强大，许多设备既是发送设备也是接收设备。SCADA 系统中，上位机与下位机内部及下位机与智能设备之间多采用基带传输。

SCADA 系统中，上、下位机之间的通信多采用频带传输。在 SCADA 系统广泛使用串行通信方式进行监控与数据采集。

SCADA 技术的快速发展及广泛应用与网络和通信技术密切相关，现代的主要通信与网络技术在各种类型的 SCADA 系统中几乎都得到了应用。SCADA 系统的通信手段具有多样性、先进性和复杂性。

2.1.3 SCADA 系统的结构变迁

SCADA 系统包括硬件和软件两方面。典型的硬件包括放置在控制中心的 MTU，通信设备(例如，广播、电话线、电缆或卫星)，以及一个或多个由控制执行器和/或监视传感器的 RTU 或 PLC 构成的地理上分散的场站。SCADA 系统的发展经历了集中式 SCADA 系统阶段、分布式 SCADA 系统阶段和网络式 SCADA 系统三个阶段。

第一阶段包括第一代与第二代 SCADA 系统。第一代是基于专用计算机和专用操作系统的 SCADA 系统；第二代是 20 世纪 80 年代基于通用计算机的 SCADA 系统，在第二代中，广泛采用 VAX 等其他计算机以及其他通用工作站，操作系统一般是通用的 UNIX 操作系统。在这一阶段，SCADA 系统在电网调度自动化与经济运行分析中，自动发电控制(AGC)以及网络分析结合到一起构成了 EMS 系统(能量管理系统)。第一代与第二代 SCADA 系统的共同特点是基于集中式计算机系统，不具有开放性，因此系统维护、升级以及与其它系统联网比较困难。

基于分布式计算机网络以及关系数据库技术能够实现大范围联网的 SCADA/EMS 系统称为第三代。这一阶段各种最新的计算机技术都汇集到 SCADA/EMS 系统中。与第二代 SCADA 系统相比，第三代 SCADA 系统在结构上更加开放，兼容性更好。

第四代 SCADA/EMS 系统的基础条件已经具备。该系统的主要特征是采用 Internet 技术、面向对象技术以及 JAVA 技术等，继续扩大 SCADA/EMS 系统与其他系统的集成，综合安全经济运行以及商业化运营的需要。

系统普遍以客户机/服务器(C/S)和浏览器/服务器(B/S)为基础，多数系统结构包含着两种结构，但以 C/S 为主。B/S 结构主要是为了支持 Internet 应用，以满足远程监控的需要。

SCADA 系统应具有良好的可扩展性，其系统架构能灵活构建，可以适应从单机应用到多机网络等多种功能。SCADA 系统属于典型的分布式计算机应用系统。在这种系统中，体系结构是软件系统中最本质的东西，良好的体系结构意味着普适、高效和稳定。

1. 客户机/服务器结构

客户机/服务器(C/S) 结构中客户机和服务器之间的通信以“请求-响应”的方式进行。客户机先向服务器发出请求，服务器再响应这个请求，如图 2-2 所示。

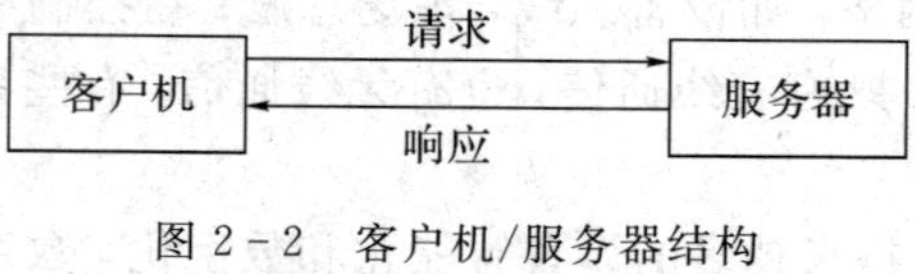

图 2-2 客户机/服务器结构

C/S 结构的主要特征：它不是一个主从环境，而是一个平等的环境，即 C/S 系统中计算机在不同的场合既可能是客户机，也可能是服务器。这种结构可以充分利用两端硬件环境的优势，将任务合理分配到客户端和服务器来实现，降低了系统的通信开销。

C/S 结构的优点：响应速度较快；操作界面能满足个性化需求；管理信息系统具有较强的事务处理能力。缺点：兼容性差，对于不同的开发工具，具有较大的局限性；客户端需要安装专用的客户端软件，首先涉及安装的工作量，其次任何一台电脑出问题，如病毒、硬件损坏，都需要进行安装或维护；开发成本高，需要具有一定专业水准的技术人员才能完成。

2. 浏览器/服务器结构

随着 Internet 的发展，以往的 C/S 结构无法满足当前全球网络开放、互联、共享的新要求。于是就出现了浏览器/服务器(B/S)结构，如图 2-3 所示。B/S 结构最大的特点是用户通过浏览器访问 Internet 上的文本、图像等，这些信息由许多的 Web 服务器产生，而每一个 Web 服务器又可以与数据库服务器连接，大量的数据实际存放在数据库服务器中。

图 2-3　浏览器/服务器结构

B/S 结构的优点：具有分布性特点，可以随时随地进行查询、浏览等业务处理；业务扩展简单方便，通过增加页面即可增加服务器功能；维护简单方便，只需要改变网面，即可实现所有用户的同步更新；开发简单，共享性强。B/S 结构的缺点：页面动态刷新响应速度不及 C/S；用户体验效果不是很理想，B/S 需要单独界面设计，各厂商的界面千差万别；功能弱化，难以实现传统模式下的特殊功能要求。

2.1.4　SCADA 系统的应用

SCADA 被广泛用于配水系统和污水收集系统、石油和天然气管道、电力设施的输电和配电系统以及铁路和其他公共交通系统。本节主要介绍 SCADA 系统在电力系统、高铁防灾系统、楼宇自动化系统和油气长距离输送中的应用。

1. SCADA 系统在电力系统中的应用

在电力系统中，SCADA 系统的应用最为广泛，技术发展也最为成熟。它作为能量管理系统的一个最主要的子系统，有着信息完整、效率更高、能正确掌握系统运行状态、可加快决策、能帮助快速诊断出系统故障等优势，现已经成为电力调度不可缺少的工具。它对提高电网运行的可靠性、安全性和经济效益，减轻调度员的负担，实现电力调度的自动化和现代化，提高调度的效率和水平发挥着不可替代的作用。

图 2-4 所示是典型的电力 SCADA 系统结构图。该系统采用集中管理、分散布置的模式和分层、分布式的系统结构。系统由站内管理层、数据通信层、基础设备层组成。

其中：

(1) 站内管理层实现变电所控制室对本变电所设备的监视、报警功能，并负责变电所综合自动化系统与综合监控系统之间的数据交换。

(2) 数据通信层实现变电所内管理层与基础设备层之间的通信。

(3) 基础设备层实现对基础设备数据的采集、测量等功能。

系统还配置 GPS 精密对时设备，这是电力 SCADA 系统与一般行业 SCADA 系统的一个重要不同之处。

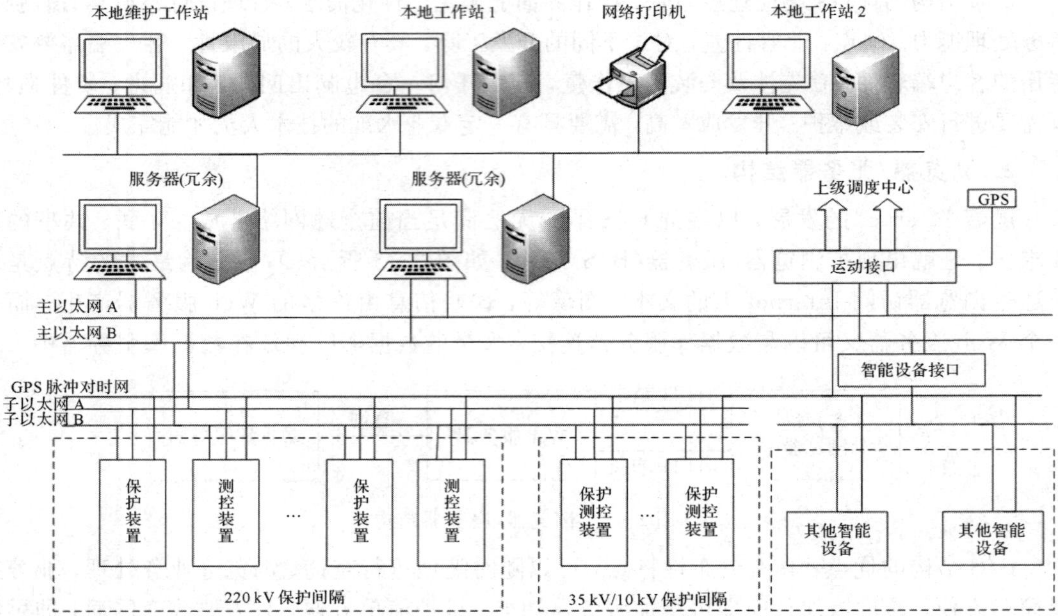

图 2-4　电力 SCADA 系统结构图

2. SCADA 系统在高铁防灾系统中的应用

铁路防灾安全监控总体图如图 2-5 所示。

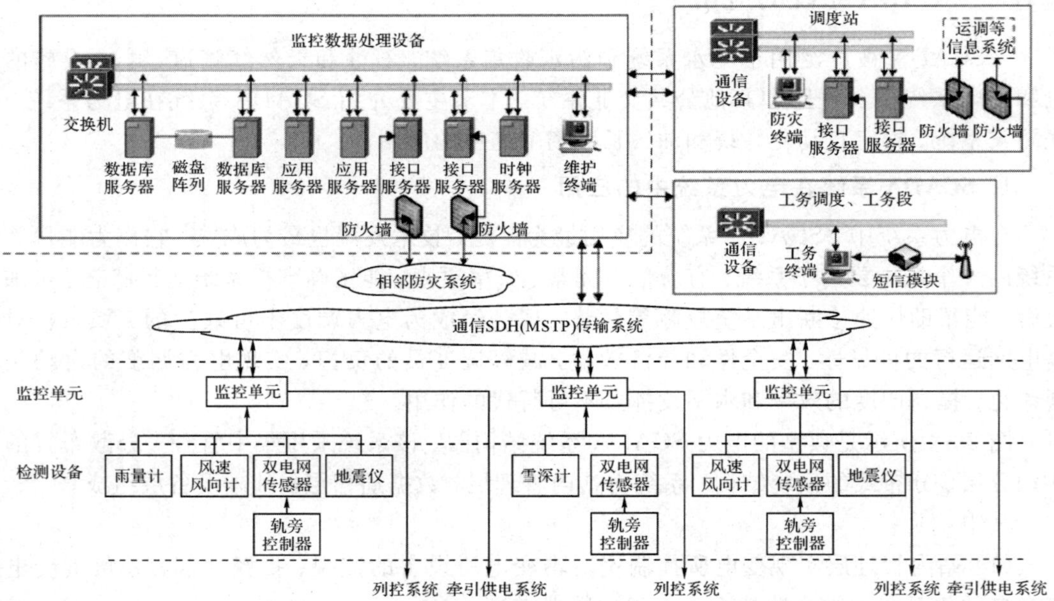

图 2-5　铁路防灾安全监控总体结构

在武广高铁上采用 SCADA 技术建立铁路防灾系统。武广高铁全长 995 km，有 10 个车站，3 个数据调度中心(分别位于武昌新火车站、长沙火车站和广州南站内)。全线共设置 155 个防灾监控单元，包括 2 处监控数据处理设备，2 处调度所监控设备。整个防灾监控系统采用贝加莱公司的 SCADA 产品。该系统实现了对远程无人值守站点和环境恶劣站点的监控。系统设有风速监测站 109 个、雨量监测站 51 个、异物监测站点 125 个，可以将暴风在机车运行时产生的影响，暴雨造成的潜在泥石流、路基缺陷等潜在因素，以及在桥梁、隧道、山体等区段出现异物进入轨道与运行区域时，及时进行数据采集，并将上述数据上传给调度中心，以便能够及时调整。由于该 SCADA 系统的可靠运行对保障列车的运行安全和乘客的生命安全具有非常重要的作用。因此，在进行 SCADA 系统配置时，采用冗余设计（包括电源、机架、CPU、I/O 和通信等）。

3. SCADA 系统在楼宇自动化系统中的应用

楼宇自动化的上位机通常采用组态软件开发，下位机主要是各种 DDC 控制器。上位机通过楼宇自动化系统的总线及其他通信协议与下位机通信，完成数据采集与集中监控功能。通常楼宇 SCADA 系统包括多个子系统，它们分别是高压配电监控系统、低压配电监控系统、供水监控系统、排污监控系统、中央空调系统、照明监控系统、电梯集群管理系统、停车场监控系统。

4. SCADA 系统在油气长距离输送中的应用

SCADA 系统在油气长距离输送中占有重要地位，它对油气输送有关的首站、门站、分输站、压气站、阀室、末站等场站设备进行监控。SCADA 系统由调度中心、场站常规控制系统、安全仪表系统，以及连接调度中心和场站控制系统的通信网络组成。在控制层级上，具有控制中心级、站控、现场设备级和手动 4 级结构，可以选择一种模式进行操作。在正常情况下管道沿线各站无需人工干预，各站在调度中心的统一指挥下完成各自的工作。经调度中心授权后，可将控制权切换到站控级。当数据通信系统发生故障时，由站控级自动接管控制权，完成对本站的监视控制。当进行设备、通信系统检修或紧急停车时，才采用就地控制。

5. SCADA 系统在其他领域中的应用

除了上述领域外，SCADA 系统在以下领域也得到广泛使用：

（1）无人工作站系统：用于集中监控无人看守系统的正常运行；

（2）生产线管理：用于监控和协调生产线上各种设备正常有序的运营；

（3）大型设备远程监控；

（4）重要危险源的远程监控；

（5）其他生产和生活相关行业，如粮库质量和安全监测、油库安全等。

2.1.5　SCADA 系统中的数据通信

与一般的控制系统相比，SCADA 系统固有的测控点分散、测控范围广的特点决定了整个通信子系统在 SCADA 系统的运行过程中起到了更加重要的作用。

在 SCADA 系统中通常包括以下几种通信过程。

1. 现场测控站点仪表、执行机构与下位机的通信

传统上，现场仪表以及各种其他类型的测控设备与下位机的通信多数是采用平行接线，即采用硬接线方式把每个测控点连接到控制系统的 I/O 设备上。这种点对点的布线方式，在现场总线技术出现后显得落后，特别是当测控点非常分散时。目前，多数 SCADA 系统的现场测控站多采用现场总线与平行接线混合的方式。下位机系统配置现场总线接口，在测控点相对集中的设备附近设置现场 I/O 站，现场 I/O 站与下位机系统采用现场总线通信。在布线不方便的地方，也会采用短程无线通信技术。

2. 下位机系统与 SCADA 服务器(上位机)的远程通信

SCADA 系统的通信子系统中，上、下位机之间的通信最复杂。这主要是因为下位机数量较多，下位机系统结构与型号等呈现多样化；此外，上、下位机物理距离通常较大，从几百米、几千米到上百千米甚至更远。通常在一个大型的 SCADA 系统，上、下位机的通信形式多样，从通信介质来看，既有有线通信，也有无线通信，其中以无线通信为主，有线通信为辅。无线通信包括数传电台、微波、GPRS 和卫星等。

3. 监控中心不同功能计算机之间的通信

在 SCADA 系统监控中心配置各种功能的计算机和服务器，它们各自起到一定的作用，同时又要进行快速数据交换和信息共享。为了实现这个目的，监控中心的计算机普遍采用以太网连接，使用高速交换机以及带宽可高达 100 Mb 甚至更高的传输介质。在过去，以太网的主要缺点是其采用的 CSMA/CD 规范不能保证严格的时间确定性需求，近年来开发的一些新技术，已经较好地解决了将以太网应用于工业通信所存在的问题。比如交换技术有效地解决了以太网多节点同时访问时的碰撞问题，许多公司还在提高以太网的实时性和运行于工业环境的防护问题方面做了非常多的改进，工业以太网在工业现场级的应用已经得到很大的发展。

4. 监控中心 Web 服务器与远程客户端的通信

由于 Internet 的普及和发展及 B/S 结构在远程服务方面的优势，基于 Internet 的远程监控应用也越来越多。因此，在上位机监控中心要配置 Web 服务器，以响应远程客户端的用户访问。

2.1.6 SCADA 系统的安全性讨论

从计算机系统到电力系统方面，SCADA 系统可能受到网络威胁是公认的。受到攻击最大的影响是：当入侵者获得了 SCADA 系统的监督控制权限并且发送了可能导致灾难性损害的控制命令。

一个更紧密的集成可能导致新的脆弱性。SCADA 系统连接到因特网上所伴随的脆弱性风险已经被知晓。当可能的网络威胁增加时，各种电力实体之间的信息交换中的安全问题更具挑战性。日益增长的对因特网上通信的依赖增加了问题的重要性和规模。有关 SCADA 系统的安全意识和人员培训是极其重要的。一个比较(传统信息系统与电力系统之间)不同的安全准则和标准的报告“Security for Information Systems and Intranets for Electric Power Systems，”(2007)已经被提出，以强调 SCADA 系统网络安全的关键要素。在报告 Information Security：Technologies to Secure Federal Systems(2007)中确定的网络安全技术解决了防御的有效性。SCADA 测试床的开发与测试是用一个有效的方式去鉴别电力基础设施网络安全的脆弱性。

2.2 DCS 系统

2.2.1 DCS 的概念

分布式控制系统(Distributed Control System，DCS)又称为集散式控制系统，是工业控制系统的组成部分。DCS 是一个由过程控制级和过程监控级组成的以通信网络为纽带的多级计算机系统，综合了计算机、通信、终端显示(GRT)和控制技术发展起来的信息控制系统。其基本思想是分散控制、集中操作、分级管理、配置灵活以及组态方便。DCS 被用来控制在同一地理位置的工业生产系统，例如常用于炼油、污水处理厂、发电厂、化工厂和制药厂等工控领域。这些系统通常用于过程控制或离散控制系统。DCS 系统采用集中监控的方式协调本地控制器以执行整个生产过程。通过模块化生产系统，DCS 降低了单个故障对整个系统的影响。在许多现代系统中，DCS 与企业网络间设置接口，为企业的运营者提供生产监控。

2.2.2　DCS 体系结构

由于 DCS 的现场控制站是系统的核心，也是厂家系统设计的重点。每家的现场控制站都有自己独特的设计，从主处理器的设计到 I/O 模块的设计；从内部总线的选择，到外形和机械结构的设计，都各有特色。而各个厂家的系统的最大差异，在于软件的设计和网络的设计，由于软件和网络设计的不同，使得这些系统在功能上、性能上、易用性上及可维护性上产生了相当大的差异，因此对 DCS 体系结构的讨论，实际上是对系统的软件组织方式、网络通信方式的讨论。本节将从系统的功能实现入手，说明 DCS 的各个部分的作用和相互关系，在以后的几节概述有关软件和网络的问题。

1. DCS 的基本构成

一个最基本的 DCS 应包括四大组成部分：至少一台现场控制站，至少一台操作员站，一台工程师站(也可利用一台操作员站兼做工程师站)，一条系统网络。典型的 DCS 体系结构如图 2-6 所示。

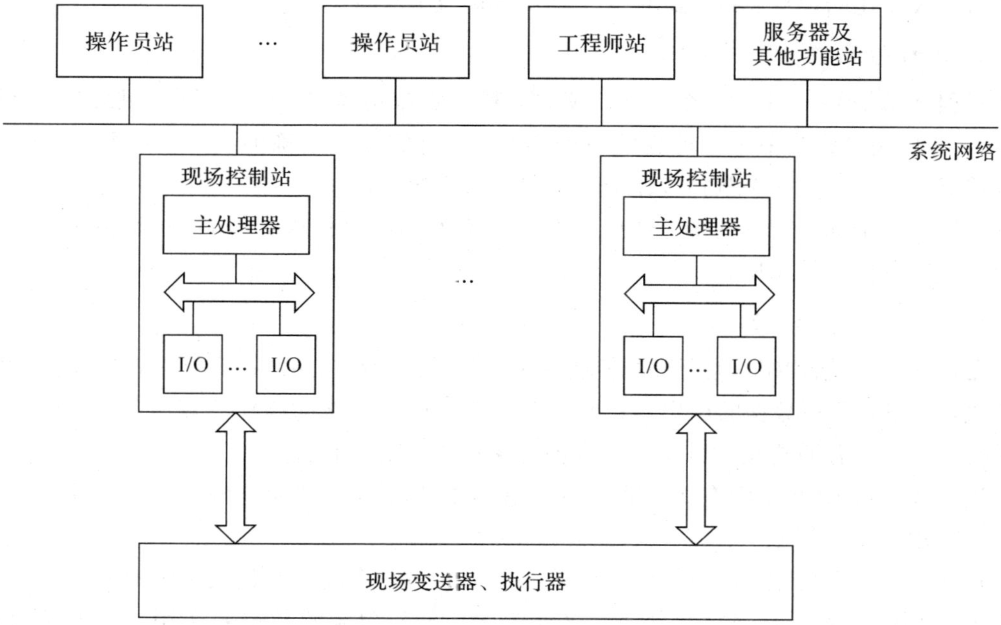

图 2-6　典型的 DCS 体系结构

除了上述四个基本的组成部分之外，DCS 还可以包括完成某些专门功能的站、扩充生产管理和信息处理能力功能的信息网络，以及实现现场仪表、执行机构数字化的现场总线网络。

1）操作员站

操作员站主要完成人机界面的功能，一般采用桌面型通用计算机系统，如图形工作站或个人计算机等。一般要求有较大的内存，大尺寸的显示器和高性能的图形处理器，有些还要求多屏幕。

2）现场控制站

现场控制站是DCS的核心，系统主要的控制功能有它来完成。系统的性能、可靠性等重要指标也都要依靠现场控制站保证，因此对它的设计、生产及安装都有很高的要求。现场控制站的硬件一般都采用专门的工业级计算机系统，其中除了运算器（主CPU）、存储器外还包括现场测量单元、执行单元的输入输出设备，即过程I/O和现场I/O。在现场控制站内部，主CPU和内存等用于数据的处理、计算和存储的部分被称为逻辑部分，而现场I/O则被称为现场部分，这两部分是需要严格隔离的，以防止现场的各种信号对计算机的处理产生不利影响。现场控制站内逻辑部分和现场部分的连接，一般采用与工业计算机相匹配的内部并行总线，常用的并行总线有Mutibus、VME、STD、ISA、PC104、PCI和Compact PCI等。但并行总线结构比较复杂，很难实现逻辑部分和现场部分的有效隔离，很多厂家转为使用串行总线。串行总线的优点是结构简单，成本低，很容易实现隔离，而且容易扩充，可以实现远距离的I/O模块连接。

由于DCS的现场控制站有比较严格的实时性要求，因此现场控制站的运算速度和现场I/O速度都应该满足很高的设计指标。一般在快速控制系统（控制周期最快可达50ms）中，应该采用较高速的现场总线，如CAN、Profibus及Devicent等。

3）工程师站

工程师站是DCS中的一个特殊功能站，其主要作用是对DCS进行应用组态。应用组态是DCS应用过程当中必不可少的一个环节，只有完成了正确的组态，一个通用的DCS才能够成为一个针对一个具体控制应用的可运行系统。

一般在一个标准配置的DCS中，都配有一台专用的工程师站，有些小型系统也将其功能合并到某台操作员站中。

4）服务器及其他功能站

在现代DCS结构中，除了现场控制站和操作员站之外，还可以有许多执行特定功能的计算机，如记录历史数据的历史站；进行高级控制运算功能的高级计算站等。这些站也都通过网络与其他各站连接，形成一个功能完备的复杂控制系统。

当今大多数DCS都配有服务器，服务器的主要功能是完成监督控制层的工作，或称SCADA功能的主节点。

在一个控制系统中，监督控制功能是必不可少的，系统一旦出现异常情况，就必须实行人工干预，使系统回到正常状态，这就是SCADA功能的最重要作用。在规模较小的DCS系统中，可以利用操作员站实现系统的SCADA功能，而在规模较大、功能复杂时，就必须设置专门的服务器节点。

5）系统网络

系统网络是连接系统各个站的桥梁。由于 DCS 是由各种不同功能的站组成的，这些站之间必须实现有效的数据传输，以实现系统总体的功能，因此系统网络的实时性、可靠性和数据通信能力关系到整个系统的性能。随着以太网逐步成为事实上的工业标准，越来越多的 DCS 厂家直接采用了以太网作为系统网络。但在网络的高层规约方面，目前仍然是各个 DCS 厂家自有的技术。

在工业控制系统中，数据传输的特点是需要进行周期性的传输，每次传输的数据量不大而传输次数比较频繁，而且要求在确定的时间完成传输，这些应用需求的特点不太适宜使用以太网。但是由于以太网应用的广泛性和成熟性，特别是它的开放性，使得大多数 DCS 厂家都转向了以太网(弥补了这些不适宜)。

6）现场总线网络

在现场总线出现以后，以往采用模拟式仪表的变送单元和执行单元两部分也被数字化，因此 DSC 系统成为了一种全数字化的系统。在实现全数字化以后，系统与现场之间的连接也将通过三级数字通信网络，即通过现场总线实现连接，彻底改变控制系统的现状。

模拟信号有 4～20 mA 的统一标准，而现场总线涉及现场的测量和执行控制等，它的传输问题要比模拟信号的传输问题复杂得多，再加上各利益集团的竞争，短期内无法形成一个统一的标准。

图 2－7 为采用了现场总线技术的 DCS 体系结构。将现场总线引入现场，实现了现场 I/O 和现场总线仪表与现场控制站主处理器的连接，故 DCS 结构将发生很大的改变。第一，现场信号线的连接方式将从 1∶1 的模拟信号线连接改变为 1∶n 的数字网络连接；第二，现场控制站中有很大一部分设备将被安装在现场，形成分散安装、分散调试、分散运行和分散维护；第三，回路控制的实现方式将发生改变，由于现场 I/O 和现场总线仪表已经具备了回路控制计算的能力，可将回路控制的功能下放给它们，实现更加彻底的分散。

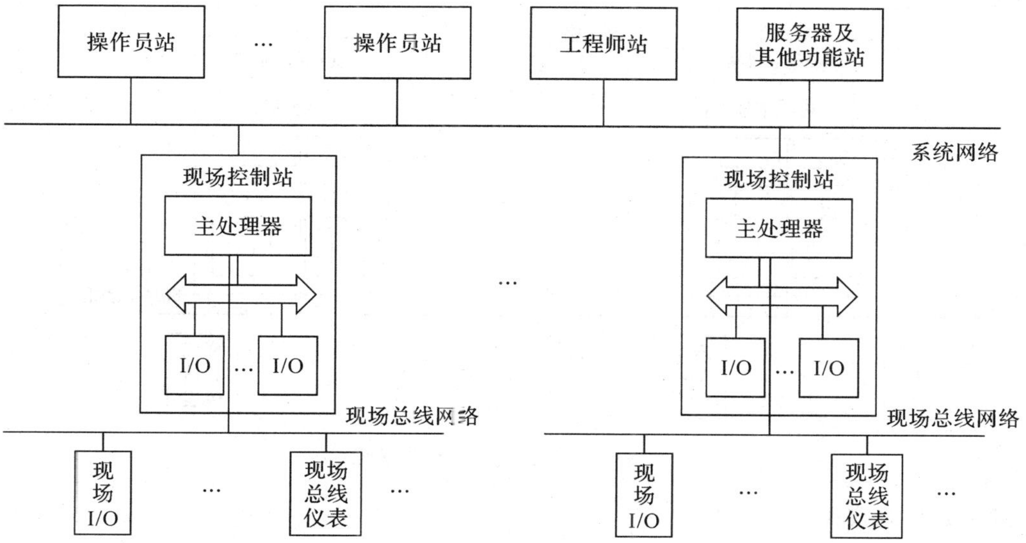

图 2－7　采用了现场总线技术的 DCS 体系结构

现场总线仪表和传统仪表的一个本质的不同：传统仪表不具有网络通信能力，其数据无法和其他设备共享，也不能直接连接到计算机管理系统和更高层的信息系统，而现场总线仪表可轻易实现这些功能。

7）高层管理网络

目前DCS已从单纯的低层控制功能发展到更高层次的数据采集、监督控制、生产管理等全厂范围的控制、管理系统，因此不能再将DCS看作是仪表系统，它更应该被看成一个计算机管理控制系统，其中包含了全厂自动化的丰富内涵。

几乎所有的生产厂家都在原DCS的基础上增加了服务器，用来对全系统的数据进行集中的存储和处理。DCS作为底层数据的直接来源，在其系统网络上配置服务器，就自然形成了数据库。(针对一个企业或工厂常有多套DCS的情况，以多服务器、多域为特点的大型综合监控自动化系统也已出现，可满足全厂多台生产装置自动化及全面监控管理的系统要求。)

这种具有系统服务器的节点，在网络层次上增加了管理网络层，主要是为了完成综合监控和管理功能。这层网络上传输的主要是管理信息和生产调度知会信息。这种系统如图2-8所示。可以看出，这种系统实际上就是一个将控制功能和管理功能结合在一起的大型信息系统。

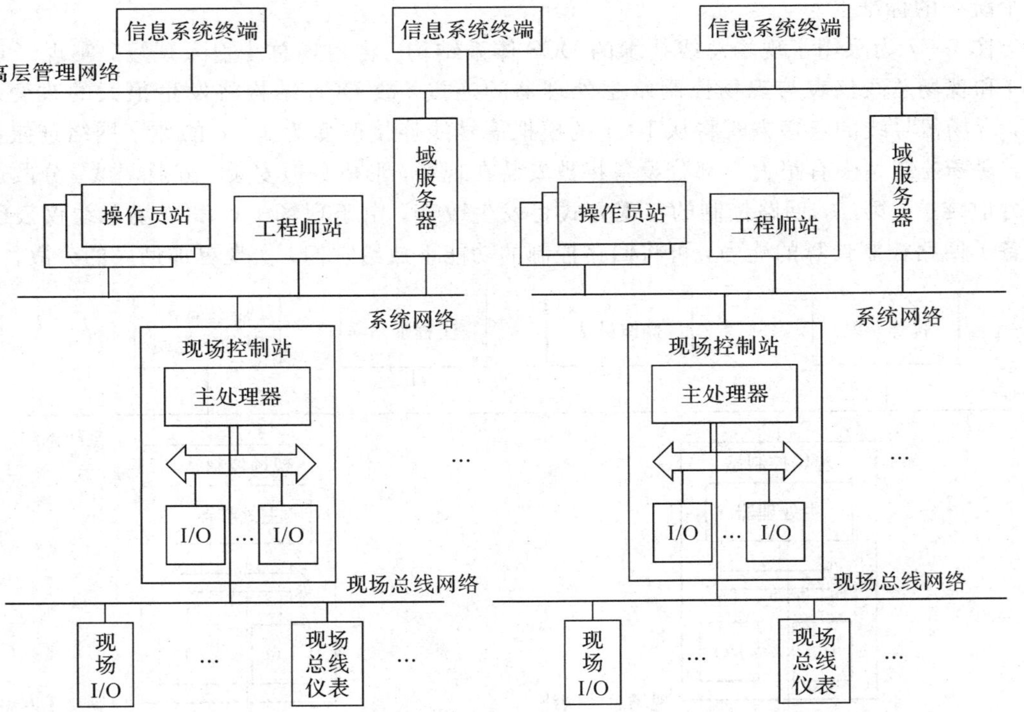

图2-8 综合监控自动化系统

2. DCS的软件

DCS的软件基本构成根据硬件构成被分为现场控制站软件、操作员站软件、工程师站软件和网络软件。

按照软件运行时的时机和环境，可将 DCS 的软件分为在线的运行软件和离线的应用开发工具软件(即组态软件)两大类。控制站软件、操作员软件、各种功能站上的软件及工程师站上在线的系统状态监测软件等都是运行软件，而工程师站软件(除了在线的系统状态监测软件)都是离线软件。

下面分别介绍各个站的软件类型及 DCS 软件体系发展历程。

1) 现场控制站软件

现场控制站软件的最主要功能是完成对现场的直接控制，包括回路控制、逻辑控制、顺序控制和混合控制等多种类型的控制。为了实现这些基本功能，在现场控制站中应包含以下主要的软件：现场 I/O 驱动；对输入的过程量进行预处理；实时采集现场数据并存储在本地数据库；进行控制计算；通过现场 I/O 驱动，将控制量输出到现场。

为了实现现场控制站的功能，在现场控制站中应建立与本站的物理 I/O 和控制相关的本地数据库，用来保存本地数据和中间变量。

2) 操作员站软件

操作员站软件的主要功能是人机界面(HMI)的处理，其中包括图形画面的显示、对操作员操作命令的解释与执行、对现场数据和状态的监视及异常报警、历史数据的存档和报表处理等。为了实现这些基本功能，在操作员站软件中应包括：图形处理软件，操作命令处理软件，历史数据和实时数据的趋势曲线显示软件，报警信息的显示及事件信息的显示、记录和处理软件，报表软件和系统运行日志的形成、显示、打印和存储记录软件。

在操作员站上需要建立一个全局的实时数据库，集中各个现场控制站所包含的实时数据及由这些原始数据经运算处理所得到的中间变量。

3) 工程师软件

工程师软件可分为两大部分，其中一部分是在线运行的，主要完成对 DCS 系统本身运行状态的诊断和监视，发现异常时及时报警，同时在 CRT 屏幕上显示详细的异常信息。

最主要的部分是离线态的组态软件，这是一组软件工具，是为了将一个通用的、对多个应用控制工程有普遍适应能力的系统变为一个针对某个具体应用控制工程的专门系统。在工程师站，要做的组态定义主要包括以下方面：系统硬件配置定义，实时数据库的定义，历史数据库的定义，历史数据和实时数据的趋势显示、列表及打印输出，控制算法的定义，人机界面的定义，报警定义，系统运行日志的定义，报表定义，事件顺序记录和事故追忆等特殊报告的定义。

4) 各种专用功能的节点及其相应的软件

在新一代较大规模的 DCS 中，针对不同功能设置了多个专用的功能节点，如为解决大数据量的全局数据库的实时数据处理、存储和数据请求服务，设置了服务器；为了解决大量的报表和历史数据，设置了专门的历史站等。这样的结构有效地分散了各种处理的职能，使各种功能能够顺利地实现。相应的，在每种专用的功能节点上，要运行相应的功能软件。

5) DCS 软件体系结构的演变和发展

从软件的功能层次看，系统可分为以下三个层次：

(1) 直接控制层软件——完成系统的直接监控功能；

（2）监督控制层软件——完成系统的监督控制和人机界面功能；

（3）高层管理软件——完成系统的高层生产调度管理功能。

各个层次的软件之间通过网络软件实现数据通信和功能协调，低层软件为高层软件提供基础数据的支持，而系统则通过逐层提高的软件实现比低一层软件更多的功能和控制范围。这种逐级增加并不断丰富数据内容的体系结构正是现代DCS的最大特点。

按照上述的三个功能层次，系统将具有直接控制、监督控制和高级管理这三个层次的数据库。这些数据库将分布在不同的节点上，需要通过各个节点之间的网络通信软件将各个层次的数据库联系在一起。因此，可以说一个DCS系统的软件结构主要取决于数据库的组织方式和各个功能节点之间的网络通信方式。

在DCS系统中，直接控制层和监督控制层的数据库主要是指实时数据库，比较注重数据访问的实时性，因此都是建立在内存之中的，容量一般在MB级别。对于高级管理层的数据库，数据量庞大，故采用集中数据库的方式。

由于DCS的分布结构，其数据库也必然是一种分布结构，必须借助网络通信。本地数据库有时还需其他节点的数据，可从网络上传送过来，这种操作被称为数据的引用。如何保证这种引用快速、准确及尽量少地占有网络资源，就是系统体系结构设计所要解决的问题，包括网络规约、网络通信的方式、物理I/O点的分站设计及各类功能软件如何分布的设计等。

在早期的DCS中，系统硬件的结构决定了软件的结构。一般来说，实时数据库分布在现场控制站上，其数据记录与物理I/O相对应；全局数据库则建立在操作员站上，是一种多复制的形式。通过系统网络，实时数据库将最新的数据广播到各个操作员站上，以实现全局数据库的刷新。随着DCS规模的不断扩大和系统监控功能的不断增强，DCS逐步演变成带有服务器的C/S结构。各个现场控制站通过系统网络对服务器的全局数据库实现实时更新。

3. DCS的网络结构

1）DCS的网络拓扑结构

一般来说，网络的拓扑结构有总线型、环型和星型三种形态。以太网的随机碰撞检测和规避机制对于要求传输时间确定的实时系统不适合，因此在DCS中，往往只在高层监控和管理网（对数据的访问实时性不苛求）中才使用以太网。在DCS的底层，并不需要除了物理交换以外更高级的网络功能，因此采用具有高级功能的交换器是不必要的。而在DCS的高层，因其提供的功能更偏重于信息系统，因此将会用到具有高级交换功能的交换器。

2）DCS的网络软件

在DCS的软件内容介绍中，描述了DCS几个部分的软件，这些软件构成了DCS软件的主体，但它们是分别运行在各个节点上的，要使这些节点连接成为一个完整的系统，还必须依靠网络通信软件。网络通信软件担负着在系统各个节点之间沟通信息、协调运行的重要任务，因此其可靠性、及时性对系统的整体性能至关重要。在网络软件中，最关键的是网络协议，这里指应用层的协议。

DCS所使用的标准网络协议，一般是指OSI七层网络模型四层及以下各层协议，如TCP/IP以下的各层协议。这些低层协议只负责将有关数据及时、准确及完整地实现传输，而不关心被传输数据的内容和表示方法。OSI 的低层协议，一般是指最低两层协议，它决定了系统的网络拓扑结构。在网络通信中，更加重要的是信息内容，这是属于第七层协议所要解决的问题。

4. DCS 的物理结构及硬件构成

1）现场控制站的物理结构及硬件构成

在物理结构方面，DCS 的现场控制站，分布概念是逻辑上的，物理上仍然采取了集中安装的方式。一般来说，一个现场控制站包括输入/输出模块、主控模块及与现场信号电缆相连接的端子排等。在硬件上，DCS 的现场控制站主要由以下几个部分组成：过程量 I/O、主控单元、电源、通信网络等。

2）DCS 的物理结构及网络硬件

在实际工程中，还必须具体决定网络的拓扑结构和物理结构，包括采用什么网络设备，如何组网和划分网段等。

在网络硬件方面，包括网络线、网络接口板、网络连接器、集线器、交换器、路由器、重复器、网关及网桥等，应该注意的是其环境自适应能力，特别是网络的传输介质。由于 DCS 网络，特别是现场总线网络是连接各个现场设备的，其网络线是在工业现场敷设的，因此对恶劣环境的耐受力，如温度、湿度、腐蚀性气体和液体、电磁干扰等都有很高的要求。在网络布线方面，除要求网络线应该具有电磁屏蔽层，还应该对网络线进行防护。在系统中各个设备通过网络实现连接时，应特别注意接地问题。

5. 第四代 DCS 的集成化

DCS 的集成化体现在两个方面：功能的集成和产品的集成。过去的 DCS 厂商以自主开发为主，提供的系统也是自己的系统。当今的 DCS 厂商更强调的是系统集成性和方案能力，DCS 中除保留传统 DCS 所实现的过程控制功能之外，还继承了 PLC、RTU、FCS(现场总线控制系统)，各种多回路调节器，各种智能采集或控制单元等。厂商纷纷在 DCS 的各个组成部分采用第三方集成方式或 OEM 方式。多数厂商不再开发组态软件平台，甚至 I/O 组件也采用 OEM 方式。

例如，与德国公司联合开发完全符合 IEC 61131－3 全部功能的控制组态软件。公司的 HMI 既可以采用和利时自主知识产权的 FOCS 软件平台，也可以采用通用的如 CITEC 等软件平台。系统的硬件更是集成化的，除了 I/O 单元由和利时自己开发制造外，其他 PLC、RTU、FCS 接口，无线通信，变电站数据采取与保护，车站微机连锁等，以及各种智能装置均可以采用集成方式。在一套地铁系统中，集成的各种智能设备多达几十种。DCS 包含 FCS 功能并进一步分散化。

所有的第四代 DCS 都包含了各种形式的现场总线接口，可以支持多种标准的现场总线仪表和执行机构等。此外，DCS 还改变了原来机柜式安装 I/O 模块和相对集中的控制站结构，实现了进一步分散的 I/O 模块或小型化的 I/O 组件及各种中小型的 PLC。分布式控制的一个重要优点是逻辑分割，工程师可以方便地把不同设备的控制功能按设备分配到合适控制单元上。其他优点是各个控制单元分别安装在被控设备附近，即可以节省电缆，又可以提高该设备的控制速度。

第四代 DCS 主要厂商代表系统的现场处理部件，具有以下共同特点：小型化、开放性、智能化和低成本。

2.2.3 DCS的安全性讨论

1. 可靠性的基本概念和术语

产品可靠性的定义是指产品在规定的条件下和规定的时间段内，完成规定功能的能力。这里的产品是指作为单独研究或分别试验的任何元器件、设备或系统。下面介绍一些基本的可靠性概念和术语。

1）可靠度与不可靠度

可靠度是产品可靠性的概率度量，即产品在规定的条件下和规定的时间内，完成规定功能的概率。一般将可靠度记为 R。它是以时间为变量的概率函数，用 $R(t)$表示 $0\sim t$ 时间内系统正常工作的概率。可靠度 R 或 $R(t)$的取值范围为

$$0 \leqslant R(t) \leqslant 1$$

$R(t)$可以有多种函数形式，如指数分布、对数正态分布、瑞利分布、二项分布等。其中最常见的是指数分布，即

$$R(t) = \mathrm{e}^{-\lambda t}$$

式中 λ 为失效率。

与可靠度相对应的是不可靠度。不可靠度表示产品在规定的条件下和规定的时间内不能完成规定功能的概率，又称累计失效概率，一般记为 F。用 $F(t)$表示 $0\sim t$ 时间内系统失效的概率。

$$F(t) = 1 - R(t)$$

2）失效率

失效率 λ 是假设某时刻系统工作正常，则在该时刻后任意时刻处，系统单位时间内发送失效的概率（IEC 60050 - 191）。失效率的单位一般为菲特（FIT，Failures In Time，$1\mathrm{FIT}=10^{-9}/\mathrm{h}$）

3）平均寿命

在产品的寿命指标中，最常用的是平均寿命。平均寿命是产品寿命的平均值，而产品的寿命则是它的无故障时间。

平均寿命对于不可修复（失效后无法修复或不修复）的产品和可修复（失效后经过修理或更换零件即恢复功能）的产品含义不同。对于不可修复的产品，其寿命是指它失效前的工作时间。因此，平均寿命是指该产品从开始使用到失效前的工作时间的平均值，或称失效前平均时间，记为 MTTF(Mean Time To Failure)。表示为

$$\mathrm{MTTF} \approx \frac{1}{N}\sum_{i=1}^{N} t_1$$

式中，N 表示测试的产品总数，t_i 表示第 i 个产品失效前的工作时间(h)。

对于可修复的产品，其平均寿命是指相邻两次故障间的平均工作时间，即平均故障工作时间或平均故障间隔时间，记为 MTBF(Mean Time Between Failure)。表示为

$$\mathrm{MTBF} \approx \frac{1}{\sum_{i=1}^{N} n_i}\sum_{i=1}^{N}\sum_{j=1}^{n_i} t_{ij}$$

式中，N 表示测试的产品总数，n_i 表示第 i 个测试产品的故障数，t_{ij} 表示第 i 个产品从第 $j-1$ 故障到第 j 次故障的工作时间。

MTTF 与 MTBF 的理论意义和数学表达式的实际内容是一样的，故统称为平均寿命，记为 θ。若产品的失效密度函数 $f(t)$ 已知，由数学期望定义可知

$$\theta = \int_0^\infty tf(t)\mathrm{d}t$$

将 $f(t) = -\dfrac{\mathrm{d}[R(t)]}{\mathrm{d}t}$ 代入上式可进一步推导出

$$\theta = -\int_0^\infty t\mathrm{d}[R(t)] = [tR(t)]_0^\infty + \int_0^\infty R(t)\mathrm{d}t = \int_0^\infty R(t)\mathrm{d}t$$

由此可见，将可靠度函数 $R(t)$ 在区间 $[0, \infty)$ 上进行积分，即可得到产品的平均寿命。

4）平均恢复时间

平均恢复时间(Mean Time To Recovery，MTTR)指系统从故障开始到恢复正常的平均时间。对于可修复的系统来说，在系统出现故障后能否尽快恢复运行，也是系统可靠性的一项重要指标。系统故障的修复时间主要包括故障的定位时间、故障的修复时间和系统重新投入运行所需要的时间以及其他不确定的因素，如更换零件、安排维修人员必须等待的时间等。尽量缩短 MTTR 对系统可靠性影响很大，因此，对这些不确定的因素应该进行有效的控制。

通常 MTTR 可以测量，也可以按照标准模型进行预测。MTTF、MTBF 和 MTTR 之间的关系为

$$\text{MTBF} = \text{MTTF} + \text{MTTR}$$

5）可用率

可用率是指系统的无故障运行时间与系统总运行时间之比，用百分数表示。可用率 A 表达式为

$$A = \frac{\text{MTTF}}{\text{MTBF}} = \frac{\text{MTTF}}{\text{MTTF} + \text{MTTR}}$$

因此提高系统的可用性，要么增加系统的可靠性，要么缩短系统的维修时间。由于 A 是使用 MTBF 和 MTFF 计算出来的，因此 A 也是一个统计数据。一个大的系统往往是由多个相对独立的部分组成的，这些部分被称为子系统。根据每个子系统的利用率可以计算出整个系统的利用率。

（1）串联系统的可用率。

对于多个子系统组成的系统，若该系统必须在每个子系统均正常运行的条件下才能正常运行，则各子系统的连接关系是串联的，这样的系统被称为串联系统。串联系统的可用率与各子系统的可用率的关系为

$$A_s = A_1 * A_2 * A_3 * \cdots * A_n$$

式中 A_s 为系统的可用率；A_1、A_2、A_3，…，A_n 为各子系统的可用率。

子系统的串联将使系统总的可用率下降。

（2）并联系统的可用率。

若系统由两个或多个并列的子系统组成，该系统在其中任何一个子系统正常运行时就

能保证正常运行，这样的系统被称为并联系统。对于两个子系统并联而组成的系统，其可用率与两个子系统的可用率的关系为

$$A_s = A_1 + (1 - A_1) * A_2$$

子系统的并联连接将使系统总的可用率上升。

6）可靠性增长(Reliability Growth)

可靠性增长是指通过逐步改正产品设计和制造中的缺陷，不断提高产品可靠性的过程。

7）可靠性模型(Reliability Model)

可靠性模型是为预计或估算产品的可靠性所建立的框图和数学模型。

8）可靠性应力模型(Reliability Stress Model)

可靠性应力模型是用来描述关联应力对产品可靠性或其他性质的影响的数学模型。

9）可靠性框图(Reliability Block Diagram)

可靠性框图是指用方框表示复杂产品功能模式的各组成部分的故障或它们的组合如何导致产品故障的逻辑图。

10）可靠性分配(Reliability Allocation/Apportionment)

可靠性分配是为了把产品的可靠性定量要求按照给定的准则分配给各组成部分而进行的工作。

11）可靠性预测(Reliability Prodiction)

可靠性预测是指为了估计产品在给定条件下的可靠性而进行的工作。估计时应考虑到产品各组成部分的可靠性、设计水平、工艺条件及系统协调性等因素。

2. 可靠性设计的内容

可靠性管理是在一定的时间和费用的基础上，根据用户要求，为了生产出具有规定的可靠性要求的产品，在设计、研制、制造、使用和维修，即产品的整个寿命期内，所进行的一切组织、计划、协调、控制等综合管理工作。

可靠性管理的首要的环节就是可靠性设计，它决定产品的内在可靠性(Inherited Reliability)。在研制与生产过程中它实现可靠性控制，保证产品内在可靠性的实现。把在产品使用过程中对可靠性的要求称为使用可靠性。据统计，产品故障因设计问题引起的占40%以上，是影响产品内在可靠性的主要因素。影响产品可靠性的因素如图2-9所示。

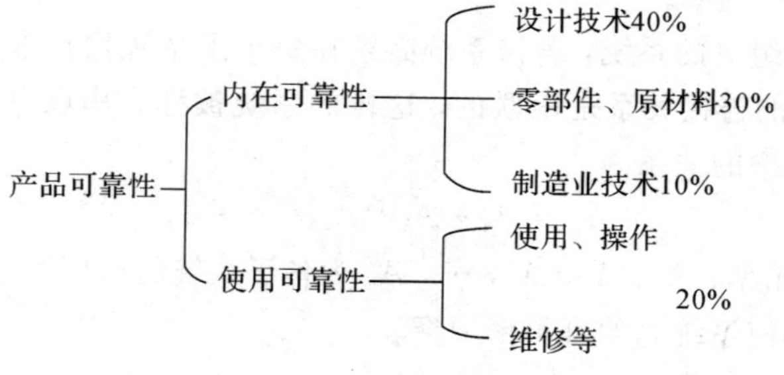

图2-9　影响产品可靠性的因素

由此可见，决定产品可靠性的首要环节就是可靠性设计。可靠性设计的关键内容包括预测、分析、试验三部分，即可靠性预测、可靠性分析和可靠性试验。一个完整的可靠性设计应该贯穿产品的整个生命周期，其工作程序如图 2-10 所示。

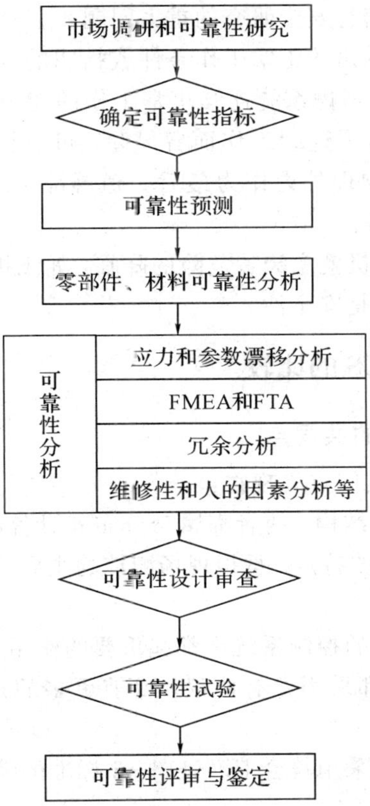

图 2-10　可靠性设计的工作程序

2.2.4　系统安全性概述

系统的安全性包含三方面：功能安全、电气安全和信息安全。功能安全和电气安全对应英文 Safety 一词，信息安全对应 Security 一词。

1. 功能安全

功能安全(Functional Safety)是指系统正确地响应输入从而正确地输出控制的能力。在传统的工业控制系统中，特别是在所谓的安全系统(Safety System)或安全相关系统(Safety Related System)中，我们所指的安全性通常都是指功能安全。功能安全较差的控制系统，其后果不仅是系统停机的经济损失，而且往往会造成设备损坏、环境污染甚至人身伤害。

2. 电气安全

电气安全(Electrical Safety)是指系统在人对电器设备进行正常使用和操作的过程中不会直接导致人身伤害的程度。

3. 信息安全

信息安全(Information Security)是指数据信息的完整性、可用性和保密性。信息安全问题一般会导致重大经济损失，或对国家的公共安全造成威胁。病毒、黑客攻击及其他的各种非授权侵入行为都属于信息安全研究的重大问题。

安全性强调的是系统在承诺的正常工作条件或指明的故障情况下，不对财产和生命带来危害的性能。可靠性侧重于考虑系统连续正常工作的能力。安全性注重于考虑系统故障的防范和处理措施，且不会为了连续工作而冒风险。可靠性高并不意味着安全性一定高。安全性总是依靠一些永恒的物理外力作为最后一道屏障。比如，重力不会因停电而消失，往往用于紧急情况下关闭设备。

当然，在一些情况下，停机就意味着危险的降临，如飞机发动机停止工作。在这种情况下，几乎可以认为，可靠性就是安全性。

2.2.5 SCADA 系统和 DCS 的比较

1. SCADA 系统和 DCS 的共同点

SCADA 系统和 DCS 的共同点表现在：

(1) 两者具有相同的系统结构。两者都属于分布式计算机测控系统，普遍采用 C/S 模式，具有控制分散、管理集中的特点。承担现场测控的主要是现场控制站(或下位机)，上位机侧重监控与管理。

(2) 通信网络在两种类型的控制系统中都起重要的作用，且通常都具有两层网络结构。早期的 SCADA 系统和 DCS 都采用专有协议，目前更多的是采用国际标准或事实的标准协议。

(3) 下位机编程软件逐步采用符合 IEC6113-3 标准的编程语言，编程方式的差异逐渐缩小。

2. SCADA 系统和 DCS 的不同点

SCADA 是调度管理层，DCS 是厂站管理层，二者之间的不同主要表现在：

(1) DCS 不仅是产品的名称，也代表某种技术；而 SCADA 更侧重功能和集成，在市场上找不到一种公认的 SCADA 产品。SCADA 系统的构建更强调集成，根据生产过程监控要求从市场上采购各种自动化产品而构造满足客户要求的系统，因此 SCADA 的构建十分灵活。

(2) DCS 具有更加成熟和完善的体系结构，系统的可靠性等性能更有保障；而 SCADA 系统是用户集成的，因此，其整体性能与用户的集成水平紧密相关，通常要低于 DCS。也正因为 DCS 是专用系统，因此 DCS 的开放性比 SCADA 系统差。

(3) 应用程序开发有所不同，具体如下：

① DCS 中的变量不需要两次定义。

② DCS 具有更多的面向模拟量控制的功能块。

③ 组态编程语言有所不同。

④ DCS 控制器中的功能块与人机界面的面板通常成对。

⑤ DCS 应用组态和调试有一个相对统一的环境。

(4) 应用场合不同。

DCS 主要用于控制精度要求高、测控点集中的流程工业，如石油、化工、冶金、电站等工业过程；而 SCADA 系统特指远程分布式计算机测控系统，主要用于测控点比较分散、分布范围广泛的生产过程或设备的监控。通常情况下，测控现场是无人或少人值守的，如移动通信基站、长距离石油输送管道的远程监控等，每个站点的 I/O 点数不太多。一般来说，SCADA 系统中对现场设备的控制要求低于 DCS 中被控对象的要求。

2.3　可编程逻辑控制器(PLC)

2.3.1　PLC 的技术架构

PLC 是基于计算机的固态装置，用以控制工业设备和过程。通常在较小的控制系统配置中作为主要组件，用于提供离散过程的操作控制。PLC 与 SCADA 和 DCS 系统共同成为工业控制系统(ICS)的主要组件，是整个 SCADA 和 DCS 系统中使用的控制系统组件。

1. PLC 硬件组成

PLC 的基本硬件组成(如图 2-11 所示)包括中央处理模块(CPU)、存储器模块、输入/输出(I/O)模块、电源模块及外部设备。

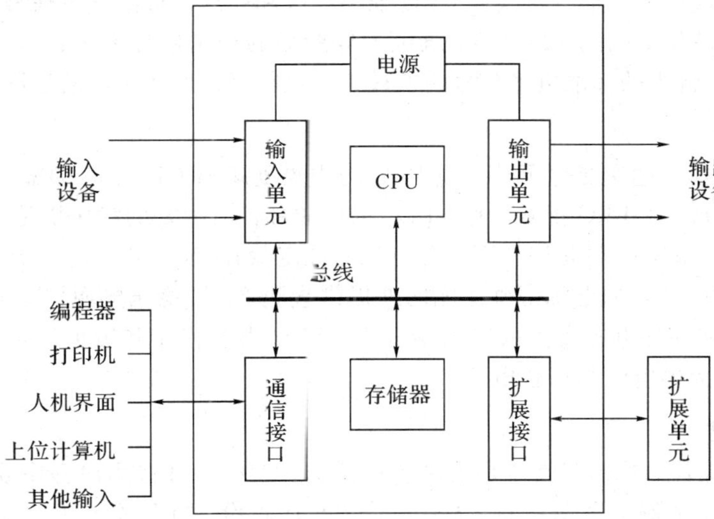

图 2-11　PLC 的基本硬件组成

1) 中央处理器

中央处理模块(CPU)一般由控制器、运算器和寄存器组成，这些电路都集成在一个芯片内。CPU 通过数据总线、地址总线和控制总线与存储单元、输入/输出接口电路相连接。

CPU 主要功能及用途为：

(1) 接收从编程器输入的用户程序和数据，送入存储器存储；

(2) 用扫描方式接收输入设备的状态信号，并存入相应的数据区(输入映像寄存器)；

(3) 检测和诊断电源、PLC 内部电路的工作状态和用户编程过程中的语法错误等；

(4) 执行用户程序。从存储器逐条读取用户指令，完成各种数据的运算、传送和存储等功能；

(5) 根据数据处理的结果，刷新有关标志位的状态和输出映像寄存器的表中内容、再经输出部件实现输出控制、制表打印或数据通信等功能。

2) 存储器模块

PLC 中的存储器是存放程序及数据的地方。PLC 运行所需的程序分为系统程序及用户程序。存储器也分为系统存储器(EPROM)和用户存储器(RAM)两部分。

(1) 系统存储器：用来存放 PLC 生产厂家编写的系统程序，并固化在只读存储器 ROM 内，用户不能更改。

(2) 用户存储器：包括用户程序存储区和数据存储区两部分。用户程序存储区存放针对具体控制任务，是用规定的 PLC 编程语言编写的控制程序。用户程序存储区的内容可以由用户任意修改或增删。用户程序存储器的容量一般代表 PLC 的标称容量，通常小型机小于 8 kb，中型机小于 64 kb，大型机在 64 kb 以上。用户数据存储区用于存放 PLC 在运行过程中所用到的和生成的各种工作数据。

3) 输入输出 (I/O) 模块

输入输出模块是 PLC 与工业控制现场各类信号连接的部分，起着 PLC 与被控对象间传递输入输出信息的作用。

通过输入模块将这些信号转换成 CPU 能够接收和处理的标准电平信号。

外部执行元件如电磁阀、接触器、继电器等所需的控制信号电平也有差别，必须通过输出模块将 CPU 输出的标准电平信号转换成这些执行元件所能接收的控制信号。

4) 电源模块

PLC 的电源模块把交流电源转换成 PLC 的中央处理器 CPU、存储器等电子电路工作所需要的直流电源，使 PLC 正常工作。PLC 的电源部件有很好的稳压措施，因此对外部电源的稳定性要求不高，一般允许外部电源电压的额定值在 PLC 额定电压的 85%～110%的范围内波动。有些 PLC 的电源部件还能向外提供直流 24 V 稳压电源，用于对外部传感器供电。为了防止在外部电源发生故障的情况下，PLC 内部程序和数据等重要信息的丢失，PLC 用锂电池作为停电时的后备电源。

5) 外部设备

(1) 外部存储器。外部存储器是指磁带或磁盘，工作时可将用户程序或数据存储在盒式录音机的磁带上或磁盘驱动器的磁盘中，作为程序备份。当 PLC 内存中的程序被破坏或丢失时，可将外存中的程序重新装入。

(2) 打印机。打印机用来打印带注释的梯形图程序或指令语句表程序以及打印各种报表等。

(3) EPROM 写入器。EPROM 写入器用于将用户程序写入 EPROM 中。同一 PLC 系统的各种不同应用场合的用户程序可分别写入不同的 EPROM(可电擦除可编程的只读存储器)中去，当系统的应用场合发生改变时，只需更换相应的 EPROM 芯片即可。

2. PLC 软件组成

1) 系统软件

系统软件包括系统的管理程序，用户指令的解释程序，还有一些供系统调用的专用标准程序块等。系统管理程序用以完成计算机内运行相关时间分配、存储空间分配管理、系统自检等工作；用户指令的解释程序用以完成用户指令变换为机器码的工作。

系统软件在用户使用可编程控制器之前已装入机内，并永久保存，在各种控制工作中不需要更改。

2）应用软件

应用软件又叫用户软件或用户程序，是由用户根据控制要求，采用 PLC 专用程序语言编制的应用程序，以实现所需的控制目的。

3. PLC 的工作原理

PLC 可以同样地被看为由输入回路、内部控制电路和输出回路串联组成。输入回路负责 PLC 的输入部分，PLC 的输入部分采集输入信号；输出回路负责 PLC 输出部分，PLC 的输出部分就是系统的执行部分。输入部分和输出部分与继电接触器控制系统相同。内部控制电路是由编程实现的逻辑电路，用软件编程代替继电器的功能。从功能上讲，可以把 PLC 的控制部分看作是由许多“软继电器”组成的等效电路。

1）输入回路

输入回路由外部输入电路、PLC 输入接线端子(COM 是输入公共端)和输入继电器组成。外部输入信号经 PLC 输入接线端子驱动输入继电器。一个输入端子对应一个等效电路中的输入继电器，它可提供任意个常开和常闭触点，供 PLC 内部控制电路编程使用。由于输入继电器反映输入信号的状态，如输入继电器接通即表示传送给 PLC 一个接通的输入信号，因此习惯上经常将两者等价使用。输入回路的电源可用 PLC 电源部件提供的直流电压，也可由独立的交流电源供电。

2）内部控制电路

内部控制电路是由用户程序形成。它的作用是按照程序规定的逻辑关系，对输入信号和输出信号的状态进行运算、处理和判断，然后得到相应的输出。用户程序常采用梯形图编写。梯形图在形式上类似于继电器控制原理图，两者在电路结构及线圈与触点的控制关系上都大致相同，只是梯形图中元件符号及其含义与继电器控制电路中的不同。

3）输出回路

输出回路由与内部电路隔离的输出继电器的外部常开触点、输出接线端子(COM 是输出公共端)和外部电路组成，用来驱动外部负载。

PLC 内部控制电路中有许多输出继电器。每个输出继电器除了有为内部控制电路提供编程用的常开、常闭触点外，还为输出电路提供一个常开触点与输出接线端连接。驱动外部负载的电源由用户提供。

PLC 对用户程序的执行是以循环扫描方式进行。PLC 这种运行程序的方式与微型计算机相比有较大的不同。微型计算机运行程序时，一旦执行到 END 指令，程序运行结束。而 PLC 从 0000 号存储地址所存放的第一条用户程序开始，在无中断或跳转的情况下，按存储地址号递增的方向顺序逐条执行用户程序，直到 END 指令结束。然后再从头开始执行，并周而复始地重复，直到停机或从运行(RUN)切换到停止(STOP)工作状态。PLC 每扫描一次程序就构成一个扫描周期。

PLC的扫描工作方式与传统的继电器控制系统也有明显的不同。继电器控制装置采用硬逻辑并行运行的方式：在执行过程中，如果一个继电器的线圈通电，则该继电器的所有常开和常闭触点，无论处在控制线路的什么位置，都会立即动作，即常开触点闭合，常闭触点断开。PLC采用循环扫描控制程序的工作方式(串行工作方式)：在PLC的工作过程中，如果某一个软继电器的线圈接通，该线圈的所有常开和常闭触点，并不一定都会立即动作，只有CPU扫描到该触点时才会动作：常开触点闭合，常闭触点断开。

PLC上电后，在系统程序的监控下，周而复始地按一定的顺序对系统内部的各种任务进行查询、判断和执行，这个过程实质上就是按顺序循环扫描的过程。

(1) 初始化：PLC上电后，首先进行系统初始化，清除内部继电器区，复位定时器等。

(2) CPU自诊断：在每个扫描周期都要进入自诊断阶段，对电源、PLC内部电路、用户程序的语法进行检查；定期复位监控定时器等，以确保系统可靠运行。

(3) 通信信息处理：在每个通信信息处理扫描阶段，进行PLC之间以及PIC与计算机之间的信息交换；PLC与其他带微处理器的智能装置通信，例如，智能I/O模块；在多处理器系统中，CPU还要与数字处理器交换信息。

(4) 与外部设备交换信息：PLC与外部设备连接时，在每个扫描周期内要与外部设备交换信息。

(5) 执行用户程序：PLC在运行状态下，每一个扫描周期都要执行用户程序。

(6) 输入、输出信息处理：PLC在运行状态下，每一个扫描周期都要进行输入、输出信息处理。

4. PLC的性能指标

1) 用户程序存储容量

用户程序存储容量是衡量PLC存储用户程序的一项指标，通常以字节为单位。每16位二进制数为一个字节，1024个字节为1 k字节。对于一般的逻辑操作指令，每条指令占1个字节；定时/计数、移位指令每条占2个字节；数据操作指令每条占2～4个字节。有些PLC是以编程的步数来表示用户程序存储容量的，一条指令包含若干步，一步占用一个地址单元，一个地址单元为两个字节。

2) I/O总点数

I/O总点数是PLC可接收输入信号和输出信号的数量。PLC的输入和输出量有开关量和模拟量两种。对于开关量，其I/O总点数用最大I/O点数表示；对于模拟量，I/O总点数用最大I/O通道数表示。

3) 扫描速度

扫描速度是指PLC扫描1 k字节用户程序所需的时间，通常以ms/k字节为单位。有些PLC也以μs/步来表示扫描速度。

4) 指令种类

指令种类是衡量PLC软件功能强弱的重要指标，PLC具有的指令种类越多，说明软件功能越强。

5) 内部寄存器的配置及容量

PLC内部有许多寄存器，它是用来存放变量状态、中间结果、定时计数等数据的，其数量和容量直接关系到用户编程时是否方便灵活。因此，内部寄存器的配置也是衡量 PLC 硬件功能的一个指标。

6）特殊功能

PLC 除了基本功能外，还有很多特殊功能，例如自诊断功能、通信联网功能、监控功能、高速计数功能和远程 I/O 等。不同档次和种类的 PLC 的特殊功能相差很大，特殊功能越多，则 PLC 系统配置、软件开发就越灵活，越方便，适应性越强。因此，特殊功能的强弱和种类的多少是衡量 PLC 技术水平高低的重要指标。

2.3.2 PLC 的安全性讨论

1. PLC 安全现状

现在互联网如此普及，而作为很多工控系统的核心，大多数 PLC 几乎没有采取任何安全措施就直接接入互联网，这就会存在很大的安全隐患。PLC 由于其在起初设计阶段没有过多考虑安全因素，因此 PLC 具有先天的安全隐患。过去 PLC 系统的安全性往往被忽略甚至被禁用，因为它的某些操作和安全性是相矛盾的。但如果现在继续对 PLC 系统的安全性不加考虑，PLC 系统很有可能遭遇病毒入侵。安全性的缺失会给 PLC 本身带来重大隐患。PLC 典型的安全隐患可以归为三类：网络安全隐患，固件安全隐患和访问控制安全隐患。

2. PLC 的网络安全隐患

PLC 在工业控制系统网络中越来越广泛的使用，使得 PLC 必须支持主流的网络协议（例如 TCP、IP、ARP 等）。这种开放式的演变支持标准的 OPC 协议的使用，它使控制系统和基于 PC 的应用程序之间建立交互。使用这些开放的协议标准具有经济性和技术优势，但也增加了 ICS 的网络事件的脆弱性。这些标准化的协议和技术很容易让黑客挖掘漏洞并有效利用，因此这种普及会引入协议本身易受攻击的安全隐患，例如嗅探攻击、重放攻击、中间人攻击等。

（1）嗅探攻击。嗅探攻击可以监视网络的状态、数据流动情况一级网络上传输的信息。当信息以明文的形式在网络上传输时，便可以使用网络监听的方式来进行攻击。攻击者可以使用这种方式实现 ARP 欺骗，从而获取 PLC 的通信数据甚至访问控制权限，例如用户名和口令等。

（2）重放攻击。攻击者会不断的恶意或欺诈性地重复一个有效的数据传输，来达到欺骗的目的，实现身份认证过程和破坏认证。由于使用开放的标准通信的协议，使得攻击者实现对 PLC 发送有效数据成为可能，从而进一步实现身份认证的破坏。

（3）中间人攻击。中间人攻击是相对而言一种“间接”的入侵攻击，这种攻击模式是通过各种技术手段将受入侵者控制的一台计算机虚拟放置在网络连接中的两台通信计算机之间，进行数据篡改和嗅探，实现 SNB 会话劫持或者 DNS 欺骗等。在开放通信环境下，PLC 与其他计算机的通信可被劫持，从而造成信息泄漏等。

PLC 的其他主要安全隐患是由 Modbus、Profinet、DNP3 等工业通信协议所引起的，这些协议信息是公开的，通常很少或根本没有内置的安全功能，例如缺乏授权、缺乏整体数据检查等。缺乏授权主要指 PLC 用户、数据与设备认证手段不足。许多工业通信协议没有任何基本身份验证措施，未经身份验证，攻击者可能多次攻击并修改或伪造设备和数据，如伪造传感器和用户身份。在工业网络中，PLC 直接曝露在这些安全威胁之下。缺乏整体数据检查是指网络通信数据完整性校验不足。大多数工业控制协议中没有数据完整性校验，攻击者可能操纵通信数据，因此为 PLC 的指令修改提供可能。

表 2-1 列举了 PLC 在网络方面主要的安全漏洞(来源于 ICS-CERT)。在表后，我们将对主要项进行详细说明。

表 2-1　PLC 在网络方面的安全漏洞

ICS-CERT	名　称	漏　洞
ICSA-11-223-01A	Siemens SIMATIC PLCs	使用开放的通讯协议：可执行未认证的命令
ICSA-15-246-02	Shneider Modicon PLC Web Server	包含远程文件：远程文件执行
ICSA-12-283-01	Siemens S7-1200 Web Application	跨站点的记录：可在工作站的浏览器里执行用 javascript 写的病毒
ICSA-15-274-01	Omron PLCs	清除敏感文本传输：诱骗 Password
ICS-ALERT-15-224-02	Schneider Electric Modicon M340 PLC Station	包含本地文件：跨地址的文本操作

表 2-1 提供了主要的五种 PLC 在网络方面的漏洞：① 使用开发的通讯协议，造成未认证的命令；② 远程文件执行；③ 不安全的 Web 应用；④ 诱骗口令；⑤ 跨地址文件操作。其中①和②方面的漏洞，上面的段落已经说明了。所以这里我们重点解释其他三方面的漏洞。

表 2-1 中的远程文件执行不符合远程接入工业控制网络是不允许的规定，应对禁用例如 FTP、Telnet、SMTP、SNMP 服务等，因为这些协议是不安全的。FTP 的登录密码不是保密的。Telnet 协议规定了客户端与服务器之间交互的基于文本的通信会话方式。其服务器端具有安全风险，因为所有远程登录，包括口令都是未加密的，可以让个人通过设备远程控制。SMTP 是一种 E-mail 传输协议。E-mail 信息通常包含恶意软件。SNMP 可以为中心管理控制台和网络设备提供网络管理服务。他的安全性也很低，主要体现在读取和配置设备使用的口令没有进行加密。

不安全的 Web 应用是由于使用 HTTP 协议引起的。HTTP 应用存在可以被攻陷的安全隐患。HTTP 可以作为一种传输机制，被手工攻击和自动蠕虫病毒所利用。因此基于 Web 服务的 HTTP 是不能用于工业控制网络的。如果没有禁止，那么必须配置防火墙，实现 HTTP 代理来阻止所有进入的脚本和 Java 程序。跨地址操作也是 XSS 攻击漏洞。恶意攻击者在 Web 页面里插入恶意的 Script 代码，当插入的 Script 代码在无意中被执行时，就会发动恶意攻击。

3. PLC 的固件安全隐患

PLC 中固件的安全隐患是指因软件中不可避免的设计瑕疵所引起的 PLC 操作系统

和数据存储中的隐患。例如，缓存溢出、不合适的输入验证和存在缺陷的协议审计等。缓存溢出是指存在缓存溢出安全漏洞的 PLC，攻击者可以用超出常规长度的字符数来填满一个域，通常是内存区地址。在某些情况下，这些过量的字符能够作为“可执行”代码来运行，使攻击者可以不受安全措施的约束来控制被攻击的 PLC。不合适的输入验证是指 PLC 在执行操作指令时对输入的数据包缺乏有效的检测，这些数据包的格式不正确或含有非法或者其他意外的字段值。存在缺陷的协议审计是指因协议审计不合理而造成的缺陷。

PLC 生产商往往使用很弱的固件更新认证机制来引起很多未授权的固件更新。表 2-2 例举了在 ICS-CERT 中一些 PLC 的固件缺陷。在表后，我们将对主要项进行详细说明。

表 2-2　PLC 的固件安全隐患

ICS-CERT	名　称	漏　洞
ICSA-16-026-02	Rockwell MicroLogix 1100 PLC	堆栈溢出
ICSA-13-116-01	Galil RIO-47100 PLC	错误的输入验证(允许在一段程序中重复请求)
ICSA-14-086-01	Shneider Modbus Serial Driver	堆栈溢出
ICSA-12-271-02	Optimalog Optima PLC	不合适地处理不完整的包
ICSA-16-152-01	Moxa UC 7408-LX-Plus Device	对防火墙的改写具有不可恢复性

表 2-2 中的漏洞主要有：堆栈溢出、错误的输入验证，不合适地处理不完整的包和对固件中防火墙的改写没有恢复性。堆栈溢出属于缓存溢出；错误的输入验证属于不合适的输入验证；不合适的处理不完整的包，属于存在不足的安全审计；对防火墙的改写具有不可恢复性是指在 PLC 固件设计中，没有合理地设计基于固件的访问控制的安全恢复设置。

4. PLC 的访问控制安全隐患

访问控制需要确保只有授权人能够访问控制区域。PLC 的访问控制安全隐患包括局限的授权机制，缺乏整体防御措施，有缺陷的 Passoword 保护，有缺陷的通信协议传输等。局限的授权机制是指，PLC 生产商使用隐藏的或者固定的用户名和 Password 以便于控制仪器。攻击者可以利用用户名和 Password 数据库的简单匹配方法而入侵。一旦未授权的访问成功，则入侵者可以轻易获得敏感数据，修改命令，操作内存，设立特权而改变 PLC 逻辑。

5. PLC 的安全隐患调研

经过调研得到的其他的安全隐患见表 2-3。几乎所有漏洞都属于 PLC 网络、固件和访问控制的安全漏洞。

表 2-3 PLC 安全隐患

序号	威胁/漏洞名称
1	CompactLogix 5000 系列 PLC 硬编码 SNMP 团体名漏洞
2	CompactLogix 5000 系列 PLC SNMP 拒绝服务漏洞
3	CompactLogix 5000 系列 PLC 中继漏洞
4	CompactLogix 5000 系列 PLC XSS 漏洞
5	CompactLogix 5000 系列 PLC CIP 协议拒绝服务漏洞
6	CompactLogix 5000 系列 PLC ARP 协议拒绝服务漏洞
7	S7-200/300/400 通讯协议存在设计缺陷
8	S7-200/300/400 CPU 保护密码泄露漏洞
9	S7-200 设备重置后门
10	S7-400 OB 数据块 MC7 代码执行拒绝服务漏洞
11	S7-300/400 http 协议拒绝服务漏洞
12	SCALANCE-X200 系列交换机 Profinet 协议安全控制缺失
13	SCALANCE-X200 系列交换机 SNMP 权限过大
14	SCALANCE-X200 系列交换机 XSS 漏洞
15	SCALANCE-X200 系列交换机 SMTP 客户端溢出漏洞
16	SCALANCE-X200 系列交换机 ACL 访问控制功能绕过、篡改漏洞
17	SCALANCE-X200 系列交换机 ACL 访问控制功能拒绝服务漏洞
18	赫斯曼 MS4128-L2P 系列交换机 赫斯曼设备发现协议安全控制缺失
19	赫斯曼 MS4128-L2P 系列交换机 SNMP 权限过大
20	赫斯曼 MS4128-L2P 系列交换机 数据泄露漏洞
21	赫斯曼 MS4128-L2P 系列交换机 Web 拒绝服务漏洞
22	赫斯曼 MS4128-L2P 系列交换机 http 协议拒绝服务漏洞
23	ABB Symphony 系列 DCS 通讯协议设计缺陷
24	ABB Symphony 系列 DCS 拒绝服务漏洞
25	Beckhoff DCS 拒绝服务漏洞
26	CNNVD 未公开漏洞外部提交表-西门子 S7-300_400 PLC 拒绝服务漏洞
27	CNNVD 未公开漏洞外部提交表-西门子 S7-300_400 PLC 密码泄露漏洞
28	Advantech WebAccess 8.1，8.0，7.2 ActiveX Multiple Vulnerabilities
29	Moxa SoftCMS 1.4 sql Injection Vulnerability

习 题

1. 简述 SCADA 系统的功能及其总体架构。

2. DCS 有哪些基本组成结构？

3. SCADA 系统和 DCS 有哪些区别和联系？

4. 简述 PLC 的基本组成部分和工作原理。

5. 简述可靠度、失效率、平均寿命、平均恢复时间和可靠率的概念以及它们之间的关系。

6. 思考工业控制系统和传统的 IT 系统安全要求的不同。

参 考 文 献

[1] 王华忠，陈冬青. 工业控制系统及应用：SCADA 系统篇[M]. 北京：电子工业出版社，2017.

[2] National Communications System. Supervisory Control and Data Acquisition (SCADA) Systems[J/OL]. Technical Information Bulletin，2004(4－1).

[3] ERICSSON G. Toward a framework for managing information security for an electric power utility-CIGRÉ experiences[J]. IEEE Trans. Power Del，2007，22(3)：1461－1469.

[4] CNN. Sources：Staged Cyber Attack Reveals Vulnerability in Power Grid[Z]. CNN U. S. Edition，2007.

[5] AMIN M. Security challenges for the electricity infrastructure[J]. Computer，2002，35(4)：8－10.

[6] Anon. Twenty-One Steps to Improve Cybersecurity of SCADA Networks[EB/OL]. 2007[2019－01－01].

[7] ELECTRA Tech. Security for Information Systems and Intranets for Electric Power Systems[Z]. ELECTRA Tech. Brochure，2007，231(317)：70－81.

[8] Government Accountability Office(GAO). Information Security：Technologies to Secure Federal Systems[EB/OL]. Report to Congressional Requesters，2004.

[9] DAVIS C M，TATE J E，OKHRAVL H，et al. SCADA Cybersecurity test bed development[C]. in Proc. 38th North Amer. Power Symp. Carbondale，2006：483－488.

[10] TANG J，HOVSAPIAN R，SLODERBECK M，et al. The CAPS-SNL power system security test bed[C]. in Proc. CRIS，3rd Int. Conf. Critical Infrastructures. Alexandria，2006.

[11] CARLSON R E，DAGLE J E，SHAMSUDDIN S A，et al. Nation Test Bed：A Summary of Control System Security Standards Activities in the Energy Sector[R]. 2005.

[12] TEN C，LIU C，MANIMARAN G. Vulnerability Assessment of Cybersecurity for SCADA Systems[J]. IEEE TRANSACTIONS ON POWER SYSTEMS，2008，23(4)：59－80.

[13] 王常力，罗安. 分布式控制系统(DCS)设计与应用实例[M]. 3版. 北京：电子工业出版社，2016.

[14] WARDAK H，ZHIOUA S，ALMULHEM A. PLC Access Control：A Security Analysis[C]. World Congress on Industrial Control System Security (WCICSS). London，2016.

[15] SANDARUWAN G，RANAWEERA P，OLESHCHUK V A. PLC Security and Critical Infrastructure Protection [C]. 2013 IEEE 8th International Conference on Industrial and Information Systems. Peradeniya，2013：81－85.

[16] JOON H，CHOONG S H，SEONG H J，et al. A Security Mechanism for Automation Control in PLC-based Networks[C]. 2007 IEEE International Symposium on Power Line Communications and Its Applications. Pisa，2007：466－470.

[17] BONNEY G，HÖFKEN H，PAFFEN B，et al. ICS/SCADA Security Analysis of a Beckhoff CX5020 PLC[C]. In Proceedings of the 1st International Conference on Information System Security and Policy (ICISSP). Angers，2015：137－142.

[18] STOUFFER K，FALCO J，SCARFONE K. Guide to Industrial Control Systems (ICS) Security[M]. NIST Special Publication 800－82，2011.

[19] 百度百科. SCADA系统[EB/OL]. [2019－01－01]. https：//baike. baidu. com/item/SCADA%E7%B3%BB%E7%BB%9F/10417660? fr=aladdin.

[20] 百度百科. 高铁防灾系统汇总[EB/OL]. [2019－01－01]. https：//wenku. baidu. com/view/07485378dc36a32d7375a417866fb84ae55cc300. html.

第3章　工业控制系统概述

3.1　工业控制系统架构

一个典型的工业控制系统通常由管理环节、监测环节、控制环节、执行环节和显示环节组成。经过这么多年的发展，工业控制系统在控制规模、控制技术和信息共享方面都有巨大的变化。在控制规模方面，工业控制系统由最初的小系统发展成现在的大系统；在控制技术方面，工业控制系统由最初的简单控制发展成现代复杂或者先进控制；在信息共享方面，工业控制系统由最初的封闭系统发展成现在的开放系统。

按照 ANSI/ISA－95.00.01 企业分层模型，可绘制企业典型分层架构如图 3－1 所示。

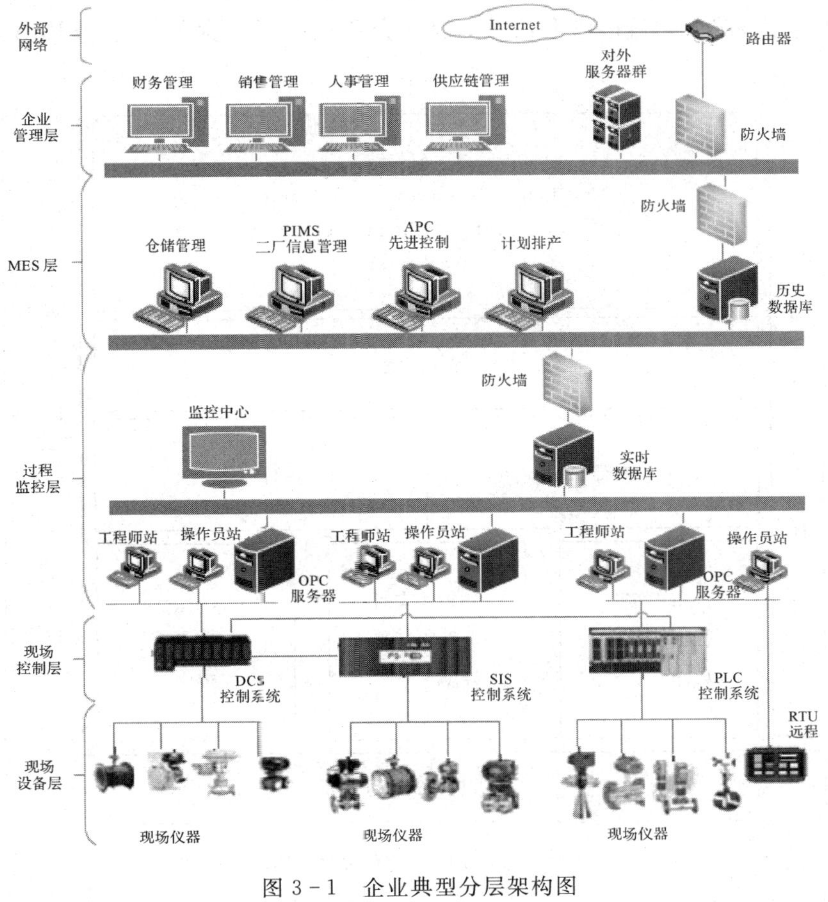

图 3－1　企业典型分层架构图

典型的企业生产或制造系统包括现场设备层、现场控制层、过程监控层、制造执行系统(MES)层、企业管理层和外部网络。

由图 3-1 可以看出，以制造执行系统层分界，向上为通用 IT 领域，向下为工业控制系统领域。工业控制系统的通用 IT 层与一般企业 OA 系统并没有太大的区别，下面将着重对工业控制系统领域制造执行系统层、过程监控层、现场控制层、现场设备层进行详细介绍。

3.1.1 制造执行系统(MES)层

MES(Manufacturing Execution System)即制造企业生产过程执行系统，是一套面向制造企业车间执行层的生产信息化管理系统。制造执行系统(MES)层包括工厂信息管理系统(PIMS)、先进控制系统(APC)、历史数据库、计划排产、仓储管理等。

1. 工厂信息管理系统

工厂信息管理系统(Process Information Management System，PIMS)是根据企业在信息化时代生产过程中的实际需求而推出的一款管理软件。工厂信息管理系统以“生产管理实用化”作为生产信息管理系统建设的出发点和最终目标，提供了一套先进的现代企业生产管理模式，帮助企业在激烈的市场竞争中全方位地迅速了解自己、对市场的快速变化做出符合自身实际情况的物流调整和决策，提升企业在同行中竞争能力。PIMS 软件系统结构如图 3-2 所示。

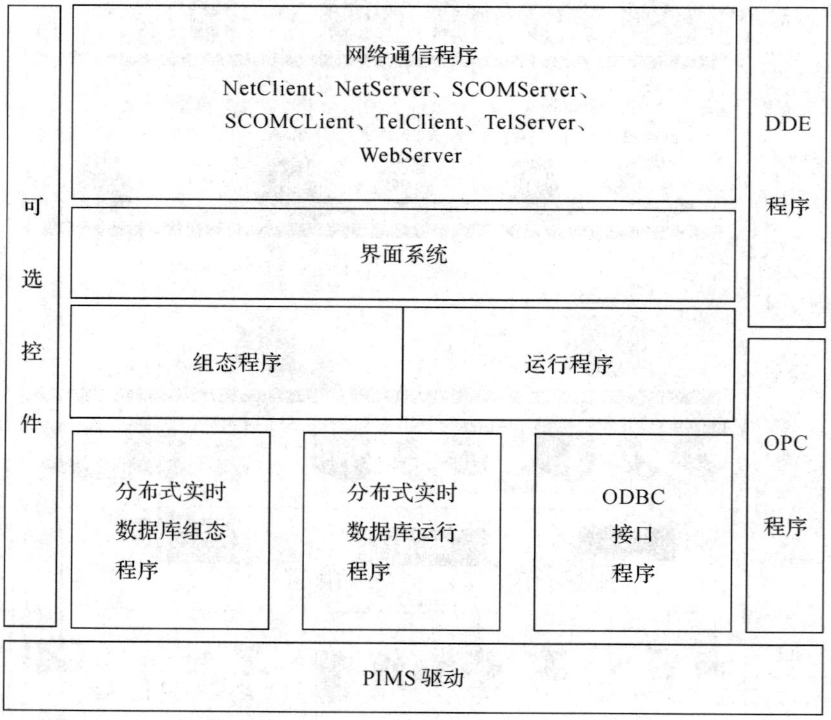

图 3-2 PIMS 软件系统结构

左侧可接各具体的功能系统；中间部分从上到下依次为服务器层、系统界面层和数据库层；右侧为数据通信接口，完成数据采集。这种服务架构＋数据库＋应用于界面的 PIMS 可用 Apache＋Mysql/MariaDB＋Perl/PHP/Python 的模块实现。

工厂信息管理系统已经在流程工业领域获得成功应用，在系统集成、生产调度、能源管理、企业危险源管理等领域得到了广泛应用，为用户的企业信息化建设提供了良好的数据管理平台。

PIMS 采用的通信技术有以太网通信技术、现场总线通信技术、串行通信技术、无线通信技术、Internet 通信技术。采用的软件技术包括：DNA 技术、WEB 技术、Compile 技术、HMI 技术等。PIMS 集成的控制系统技术包括：DCS 系统、现场总线系统、PLC、采集板卡、智能仪表、变频器等。

2. 先进控制系统

先进控制系统就是以先进过程控制（Advanced Process Contron，APC）技术为核心的上位机监控系统。它主要通过对被控对象运行过程中产生的大量实时数据、历史数据进行数据挖掘与分析，建立系统运行模型，利用系统模型进行多变量实时优化控制。APC-PIMS 软件功能结构展示了 PIMS 数据流向，如图 3－3 所示。

先进过程控制技术是具有比常规单回路 PID 控制有更好控制效果的控制策略统称，专门用来处理那些采用常规控制效果不好，甚至无法控制的复杂工业过程控制问题。

先进过程控制技术就是采用科学、先进的控制理论和控制方法，以工艺控制方案分析和数学模型计算为核心，以计算机和控制网络为信息载体，充分发挥 DCS 和常规控制系统的潜力，保证生产装置始终运转在最佳状态，以获取最大的经济效益。它能够在提高系统智能化水平的同时，帮助企业提高产品质量，降低能源消耗，减少环境污染。先进过程控制技术所涉及的专业技术有：模型辨识、多变量控制、实时优化、网络通信、数据存储等。

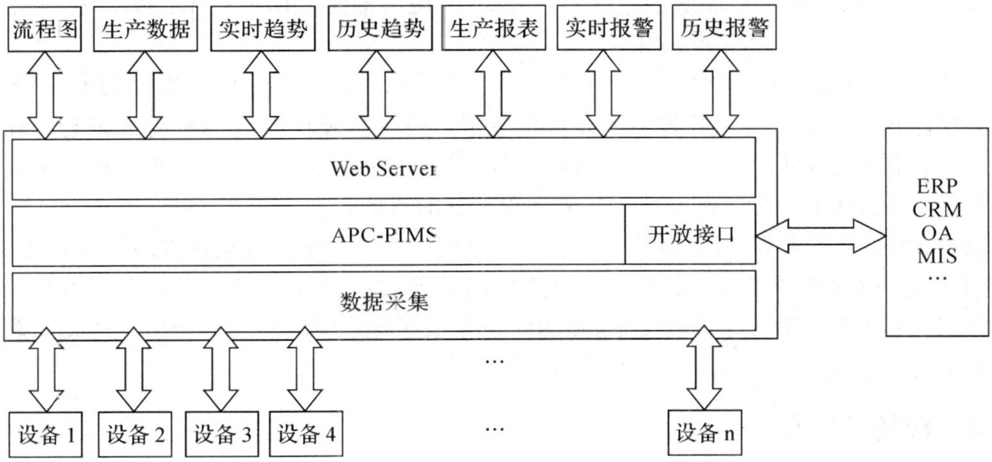

图 3－3 APC-PIMS 软件功能结构及 PIMS 系统数据流向图

先进过程控制技术可分为 3 大类。

（1）经典的先进控制技术：变增益控制、时滞补偿控制、解耦控制、选择性控制等。

（2）现今流行的先进控制技术：模型预测控制（MPC）、统计质量控制（SQC）、内模控制（IMC）、自适应控制、专家控制、神经网络控制、模糊控制、最优控制等。

(3) 发展中的先进控制技术：非线性控制及鲁棒控制等。

3.1.2 过程监控层

过程监控层包括数据采集与监控系统(Supervisory Control And Data Acquisition, SCADA)、OPC服务器、实时数据库、监控中心等。

1. 数据采集与监控系统

数据采集与监控系统是以计算机为基础的生产过程控制与调度自动化系统。它可以对现场运行的设备进行监视和控制。

SCADA系统涉及组态软件、数据传输链路(如数传电台、GPRS等)、工业隔离安全网关，其中工业隔离安全网关是保证工业信息网络安全的，工业上大多数企业都要用到这种安全防护性的网关，防止病毒入侵，以保证工业数据、信息的安全。

SCADA的应用领域很广，可以应用于电力、冶金、安防、水利、污水处理、石油天然气、化工、交通运输、制药，以及大型制造等领域的数据采集与监视控制及过程控制等诸多领域。

2. OPC服务器

OPC(Object Linking and Embedding for Process Control)是一种利用微软的COM/DCOM技术来达成自动化控制的协定。它的出现为基于Windows的应用程序和现场控制应用建立了桥梁。在过去，为了存取现场设备的数据信息，每一个应用软件开发商都需要编写专用的接口函数。由于现场设备的种类繁多，且产品的不断升级，往往给用户和软件开发商带来了巨大的工作负担。即使这样也不能满足工作的实际需要，系统集成商和开发商急切需要一种具有高效性、可靠性、开放性、可互操作性的即插即用的设备驱动程序。在这种情况下，OPC标准应运而生。OPC标准以微软公司的OLE技术为基础，通过提供一套标准的OLE/COM接口完成的。在OPC技术中使用的是OLE2技术，OLE标准允许多台微机之间交换文档、图像等对象。

OPC为硬件制造商与软件开发商提供了一个桥梁，透过硬件厂商提供的OPC Server接口，软件开发者不必考虑各种不同硬件的差异，便可从硬件端取得所需的信息，所以软件开发者仅需专注程序本身的控制流程的运作。此外，由于COM/DCOM整合并隐藏了网络的细节，通过OPC可以很容易地达成远程控制的目的。

通过DCOM技术和OPC标准，完全可以创建一个开放的、可互操作的控制系统软件。OPC采用客户/服务器模式，把开发访问接口的任务放在硬件生产厂家或第三方厂家。开发访问接口以OPC服务器的形式提供给用户，解决了软、硬件厂商的矛盾，完成了系统的集成，提高了系统的开放性和可互操作性。

3.1.3 现场控制层

现场控制层包括现场的数据采集与监控系统、分散型控制系统、安全仪表控制系统(SIS)、可编程逻辑控制系统等。

SCADA系统在上一节已经介绍过，本节不再详细介绍。

1. 分布式控制系统

分布式控制系统 (Distributed Control System, DCS)是由过程控制级和过程监控级组成的以通信网络为纽带的多级计算机系统，综合了计算机(Computer)、通信(Communication)、显示(CRT)和控制(Control)等 4C 技术，其基本设计思路是分散控制、集中操作、分级管理、配置灵活、组态方便。采用多层分级、合作自治的结构形式。其主要特征是集中管理和分散控制。目前 DCS 在电力、冶金、石化等行业获得了极其广泛的应用。

系统主要由现场控制站(I/O 站)、数据通信系统、人机接口单元、操作员站、工程师站、机柜、电源等组成。系统具备开放的体系结构，可以提供多层开放数据接口。

2. 安全仪表系统

安全仪表系统(Safety Instrumented System，SIS)，有时称为安全联锁系统(Safety Interlocking System，SIS)，主要是为了实现工厂控制系统中报警和安全联锁，对控制系统中检测的结果实施报警动作或调节或停机控制，是工厂企业自动控制中的重要组成部分。

安全仪表系统包括传感器、逻辑运算器和最终执行元件，即检测单元、控制单元和执行单元。SIS 系统可以监测生产过程中出现的或者潜伏的危险，发出告警信息或直接执行预定程序，立即进行操作，防止事故的发生，降低事故带来的危害及其影响。

DCS 与 SIS 的关系如图 3-4 所示。简单地说，DCS 就是平时的普通操作对整个过程进行控制。当普通的操作不能实现控制的时候，SIS 会进行干预，降低事故发生的可能性。

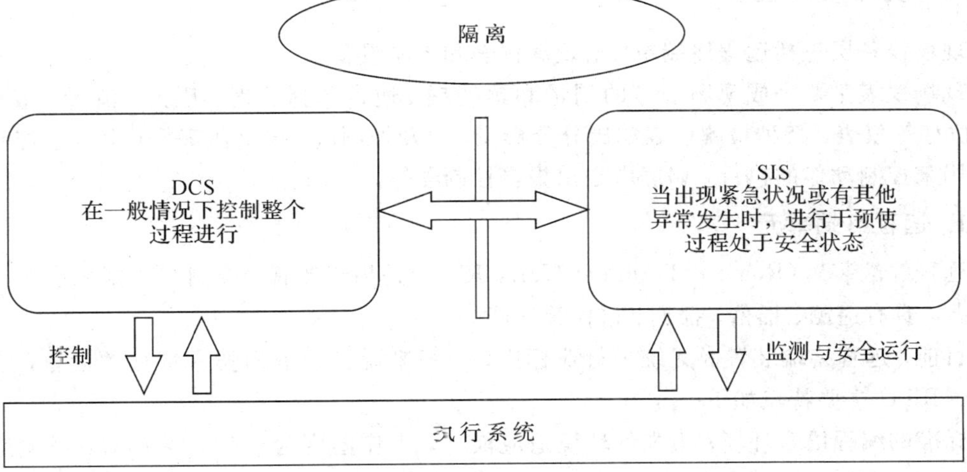

图 3-4　DCS 与 SIS 的关系图

3. 可编程逻辑控制器

可编程逻辑控制器(Programming Logic Controller，PLC)是工业控制系统中重要的控制基础设施，被广泛应用于绝大多数工业生产过程。在 DCS 中，PLC 被实现为在监督控制架构内的本地控制器。PLC 也被实现为局部的控制系统配置的主要组件。PLC 是具有用户可编程的存储器，可用于存储指令以实现特定功能，如 I/O 控制、逻辑、定时、计数、三种模式的 PID 控制、通信、算术以及数据和文件处理。

4. 可编程自动化控制器

可编程自动化控制器(PAC)的定义：由一个轻便的控制引擎支持，且对多种应用使用同一种开发工具。PAC系统保证了控制系统功能的统一集成，而不仅仅是一个由完全无关的部件拼凑的集成。

PAC定义了集中特征和性能：

(1) 多领域的功能，包括逻辑控制、运动控制、过程控制和人机界面。

(2) 一个满足多领域自动化系统设计和集成的通用开发平台。

(3) 允许OEM(Original Equipment Manufacturer，原始设备制造商)和最终用户在统一平台上部署多个控制应用。

(4) 有利于开放、模块化控制架构以适应高度分散的自动化工厂环境。

(5) 对于网络协议、语言等，使用既定事实标准来保证多供应商网络的数据交换。

虽然PAC形式与传统PLC很相似，但其性能却比PLC广泛和全面得多。PAC是一种多功能控制器平台，它包含多种用户可按照自己意愿组合搭配和实施的技术和产品。与其相反，PLC是一种基于专有架构的产品，仅仅具备了制造商认为必要的性能。

PAC与PLC根本的不同在于他们的基础不同。PLC的性能依赖于专用硬件，应用程序的执行是依靠专用硬件芯片实现的。硬件的非通用性会导致系统的功能前景和开放性受到限制，由于是专用操作系统，其实时可靠性与功能都无法与通用实时操作系统相比，这样导致了PLC整体性能的专用性和封闭性。

3.1.4 现场设备层

现场设备层包括远程终端单元、现场仪表和控制设备。

现场仪表主要完成现场型号的测量和预处理，通常包括温度、压力、流量、液位、电量、位移等仪表，特种检测仪表如成分分析仪，以及控制阀、电动阀等执行机构。控制设备主要用来控制动作的执行，如静电溢出报警控制器等。

1. 远程终端单元

远程终端装置(Remote Terminal Unit，RTU)是用于监视、控制与数据采集的应用控制设备，具有遥测、摇信、摇调、遥控等功能。

目前，远程终端装置尚无统一行业标准，一般来说符合下列技术特征的设备，均视为RTU。RTU主要特点如下：

标准的编程语言环境；极强的环境适应能力，工作温度为−49℃～70℃，环境湿度为5%～95%RH；丰富的通信接口、支持多种通信方式、通信距离长；多种标准通信协议；大容量存储能力；实时多任务操作系统；灵活且相互兼容的开放式接口；极强的抗电磁干扰能力等。

与常用的可编程控制器PLC相比，RTU通常具有优良的通讯能力和更大的存储容量，适用于更恶劣的温度和湿度环境，提供更多的计算功能。RTU产品在石油天然气、水利、电力调度、市政调度等行业SCADA系统中广泛应用。

2. 智能电子设备

IEC 61850标准对智能电子设备的定义如下："由一个或多个处理器组成，从外部源接收和传送数据或控制外部源的任何设备(即电子多功能仪表、微机保护、控制器)，在特定的环境下接口所限定范围内能够执行一个或多个逻辑节点任务的实体。"

IED处理流程如图3-5所示。检测的信号主要是三相电压、三相电流信号。信号前端电路将执行低通滤波功能，滤除对信号影响较大的杂波。随后信号被高速A/D转换器(模/数转换器)采集，通过A/D转换器+CPLD(Complex Programmable Logic Device，复杂可编程逻辑器件)电路实现。最后通过数据总线送至DSP。完成参数计算后，DSP把数据格式进行统一打包上传给主控IED，其主要功能是接收检测IED的数据，并上传给数据库。

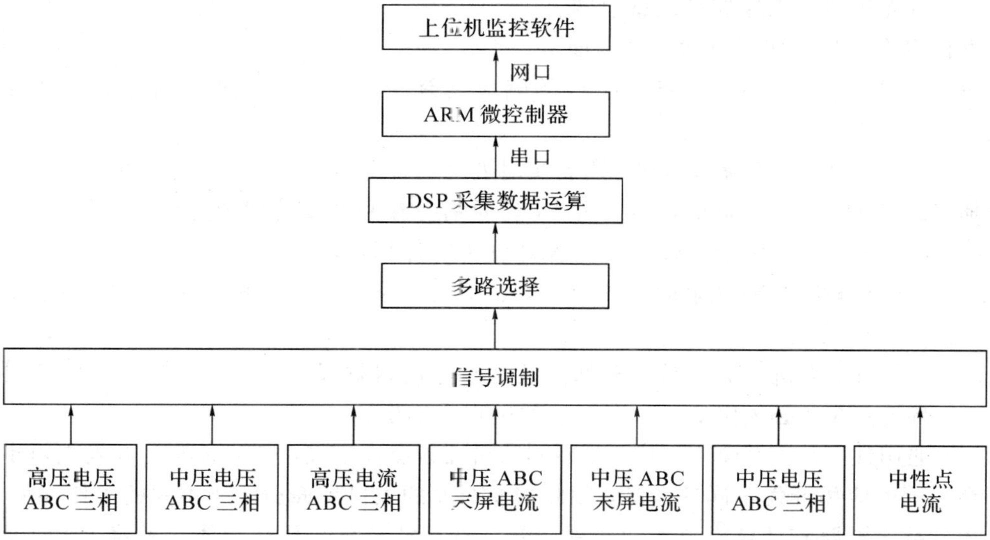

图3-5　IED处理流程

3. 人机界面

人机界面(Human-Machine Interface，HMI)是连接可编程逻辑控制器、变频器、直流调速器、仪表等工业控制设备，利用显示屏显示，通过输入单元(如触摸屏、键盘、鼠标等)写入工作参数或输入操作命令，实现人与机器信息交互的数字设备。

人机界面产品由硬件和软件两部分组成。硬件部分包括处理器单元、显示单元、输入单元、通信接口、数据存储单元等，其中处理器的性能决定了HMI产品的性能高低，处理器单元是HMI的核心单元。根据HMI的产品等级不同，可分别选用8位、16位、32位的处理器。HMI软件一般分为两部分，即运行于HMI硬件中的系统软件和运行于PC Windows操作系统下的画面组态软件(如JB-HMI画面组态软件)。使用者都必须先使用HMI的画面组态软件制作"工程文件"，再通过PC和HMI产品的串行通信口，把编制好的"工程文件"下载到HMI的处理器中运行。人机界面硬件结构如图3-6所示。

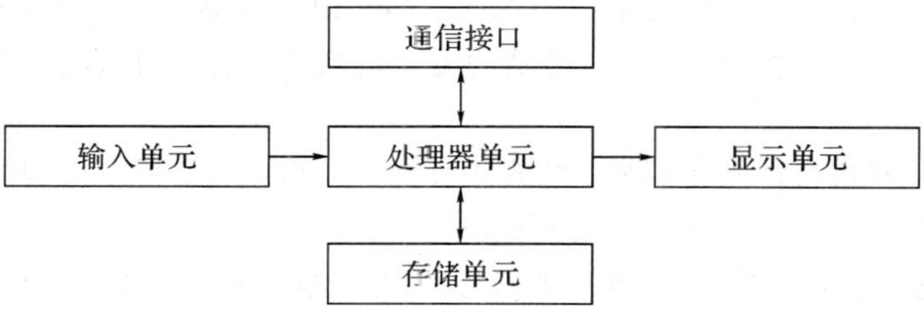

图3-6　人机界面硬件结构

目前市场上流行的人机界面产品的品牌和种类繁多，但都具有以下基本功能：

(1) 设备工作状态显示，如指示灯、按钮、文字、图形、曲线等。

(2) 数据、文字输入操作，打印输出。

(3) 生产配方存储，设备生产数据记录。

(4) 简单的逻辑和数值运算。

(5) 可连接多种工业控制设备组网。

人机界面的特点包括下面5个方面。

(1) 实时性。人机界面对各种事件的响应具有一定的时限要求，具有实时处理事件特性。

(2) 并发处理。在实际环境中，需要实时处理的外部事件往往不是单一的，而这些事件都是随机发生的，有可能同时出现。因此，需具有分布和并发处理的特点。

(3) 系统可裁剪。由于人机界面在各种设备上使用的功能不同，且存储的容量非常有限，因此需要尽量把一些冗余的功能删除。这就要求系统设计是模块化的，能够根据不同的需求选择不同的模块。

(4) 可靠性。人机界面产品一般都安装在特定的机器设备上，有些机器需要长时间运行，工作环境恶劣，必须保证设备在循行的过程中不出错。

(5) 通用性。人机界面应用广泛，不同的机器设备所需要的功能不同，开发人员不可能为所有不同的应用开发不同的产品，因此需要开发的人机界面适应于不同的工作环境。

随着数字电路和计算机技术的发展，未来的人机界面产品在功能上的高、中、低划分将越来越不明显，HMI的功能将越来越丰富；5.7英寸以上的HMI产品将全部是彩色显示屏，屏的寿命也会更长。由于计算机硬件成本的降低，HMI产品将以平板计算机为HMI硬件的高端产品为主，因为这种高端的产品在处理器速度、存储容量、通信接口种类和数量、组网能力、软件资源共享上都有较大的优势，是未来HMI产品的发展方向。当然，对于小尺寸的(显示尺寸小于5.7英寸)HMI产品，由于其在体积和价格上的优势，随着其功能的进一步增强(如增加I/O功能)，将在小型机械设备的人机交互应用中得到广泛应用。

4. 工业机器人

当今科技日新月异，随着工业系统信息化、自动化和数据化的发展，工业机器人广泛使用于各个行业，尤其是3C行业、汽车行业等行业的自动化生产线。

典型的工业机器人包括以下几个方面。

脑系统方面：硬件有CPU、内存和闪存存储器。软件有嵌入式GNU、X86架构、支持C++、python以及java的编程环境等。

人机交互方面：视频和音频方面有摄像头、多声道扬声器、麦克风和按钮。

环境传感器方面：有激光、红外、声呐的发生器与接收器、力敏电阻器、接触传感器和物理惯性单元。

机械体方面：有执行体及传感器、物理惯性单元、机械臂、传动机制和电机。

能量方面：机器人电池、电源和电池充电器等。

通信与网络方面：由关节运动编码、现场总线、以太网、无线网和蓝牙等。

工业机器人是工业自动化生产线最重要的组成单元。工业机器人的信息安全关系到工业生产线的生产效率、生产安全和生产成本。需要有针对工业机器人的专门的信息安全保障措施。

3.2　典型工业领域的工业控制网络

工业控制系统是工业控制网络的服务对象。一些通过信息技术手段对工业控制系统实施的攻击都是通过工业控制网络完成的，因此保护好工业控制网络的安全，可以预防工业控制系统的非法入侵等攻击行为。为此，有必要了解一些具体行业的工业控制网络。

3.2.1　钢铁行业的工业控制网络

钢铁行业工业以太网一般采用环型网络结构，为实时控制网络，负责控制器、操作员站级工程师站之间过程控制数据实时通信，网络上所有操作员站、数采机及 PLC 都使用以太网接口并设置为同一网段 IP 地址，网络中远距离传输介质为光缆，本地传输介质为网线。生产监控主机利用双网卡结构与管理网相连。图 3－7 是典型钢铁厂网络拓扑图，它将钢铁厂网络划分为互联网层、办公网层、监控层、控制层及现场层(仪表)；并且划分为不同功能区域(烧结、炼铁、炼钢、轧钢等)。

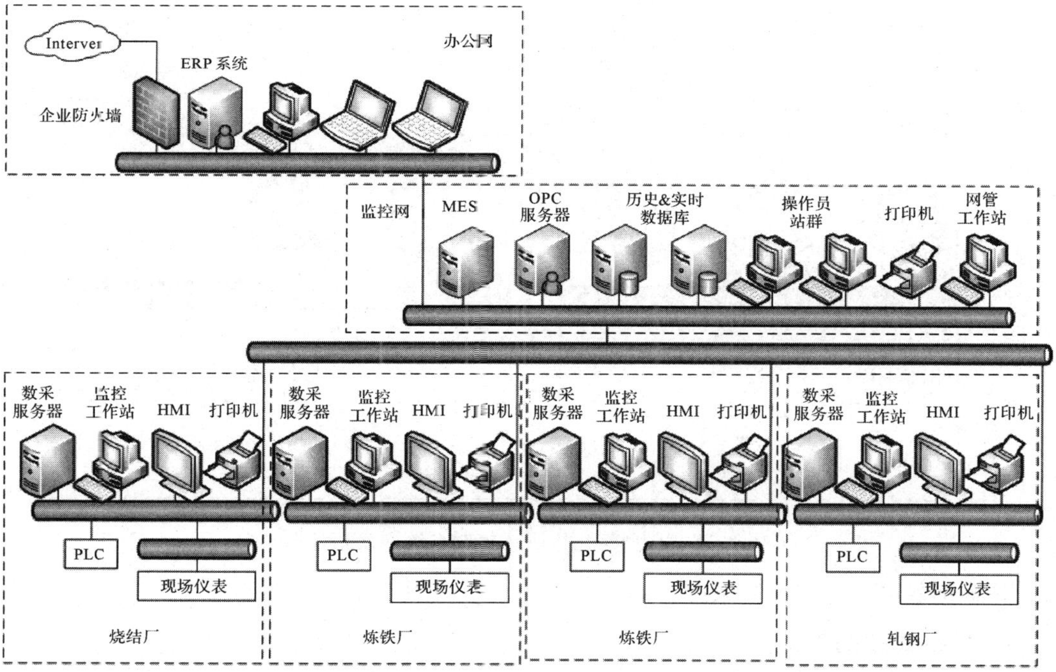

图 3－7　典型钢铁厂网络拓扑图

3.2.2　石化行业的工业控制网络

大型石油化工产业控制系统庞大，安全要求高，现场由多个控制系统完成控制功能。大型石油化工厂 DCS 采用大型局域网架构，网络架构较为复杂。现场的主要控制功能都是由 DCS 来完成的，其他系统的集中控制在某种程度上可以完全由 DCS 监控。DCS 含有大量的数据接口，是构建企业信息化的数据来源与执行机构。除 DCS 外的其他系统一般没有对外数据接口(无生产数据)，且相对独立，网络结构简单。现有的典型炼化厂生产控制系统网络拓扑图如图 3-8 所示。

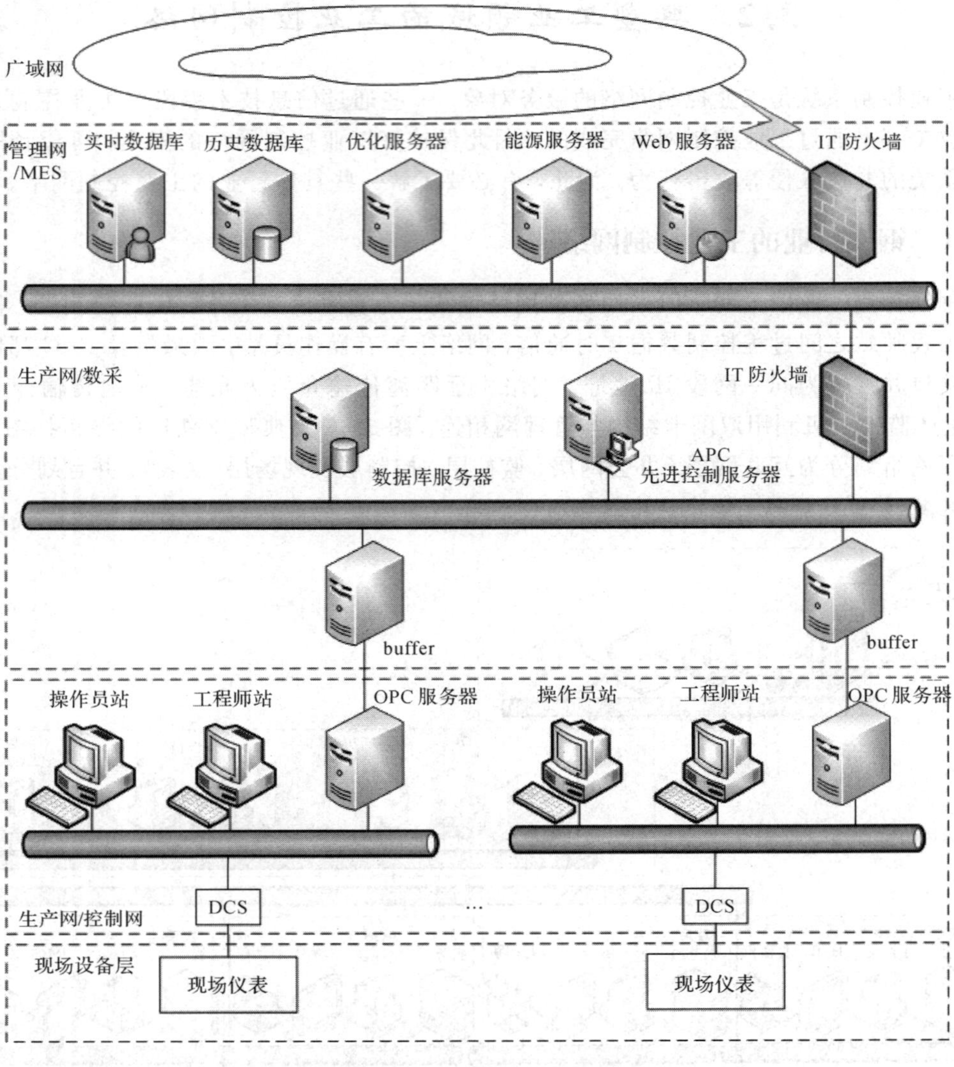

图 3-8　典型炼化厂生产控制系统网络拓扑图

下面介绍主要生产控制系统。

1. 分布式控制系统

DCS 完成生产装置的基本过程控制、操作、监视、管理、顺序控制、工艺连锁，部分先进过程控制也在 DCS 中完成。大型石油化工厂 DCS 采用大型局域网架构。根据生产需求、系统规模和总图布置将大型石油化工网络划分为若干独立的局域网，确保每套生产装置独立开停车和正常运行。

2. 安全仪表系统

SIS 设置在现场机柜室(FAR)，与 DCS 独立设置，以确保人员及生产装置、重要机组和关键设备的安全。SIS 按照故障安全型设计，与 DCS 实时数据通信，在 DCS 操作员站上显示。大型石油化工厂 SIS 采用局域网架构。根据生产需求、系统规模和总图布置划分为若安独立的局域网，确保采用 SIS 的生产装置独立开停车和安全运行。

3. 可燃/有毒气体检测系统(GDS)

生产装置、公用工程及辅助设施内可能泄露或聚集可燃、有毒气体的地方分别设有可燃、有毒气体检测器。检测器将信号送至 GDS。

4. 压缩机控制系统

压缩机控制系统完成压缩机组的调速控制、防喘振控制、负荷控制及安全连锁保护等功能，并与装置的 DCS 进行通信，操作人员能够在 DCS 操作员站上对机组进行监视和操作。

5. 转动设备监视系统

MMS 用于主要透平机、压缩机和泵等转动设备参数的在线监视，同时对转动设备的性能进行分析和诊断，对转动设备的故障预测维护给予有力支持。

6. 可编程逻辑控制系统(MMS)

操作控制相对比较独立或特殊设备的控制监视和安全保护功能原则上采用独立的 PLC 控制系统。与 DCS 进行数据通信，操作人员能够在 DCS 操作员站上对设备的运行进行监视与操作。

7. 在线分析仪系统(PAS)

在线分析仪(工业色谱仪、红外线分析仪等)应包括采样单元、采样预处理单元、分析器单元、回收或放空单元、微处理器单元、通信接口(网络与串行)、显示器(LCD)单元和打印机等。

3.2.3 电力行业的工业控制网络

大型电厂全厂采用大型局域网架构，网络架构较为复杂，基本采用分区分域的模块化架构。以下是 DCS 网络的架构说明。

1. L1 基础控制层

L1 基础控制层网络完成控制生产过程的功能，主要由工业控制器、数据采集卡件，以及各种过程控制输入输出仪表组成，也包括现场所有的系统之间的通信。可以本地实现链接控制调节和顺序控制、设备检测和系统测试与自诊断、过程数据采集、信号交换、协议转换等功能。

2. L2 监控层

L2 监控层包含各个分装置的工程师站以及操作员站，可以对生产过程进行监控系统组态的维护和现场智能仪表的管理。事实上，由 L1 和 L2 层就能进行产品的正常生产，但是大型电厂中，为了实现生产管理智能化以及信息化，通常都会设置 L3 及以上的网络层。

3. L3 操作管理层(集控 CCR)

DCS 管理层网络通过 L3 级交换机汇聚各分区 L2 层的 LAN。设置全局工程师站可以对分区内所有装置的组态进行维护，查看网络内各装置的监控画面、运行趋势和安全报警。L3 层设置的中心 OPC 服务器，可以实现对各装置实时数据的采集。

4. L4 调度管理层(厂级 SIS)

SIS 是实行生产过程综合优化服务的实时管理和监控系统，它将全厂 DCS、PLC 以及其他计算机过程控制系统(Process Control System，PCS)汇集在一起，并与管理信息系统(Management Information System，MIS)有机结合，在整个电厂内实现资源共用、信息共享，做到管控一体化。

典型情形下，现有的火电厂生产控制系统的网络拓扑图如图 3-9 所示。

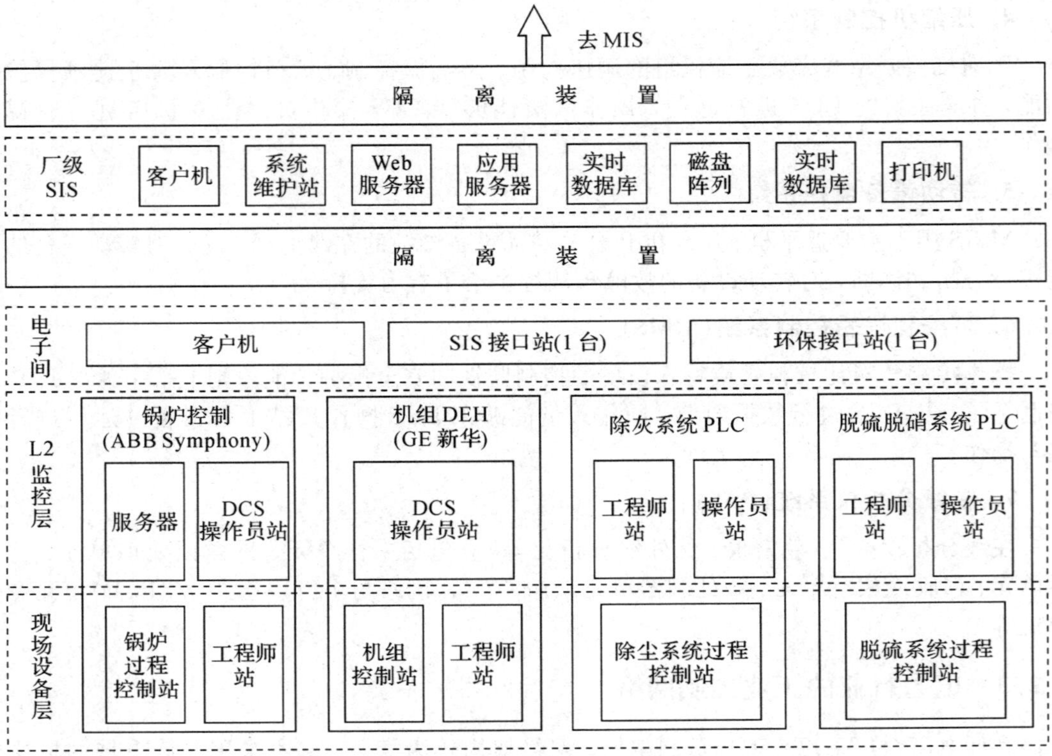

图 3-9 现有的火电厂生产控制系统的网络拓扑图

3.2.4 市政交通行业的工业控制网络

地铁综合监控系统的架构如图 3-10 所示。它由中央综合监控系统、车站综合监控系统(包括车辆段综合监控系统)以及将他们连接起来的综合监控系统骨干网组成。

1. 中央综合监控系统

中央综合监控系统安装在线路监控中心，用于监视全线各个车站(包括车辆段)的各个子系统的状态，完成中心记录操作控制功能。中央综合监控系统由中央监控网、OCC(Operating Control Center，运行控制中心)实时服务器、历史和事件服务器、磁盘阵列、磁带记录装置、各类操作员工作站、中心互联系统、UPS、打印机、机柜和附件等部分组成。此外，还有全系统的网络管理系统(NMS)、大屏幕系统(OPS)等。

2. 车站综合监控系统

车站级监控网为双冗余高速交换式以太网，数据传输率为 100 Mb/s 或 1000 Mb/s，遵循 IEEE 802.3 标准，使用 TCP/IP 协议，网络交换机为冗余配置。

3. 综合监控系统骨干网

综合监控系统骨干网(MBN)可采用地铁工程同行骨干网的传输信道，也可单独组建骨干网。地铁综合监控系统是一个地理分散的大型 SCADA 系统。它构建在分布于方圆几十千米的广域网上。

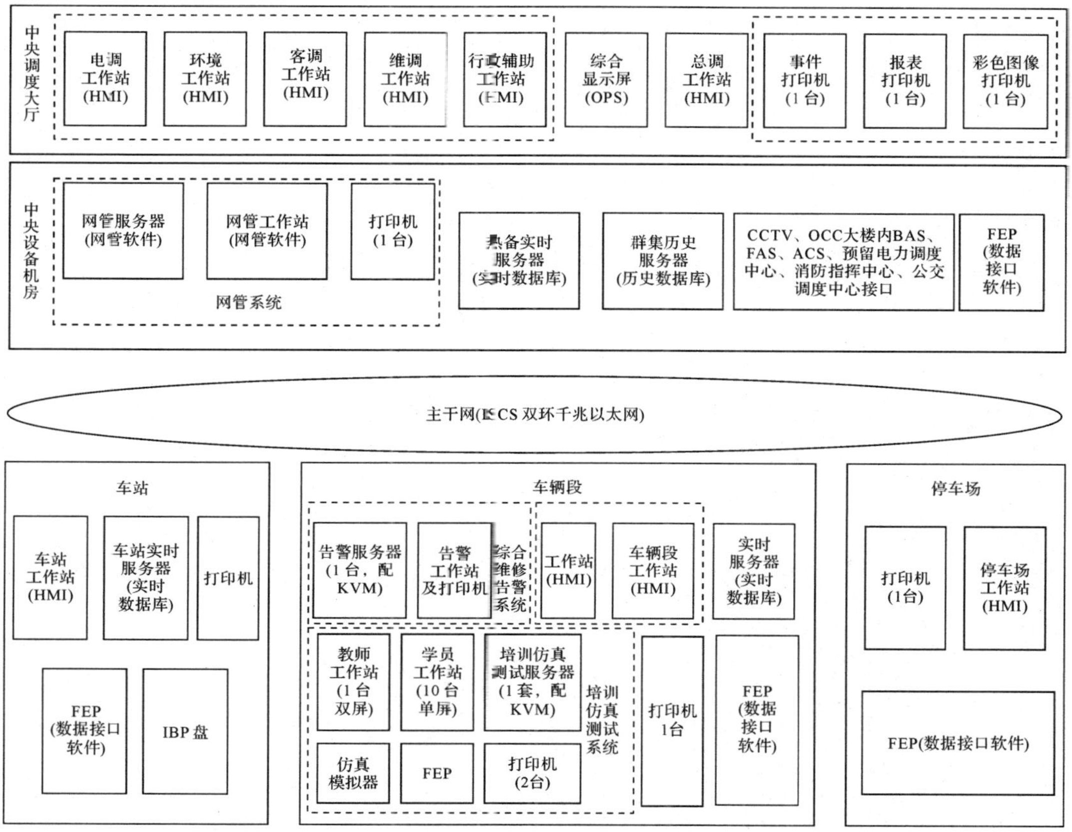

图 3-10　地铁综合监控系统架构图

习　　题

1. 通用的工业控制系统可以划分为哪几层？每一层的功能单元和包括的资产组件分别是什么？

2. 什么是工业控制系统？工业控制系统应用于哪些行业？

3. APC-PIMS 系统数据流向是怎样的？试画出数据流向图。

4. 试述 DCS 和 SIS 的区别与联系。

5. 工业控制系统在不同工业领域中的应用有什么异同？

参考文献

[1]　肖建荣. 工业控制系统信息安全[M]. 北京：电子工业出版社，2015.

[2] 姚羽，祝烈煌，武传坤．工业控制网络安全技术与实践[M]．北京：机械工业出版社，2017.

第 4 章　工业控制系统的特性、威胁和脆弱性

目前使用的大多数工业控制系统(ICS)是早期的系统，是在公共和私人网络、桌面计算或互联网成为业务运营的通用组件之前开发的。这些系统设计时满足了性能、可靠性、安全性和灵活性的要求。在大多数情况下，他们是与外部网络物理隔离的，基于专有硬件、软件和通信协议，拥有基本的错误检测和纠错能力，但缺乏在当今的互联系统中所需的安全通信能力。虽然在解决统计性能和故障时存在对可靠性、可维护性和可用性(RMA)的担忧，但尚未预见到这些系统内对网络安全措施的需求。当下，ICS 的安全性意味着在物理上保护对网络和控制系统控制台的访问。

在 20 世纪 80 年代和 90 年代，ICS 的发展与微处理器、个人计算机和网络技术的发展并行。基于互联网的技术在 20 世纪 90 年代后期开始进入 ICS 设计。这些变化将 ICS 暴露给新的威胁类型，并显著增加了 ICS 受到损害的可能性。本章介绍 ICS 独特的安全特性、ICS 实现中的漏洞和 ICS 可能面临的威胁和事故。

4.1　ICS 和 IT 系统的比较

最初，ICS 与 IT 系统没有一点相似之处，ICS 是运行专有控制协议、使用专门硬件和软件孤立的系统。现在用广泛使用的、低成本的互联网协议(IP)设备取代专有的解决方案，增加了网络安全漏洞和事故的可能性。由于 ICS 正在采用 IT 解决方案来促进企业连接和远程访问功能，并且正在使用行业标准计算机、操作系统(OS)和网络协议进行设计和实施，因此它们开始类似于 IT 系统。此集成支持新的 IT 功能，但与前代系统相比，它可以显著降低 ICS 与外部世界的隔离程度，从而更加需要保护这些系统。虽然安全解决方案旨在解决典型 IT 系统中的安全问题，但在将这些相同的解决方案引入 ICS 环境时必须采取特殊的预防措施。在某些情况下，需要为 ICS 环境量身定制新的安全解决方案。

ICS 有许多区别于传统 IT 系统的特点，包括不同的风险和优先级别。其中包括对人类健康和生命安全的重大风险，对环境的严重破坏，以及金融问题如生产损失和对国家经济的负面影响。ICS 具有不同的性能和可靠性要求，并使用 IT 系统非常规的操作系统和应用程序。此外，安全和高效的目标有时会与控制系统的设计和操作的安全性发生冲突(如，需要密码验证和授权不应妨碍或干扰 ICS 的紧急行动)。下面列出了一些 ICS 的特殊安全考虑。

(1) 时效性能要求。ICS 通常对执行的时效性有严格要求，在单独安装与设置系统时规定了明确的时延和稳定性的标准。在响应稳定性方面也有明确的确定性的规定。ICS 通信

通常不具备高吞吐量的特征。相比之下，IT 系统通常需要保证高吞吐量的指标，但可以承受或容忍某种程度的时延、丢包等错误。

(2) 可用性要求。许多 ICS 过程在本质上是连续的。在控制工业生产过程中，系统发生意外中断是不能接受的。通常必须提前几天/几周计划和安排中断。详尽的预部署测试对于确保 ICS 的高可用性至关重要。除了意外中断之外，许多控制系统也不能在生产过程中轻易地停止或启动。一些 ICS 会采用冗余组件，且常常并行运行，以在主组件不可用时提供连续性保障。典型的 IT 系统并没有如此严格的可用性要求。

(3) 风险管理要求。在典型的 IT 系统中，数据机密性和完整性通常是主要被关注点。对于 ICS 而言，人身安全(以防止损害生命、危害公众健康或信心)、生产破坏、合规性设备的损失、知识产权损失，以及产品的丢失或损坏等，才是主要的关注点。负责操作、保护和维护 ICS 的人员必须了解 safety 和 security 之间的重要联系。

(4) 体系架构安全焦点。典型的 IT 系统中，安全性的主要焦点是保护 IT 资产(无论是集中式还是分布式)的操作，以及在这些资产之间存储或传输的信息。在某些体系结构中，集中存储和处理的信息更为关键，并对信息提供更多的保护。对于 ICS，需要小心保护工控基础设施(例如，PLC、操作员站和 DCS 控制器)，因为它们直接负责控制最终过程。ICS 中央服务器的保护仍然是非常重要的，因为中央服务器可能对每一个边缘设备产生不利影响。

(5) 物理相互作用。在典型的 IT 系统中，没有与环境的物理交互。ICS 可以与 ICS 域中的物理过程和后果进行非常复杂的交互，因此在这些物理过程中，ICS 必须测试集成物理检测数据到 ICS 的所有安全功能中，以证明它们不损害 ICS 的正常功能。

(6) 时间要求紧迫的响应。在一个典型的 IT 系统中，不需要太考虑数据流就可以实现访问控制。对于一些 ICS 而言，自动响应时间或对人机交互的响应控制是非常关键的。例如，要求在 HMI 上进行密码验证和授权不得妨碍或干扰 ICS 的紧急行动，信息流不得中断或泄露。对这些系统的访问，必须有严格的物理安全控制。

(7) 系统操作。ICS 的操作系统(OS)和应用程序可能无法使用典型的 IT 安全措施。例如，控制网络往往比较复杂，需要不同层次的专业知识(例如，控制网络通常由控制工程师管理，而不是 IT 人员)；软件和硬件都很难在操作控制系统网络中升级；许多系统都确实所需的功能，包括加密功能、错误记录和密码保护。

(8) 资源约束。此外，在某些情况下，由于 ICS 供应商许可和服务协议，不允许使用第三方安全解决方案，如果在没有供应商确认或批准的情况下安装第三方应用程序，则可能会发生服务支持丢失。

(9) 通信。在 ICS 环境中用于现场设备控制和内部处理器通信的通信协议和媒体通常与通用的 IT 环境不同，可能是专有的。

(10) 变更管理。变更管理对维持 IT 和控制系统的完整性都是至关重要的。未打补丁的软件代表了系统的最大漏洞之一。IT 系统的软件更新，包括安全补丁，根据适当的安全策略和程序，通常都是实时应用的。此外，这些程序往往是使用基于服务器的工具自动实现的。ICS 的软件更新往往就无法及时实施，因为这些更新需要由工业控制应用程序的供应商和应用程序的最终用户充分测试后才能实施。作为更新过程的一部分，ICS 可能还需要重新验证。另一个问题是许多 ICS 使用供应商不再支持的旧版操作系统。因此，可用的修补程序可能不适用。变更管理也适用于硬件和固件。当变更管理过程应用于 ICS 时，需要由 ICS 专家(例如，控制工程师)与安全和 IT 人员一起进行仔细评估。

(11) 管理的支持。典型的 IT 系统允许多元化的支持模式，也许支持不同的但相互关联的技术架构。对于 ICS，服务支持通常是通过单一供应商提供的，该供应商可能没有来自其他供应商的多样化且可互操作的支持解决方案。

(12) 组件寿命。典型的 IT 组件的寿命一般为 3～5 年，主要是由于技术的快速演变。对于 ICS 而言，在许多情况下开发了非常具体的使用和实施技术，所部署技术的寿命通常为 15～20 年，有时甚至更长。

(13) 组件访问。典型的 IT 组件通常是本地的，易于访问，而 ICS 组件可以是隔离的，远程的，并需要大量的物力以获得对它们的访问。

IT 系统和 ICS 的典型差异见表 4－1。

表 4－1　IT 系统和 ICS 的差异总结

分　类	信息技术系统	工业控制系统
性能需求	☆ 非实时 ☆ 响应必须是一致的 ☆ 要求高吞吐量 ☆ 高延迟和抖动是可以接受的	☆ 实时 ☆ 响应是时间紧迫的 ☆ 适度的吞吐量是可以接受的 ☆ 高延迟和/或抖动是不能接受的
可用性需求	☆ 重新启动之类的响应是可以接受的 ☆ 可用性的缺陷往往是可以容忍的，当然要取决于系统的操作要求	☆ 重新启动之类的响应可能是不能接受的，因为过程的可用性要求 ☆ 可用性要求可能需要冗余系统 ☆ 中断必须有计划和提前预定时间(天/周) ☆ 高可用性需要详尽的部署前测试
管理需求	☆ 数据保密性和完整性是最重要的 ☆ 容错不太重要——临时停机不是一个主要的风险 ☆ 主要的风险影响是业务操作的延迟	☆ 人身安全最重要，其次是过程保护 ☆ 容错是必不可少的，即使是短暂的停机也可能无法接受 ☆ 主要风险影响是监管不合规，环境影响，生命、设备或生产损失
体系架构安全焦点	☆ 首要目标是保护 IT 资产，以及在这些资产上存储和相互之间传输的信息 ☆ 中央服务器可能需要更多的保护	☆ 首要目标是保护边缘客户端(例如，现场设备，如过程控制器) ☆ 中央服务器的保护也很重要
未预期的后果	☆ 安全解决方案围绕典型的 IT 系统进行设计	☆ 安全工具必须先测试(例如，在参考 ICS 上的离线)，以确保它们不会影响 ICS 的正常运作
时间紧迫的交互	☆ 紧急交互不太重要 ☆ 可以根据必要的安全程度实施严格限制的访问控制	☆ 对人和其他紧急交互的响应是关键 ☆ 应严格控制对 ICS 的访问，但不应妨碍或干扰人机交互

续表

分　类	信息技术系统	工业控制系统
系统操作	☆ 系统使用典型的操作系统 ☆ 采用自动部署工具使得升级非常简单	☆ 与众不同且可能是专有的操作系统，往往没有内置的安全功能 ☆ 软件变更必须小心进行，通常是由软件供应商操作，因其专用的控制算法，以及可能要修改相关的硬件和软件
资源限制	系统被指定足够的资源来支持附加的第三方应用程序，如安全解决方案	系统被设计为支持预期的工业过程，可能没有足够的内存和计算资源以支持附加的安全功能
通信	☆ 标准通信协议 ☆ 主要是有线网络，附加一些本地化的无线功能的 ☆ 典型的 IT 网络实践	☆ 许多专有的和标准的通信协议 ☆ 使用多种类型的传播媒介，包括专用的有线和无线(无线电和卫星) ☆ 网络是复杂的，有时需要控制工程师的专业知识
变更管理	在具有良好的安全策略和程序时，软件变更是及时应用的，往往是自动化的程序	软件变更必须进行彻底的测试，以递增方式部署到整个系统，确保控制系统的完整性。ICS 的中断往往必须有计划，并提前预定时间(天/周)。ICS 可以使用不再被厂商支持的操作系统
管理支持	允许多元化的支持模式	服务支持通常是依赖单一供应商
组件生命周期	3～5 年的生存期	15～20 年的生存期
组件访问	组件通常在本地，可方便地访问	组件可以是隔离的，远程的，需要大量的物力才能获得对其的访问

ICS 可用的计算资源(包括 CPU 时间和内存)往往是非常有限的，因为这些系统，旨在最大限度地控制系统资源，很少甚至没有额外容量给第三方的网络安全解决方案。此外，在某些情况下，第三方安全解决方案根本不被允许，因为供应商的许可和服务协议，而且如果安装了第三方应用程序，可能发生服务支持的损失。另一个重要的考虑因素是 IT 网络安全和控制系统的专业知识通常不是属于同一组人员的。

综上所述，ICS 和 IT 系统之间的业务和风险的差异，产生了在应用网络安全和业务战略时增长的复杂性需求。一个由控制工程师、控制系统运营商和 IT 安全专业人员构成的跨职能团队，应当紧密合作以理解安装、操作与维护与控制系统相关的安全解决方案时可能产生的影响。工作于 ICS 的 IT 专业人员在部署之前需要了解信息安全技术的可靠性影响。由于专用的 ICS 环境架构，在 ICS 上运行的某些操作系统和应用程序可能无法与商用现货(COTS)IT 网络安全解决方案一起正常运行。

4.2 威　　胁

控制系统的威胁来源众多，包括敌对政府、恐怖组织、工业间谍、心怀不满的员工、恶意入侵者以及系统复杂性、人为错误和事故、设备故障和自然灾害等自然资源等对抗来源。为了防范对抗性威胁以及已知的自然威胁，有必要为 ICS 制定纵深防御战略。表 4－2 列出了针对 ICS 的对抗性威胁。请注意此列表是按字母顺序而不是按威胁大小排列。

表 4－2　针对 ICS 的对抗性威胁

威胁代理	描　述
Attackers 攻击者	攻击者可能因为个人虚荣心或追逐经济利益的原因发起攻击。虽然远程攻击曾经需要一定的技能或计算机知识，但是攻击者现在却可以从互联网上下载攻击脚本和协议，直接利用攻击。因此，攻击工具越来越高级，也变得更容易使用
Bot－network operators 僵尸网络操纵者	僵尸网络操纵者即攻击者，他们侵入系统不是为了挑战或炫耀，而是接管多个系统来协调攻击并分发网络钓鱼方案、垃圾邮件和恶意软件攻击。受损系统和网络的服务有时可在地下市场上获得
Criminal groups 犯罪集团	犯罪团伙试图攻击系统以获取钱财。具体来说，有组织的犯罪集团利用垃圾邮件、网络钓鱼、间谍软件/恶意软件进行身份盗窃和在线欺诈。国际公司间谍和有组织的犯罪组织也通过其进行工业间谍活动和大规模货币盗窃以及雇用或培养攻击人才。一些犯罪团伙可能用网络攻击威胁某个组织试图勒索金钱
Foreign intelligence services 外国情报服务	外国情报部门使用网络工具作为他们的信息收集和间谍活动的一部分。此外，一些国家正积极致力于发展信息战理论，计划和能力。这些能力通过破坏支持军事力量的供应，通信和经济基础设施(可能影响美国公民日常生活的影响)，使单个实体产生重大而严重的影响
Insiders 内部人员	心中不满的内部人员是计算机犯罪的主要来源。内部人员可能并不需要大量的计算机入侵相关知识，以他们对目标系统的了解，往往能够不受限制地访问系统从而对系统造成损害或窃取系统数据。内部威胁还包括外包供应商以及员工意外地将恶意软件引入系统中。内部人员可能包括员工、承包商或商业合作伙伴。 不适当的策略、程序和测试也会导致对 ICS 的影响。对 ICS 和现场设备的影响范围从微不足道到重大损害。来自内部的意外影响是发生概率最高的事件之一
Phishers 钓鱼者	钓鱼者是执行钓鱼计划的个人或小团体，他们企图窃取身份或信息以获取金钱。钓鱼者也可以使用垃圾邮件和间谍软件/恶意软件来实现其目标
Spammers 垃圾邮件发送者	垃圾邮件发送者是指通过隐藏或虚假信息分发未经请求的电子邮件以销售产品，进行网络钓鱼计划，分发间谍软件/恶意软件或有组织的攻击(例如，DoS)的个人或组织

续表

威胁代理	描　述
Spyware/malware authors 间谍/恶意软件作者	具有恶意企图的个人或组织通过制作和散布间谍软件和恶意软件对用户进行攻击。已经有一些破坏性的电脑病毒和蠕虫对文件和硬盘驱动器造成了损害，包括 Melissa 宏病毒、Explore. Zip 蠕虫、CIH(切尔诺贝利)病毒、尼姆达、红色代码、Slammer(地狱)和 Blaster(冲击波)
Terrorists 恐怖分子	恐怖分子试图破坏、中断或利用关键基础设施来威胁国家安全，造成大量人员伤亡，削弱并损害公众的士气和信心。他们可能使用网络钓鱼或间谍软件/恶意软件，以筹集资金或收集敏感信息；也可能袭击一个目标，目的是用其他目标转移视线或资源
Industrial spies 工业间谍	工业间谍活动，旨在通过秘密的方法获得知识产权和技术诀窍

4.3 ICS 系统潜在的脆弱性

本章所列举的一些脆弱性是在工业控制系统(ICS)中可能会遇到的，这些脆弱性排列的先后顺序不代表发生的可能性或影响的级别大小。为了有助于信息安全决策，这些脆弱性被划分成策略与程序类、平台类和网络类脆弱性，大多数在工业控制系统中经常出现的脆弱性都可与归集到这几类中，但也有一些例外，对于一些特殊的工业控制系统脆弱性，也可能不包含在以上分类中。关于工业控制系统中出现的漏洞的详细信息，在各国计算机应急小组(例如 CN-CERT、US-CERT 等)控制系统网站上有详细的研究。

在研究安全漏洞时，容易全身心投入去研究并发布一些漏洞信息，但到最后可能会发现这些漏洞的影响很小。FIPS199 标准(联邦信息和信息系统安全分类标准)中已对信息和信息系统进行了安全事件分类，分类的依据是根据对信息和信息系统的影响程度。这些信息和信息系统是组织完成业务使命所依赖的，也是组织需要保护和日常维护的。

对于工业控制系统安全漏洞带来的风险需要有一套风险评估的方法。安全风险的大小，同黑客挖掘到漏洞并找到针对该漏洞的攻击程序的可能性，以及一旦发生攻击行为后对信息资产的影响大小密切相关。此外，该漏洞造成的风险大小还与以下因素有关：

(1) 计算机、网络架构及环境条件；

(2) 已部署的安全防护措施；

(3) 黑客发起攻击的技术难度；

(4) 内部嗅探的可能性；

(5) 事故的后果；

(6) 事故的成本。

这些风险评估的细节将在后续的章节中进一步详述。

4.3.1 策略和程序方面的脆弱性

安全漏洞在工业控制系统中经常见到，它主要是指不完整、不适当或不存在的安全文档(包括策略和实施指南(程序))等。安全文档以及管理支持是任何安全计划的基石。企业安全策略可以通过强制执行密码使用和维护等操作或将调制解调器连接到 ICS 的要求来减少漏洞。表 4-3 描述了 ICS 在策略和程序上的脆弱性。

表 4-3　策略和程序上的脆弱性

脆弱性	描　述
工业控制系统安全策略不当	对于工业控制系统，由于安全策略不当或策略不具体，造成安全漏洞常有发生
没有正式的工业控制系统安全培训和安全意识培养	文档化的正式安全培训和意识培养旨在使员工了解组织安全策略和程序以及行业网络安全标准和建议实践。如果不对特定的 ICS 政策和程序进行培训，就不能指望员工维持安全的 ICS 环境
安全架构和设计不足	安全管理工程师由于安全培训机会较少，对产品不够熟悉，到目前为止供应商还没有把一些安全特征移植到产品中
对于工业控制系统，没有开发出明确具体、书面的安全策略或程序文件	应制定具体的安全程序，并为 ICS 培训员工。这是健全的安全计划的基础
工业控制系统设备操作指南缺失或不足	设备操作指南应当及时更新并保持随时可用，它是工业控制系统发生故障时安全恢复所必须的组成部分
安全执行中管理机制的缺失	负有安全管理责任的员工应当对安全策略与程序文件的管理和实施负责
工业控制系统中很少或没有安全审计	独立的安全审计人员应当检查和验证系统日志记录并主动判断安全控制措施是否充分，以保证符合 ICS 安全策略与程序文件的规定。审计人员还应当经常检查 ICS 安全服务的缺失，并提出改进建议，只有这样才能够使安全控制措施更有效
没有明确的 ICS 系统业务连续性计划或灾难恢复计划	组织应当准备业务连续性计划或灾难恢复计划并进行定期演练，以防基础设施重大的软、硬件故障发生，如果业务连续性计划或灾难恢复计划缺失，ICS 系统可能会造成业务中断和生产数据丢失
没有明确具体的配置变更管理程序	ICS 系统硬件、固件、软件的变更控制程序和相关程序文件应当严格制定，以保证 ICS 系统得到实时保护，配置变更管理程序的缺失将导致安全脆弱性的发生，增大安全风险

4.3.2 平台方面的脆弱性

ICS 系统由于程序瑕疵、配置不当或维护较少而出现一些安全的脆弱性，包括 ICS 系统硬件、操作软件和应用软件，通过各种安全控制措施的实施，可以缓解因安全脆弱性问题导致的安全风险，比如操作系统和应用程序补丁、物理访问控制和安全防护软件(如病防护软件)。表 4-4～表 4-7 是一些潜在的平台方面的脆弱性的描述。

表 4-4　平台配置方面的脆弱性

脆弱性	描　述
在发现安全漏洞之后，供应商可能没有开发出相应的补丁程序	由于 ICS 系统软件及操作系统更新的复杂性，补丁程序的更新必须经过广泛的回归测试，从测试到最终发布之间有较长的漏洞暴露时间
操作系统和应用软件补丁程序没有及时安装	老版本的操作系统或应用软件可能存在最新发现的安全漏洞，组织的程序文件中应当明确如何维护补丁程序
操作系统和应用软件补丁程序没有进行广泛测试	操作系统和应用软件补丁程序没有进行广泛测试就安装上线，可能会对 ICS 系统的正常运转产生影响，组织的程序文件中应当明确对新出现的补丁程序进行广泛测试
使用缺省配置	如果使用缺省配置可能会导致不安全或不必要的端口或服务没有关闭
关键配置文件没有存储备份措施	组织应当在程序文件中对配置文件进行存储与备份，以防偶然事故的发生，防止黑客对配置文件进行更改，造成业务中断或业务数据的丢失。组织应当在程序文件中明确如何维护 ICS 系统的安全配置信息
移动设备数据未保护	如果敏感数据(如密码、电话号码)被明文储存在手提设备例如笔记本电脑、掌上电脑等，则这些设备丢失或被盗，系统安全可能存在风险。需要建立政策、程序、机制来保护移动设备上的数据
密码策略不当	在使用密码时需要定义密码策略，包括密码强度、更改周期等。如果没有密码策略，系统可能没有适当的密码控制措施，使未授权用户有可能擅自访问机密信息。考虑到 ICS 系统及员工处理复杂密码的能力，组织应当把密码策略作为整体 ICS 安全策略的一个组成部分来制定
未设置密码	在 ICS 各组件上应实施密码访问策略，以防止未经授权的访问。与密码相关的漏洞，包括以下情况： ☆ 如果系统有用户账户的登录系统 ☆ 如果系统有用户账户的系统开机 ☆ 系统的屏幕保护程序(如果 ICS 组件，随着时间的推移无人值守) 密码认证策略不应妨碍或干扰 ICS 的应急响应活动
密码丢失	密码应该保密，以防止未经授权的访问。例如密码暴露的情况： ☆ 在系统本地的明显位置发布密码 ☆ 和其他人共享用户个人账户密码 ☆ 通过社交方式向对手传达密码 ☆ 通过未受保护的通信链路发送未加密的密码

续表

脆弱性	描　　述
密码猜解	弱口令很容易被黑客或计算机算法破解，从而获得未经授权的访问。例如： ☆ 短、简单(例如，所有小写字母)或其他不符合典型强度要求的密码。密码强度取决于处理更严格密码的特定 ICS 功能 ☆ 默认供应商提供的密码 ☆ 在指定的时间间隔不更改密码
没有访问控制措施	访问控制措施不当可能会导致给 ICS 用户过多或过少的特权。例如： ☆ 系统默认访问控制策略允许系统管理员权限 ☆ 系统配置不当，操作人员无法在紧急情况下采取应急响应措施 ☆ 应制定访问控制策略，作为 ICS 安全策略的一部分

表 4-5　平台硬件方面的脆弱性

脆弱性	描　　述
安全变更时没有充分进行测试	许多 ICS 设施，特别是较小的设施，没有测试设备，因此必须使用实时操作系统实施安全更改
对关键设备没有充分的物理保护措施	访问控制中心、现场设备、便携设备、媒体和其他 ICS 组件需要被控制。许多远程站点往往没有人员和物理监测控制措施
未授权用户能够接触设备	对 ICS 设备的物理访问应仅限于必要的人员，并考虑安全要求，例如紧急关闭或重启。不正确地访问 ICS 设备可能导致以下情况： ☆ 物理盗窃数据和硬件 ☆ 数据和硬件的物理损坏或毁坏 ☆ 擅自变更功能的环境(例如，数据连接，可移动媒体擅自使用，添加/删除资源) ☆ 物理数据链路断开 ☆ 难以检测的数据拦截(击键和其他输入记录)
不安全的远程访问 ICS 组件	调制解调器和其他远程访问措施的开启，使维护工程师和供应商获得远程访问系统的能力，应部署安全控制，以防止未经授权的个人进入 ICS
双网卡(NIC)连接网络	具有连接到不同网络的双网卡机器可允许未经授权的访问以及将数据从一个网络传递到另一个网络
未注册的资产	要维护 ICS 的安全，应该有一个准确的资产清单。一个控制系统及其组成部分的不准确，可能为非授权用户访问 ICS 系统留下后门
无线电频率和电磁脉冲(EMP)	用于控制系统的硬件易受射频和电磁脉冲的影响。影响范围可以从命令和控制的暂时中断到电路板的永久性损坏

续表

脆弱性	描　　述
无备用电源	对于关键资产如果没有备用电源，电力不足时将关闭ICS系统，并可能产生不安全的情况。功率损耗也可能导致不安全的默认设置
环境控制缺失	环境控制的丧失可能导致处理器过热，有些处理器会关闭以保护自己；有些可能会继续运作，但容量很小会产生间歇性错误；还有些会融化
关键设备没有冗余备份	关键设备没有冗余备份可能导致单点故障的发生

表4-6　平台软件方面的脆弱性

脆弱性	描　　述
缓冲区溢出	ICS系统软件可能会出现缓冲区溢出，黑客可能会利用这些来发起各种攻击
安装的安全设备没有开启防护功能	如果未启用或将其标识设为已禁用，则随产品一起安装的安全功能将不起作用
拒绝服务攻击	ICS系统软件可能会受到DOS攻击，也可能会导致合法用户不能访问，或系统访问响应延迟
因未定义、定义不清或“非法”定义导致操作错误	一些ICS在执行操作指令时对输入的数据包缺乏有效检测，这些数据包的格式不正确含有非法或其他意外的字段值
过程控制的OLE(OPC)，依赖于远程过程调用(RPC)和分布式组件对象模型(DCOM)	没有更新的补丁，对于已知的RPC/DCOM漏洞来说OPC是脆弱的
使用不安全的全行业ICS协议	分布式网络协议(DNP)3.0、MODBUS、Profibus以及其他协议，应用于多个行业，协议信息是公开的。这些协议通常很少或根本没有内置的安全功能
明文传输	许多ICS协议传输介质之间用明文传输消息，这样很容易被对手窃听
开启了不必要的服务	许多平台上运行着有各种各样的处理器和网络服务。不必要的服务很少被禁用，这样可能会被利用
专有软件的使用	在国际IT、ICS和“黑帽”会议讨论过，并在技术论文、期刊或目录服务器上已发表过。此外，ICS维修手册可从供应商那里获得。这些信息可以帮助黑客成功地对ICS发起攻击
软件配置、设计上认证及访问控制措施不足	未经授权的访问配置和编程软件，可能会损坏设备

续表

脆弱性	描　　述
没有安装入侵检测/防护设备	安全事件的发生可能会导致系统可用性的损失；IDS/ IPS 软件可能会停止或防止各类攻击，包括 DoS 攻击，也可识别攻击内部主机与蠕虫感染者，如 IDS / IPS 系统软件必须在部署之前进行测试，以确定它不会影响 ICS 系统的正常运行
日志未维护	如果没有适当和准确的日志记录，可能无法确定造成安全事件的发生的原因
安全事故未及时发现	在安装日志和其他安全传感器的情况下，可能没有实时监控日志和传感器，因此可能无法快速检测和抵消安全事件

表 4－7　恶意软件保护方面的脆弱性

脆弱性	描　　述
防恶意软件未安装	恶意软件可能导致性能下降，系统可用性降低以及数据的捕获、修改或删除。需要使用恶意软件保护软件（如防病毒软件）来防止系统被恶意软件感染
防恶意软件或特征码未更新	未更新的防恶意软件版本和特征码可能会使系统面临新的恶意软件威胁
防恶意软件安装前未进行广泛的测试	防恶意软件安装前未进行广泛的测试可能会对 ICS 系统正常运转产生影响

4.3.3　网络方面的脆弱性

网络方面的脆弱性主要有 ICS 中的漏洞可能会出现缺陷、错误配置，或对 ICS 网络及与其他网络的连接管理不善。这些漏洞可以通过各种安全控制消除或者弱化，如防御深入的网络设计、网络通信加密和限制网络流量来提供网络组件的物理访问控制。

表 4－8～表 4－13 描述了潜在的平台漏洞。

表 4－8　网络配置方面的脆弱性

脆弱性	描　　述
网络安全架构	ICS 系统网络基础架构常常根据业务和运营环境的变化而变化，但很少考虑潜在的安全影响的变化。随着时间的推移，安全漏洞可能会在不经意间在基础设施内的特定组件中产生，如果没有补救措施，这些漏洞可能成为进入 ICS 的后门
未实施数据流控制	数据流的控制，如访问控制列表（ACL），需要限制哪些系统直接访问网络设备。一般来说，只有指定的网络管理员能够直接访问这些设备。数据流的控制应确保其他系统不能直接访问设备

续表

脆弱性	描　述
安全设备配置不当	使用默认配置，往往导致不安全和不必要的开放端口在利用网络服务的主机上运行。防火墙规则和路由器 ACL 配置不正确可能会导致不必要的流量
网络设备配置文件未保存或备份	在意外或对手发起的配置更改事件中，为了恢复系统可用性和防止数据丢失，应使用程序来恢复网络设备配置设置，开发用于维护网络设备配置设置的文件化程序
数据传输中口令未加密	密码通过传输介质明文传输，易被黑客嗅探，并获得对网络设备的未授权访问。黑客可能破坏 ICS 的操作或监控 ICS 网络活动
网络设备密码长期未修改	密码应定期更换，这样，如果未授权用户获得密码，也只有很短的时间访问网络设备。未定期更换密码可能使黑客破坏 ICS 的操作或监视 ICS 的网络活动
访问控制措施不充分	黑客未授权访问网络系统可能会破坏 ICS 的操作或监视器 ICS 的网络活动

表 4-9　网络硬件方面的脆弱性

脆弱性	描　述
网络设备物理防护不足	应该对网路设备的物理访问进行控制，以防止破坏网络设备
不安全的物理接口	不安全的通用串行总线(USB)和 PS/2 端口可以允许未经授权的拇指驱动器、键盘记录等外设的连接
物理环境控制缺失	环境控制的丧失可能导致处理器过热。一些处理器会关闭以保护自己，而有些处理器如果过热就会熔化
非关键人员对设备和网络连接的访问	应只限于必要的人员对网络设备的物理访问。不当访问网络设备可能会导致下列情况： ☆ 物理盗窃数据和硬件 ☆ 数据和硬件的物理损坏或毁坏 ☆ 未经授权的更改(例如，改变 ACL 来允许攻击进入网络安全环境) ☆ 未经授权的截取和操纵的网络活动 ☆ 物理数据链路断线或未经授权的数据链接
关键网络设备没有冗余备份	关键设备没有冗余备份可能导致单点故障的发生

表 4-10 网络边界方面的脆弱性

脆弱性	描述
未定义网络边界	如果没有一个明确的安全边界的界定，那么要确保必要的安全控制措施的正确部署和配置是不可能的，这可能会导致未经授权的对系统和数据的访问
未安装防火墙或防火墙策略配置不当	防火墙配置不当可能允许不必要的数据传输，这可能会导致问题发生，包括允许攻击数据包和恶意软件在网络之间传播，容易监测其他网络上的敏感数据，造成未经授权的系统访问
专网中存在非法流量	合法和非法流量有不同的要求，如确定性和可靠性，所以在单一网络上有两种类型的流量，配置网络更难符合控制流量的要求。例如，非法流量可能会无意中消耗网络带宽资源，造成业务系统的中断
专网中没有运行专用网络协议	专网中运行的一些 IT 服务，如域名服务(DNS)，动态主机配置协议(DHCP)，会导致 ICS 网络对 IT 网络的依赖加大，而 IT 网络对系统的可靠性和可用性要求没有 ICS 专网要求高

表 4-11 网络监控和日志方面的脆弱性

脆弱性	描述
防火墙和路由器日志未开启	如果没有合适、详细的日志信息，将不可能分析出是什么原因导致安全事件的发生
ICS 网络中没有安全监控设备	如果没有定期的安全监控，事故可能被忽视，导致额外的破坏和/或中断。需要定期的安全监测，以确定安全控制的问题，如配置错误和失效等

表 4-12 网络通信方面的脆弱性

脆弱性	描述
未识别关键监测点和控制路径	非法连接 ICS 网络可能会在 ICS 网络中留下攻击后门
采用了未加密的标准的、正式的网络通信协议	黑客可以使用协议分析仪或其他设备对网络协议进行分析，以监控 ICS 网络活动，一些协议如 Telnet、文件传输协议(FTP)、网络文件系统(NFS)协议等容易被黑客进行解码分析。使用这样的协议更容易为对手进行攻击 ICS 和操纵 ICS 网络提供便利
用户、数据与设备认证手段不足	许多 ICS 协议没有任何级别的身份验证措施。未经身份验证，黑客可能多次攻击并修改或伪造数据、设备，如伪造传感器和用户身份
网络通信数据完整性校验不足	大多数工业控制协议中没有数据完整性校验，黑客可能操纵通信数据。为确保通信数据完整性，ICS 可以使用较低层协议(如 IFSec)提供数据完整性保护

表 4-13　无线网络连接方面的脆弱性

脆弱性	描　述
无线客户端和接入点的认证措施不足	无线客户端和接入点之间需要很强的相互认证，以确保客户端不连接到恶意接入点，也确保黑客无法连接到 ICS 网络
无线客户端和接入点之间的数据传输保护措施不足	无线客户端和接入点之间的敏感数据，应使用很强的加密措施，以确保黑客无法获得未加密的数据进行未经授权的访问

习　题

1. 试述 ICS 系统与 IT 系统共同点。
2. 相较 IT 系统，ICS 有哪些特殊的安全考虑。
3. 总结 IT 系统与 ICS 的差异。
4. 针对 ICS 的常见威胁有哪些？
5. ICS 的脆弱性包括哪几个方面？

参考文献

[1] 肖建荣. 工业控制系统信息安全[M]. 北京：电子工业出版社，2015.

[2] 姚羽，祝烈煌，武传坤. 工业控制网络安全技术与实践[M]. 北京：机械工业出版社，2017.

[3] STOUFFER K，FALCO J，SCARFONE K. Guide to Industrial (Revision 1) Control Systems (ICS) Security[M]. NIST Special Publication 800-82，2013.

第 5 章　风险评估

在第 4 章我们详细介绍了工业控制系统的脆弱性及其面临的风险漏洞，本章将根据这些具体漏洞进行风险评估，还将介绍风险评估的基本概念及原理，介绍几种经典的风险评估方法，并结合实际给出具体的风险评估实例。

5.1　信息安全风险评估的行业标准

在实施信息安全风险管理时，要依据现有的国内外的相关标准和准则。国内外的主要信息安全评价准则、标准及相关指导有很多，以下列举较有影响力的几个信息安全风险管理相关标准。

美国关于风险管理与评估的标准化工作做得最早。TCSEC(Trusted Computer System Evaluation Criteria)《可信赖计算机系统评价准则》是美国国防部在 1983 年公布的。该标准将安全分为 4 个方面，这 4 个方面又分为 7 个安全级别，是等级保护的雏形，为计算机安全产品的评价提供了安全风险测试及评估方法。后来美国国家安全标准局(NIST)连续发布了一系列风险评估标准及方法，例如 2000 年，NIST 发布的《IT 系统安全自评估指南》(SP 800-26)、《IT系统风险管理指南》(SP 800-30)、《联邦 IT 系统安全认证和认可指南》(SP 800-37)、《联邦 IT 系统最小安全控制》(SP 800-53)等标准分别阐述了信息系统的风险评估步骤、风险控制与评估方法等具体内容。

欧盟国家在风险管理与评估方面一直探索与美国不同的道路。ITSEC(Information Technology Security Evaluation Criteria)《信息技术安全评价准则》是西欧四国(英、法、德、荷)在 1991 年公布的。该标准首次提出了信息安全的保密性、完整性和可用性等概念。它的评估过程是，首先由产品或系统的保证人描述一个安全目标，再对产品或系统关于安全设计的有效性和具体实现的正确性进行评估。CORAS 是一个针对安全关键系统风险评估的研发项目，由欧洲四国(德国、希腊、英国、挪威)在 2001 年至 2003 年 5 月完成。CORAS 通过开发一个基于模型的风险评估方法和工具支持平台，为安全要求较高的安全关键系统进行准确、清晰和高效的信息安全风险评估提供一个框架规范和标准。它通过 UML 建模语言规范描述风险评估过程，综合采用多种互为补充的风险分析技术。在此基础上，欧盟持续推进了 COMA(Component-Oriented Model-based security Analysis，面向组件基于模型的安全分析)，这是 CORAS 的后期发展项目。

在国家标准化方面，ITSECC(the Common Criteria for Information Technology Security Evaluation)联合公共准则是由美国、加拿大、欧洲四国在 1993 年经过协商同意起草的通用准则。其目的是建立一个各国都能接受的通用的信息安全产品和系统的安全性评价准则。这一公共准则也被 ISO 和 IEC 接受，形成 ISO/IEC 15408 的 IT 安全评估通用准则。ISO 国际标准化组织同时针对信息安全管理体系发布了 ISO 27000 系列信息安全管理指导标准。

我国国家标准 GB17859—1999《计算机信息系统安全保护等级划分准则》为信息系统安全管理及评估建立了基石。该标准规定了计算机系统安全保护能力的五个等级，即第一级为用户自主保护级，第二级为系统审计保护级，第三级为安全标记保护级，第四级为结构保护级，第五级为访问验证保护级。此标准用于计算机信息系统安全保护技术能力等级的划分。随着安全保护等级的提高，计算机信息系统安全保护能力逐渐增强。随后发展的于 2007 年颁布的国家标准 GB/T 20984—2007《信息安全技术 信息安全风险评估规范》对信息安全风险评估做了全方面的阐述，提出了评估的详细流程和规范。GB/T 20984—2007 中定义了信息安全风险评估是依据有关信息安全技术与管理标准，对信息系统及由其处理、传输和存储的信息的机密性、完整性和可用性等安全属性进行评价的过程。它评估资产面临的威胁以及威胁利用脆弱性导致安全事件的可能性，并结合安全事件所涉及的资产价值来判断安全事件一旦发生对组织造成的影响。GB/T20984—2007 将威胁、脆弱性严重程度和资产均定义为 5 个等级，并分别赋值：很高(5)、高(4)、中(3)、低(2)和很低(1)。

5.2 风险评估基本概念

信息安全风险评估就是从风险管理角度，运用科学的分析方法和手段，系统地分析信息化业务和信息系统所面临的人为和自然的威胁及其存在的脆弱性，评估安全事件一旦发生可能造成的危害程度，提出有针对性的抵御威胁的防护对策和整改措施，以防范和化解风险，或者将残余风险控制在可接受的水平，从而最大限度地保障网络与信息安全。

风险分析中涉及资产、威胁、脆弱性及已有的安全措施 4 个基本要素。每个要素有各自的属性。资产的属性是资产价值；威胁的属性是威胁主体、影响对象、出现频率和动机等；脆弱性的属性是资产弱点的严重程度；已有的安全措施的属性是实施的各种实践、规程和机制等。

风险评估要素及其关系如图 5-1 所示。图中，方框中的内容代表风险评估的基本要素，椭圆中的内容表示与风险评估基本要素相关联的属性。风险评估工作主要围绕基本要素展开，以得到整个系统的风险评估结果和安全措施建议。

在对各要素进行识别时，可以对资产的保密性、完整性和可用性，环境因素带来的威胁和人为造成的威胁，技术脆弱性和管理脆弱性，以及已有的预防性安全措施和保护性安全措施这九个方面进行评估。

风险评估要素之间存在以下关系：“业务战略”的完成会对“资产”形成依赖，机构的“业务战略”越重要，则相关的“资产价值”就会越大；一旦“资产价值”增加，“风险”也会变大；“风险”是通过“威胁”引发的，因此“威胁”越多，则“风险”越大，甚至演变成风险事件；“威胁”通常利用“脆弱点”危害“资产”，进而形成“风险”，因此系统的“脆弱点”越多，则“风险”越大；“安全需求”是通过“资产”的重要性和对“风险”的意识程度来导出的；“安全需求”通常需要“安全措施”来满足；“安全措施”是用来减少“风险”、抵御“威胁”和降低风险事件影响的；对于实际系统来说，“风险”是不可能降低为零的，即使“安全措施”被实施，也会存在“残余风险”，应对“残余风险”密切监视，因为“残余风险”将来可能会诱发新的“安全事件”。

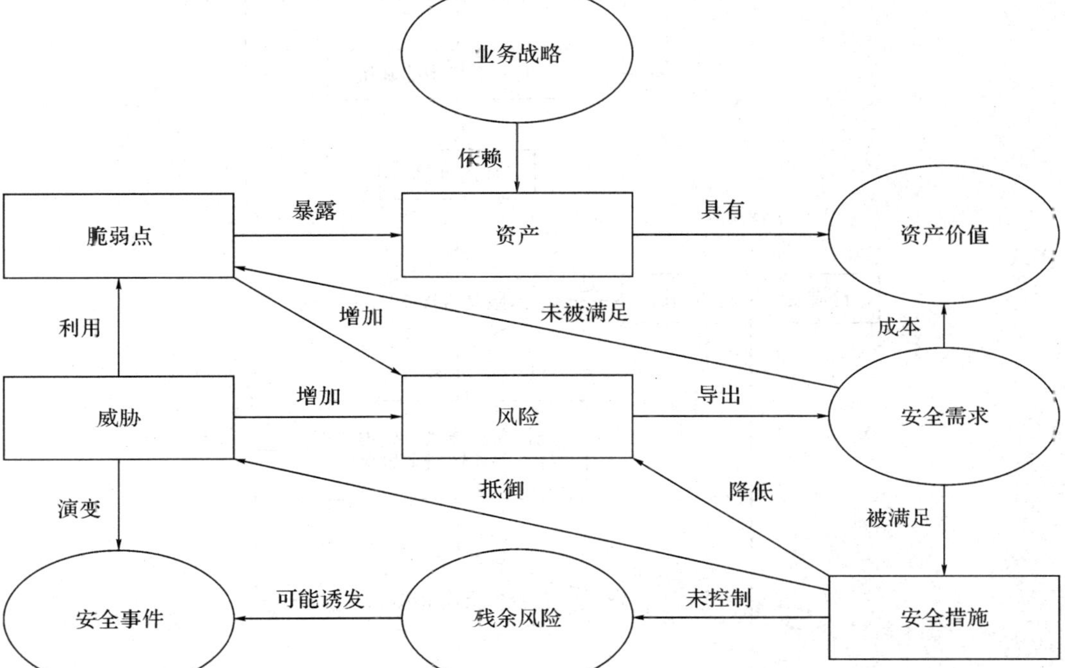

图 5－1　风险评估要素及其关系

风险分析原理如图 5－2 所示。

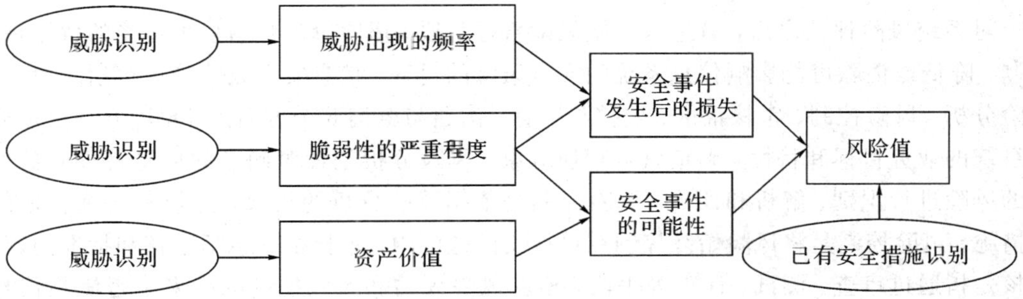

图 5－2　风险分析原理图

由以上分析原理，可以得出风险的计算公式：

$$R(A, T, V) = R(L(T, V), F(I_a, V_a))$$

其中：R 表示安全风险计算函数；A 表示资产；T 表示威胁；V 表示脆弱性；I_a 表示安全事件所作用的资产价值；V_a 表示脆弱性严重程度；L 表示威胁利用资产的脆弱性导致安全事件发生的可能性；F 表示安全事件发生后产生的损失。

经过风险分析后，就可以进行信息系统的风险评估。风险评估、实施流程如图 5－3 所示。

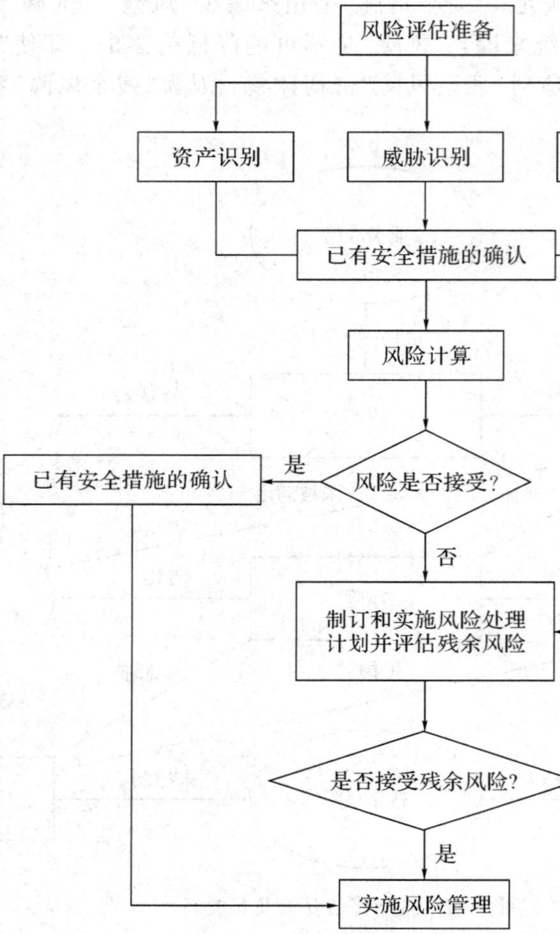

图 5－3　风险评估、实施流程图

对系统风险评估之后，就进入实施风险管理阶段。风险管理是指以可接受的费用识别、控制、降低或消除可能影响信息系统的安全风险的过程。信息安全风险管理包括对象确立、风险分析、风险控制、审核批准、监控与审查、沟通与咨询 6 个方面。对象确立是根据要保护系统的业务目标和特性，确定风险管理对象。风险分析是针对确立的风险管理对象所面临的风险进行识别、解析和评价。风险控制是依据风险分析的结果，选择和实施合适的安全措施。风险控制是将风险始终控制在可接受的范围内。审核批准包括审核和批准两部分。审核是指通过审查、测试、评审等手段，检验风险评估和风险控制的结果是否满足信息系统的安全要求；批准是指机构的决策层依据审核的结果，做出是否认可的决定。监控与审查是对前 4 个步骤进行监控和审查，保证过程和成本的有效性。沟通与咨询是对前 4 个步骤的相关人员提供沟通和咨询。沟通为参与人员提供了交流途径；咨询为相关人员提供了学习途径。

进行信息安全风险评估就是要防范和化解风险，或将风险控制在可接受的范围内，从而为保障网络安全提供科学依据，它与信息系统等级保护、信息安全检查、信息安全建设等工作紧密相关，并通过风险发现、分析、评价为上述相关工作提供支持。

5.3 风险评估的方法与模型

信息系统的复杂性和动态性造成了风险评估中的不确定性问题。假如没有合适的方法来处理这些问题，评估结果的准确性将会受到影响。信息安全风险评估方法概括起来可以分为3类：定性的评估方法、定量的评估方法、定性和定量相结合的综合评估方法。定性的评估方法主要依赖专家的知识和经验，因此主观性较强，对评估者本身的要求很高；而定量的评估方法使用数学和统计学工具来描述风险，容易把复杂的系统简单化、模糊化，某些风险参数量化后有可能丢失或者被曲解。因此，常用的是结合定性与定量两种方法各自的优点，融合定性与定量形成综合评估方法。

当前许多研究者根据层次分析法、模糊评判法、故障树、贝叶斯网络、神经网络、攻击树、事件树、马尔科夫分析等多种方法构建了信息安全风险评估的模型，推进了评估方法研究的进展。

5.3.1 层次分析法的风险评估

层次分析法(Analytic Hierarchy Process，AHP)是美国运筹学家 T. L. Saaty 教授提出的一种简便、灵活而又实用的多准则决策方法。层次分析法是一种定性与定量相结合的多目标决策分析方法。该方法对系统进行分层次、拟定量、规范化处理，在评估过程中经历系统分解、安全性判断和综合判断3个阶段。层次分析法的优点是可以将复杂的问题以层次化结构分解为多个简单问题，便于分析。其不足之处在于：风险参数评估值被评估员赋以确定值，而无法反映参数的模糊性与不确定性。

层次分析法的核心是将复杂的问题进行层次化，将原问题简单化并在层次基础上进行分析；它把决策者的主观判断量化，以数量形式精确表达和处理，通过定量形式的数据将定性和定量分析相结合从而帮助决策者进行决策。

层次分析法的基本原理是：首先把要决策的问题看成由很多影响因素组成的一个大系统，这些因素之间在一定程度上是相互关联和制约的，而且这些因素根据彼此之间的隶属关系可以组合成若干个层次；然后利用相关数学方法对各个因素层进行排序；最后通过对排序结果的分析来辅助决策。

运用层次分析法构造系统模型时，大体可以分以下四个步骤。

(1) 建立层次结构模型。

这一步骤是对目标问题进行剖析，一般将问题分为三层：目标层、准则层和方案层。目标层是解决问题所设立的目标；准则层包含了要实现预定目标所涉及的一系列中间环节(包含了需要考虑的准则与自准则)，因问题的复杂程度不同可能分为若干层次；方案层是指可供选择的各种方案和措施等。

(2) 构造判断矩阵。

判断矩阵用于判断相对于上一层某一准则而言，与该准则有关联的本层各要素之间的相对重要性。例如：方案层 B(b_1，b_2，…，b_n)相对于上一层某一准则 A 而言有关联，则

$$A\_B=\begin{bmatrix} b_{11} & b_{12} & \cdots & b_{1n} \\ b_{21} & b_{22} & \cdots & b_{2n} \\ \vdots & \vdots & & \vdots \\ b_{n1} & b_{n2} & \cdots & b_{nn} \end{bmatrix}$$

矩阵 A_B 中的 b_{ij} 取值与含义见表 5-1。

表 5-1　矩阵 A_B 的 b_{ij} 的取值与含义

b_{ij} 的取值	含　义
1	元素 b_i 和 b_j 进行比较，同等重要
3	元素 b_i 和 b_j 进行比较，b_i 略重要
5	元素 b_i 和 b_j 进行比较，b_i 重要
7	元素 b_i 和 b_j 进行比较，b_i 重要得多
9	元素 b_i 和 b_j 进行比较，b_i 极其重要
2、4、6、8	介于以上两相邻判断的中间值

在一般进行风险评估时，元素相关重要性由专家和从业多年者给出。

(3) 计算判断矩阵的权重向量。

计算权重向量：

$$\overline{\omega} = (\overline{\omega}_1 \quad \overline{\omega}_2 \quad \cdots \quad \overline{\omega}_n)^{\mathrm{T}}$$

其中，

$$\overline{\omega}_i = \sum_{j=1}^{n}\left(\frac{b_{ij}}{\sum_{i=1}^{n} b_{ij}}\right) \quad (i=1,\ 2,\ \cdots,\ n)$$

对其归一化处理：

$$\omega = (\omega_1 \quad \omega_2 \quad \cdots \quad \omega_n)^{\mathrm{T}}$$

其中，

$$\omega_i = \frac{\overline{\omega}_i}{\sum_{i=1}^{n}\overline{\omega}_i}$$

计算矩阵的最大特征根：

$$\lambda_{max} = \sum_{i=1}^{n} \frac{(A\_B \times \omega)_i}{n\omega_i}$$

计算一致性指标：

$$\mathrm{CI} = \frac{\lambda_{\max} - n}{n-1}$$

其中，λ_{max} 为矩阵 A_B 的最大特征值。

进行平均随机一致性指标 RI 的对比查找，如表 5-2 所示。

表 5 - 2　平均随机一致性指标 RI 的标准值表

n	1	2	3	4	5	6	7	8	9	10
RI	0	0	0.52	0.90	1.12	1.26	1.36	1.41	1.16	1.49

利用 CR=CI/RI 来计算修正的一致性指标，当 CR≤0.1 时，就认为判断矩阵符合一致性检验的要求，如不符合则要对判断矩阵进行调整。

(4) 计算各层元素对目标层的合成权重向量。将计算出来的各层次(即每一层相对于上一层各个元素的相对权重)排序，通过将各层的排序结果进行进一步计算就可得到层次结构模型中每一层的所有因素相对于目标层的组合权重，由上往下逐层精选，最终得到方案层中元素相对于目标层的组合权重。

以上是层次分析法的主要的四个步骤。依据层次分析法，可以计算和评估风险等级。风险一方面指风险发生的概率，另一方面也指风险产生的影响。一般将风险发生的概率表示为 P，$P\in[0, 1]$，将风险事件的影响表示为 I，$I\in[0, 1]$。风险是风险事件发生和产生影响的似然估计。如果定义 P_S 和 I_S 分别为风险事件发生的概率和风险事件产生影响的概率，则风险的概率：

$$R = 1-(1-P_S)(1-I_S) = P_S + I_S - P_S I_S$$

层次分析法构建了因素对目标的支持权重，但并不能量化处理风险评估，需要将层次分析法和模糊评价法应用于风险评估。

5.3.2　模糊评估法

模糊评判，是对具有多种属性的事物，或者说其总体优劣受多种因素影响的事物，做出一个能合理地综合这些属性或因素的总体评判。

模糊综合算法的一般步骤如下：

(1) 构建模糊评价指标。

将评价目标看成是由多个因素组成的一个模糊集合(因素集 C)，通过这些因素所选取的评价等级组成对评价的模糊集合(评价集 V)，设

$$C = \{c_1, c_2, \cdots, c_n\}$$
$$V = \{v_1, v_2, \cdots, v_n\}$$

C 表示在评价中多种因素组成的集合，即因素集；V 表示多种选择判断所构成的集合，即评价集。通常会根据实际情况，对 C 的各个元素进行权重分配。

(2) 构建权重向量。

通过专家经验法或者 AHP 层次分析法构建权重向量。

(3) 构建因素集和评价集的模糊映射以及评价矩阵。

从因素集 C 到评价集 V 的模糊关系矩阵 $\boldsymbol{T}$ 被称为隶属矩阵。

$$\boldsymbol{T} = \begin{bmatrix} t_{11} & t_{12} & \cdots & t_{1m} \\ t_{21} & t_{22} & \cdots & t_{2m} \\ \vdots & \vdots & & \vdots \\ t_{n1} & t_{n2} & \cdots & t_{nm} \end{bmatrix}$$

这样，有(C，V，$\boldsymbol{T}$)就构成了一个模糊评价模型。

(4) 计算风险发生概率及风险影响概率。

风险发生概率为因素集权重、发生隶属矩阵与评价集权重的乘积。

风险影响概率为因素集权重、事件影响隶属矩阵与评价集权重的乘积。

5.3.3 故障树

故障树分析是一种最好的系统失效模型分析工具。它以事件树中环节事件的失效状态作为顶事件，通过演绎推理，找出导致其发生的所有可能的直接原因(处于过渡状态的中间事件)，进而对中间事件进行分析，直至找出所有导致顶事件发生的基本原因(即底事件)为止。故障树可以揭示导致顶事件的一种失效组合(即底事件的集合)，这种失效组合称为割集。故障树通常用于展开事件的层次，这种展开为事件树的环节事件节点提供了更详细的细节，并可计算出环节事件失效状态的概率。通常故障树中底事件的数据是已知的，或有统计、仿真试验结果。

故障树分析一般由五个步骤构成：

(1) 计划和准备；

(2) 建立故障树；

(3) 定性分析故障树；

(4) 定量分析故障树；

(5) 报告分析结果。

5.3.4 贝叶斯网络

贝叶斯网络又称信度网络，它用一种有向无环图来描述变量之间的条件概率关系，基于概率推理理论，在处理不确定性问题方面具有较强的优势，可以通过一些可见变量的信息来获取其他变量的信息。根据分析范围的不同，贝叶斯网络分析可以是定性的、定量的，也可以两者兼而有之。

贝叶斯网络分析包括以下五个步骤：

(1) 计划和准备；

(2) 建立贝叶斯网络；

(3) 建立条件概率表；

(4) 定量分析网络；

(5) 报告分析结果。

5.3.5 神经网络

反向传播神经网络(BP 网) 是目前最成熟和应用最广泛的人工神经网络之一，其基本网络是三层前馈网络，包括输入层、隐含层、输出层。输入信号先向前传播到隐含节点，经过函数作用后，再把隐含节点的输出信息传递到输出节点，最后得到输出变量结果。神经元节点函数通常为 S 型函数。BP 网可以实现从输入到输出任意复杂的非线性映射关系，并具有良好的泛化能力，能够完成识别复杂模式的任务。

算法的学习过程由正向传播过程和反向传播过程组成，在前一个过程中，输入信息从输入层经隐含单元逐层处理，并传向输出层，每一层神经元的状态只影响下一层的神经元状态。如果在输出层不能得到期望的输出，则转入反向传播，将误差信号沿原来的连接通路返回，通过修改各层神经元的权值，使得误差信号最小。

神经网络分析包括以下四个步骤：

(1) 计划和准备；

(2) 建立神经网络训练样本；

(3) 定量分析网络；

(4) 报告分析结果。

5.3.6　攻击树

攻击树(Attack tree)模型是 Schneider 在 1999 年提出的一种描述系统可能受到多种攻击的方法。它采用树型结构来表示针对系统的各种攻击行为。在一棵攻击树中，树的根节点表示攻击者的最终攻击目标，叶节点表示具体的攻击事件，即攻击者可能采取的各种攻击手段，其他为中间节点。攻击树的各个分支表示为达到最终攻击目标可能采取的各种攻击序列。

风险评估是风险管理的一个重要过程，经常用事件所造成的损失和事件发生的概率的乘积来表示风险，即 $R = L_i \times P$ 。

攻击树风险评估的最终目的是确定攻击树根节点的风险值，以及影响该值的攻击路径和最可能被攻击者利用的攻击方法。技术人员能够根据风险评估结果有重点地制订相应的防御对策。基于攻击树的工业控制系统信息安全风险评估方法的具体步骤如下：

(1) 确定攻击目标，建立系统的攻击树模型；

(2) 选择合适的评判指标，并对攻击树叶子节点的指标进行量化；

(3) 计算叶子节点发生的概率；

(4) 计算攻击树根节点发生的概率；

(5) 分析攻击树根节点的攻击目标实现后所造成的损失，利用 $R = L_i \times P_i$ 计算根节点的风险值；

(6) 分析攻击序列，并计算各攻击序列发生的概率；

(7) 根据风险评估的结果判断分析最有可能被攻击者利用的攻击路径和方法。

5.3.7　事件树

事件树分析法(Event Tree Analysis，ETA)是安全系统工程中常用的一种归纳推理分析方法，起源于决策树分析(DTA)，它是一种按事故发展的时间顺序由初始事件开始推论可能的后果，从而进行危险源辨识的方法。这种方法将系统可能发生的某种事故与导致事故发生的各种原因之间的逻辑关系用一种称为事件树的树型图表示。通过对事件树的定性与定量分析，找出事故发生的主要原因，为确定安全对策提供可靠依据，以达到猜测与预防事故发生的目的。

事件树分析包括以下五个步骤：

(1) 计划和准备；

(2) 建立事件树；

(3) 定性分析事件树;

(4) 定量分析事件树;

(5) 报告分析结果。

5.3.8 马尔科夫分析

马尔可夫分析法(Markov analysis)又称为马尔可夫转移矩阵法,是指在马尔可夫过程的假设前提下,通过分析随机变量的变化情况来预测这些变量未来变化情况的一种预测方法。

风险分析中的马尔科夫分析一般可以分为四个步骤:

(1) 计划和准备;

(2) 建立状态转移图和转移速率矩阵;

(3) 进行定量分析;

(4) 报告分析结果。

5.3.9 灰色关联决策算法

灰色系统理论是一种研究少数据、贫信息不确定性问题的新方法。它以部分信息已知、部分信息未知的小样本、贫信息不确定性系统为研究对象,主要通过对部分已知信息的生成、开发,提取有价值的信息,实现对系统运行行为、演化规律的正确描述和有效监控。近年来,越来越多的学者利用灰色理论方法来评估信息安全风险。本节在分析参数评估值不确定性问题的基础上,将信息系统视为决策,给出一种基于灰色关联决策算法的信息安全风险评估方法。

首先对参数评估值的不确定性进行分析。参数评估值的不确定性可以分为两种:一种是在某个区间或者某个一般的数集内取值的不确定性数,称为灰数;另一种是完全得不到任何信息的数,称为黑色数据或空缺参数评估值。

在分析了参数评估值的两种不确定性问题后,使用灰色关联决策算法进行安全风险评估,步骤如下:

(1) 根据实际情况给出满意度,确定填补各缺失值的区间灰数,得到完备的评估向量。

(2) 计算各信息系统的规范化目标评价向量。

(3) 计算各系统关于理想方案和临界方案的灰色区间关联系数向量式。

(4) 计算各系统关于理想方案的灰色区间关联度及关于临界方案的灰色区间关联度。

(5) 计算各系统的灰色综合关联度并据此给系统排序,灰色综合关联度越大,表示该系统越安全。

5.4 ICS系统风险评估实例

5.4.1 ICS系统网络拓扑图

本节以ICS架构的简化结构为例,阐述工业控制系统信息安全风险评估方法。图 5-4 所示为ICS系统网络拓扑图。

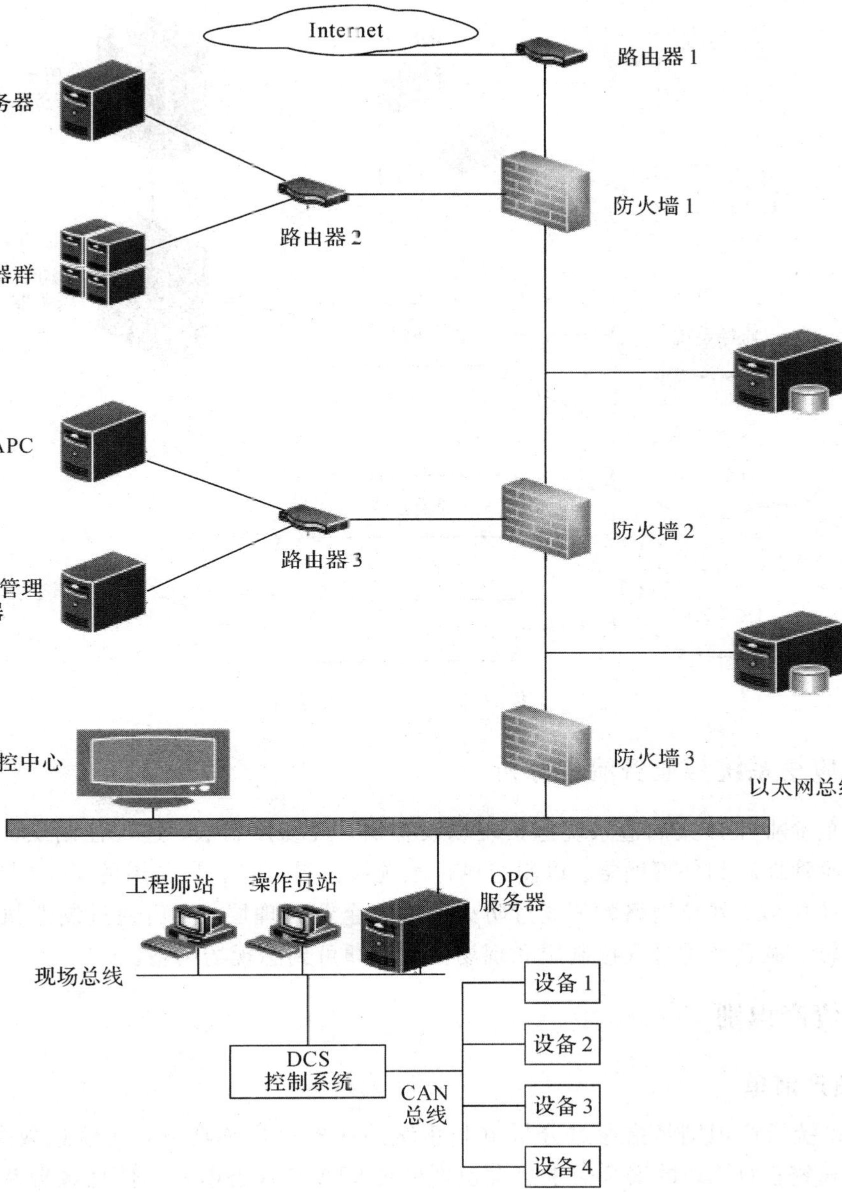

图 5-4 ICS 系统网络拓扑图

5.4.2 网络结构与系统边界

该 ICS 系统网络通过高性能路由器分别与企业管理系统和制造执行系统相连；通过以太网总线连接到监控系统；通过现场总线连接到 OPC 服务器；通过 CAN 总线连接到 DCS 系统。具体的系统边界图如图 5-5 所示。

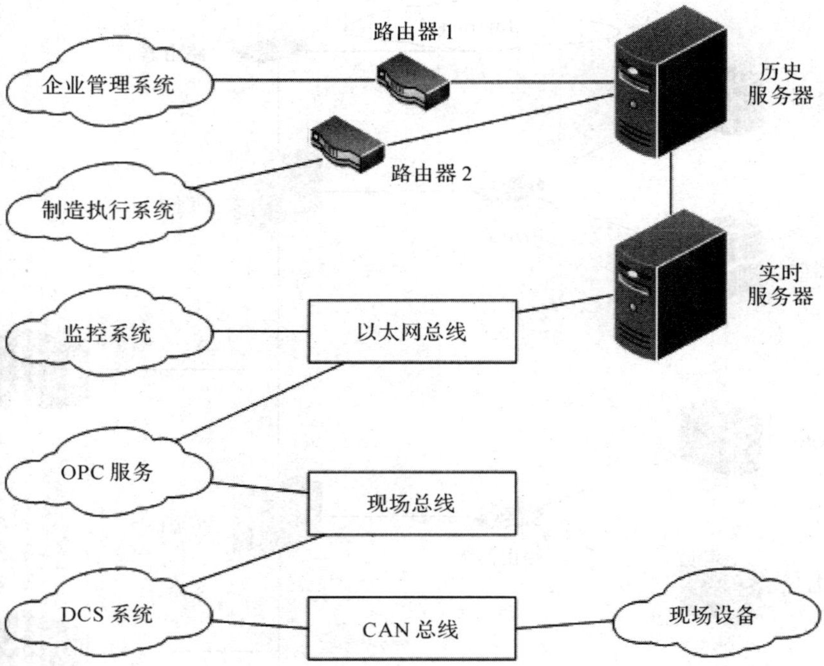

图 5-5　ICS 系统边界图

5.4.3　应用系统与业务流程分析

典型的企业生产或制造系统包括现场设备层、现场控制层、过程控制层、制造执行系统层、企业管理层和外部网络。以制造执行系统层分界，向上为通用的 IT 领域，向下为工业控制系统领域。外部网络数据通过防火墙进入企业管理层，然后通过制造执行系统向工控现场传输，最后经过过程控制层和现场控制层即可到达现场设备。

5.4.4　资产识别

1. 资产清单

ICS 系统资产识别是指通过分析 ICS 系统的业务流程和功能，从信息数据的完整性、可用性和机密性(CIA)的安全需求出发识别出对 CIA 三性有影响的信息数据及其承载体和周边环境。

在进行资产识别时，主要对硬件资产、文档和数据、人员、管理制度等进行识别，其中着重针对硬件资产进行风险评估，对人员的安全职责，IT 网络服务和软件进行风险评估。下面列出具体的资产清单。

硬件资产清单见表 5-3。

表5-3 硬件资产清单

资产编号	资产名称	责任人	资产描述
ASSET_01	企业管理服务器	张三	企业管理服务器，实现应用服务
ASSET_02	对外服务器	张三	对外服务器
ASSET_03	历史数据库	张三	历史数据库
ASSET_04	仓储管理服务器	李四	仓储管理服务器
ASSET_05	实时数据库	李四	实时数据库
ASSET_06	PIMS-APC	李四	工厂信息管理系统-先进控制系统
ASSET_07	监控中心	王五	监控中心
ASSET_08	OPC 服务器	王五	与下位机进行数据的交换
ASSET_09	DCS 系统	赵六	集散控制系统
ASSET_10	工程师站	赵六	工程师站
ASSET_11	操作员站	赵六	操作员站
ASSET_12	以太网总线	田七	以太网总线
ASSET_13	现场总线	田七	现场总线
ASSET_14	CAN 总线	田七	控制器局域网络总线
ASSET_15	路由器 1	孙八	路由器，连接外部 Internet
ASSET_16	路由器 2	孙八	路由器
ASSET_17	路由器 3	孙八	路由器
ASSET_18	防火墙 1	郑九	防火墙
ASSET_19	防火墙 2	郑九	防火墙
ASSET_20	防火墙 3	郑九	防火墙
ASSET_21	设备 1	马十	工业控制设备
ASSET_22	设备 2	马十	工业控制设备
ASSET_23	设备 3	马十	工业控制设备
ASSET_24	设备 4	马十	工业控制设备

文档和数据资产清单见表5-4。

表5-4 文档和数据资产清单

资产编号	资产名称	责任人	资产描述
ASSET_25	人员档案	李华	机构人员档案数据
ASSET_26	办公网电子文件数据	李华	办公系统中的电子文件
ASSET_27	工控网电子文件数据	李华	工业控制网络中的电子文件

制度资产清单见表5-5。

表 5-5 制度资产清单

资产编号	资产名称	责任人	资产描述
ASSET_28	安全管理制度	李华	机房安全管理制度等
ASSET_29	备份制度	李华	系统备份制度

人员资产清单见表 5-6。

表 5-6 人员资产清单

资产编号	资产名称	责任人	资产描述
ASSET_30	张三	张三	办公网系统管理员
ASSET_31	李四	李四	工控网系统管理员
ASSET_32	王五	王五	监控管理员
ASSET_33	赵六	赵六	现场管理员
ASSET_34	田七	田七	网络管理员 1
ASSET_35	孙八	孙八	网络管理员 2
ASSET_36	郑九	郑九	安全管理员
ASSET_37	马十	马十	设备管理员
ASSET_38	李华	李华	档案和数据管理员，制度实施者

2. 资产赋值

资产赋值是对识别的信息资产，按照资产的不同安全属性(即机密性、完整性和可用性)的重要性和保护要求，分别对资产的 CIA 三性予以赋值。

三性赋值分为 5 个等级，分别对应了该项信息资产的机密性、完整性和可用性的不同程度的影响，赋值依据如下：

1）机密性(Confidentiality)赋值依据

根据属性不同，将资产机密性分为 5 个不同的等级，分别对应资产在机密性方面的价值或者在机密性方面受到损失时的影响，如表 5-7 所示。

表 5-7 机密性赋值依据表

赋值	含义	解　释
5	很高	指组织最重要的机密，关系组织未来发展的前途命运，对组织根本利益有着决定性的影响，如果泄露会造成灾难性的影响
4	高	指包含组织的重要秘密，其泄露会使组织的安全和利益遭受严重损害
3	中	包含组织一般性秘密，其泄露会使组织的安全利益受到损害
2	低	组织内部或在组织某一部门内部公开，向外扩散有可能对组织的利益造成损害
1	很低	对社会公开的信息、公用的信息处理设备和系统资源等信息资产

2）完整性(Integrity)赋值依据

根据属性不同，将资产完整性分为 5 个不同的等级，分别对应资产在完整性方面的价值或者在完整性方面受到损失时对整个评估的影响，如表 5－8 所示。

表 5－8　完整性赋值依据表

赋值	含义	解　　释
5	很高	完整性价值非常关键，未经授权的修改或破坏会对评估造成重大的或特别难以接受的影响，对业务冲击重大，并可能造成严重的业务中断，损失难以弥补
4	高	完整性价值较高，未经授权的修改或破坏会对评估造成重大的影响，对业务冲击严重，损失弥补困难
3	中	完整性价值中等，未经授权的修改或破坏会对评估造成影响，对业务冲击明显，但损失可以弥补
2	低	完整性价值较低，未经授权的修改或破坏会对评估造成轻微影响，但可以忍受，对业务冲击轻微，损失容易弥补
1	很低	完整性价值非常低，未经授权的修改或破坏会对评估造成的影响可以忽略，对业务冲击可以忽略

3）可用性(availability)赋值依据

根据属性不同，将资产可用性分为 5 个不同的等级，分别对应资产在可用性方面的价值或者在可用性方面受到损失时的影响，如表 5－9 所示。

表 5－9　可用性赋值依据表

赋值	含义	解　　释
5	很高	可用性价值非常关键，合法使用者对信息系统及资源的可用度达到年度 99%以上，一般不容许出现服务中断的情况，否则将对生产经营造成重大的影响或损失
4	高	可用性价值较高，合法使用者对信息系统及资源的可用度达到工作时间的 95%以上，一般不容许出现服务中断的影响，否则会对生产经营造成一定的影响或损失
3	中	可用性价值中等，合法使用者对信息系统及资源的可用度达到工作时间的 75%以上，容忍出现偶尔和较短时间的服务中断，且对企业造成的影响不大
2	低	可用性价值较低，合法使用者对信息系统及资源的可用度达到工作时间的 35%～75%，容忍出现偶尔和较短时间的服务中断，且对企业造成的影响不大
1	很低	可用性价值或潜在影响可以忽略，完整性价值较低，合法使用者对信息系统及资源的可用度低于工作时间的 35%

根据资产的不同安全属性(即机密性、完整性和可用性的等级划分原则)，采用专家制订的方法对所有的资产 CIA 三性予以赋值。赋值后的资产等级表见表 5－10。

表 5-10　资产 CIA 等级表

资产编号	资产名称	机密性	完整性	可用性
ASSET_01	企业管理服务器	5	5	5
ASSET_02	对外服务器	5	5	5
ASSET_03	历史数据库	5	5	5
ASSET_04	仓储管理服务器	5	5	5
ASSET_05	实时数据库	5	5	5
ASSET_06	PIMS-APC	3	4	5
ASSET_07	监控中心	2	3	5
ASSET_08	OPC 服务器	5	5	5
ASSET_09	DCS 系统	2	4	5
ASSET_10	工程师站	3	2	3
ASSET_11	操作员站	2	2	2
ASSET_12	以太网总线	3	4	5
ASSET_13	现场总线	2	4	5
ASSET_14	CAN 总线	2	3	5
ASSET_15	路由器 1	3	4	5
ASSET_16	路由器 2	3	4	5
ASSET_17	路由器 3	3	4	5
ASSET_18	防火墙 1	5	5	5
ASSET_19	防火墙 2	5	5	5
ASSET_20	防火墙 3	5	5	5
ASSET_21	设备 1	2	2	2
ASSET_22	设备 2	2	2	2
ASSET_23	设备 3	2	2	2
ASSET_24	设备 4	2	2	2
ASSET_25	人员档案	5	5	2
ASSET_26	办公网电子文件数据	5	5	3
ASSET_27	工控网电子文件数据	5	5	3
ASSET_28	安全管理制度	1	4	4

续表

资产编号	资产名称	机密性	完整性	可用性
ASSET_29	备份制度	1	4	4
ASSET_30	张三	5	3	2
ASSET_31	李四	5	3	2
ASSET_32	王五	5	3	2
ASSET_33	赵六	5	3	2
ASSET_34	田七	5	3	2
ASSET_35	孙八	5	3	2
ASSET_36	郑九	5	3	2
ASSET_37	马十	5	3	2
ASSET_38	李华	5	3	2

3. 资产分级

资产价值应依据资产在机密性、完整性和可用性上的赋值等级，经过综合评定得出。根据本系统的业务特点，采取相乘法决定资产的价值。计算公式如下：

$$v = f(x, y, z) = \sqrt{\sqrt{x \times y} \times z}$$

其中：v 表示资产价值，x 表示机密性，y 表示完整性，z 表示可用性。

例如，取资产 ASSET_01 三性值代入公式：

$$v = f(x, y, z) = \sqrt{\sqrt{5 \times 5} \times 5}$$

得资产 ASSET_01 的资产价值等于 5。以此类推可得到本系统资产的价值清单，如表 5 - 11 所示。

表 5 - 11　资产价值表

资产编号	资产名称	机密性	完整性	可用性	资产价值
ASSET_01	企业管理服务器	5	5	5	5
ASSET_02	对外服务器	5	5	5	5
ASSET_03	历史数据库	5	5	5	5
ASSET_04	仓储管理服务器	5	5	5	5
ASSET_05	实时数据库	5	5	5	5
ASSET_06	PIMS - APC	3	4	5	4.16
ASSET_07	监控中心	2	3	5	3.50

续表

资产编号	资产名称	机密性	完整性	可用性	资产价值
ASSET_08	OPC 服务器	5	5	5	5
ASSET_09	DCS 系统	2	4	5	3.76
ASSET_10	工程师站	3	2	3	2.71
ASSET_11	操作员站	2	2	2	2
ASSET_12	以太网总线	3	4	5	4.16
ASSET_13	现场总线	2	4	5	3.76
ASSET_14	CAN 总线	2	3	5	3.50
ASSET_15	路由器 1	3	4	5	4.16
ASSET_16	路由器 2	3	4	5	4.16
ASSET_17	路由器 3	3	4	5	4.16
ASSET_18	防火墙 1	5	5	5	5
ASSET_19	防火墙 2	5	5	5	5
ASSET_20	防火墙 3	5	5	5	5
ASSET_21	设备 1	2	2	2	2
ASSET_22	设备 2	2	2	2	2
ASSET_23	设备 3	2	2	2	2
ASSET_24	设备 4	2	2	2	2
ASSET_25	人员档案	5	5	2	3.16
ASSET_26	办公网电子文件数据	5	5	3	3.87
ASSET_27	工控网电子文件数据	5	5	3	3.87
ASSET_28	安全管理制度	1	4	4	2.83
ASSET_29	备份制度	1	4	4	2.83
ASSET_30	张三	5	3	2	2.78
ASSET_31	李四	5	3	2	2.78
ASSET_32	王五	5	3	2	2.78
ASSET_33	赵六	5	3	2	2.78
ASSET_34	田七	5	3	2	2.78
ASSET_35	孙八	5	3	2	2.78
ASSET_36	郑九	5	3	2	2.78
ASSET_37	马十	5	3	2	2.78
ASSET_38	李华	5	3	2	2.78

为与上述安全属性的赋值相对应，根据最终赋值将资产划分为 5 级，级别越高，表示资产越重要。表 5-12 为不同等级的重要性的综合描述。

表 5-12 资产重要性程度判断准则

赋值	含义	资产等级值	定义
$4.2<x\leqslant 5$	很高	5	价值非常关键，损害或破坏会影响全局，造成重大的或无法接受的损失，对业务冲击重大，并可能造成严重的业务中断，损失难以弥补
$3.4<x\leqslant 4.2$	高	4	价值非常重要，损害或破坏会对该部门造成重大影响，对业务冲击严重，损失不好弥补
$2.6<x\leqslant 3.4$	中	3	价值中等，损害或破坏会对该部门造成影响，对业务冲击明显，但损失可以弥补
$1.8<x\leqslant 2.6$	低	2	价值较低，损害或破坏会对该部门造成轻微影响，但可以忍受，对业务冲击轻微，损失容易弥补
$1<x\leqslant 1.8$	很低	1	价值非常低，属于普通资产，损害或破坏会对该部门造成的影响可以忽略，对业务冲击可以忽略

根据表 5-12 中对资产等级的规定，可以通过资产价值得到资产的等级。本系统的资产价值如表 5-13 所示。

表 5-13 资产价值表

资产编号	资产名称	资产价值	资产等级	资产等级值
ASSET_01	企业管理服务器	5	很高	5
ASSET_02	对外服务器	5	很高	5
ASSET_03	历史数据库	5	很高	5
ASSET_04	仓储管理服务器	5	很高	5
ASSET_05	实时数据库	5	很高	5
ASSET_06	PIMS-AFC	4.16	高	4
ASSET_07	监控中心	3.50	高	4
ASSET_08	OPC 服务器	5	很高	5
ASSET_09	DCS 系统	3.76	高	4
ASSET_10	工程师站	2.71	中	3
ASSET_11	操作员站	2	低	2
ASSET_12	以太网总线	4.16	高	4
ASSET_13	现场总线	3.76	高	4

续表

资产编号	资产名称	资产价值	资产等级	资产等级值
ASSET_14	CAN 总线	3.50	高	4
ASSET_15	路由器 1	4.16	高	4
ASSET_16	路由器 2	4.16	高	4
ASSET_17	路由器 3	4.16	高	4
ASSET_18	防火墙 1	5	很高	5
ASSET_19	防火墙 2	5	很高	5
ASSET_20	防火墙 3	5	很高	5
ASSET_21	设备 1	2	低	2
ASSET_22	设备 2	2	低	2
ASSET_23	设备 3	2	低	2
ASSET_24	设备 4	2	低	2
ASSET_25	人员档案	3.16	中	3
ASSET_26	办公网电子文件数据	3.87	高	4
ASSET_27	工控网电子文件数据	3.87	高	4
ASSET_28	安全管理制度	2.83	中	3
ASSET_29	备份制度	2.83	中	3
ASSET_30	张三	2.78	中	3
ASSET_31	李四	2.78	中	3
ASSET_32	王五	2.78	中	3
ASSET_33	赵六	2.78	中	3
ASSET_34	田七	2.78	中	3
ASSET_35	孙八	2.78	中	3
ASSET_36	郑九	2.78	中	3
ASSET_37	马十	2.78	中	3
ASSET_38	李华	2.78	中	3

5.4.5 威胁识别

1. 威胁概述

安全威胁是一种对系统及其资产构成潜在破坏的可能性因素或者事件。无论对于多么安全的信息系统，安全威胁都是客观存在的，它是风险评估的重要因素之一。

安全威胁的主要因素可以分为人为因素和环境因素。人为因素又可区分为有意和无意两种；环境因素包括自然界的不可抗拒因素和其他物理因素。威胁可以是对信息系统直接或间接的攻击，如非授权的泄露、篡改、删除等，在机密性、完整性或可用性等方面造成损害，也可以是偶发的或蓄意的事件。一般来说，威胁总是要利用网络、系统、应用或数据的弱点才可能成功地对资产造成伤害。安全事件及其后果是分析威胁的重要依据。

根据威胁出现的频率的不同，将威胁分为 5 个不同的等级。以出现频率来衡量威胁出现的判断准则如表 5－14 所示。

表 5－14 威胁出现频率判断准则

等级	出现频率	描 述
5	很高	威胁利用弱点发生危害的可能性很高，在大多数情况下几乎不可能避免或者可以证实发生过的频率较高
4	高	威胁利用弱点发生危害的可能性较高，在大多数情况下很有可能发生或者可以证实曾经发生过
3	中	威胁利用弱点发生危害的可能性中等，在某种情况下可能会发生但未被证实发生过
2	低	威胁利用弱点发生危害的可能性较小，一般不太可能发生，也未被证实发生过
1	很低	威胁利用弱点发生危害几乎不可能发生，或在非常罕见和例外的情况下发生

2. ICS 系统威胁识别

对 ICS 系统的安全威胁分析着重对重要资产进行威胁识别，分析其威胁的来源和种类。表 5－15 为本次评估分析得到的威胁来源。

表 5－15 ICS 系统潜在的安全威胁来源列表

威胁来源	威胁来源描述
恶意内部人员	因某种原因，ICS 系统内部人员对信息系统进行恶意破坏；采用自主的或内外勾结的方式盗窃机密信息或进行篡改，获取利益
无恶意内部人员	ICS 系统内部人员由于缺乏责任心，或者不关心和不专注，或者没有遵循规章制度和操作流程而导致故障或被攻击；内部人员由于缺乏培训、专业技能不足、不具备岗位技能要求而导致信息系统故障或被攻击
第三方	主要指来自合作伙伴、服务提供商、外包服务提供商、渠道和其他与本组织的信息系统有联系的第三方的威胁
设备故障	软件、硬件、数据、通信线路方面的故障
环境因素、意外事故	意外事故由于断电、静电、灰尘、潮湿、鼠疫虫害、电磁干扰、洪灾、火灾、地震等环境条件和自然灾害的威胁
攻击者	攻击者为了体验挑战的快感而闯入网络。攻击者主要包括钓鱼者、垃圾邮件发送者、恶意软件作者等
工业间谍	工业间谍活动，旨在通过秘密的方法获得知识产权和技术诀窍

依据威胁出现的判断准则得到的威胁出现频率如表 5－16 所示。

表 5－16　ICS 系统面临的安全威胁种类以及发生频率

威胁编号	威胁类别	出现频率	威胁描述
THREAT－01	硬件故障	低	由于设备硬件故障、通信链路中断导致对业务高效稳定运行的影响
THREAT－02	软件故障	低	系统本身或软件缺陷导致对业务高效稳定运行的影响
THREAT－03	恶意代码和病毒	高	具有自我复制、自我传播能力，对信息系统构成破坏的程序代码
THREAT－04	物理环境威胁	很低	环境问题和自然灾害
THREAT－05	未授权访问	高	因系统或网络访问控制不当引起的非授权访问
THREAT－06	权限滥用	中	滥用自己的职权，做出泄露或破坏信息系统及数据的行为
THREAT－07	探测窃密	中	通过窃听、恶意攻击等手段获取系统秘密信息
THREAT－08	数据篡改	中	通过恶意攻击非授权修改信息，破坏信息完整性
THREAT－09	漏洞利用	中	用户利用系统漏洞的可能性
THREAT－10	电源中断	很低	通过恶意攻击使电源不可用
THREAT－11	物理攻击	很低	物理接触、物理破坏、盗窃
THREAT－12	抵赖	中	不承认收到的信息和所作的操作

5.4.6　脆弱性识别

脆弱性识别主要从技术和管理两个方面来进行评估。该 ICS 系统的脆弱性评估采用工具扫描、配置审查、策略文档分析、安全审计、网络架构分析、业务流程分析、应用软件分析等方法。

根据脆弱性严重程度的不同，将脆弱性分为 5 个等级。具体的判断准则如表 5－17 所示。

表 5－17　脆弱性严重程度分级表

等级	严重程度	描　述
5	很高	该脆弱性若被威胁利用，可以造成资产全部损失或业务不可用
4	高	该脆弱性若被利用，可以造成资产重大损失、业务中断等严重影响
3	中等	该脆弱性若被威胁利用，可以造成资产损失、业务受到损害等影响
2	低	该脆弱性若被威胁利用，可以造成资产较小的损失，但在较短的时间内可以得到控制
1	很低	该脆弱性可能造成的资产损失可以忽略，对工业无损害，有轻微或可忽略的影响

1. 技术脆弱性识别

技术脆弱性识别主要从现有安全技术措施的合理性和有效性来分析。技术脆弱性识别结果如表 5-18 所示。

表 5-18 技术脆弱性识别结果

资产 ID 与名称	脆弱性 ID	脆弱性名称	严重程度	脆弱性描述
ASSET_01 企业管理服务器 ASSET_02 对外服务器 ASSET_04 仓储管理服务器	VULN_01	允许匿名登录 FTP	高	该 FTP 服务器允许匿名登录，如果不想造成信息泄露，应该禁用匿名登录项
	VULN_02	可以通过 SMB 连接注册表	高	用户可以使用 SMB 测试中的 login/password 组合远程连接注册表。允许远程连接注册表存在潜在危险，攻击者可能由此获取更多主机信息
ASSET_03 历史数据库 ASSET_05 实时数据库	VULN_03	ADMIN_RESTRICTIONS 旗标没有设置	很高	监听器口令没有正确设置，攻击者可以修改监听器参数
	VULN_04	监听器口令没有设置	很高	如果监听器口令没有设置，攻击者可以利用监听服务在操作系统上写文件，从而可能获得 Oracle 数据库的账号
	VULN_05	关键设备没有冗余备份	高	关键设备没有冗余备份可能导致单点故障的发生
ASSET_06 PIMS-APC ASSET_08 OPC 服务器 ASSET_09 DCS 系统	VULN_06	没有访问控制措施	高	访问控制措施不当可能会导致给 ICS 用户过多或过少的特权。 ☆ 系统默认的访问控制策略是允许使用系统管理员权限 ☆ 系统配置不当，操作人员无法在紧急情况下采取应急响应措施 应制订访问控制策略，作为 ICS 安全策略的一部分
ASSET_08 OPC 服务器	VULN_07	过程控制的 OLE(OPC)，依赖于远程过程调用(RPC)和分布式组件对象模型(DCOM)	中	没有更新的补丁，对于已知的 RPC / DCOM 漏洞来说 OPC 是脆弱的

续表一

资产 ID 与名称	脆弱性 ID	脆弱性名称	严重程度	脆弱性描述
ASSET_10 工程师站 ASSET_11 操作员站 ASSET_06 PIMS-APC ASSET_07 监控中心 ASSET_08 OPC 服务器 ASSET_09 DCS 系统	VULN_08	存在大量的默认配置	高	现有使用的机床中普遍存在默认用户名、默认密码、默认路径等默认配制，很多管理员后台及控制台的密码配置(如 123，456 等)安全风险大
	VULN_09	操作系统安全漏洞	中	PC＋Windows 的技术构架已经成为控制系统上位机/操作站的主流。考虑到工控软件与操作系统补丁兼容性的问题，系统在投入使用后一般不会对操作系统打补丁，导致系统带着风险运行
	VULN_10	恶意代码、木马和后门	中	导致机器被非法控制
ASSET_07 监控中心	VULN_11	不安全的物理接口	高	不安全的通用串行总线(USB)和 PS/2 端口允许未经授权的拇指驱动器和键盘记录等外设的连接
ASSET_12 以太网总线 ASSET_13 现场总线 ASSET_14 CAN 总线	VULN_12	通信明文传输	很高	为了传输有效，数控单元与 HMI、数控系统之间、数控系统与 ICS 之间的通信很少进行加密，大多采用明文传输，导致安全隐患很大
ASSET_12 以太网总线 ASSET_13 现场总线 ASSET_14 CAN 总线 ASSET_15 路由器 1 ASSET_16 路由器 2 ASSET_17 路由器 3	VULN_13	存在大量裸露节点	高	由于和互联网互联互通，因此大量节点处在 Internet 上，形成裸露节点。由于整体系统边界不明显，因此传统的网络防护方案不适用 ICS 系统

续表二

资产 ID 与名称	脆弱性 ID	脆弱性名称	严重程度	脆弱性描述
ASSET_18 防火墙 1 ASSET_19 防火墙 2 ASSET_20 防火墙 3	VULN_14	网络通信协议安全漏洞	中	当前控制网络普遍采用 TCP/IP 协议，网络通信协议漏洞问题变得越来越突出。TCP/IP 先天存在着致命的安全漏洞
	VULN_15	防火墙开放端口增加	中	导致供给者可以利用该漏洞进行控制，极大地降低了防火墙的安全性
	VULN_16	防火墙关键模块失效	很高	导致防火墙失效
	VULN_17	非法流量流出外网	低	防火墙配置可能存在缺陷
ASSET_18 防火墙 1 ASSET_19 防火墙 2 ASSET_20 防火墙 3 ASSET_10 工程师站 ASSET_11 操作员站	VULN_18	ICS 识别	中	确定操作系统的类型和版本号。攻击者可利用该脚本确定远程操作系统的类型，并获取该主机的更多信息
ASSET_21 设备 1 ASSET_22 设备 2 ASSET_23 设备 3 ASSET_24 设备 4	VULN_19	对关键设备没有充分的物理保护措施	中	访问控制中心、现场设备、便携设备、媒体和其他 ICS 组件需要被控制。许多远程站点往往没有人员和物理监测控制措施

2. 管理脆弱性识别

本部分主要描述该 ICS 系统目前信息安全管理上存在的安全弱点现状以及风险现状，并标识其严重程度。评估的详细结果如表 5-19 所示。

表 5-19 管理脆弱性识别结果

资产 ID 与名称	脆弱性 ID	脆弱性名称	严重程度	脆弱性描述
ASSET_28 安全管理制度	VULN_20	供电系统情况脆弱性	高	没有配备 UPS，没有专用的供电线路
	VULN_21	机房安全管理控制脆弱性	中	没有严格地执行机房安全管理制度
	VULN_22	审计操作规程脆弱性	中	对 ICS 服务器的管理以及操作，审计信息偏少
	VULN_23	安全策略脆弱性	中	由于没有配备信息安全顾问，导致安全策略不符合实际要求
ASSET_29 备份制度	VULN_24	备份制度不健全脆弱性	中	没有制订系统备份制度，出现突发事件后无法进行恢复

5.4.7 风险分析

1. 风险计算方法

在完成了资产识别、威胁识别、脆弱性识别之后，将采用适当的方法与工具确定威胁利用脆弱性导致安全事件发生的可能性。综合考虑安全事件所涉及的资产价值及脆弱性的严重程度，判断安全事件造成的损失对组织的影响，即安全风险。下面用公式加以说明：

$$风险值=R(A,T,V)=R(L(T,V),F(I_a,V_a))$$

其中：R 表示安全风险计算函数，A 表示资产，T 表示威胁出现频率，V 表示脆弱性，I_a 表示安全事件所作用的资产价值，V_a 表示脆弱性的严重程度，L 表示威胁利用资产的脆弱性导致安全事件发生的可能性，F 表示安全事件发生后产生的损失。

风险计算的过程中有三个关键环节。

(1) 计算安全事件发生的可能性。

根据威胁出现频率及脆弱性的状况，计算威胁利用脆弱性导致安全事件发生的可能性，即

$$安全事件发生的可能性 = L(威胁出现频率,脆弱性) = L(T,V)$$

在计算安全事件发生的可能性时，本系统采用矩阵法进行。该二维矩阵表如表 5-20 所示。

表 5-20 计算安全事件可能性的二维矩阵表

威胁出现频率 \ 脆弱性	1	2	3	4	5
1	2	4	7	9	12
2	3	6	10	14	17
3	5	9	12	16	20
4	7	11	14	20	22
5	8	12	17	22	25

例如，资产 ASSET_01 的未授权访问威胁的发生频率为 4，资产 ASSET_01 允许匿名登录 FTP 的脆弱性为 4，将威胁出现频率和脆弱性的严重程度值在矩阵中进行对照，则

$$安全事件发生的可能性 = L(威胁出现频率，脆弱性) = L(4, 4) = 20$$

根据计算得到的安全事件发生的可能性的不同，将安全事件发生的可能性分为 5 个不同的等级，分别对应安全事件发生的可能性。划分准则如表 5-21 所示。

表 5-21　安全事件发生可能性等级判断准则

安全事件发生的可能性	1～5	6～10	11～15	16～20	21～25
发生可能性等级	1	2	3	4	5

根据安全事件发生可能性等级判断准则进行判断，发生可能性等级为 4。

(2) 计算安全事件发生后的损失。

根据资产价值及脆弱性严重程度，计算安全事件一旦发生后的损失，即

$$安全事件的损失 = F(资产价值，脆弱性严重程度) = F(I_a, V_a)$$

在计算安全事件的损失时，本系统采用矩阵法进行。该二维矩阵表如表 5-22 所示。

表 5-22　计算安全事件损失的二维矩阵表

脆弱性严重程度 / 资产价值	1	2	3	4	5
1	2	4	7	10	13
2	3	6	9	12	16
3	4	7	11	15	20
4	5	8	14	19	22
5	6	12	16	21	25

例如，资产 ASSET_01 的资产价值等级为 5，资产 ASSET_01 允许匿名登录 FTP 的脆弱性严重程度为 4，将资产价值和脆弱性严重程度在矩阵表中进行对照，则

$$安全事件的损失 = F(资产价值，脆弱性严重程度) = F(5, 4) = 21$$

根据计算得到的安全事件损失的不同，将安全事件的损失分为 5 个不同的等级，分别对应安全事件的损失程度，划分原则如表 5-23 所示。

表 5-23　安全事件损失等级判断准则

安全事件损失值	1～5	6～10	11～15	16～20	21～25
安全事件损失等级	1	2	3	4	5

根据安全事件损失等级判断准则进行判断，则安全事件损失等级为 5。

(3) 计算风险值。

可以根据计算出来的安全事件发生的可能性以及安全事件的损失来计算风险值，即

$$\begin{aligned}风险值 &= R(安全事件发生的可能性，安全事件的损失)\\ &= R(L(T, V), F(I_a, V_a))\end{aligned}$$

在计算风险值时，本系统采用矩阵法进行。该二维矩阵表如表 5-24 所示。

表 5-24 计算风险值的二维矩阵表

安全事件的损失 \ 安全事件发生的可能性	1	2	3	4	5
1	3	6	9	12	16
2	5	8	11	15	18
3	6	9	13	18	21
4	7	11	16	21	23
5	9	14	20	23	25

例如，资产 ASSET_01 的安全事件发生的可能性为 4，安全事件的损失为 5，将资产价值和脆弱性严重程度在矩阵表中进行对照，则

$$风险值 = R(L(T, V), F(I_a, V_a)) = R(4, 5) = 23$$

根据计算得到的风险值的不同，将风险值分为 5 个不同的等级。划分原则如表 5-25 所示。

表 5-25 风险等级判断准则

风险值	1～6	7～12	13～18	19～23	24、25
风险等级	很低	低	中	高	很高

根据风险等级判断准则进行判断，则风险等级为高。

2. 风险分析

1）硬件资产风险分析

利用得到的资产识别、威胁识别和脆弱性识别结果，根据风险分析原理，评估得到本系统的硬件资产风险，如表 5-26 所示。

表 5-26 硬件资产风险分析表

资产 ID 与名称	资产等级	威胁 ID	威胁名称	威胁发生可能性	脆弱性 ID	脆弱性名称	脆弱性严重程度
ASSET_01 企业管理服务器 ASSET_02 对外服务器 ASSET_04 仓储管理服务器	5	THREAT-05	未授权访问	4	VULN_01	允许匿名登录 FTP	4
					VULN_02	可以通过 SMB 连接注册表	4
ASSET_03 历史数据库 ASSET_05 实时数据库	5	THREAT-05	未授权访问	4	VULN_03	ADMIN_RESTRICTIONS 没有设置	5
					VULN_04	监听器口令没有设置	5

续表一

资产 ID 与名称	资产等级	威胁 ID	威胁名称	威胁发生可能性	脆弱性 ID	脆弱性名称	脆弱性严重程度
ASSET_06 PIMS-APC ASSET_09 DCS 系统	4	THREAT-05	未授权访问	4	VULN_06	没有访问控制措施	4
					VULN_08	存在大量的默认配置	4
		THREAT-09	漏洞利用	3	VULN_09	操作系统安全漏洞	3
					VULN_10	恶意代码、木马和后门	3
ASSET_08 OPC 服务器	5	THREAT-05	未授权访问	4	VULN_06	没有访问控制措施	4
					VULN_08	存在大量的默认配置	4
		THREAT-09	漏洞利用	3	VULN_09	操作系统安全漏洞	3
					VULN_10	恶意代码、木马和后门	3
					VULN_07	过程控制的 OLE(OPC)，依赖于远程过程调用(RPC)和分布式组件对象模型(DCOM)	3
ASSET_07 监控中心	4	THREAT-05	未授权访问	4	VULN_11	不安全的物理接口	4
					VULN_08	存在大量的默认配置	4
		THREAT-09	漏洞利用	3	VULN_09	操作系统安全漏洞	3
					VULN_10	恶意代码、木马和后门	3
ASSET_10 工程师站	3	THREAT-05	未授权访问	4	VULN_08	存在大量的默认配置	4
		THREAT-09	漏洞利用	3	VULN_09	操作系统安全漏洞	3
					VULN_10	恶意代码、木马和后门	3
ASSET_11 操作员站	2	THREAT-05	未授权访问	4	VULN_08	存在大量的默认配置	4
		THREAT-09	漏洞利用	3	VULN_09	操作系统安全漏洞	3
					VULN_10	恶意代码、木马和后门	3
ASSET_12 以太网总线 ASSET_13 现场总线 ASSET_14 CAN 总线	4	THREAT-07	探测窃密	3	VULN_12	通信明文传输	5
		THREAT-09	漏洞利用	3	VULN_13	存在大量裸露节点	4

续表二

资产 ID 与名称	资产等级	威胁 ID	威胁名称	威胁发生可能性	脆弱性 ID	脆弱性名称	脆弱性严重程度
ASSET_15 路由器 1 ASSET_16 路由器 2 ASSET_17 路由器 3	4	THREAT-09	漏洞利用	3	VULN_13	存在大量裸露节点	4
ASSET_18 防火墙 1 ASSET_19 防火墙 2 ASSET_20 防火墙 3	5	THREAT-05	未授权访问	4	VULN_15	防火墙开放端口增加	3
					VULN_16	防火墙关键模块失效	5
		THREAT-09	漏洞利用	3	VULN_14	网络通信协议安全漏洞	3
					VULN_17	非法流量流出外网	2
ASSET_21 设备 1 ASSET_22 设备 2 ASSET_23 设备 3 ASSET_24 设备 4	2	THREAT-01	硬件故障	2	VULN_19	对关键设备没有充分的物理保护措施	3

下面以资产 ASSET_01 为例计算该资产的风险值和风险等级。

(1) 计算安全事件发生的可能性。

根据威胁出现频率及脆弱性的状况，在计算安全事件发生的可能性时，本系统采用矩阵法进行计算。该二维矩阵如表 5-18 所示。

资产 ASSET_01 的未授权访问威胁的发生频率＝4，资产 ASSET_01 允许匿名登录 FTP 的脆弱性严重等级＝4，根据计算安全事件可能性的二维矩阵表，则

$$\text{安全事件发生的可能性} = 20$$

安全事件发生可能等级判断准则如表 5-19 所示。

根据安全事件发生可能等级判断准则，则

$$\text{安全事件发生可能性等级} = 4$$

(2) 计算安全事件发生后的损失。

根据资产价值及脆弱性严重程度，在计算安全事件的损失时，本系统采用矩阵法进行。该二维矩阵如表 5-20 所示。

资产 ASSET_01 的资产价值＝5，资产 ASSET_01 允许匿名登录 FTP 的脆弱性严重等级＝4，根据计算安全事件损失的二维矩阵表，则

$$\text{安全事件的损失} = F(\text{资产价值，脆弱性严重程度}) = F(5, 4) = 21$$

安全事件损失等级判断准则如表 5－21 所示。

根据安全事件损失等级判断准则进行判断，则安全事件损失等级＝5。

(3) 计算风险值。

根据计算出的安全事件发生的可能性以及安全事件的损失，在计算风险值时，本系统采用矩阵法进行。该二维矩阵如表 5－22 所示。

资产 ASSET_01 的安全事件发生的可能性＝4，安全事件的损失＝5，将资产价值和脆弱性严重程度在矩阵表中进行对照，则

风险值＝23

风险等级判断准则如表 5－25 所示。

根据风险等级判断准则判断，则风险等级为高。

其他硬件资产的风险值和风险等级的计算过程类同，通过风险计算，得到本系统的硬件资产的风险状况如表 5－27 所示。

表 5－27　硬件资产风险分析结果表

资产 ID 与名称	资产等级	威胁 ID	威胁名称	威胁发生可能性	脆弱性 ID	脆弱性名称	脆弱性严重程度	风险值	风险等级
ASSET_01 企业管理服务器 ASSET_02 对外服务器 ASSET_04 仓储管理服务器	5	THREAT－05	未授权访问	4	VULN_01	允许匿名登录 FTP	4	23	高
					VULN_02	可以通过 SMB 连接注册表	4	23	高
ASSET_03 历史数据库 ASSET_05 实时数据库	5	THREAT－05	未授权访问	4	VULN_03	ADMIN_RESTR ICTIONS 旗标没有设置	5	25	很高
					VULN_04	监听器口令没有设置	5	25	很高
ASSET_06 PIMS-APC ASSET_09 DCS 系统	4	THREAT－05	未授权访问	4	VULN_06	没有访问控制措施	4	21	高
					VULN_08	存在大量的默认配置	4	21	高
		THREAT－09	漏洞利用	3	VULN_09	操作系统安全漏洞	3	13	中
					VULN_10	恶意代码、木马和后门	3	13	中
ASSET_08 OPC 服务器	5	THREAT－05	未授权访问	4	VULN_06	没有访问控制措施	4	23	高
					VULN_08	存在大量的默认配置	4	23	高
		THREAT－09	漏洞利用	3	VULN_09	操作系统安全漏洞	3	16	中
					VULN_10	恶意代码、木马和后门	3	16	中
					VULN_07	过程控制的 OLE(OPC)，依赖于远程过程调用(RPC)和分布式组件对象模型(DCOM)	3	16	中

续表

资产ID与名称	资产等级	威胁ID	威胁名称	威胁发生可能性	脆弱性ID	脆弱性名称	脆弱性严重程度	风险值	风险等级
ASSET_07 监控中心	4	THREAT-05	未授权访问	4	VULN_11	不安全的物理接口	4	21	高
					VULN_08	存在大量的默认配置	4	21	高
		THREAT-09	漏洞利用	3	VULN_09	操作系统安全漏洞	3	13	中
					VULN_10	恶意代码、木马和后门	3	13	中
ASSET_10 工程师站	3	THREAT-05	未授权访问	4	VULN_08	存在大量的默认配置	4	18	中
		THREAT-09	漏洞利用	3	VULN_09	操作系统安全漏洞	3	13	中
					VULN_10	恶意代码、木马和后门	3	13	中
ASSET_11 操作员站	2	THREAT-05	未授权访问	4	VULN_08	存在大量的默认配置	4	18	中
		THREAT-09	漏洞利用	3	VULN_09	操作系统安全漏洞	3	11	低
					VULN_10	恶意代码、木马和后门	3	11	低
ASSET_12 以太网总线 ASSET_13 现场总线 ASSET_14 CAN总线	4	THREAT-07	探测窃密	3	VULN_12	通信明文传输	5	23	高
		THREAT-09	漏洞利用	3	VULN_13	存在大量裸露节点	4	21	高
ASSET_15 路由器1 ASSET_16 路由器2 ASSET_17 路由器3	4	THREAT-09	漏洞利用	3	VULN_13	存在大量裸露节点	4	21	高
ASSET_18 防火墙1 ASSET_19 防火墙2 ASSET_20 防火墙3	5	THREAT-05	未授权访问	4	VULN_15	防火墙开放端口增加	3	16	中
					VULN_16	防火墙关键模块失效	5	25	很高
		THREAT-09	漏洞利用	3	VULN_14	网络通信协议安全漏洞	3	16	中
					VULN_17	非法流量流出外网	2	9	低
ASSET_21 设备1 ASSET_22 设备2 ASSET_23 设备3 ASSET_24 设备4	2	THREAT-01	硬件故障	2	VULN_19	对关键设备没有充分的物理保护措施	3	8	低

2）其他资产风险分析

利用得到的资产识别、威胁识别和脆弱性识别结果，根据风险分析原理，评估得到本系统的其他资产风险如表 5-28 所示。

表 5-28 其他资产风险分析表

资产 ID 与名称	资产等级	威胁 ID	威胁名称	威胁发生可能性	脆弱性 ID	脆弱性名称	脆弱性严重程度
ASSET_28 安全管理制度	3	THREAT-04	物理环境威胁	1	VULN_22	供电系统情况脆弱性	4
		THREAT-10	电源中断	1	VULN_23	机房安全管理控制脆弱性	3
ASSET_29 备份制度	3	THREAT-10	电源中断	1	VULN_26	备份制度不健全脆弱性	3

其他资产的风险值和风险等级的计算过程与硬件资产的计算过程类同，通过风险计算，得到本系统的其他资产风险状况如表 5-29 所示。

表 5-29 其他资产风险分析结果表

资产 ID 与名称	资产等级	威胁 ID	威胁名称	威胁发生可能性	脆弱性 ID	脆弱性名称	脆弱性严重程度	风险值	风险等级
ASSET_28 安全管理制度	3	THREAT-04	物理环境威胁	1	VULN_22	供电系统情况脆弱性	4	9	低
		THREAT-10	电源中断	1	VULN_23	机房安全管理控制脆弱性	3	9	低
ASSET_29 备份制度	3	THREAT-10	电源中断	1	VULN_26	备份制度不健全脆弱性	3	9	低

3. 风险统计

综合风险分析的结果，得到本系统风险的统计表如表 5-30 所示。

表 5-30 资产风险等级统计表

风险项	很高	高	中	低	很低
硬件	3	11	13	4	0
其他	0	0	0	3	0
共计	3	11	13	7	0

习　题

1. 在实施风险管理时，要依据现有的国内外相关标准和准则。国内外的主要信息安全评价准则有哪些？

2. 简述风险评估的基本概念。

3. 风险评估的要素有哪些？各要素之间有何联系？

4. 简述风险评估的基本流程。

5. 信息安全风险评估方法分为几类？分别是什么？

6. 工业控制系统的资产、威胁与脆弱性之间的关系如何？

参考文献

[1] 范红，冯登国. 信息安全风险评估实施教程[M]. 北京：清华大学出版社，2007.

[2] 赵冬梅，刘海峰，刘晨光. 基于 BP 神经网络的信息安全风险评估[J]. 计算机工程与应用，2007，43(1)：139.

[3] 董献洲，徐培德. 基于 PRA 方法的风险分析系统设计[J]. 系统仿真学报，2001，13(6)：756-758.

[4] 黄慧萍，肖世德，孟祥印. 基于攻击树的工业控制系统信息安全风险评估[J]. 计算机应用研究，2015，32(10)：3022-3025.

[5] 李嵩，孟亚平，孙铁，等. 一种基于模型的信息安全风险评估方法[J]. 计算机工程与应用，2005(29)：159-162.

[6] 张弢，慕德俊，任帅，等. 一种基于风险矩阵法的信息安全风险评估模型[J]. 计算机工程与应用，2010，46(5)：93-95.

[7] 文伟平，郭荣华，孟正，等. 信息安全风险评估关键技术研究与实现[J]. 技术研究，2015(2)：7-14.

[8] 朱信铭. 信息安全风险评估风险分析方法浅谈[J]. 信息安全与技术，2010(8)：87-89.

[9] 高志方，盛冠帅，彭定洪. 妥协率法在信息安全风险评估中的应用[J]. 计算机工程与应用，2017，53(23)：82-87.

[10] 王姣，范科峰，莫玮. 基于模糊集和 DS 证据理论的信息安全风险评估方法[J]. 计算机应用研究，2017，34(11)：3432-3436.

[11] 高阳，罗军舟. 基于灰色关联决策算法的信息安全风险评估方法[J]. 东南大学学报：自然科学版，2009，39(2)：225-229.

[12] 肖龙，戚湧，李千目. 基于 AHP 和模糊综合评判的信息安全风险评估[J]. 计算机工程与应用，2009，45(22)：82-85，89.

[13] COOK A，SMITH R，MAGLARAS L，et al. Measuring the Risk of Cyber Attack in Industrial Control Systems[C]. in Proceedings of the International Symposium for Ics & Scada Cyber Security Research. Belfast：2016：1-11.

[14] SERBANESCU A V, OBERMEIER S, YU Der-Yeuan. ICS Threat Analysis Using a Large-Scale Honeynet [C]. in Proceedings of the International Symposium for Ics & Scada Cyber Security Research. Ingolstadt: 2015: 20-30.

[15] LEMAIRE L, VOSSAERT J, JANSEN J, et al. Extracting Vulnerabilities in Industrial Control Systems using a Knowledge-Based System [C]. in Proceedings of the International Symposium for Ics & Scada Cyber Security Research. Ingolstadt: 2015: 1-10.

[16] CARSTEN P, ANDEL T R, YAMPOLSKIY M, et al. A System to Recognize Intruders in Controller Area Network (CAN)[C]. in Proceedings of the 3rd International Symposium for ICS & SCADA Cyber Security Research. Ingolstadt: 2015: 111-114.

[17] CSDN. 基于层次分析法的信息安全风险评估量化法的研究报告[EB/OL]. [2019-01-01]. https://blog.csdn.net/down_cry123/article/details/51224307.

第6章 工业控制系统网络安全结构

6.1 隔 离

6.1.1 网络隔离概述

网络隔离技术的基本原理是通过专用物理硬件和安全协议在内网和外网之间架构安全隔离网墙，使两个系统在空间上物理隔离，同时还能过滤数据交换过程中的病毒和恶意代码等信息，以保证数据信息在可信的网络环境中进行交换、共享，并且通过严格的身份认证机制确保用户获取所需数据信息。网络隔离技术是两个或两个以上的计算机或网络，不直接相连、不直接相通的安全技术。网络隔离是普遍使用的网络安全技术，它极大地降低了网络通信和协议的安全威胁。

网络隔离技术的核心是通过专用硬件和安全协议来确保两个链路层断开的网络能够实现数据信息在可信网络环境中进行交互、共享。一般情况下，网络隔离技术主要包括内网处理单元、外网处理单元和专用隔离交换单元三个部分。内网处理单元和外网处理单元都具有一个独立的网络接口和网络地址来分别对应连接内网和外网；而专用隔离交换单元则是通过硬件电路控制高速切换连接内网或外网。网络隔离技术的关键点是如何有效控制网络通信中的数据信息，即通过专用硬件和安全协议来完成内外网间的数据交换，以及利用访问控制、身份认证、加密签名等安全机制来实现交换数据的机密性、完整性、可用性、可控性，所以如何尽量提高不同网络间数据交换速度，以及能够透明地支持交互数据的安全性将是未来网络隔离技术发展的趋势。

隔离设备或产品要具有高度的自身安全性，要保证自身具有高度的安全性，至少在理论和实践上要比防火墙高一个安全级别。从技术实现上，除了和防火墙一样对操作系统进行加固优化或采用安全操作系统外，关键在于要把外网接口和内网接口从一套操作系统中分离出来。也就是说至少要由两套主机系统组成，一套控制外网接口，另一套控制内网接口，在两套主机系统之间通过特殊的路由的协议进行数据交换，如此，即便黑客攻破了外网系统，仍然无法控制内网系统，就达到了更高的安全级别。

通过隔离设备或产品确保网络之间在严格意义上是隔离的。保证网络隔离的关键是网络数据包不可直接通过路由进入对方网络，无论中间采用了什么转换方法，只要最终使得一方的网络数据包能够进入到对方的网络中，都无法称之为隔离，即达不到隔离的效果。显然，只是对网络间的包进行转发，并且允许建立端到端连接的防火墙，是没有任何隔离效果的。此外，那些只是把网络包转换为文本，交换到对方网络后，再把文本转换为网络包的产品也是没有做到隔离的。

隔离的核心是审计处理网络间交换的通信数据。既然要达到网络隔离，就必须做到彻底防范基于网络协议的攻击，即不能够让网络层的攻击包到达要保护的网络中，所以就必须进行协议分析，完成应用层数据的提取，然后进行数据交换，这样就把诸如 TearDrop、Land、Smurf 和 SYN Flood 等网络攻击包，彻底地阻挡在可信网络之外，从而明显地增强可信网络的安全性。

隔离要对网络间的访问进行严格的控制和检查。作为一套适用于高安全度网络的安全设备，要确保每次数据交换都是可信的和可控制的，严格防止非法通道的出现，以确保信息数据的安全和访问的可审计性。所以必须施加以一定的技术，保证每一次数据交换过程都是可信的，并且内容是可控制的，可采用基于会话的认证技术和内容分析与控制引擎等技术来实现。

要在坚持隔离的前提下保证网络畅通和应用透明。将隔离产品部署在多种多样的复杂网络环境中，并且往往是数据交换的关键点，因此，产品要具有很高的处理性能，不能成为网络交换的瓶颈，要有很好的稳定性；不能出现时断时续的情况，要有很强的适应性，能够透明接入网络，并且透明支持多种应用。

6.1.2　隔离的基本类型和方式

1. 按传输介质和传输方式分类

按传输介质和传输方式的不同，隔离技术可分为以下 6 种类型。

1）物理网络隔离

在两个 DMZ 之间配置一个网络，让其中的通信只能经由一个安全装置实现。在这个安全装置里面，防火墙及 IDS/IPS 规则会监控信息包来确认是否接收或拒绝它进入内网。这种技术是最安全但也最昂贵的，因为它需要许多物理设备来将网络分隔成多个区块。

2）逻辑网络隔离

逻辑网络隔离技术借用虚拟/逻辑设备，而不是物理的设备来隔离不同网段的通信。

3）虚拟局域网(VLAN)

VLAN 工作在第二层，与一个广播区域中拥有相同 VLAN 标签的接口交互，而一个交换机上的所有接口都默认在同一个广播区域。支持 VLAN 的交换机可以由使用 VLAN 标签的方式将预定义的端口保留在各自的广播区域中，从而建立多重的逻辑分隔网络。

4）虚拟路由和转发

这个技术工作在第三层，允许多个路由表同时共存在同一个路由器上，用一台设备实现网络的分区。

5）多协议标签交换(MPLS)

MPLS 工作在第三层，使用标签而不是保存在路由表里的网络地址来转发数据包。标签是用来辨认数据包被转发到哪个远程节点。

6）虚拟交换机

虚拟交换机可以将一个网络与另一个网络分隔，类似于物理交换机，都是用来转发数据包，但是它用软件来实现的，所以不需要额外的硬件。

2. 按隔离物理布置分类

按隔离物理布置的不同，隔离主要有以下 5 种类型。

1）双机双网的隔离

双机双网隔离技术是指通过配置两台计算机来分别连接内网和外网环境，再利用移动存储设备来完成数据交互操作，这种技术会给后期系统维护带来诸多不便，同时还存在成本上升、占用资源等缺点，而且通常效率也无法达到用户的要求。

2）双硬盘的隔离

双硬盘隔离技术的基本思想是通过在原有客户机上添加一块硬盘和隔离卡实现内网和外网的物理隔离，并通过选择启动内网硬盘或外网硬盘连接内网或外网网络。由于这种隔离技术需要多添加一块硬盘，所以对那些配置要求高的网络而言，造成了成本浪费，同时频繁地关闭、启动硬盘容易造成硬盘的损坏。

3）单硬盘的隔离

单硬盘隔离技术的实现原理是从物理层上将客户端的单个硬盘分割为公共和安全分区，并分别安装两套系统来实现内网和外网的隔离，这样就可具有较好的可扩展性，但是也存在数据安全界定困难、不能同时访问内外两个网络等缺陷。

4）集线器级隔离

集线器级隔离技术的一个主要特征是在客户端只需使用一条网络线就可以部署内网和外网，再通过远端切换器来选择连接内外双网，避免客户端要用两条网络线来连接内外网络。

5）服务器端隔离

服务器端隔离技术的关键是在物理上没有数据连通的内外网络下，如何快速分时地处理和传递数据信息，该技术主要是通过采用复杂的软硬件技术手段来在服务器端实现数据信息过滤和传输任务，以达到隔离内外网的目的。

3. 按隔离技术的角度分类

按隔离技术角度的不同，主要有以下 3 种类型。

1）防火墙技术

防火墙通常是运行在一台或者多台计算机之上的一组特别的服务软件，用于对网络进行防护和通信控制。但是在很多情况下，防火墙以专用的硬件形式出现，这种硬件也被称为防火墙。防火墙是安装了防火墙软件，并针对安全防护进行了专门设计的网络隔离，本质上还是软件在进行控制。防火墙的作用是防止不希望的、未经授权的通信进出被保护的内部网络，是通过边界控制强化内部网络的安全策略。

2）入侵检测技术

入侵检测技术是用于检测损害或企图损害网络系统的机密性、完整性或可用性等行为的一类安全技术。这类技术通过在受保护网络或系统中部署检测设备，监视受保护网络或系统的状态和活动。它根据所采集的数据，采用相应的检测方法，发现非授权或恶意的系统和网络行为，并为防范入侵行为提供支持手段。入侵检测系统(IDS)需要解决三个方面的问题：第一，需要充分并可靠地采集网络和系统中的数据，提取描述网络和系统行为的特征；第二，必须根据以上数据和特征，高效并准确地判断网络和系统行为的性质；第三，需要对网络和系统入侵提供响应手段。按照 IDS 数据源的不同，IDS 主要分为两类：基于主机的 IDS 和基于网络的 IDS。当前，主流的分析检测方法包括误用检测和异常检测。

3）安全网关技术

安全网关一般部署在内部网络与外部网络的边界，主要用来抵御来自外部网络的安全威胁。这里所指的安全网关是传统意义上的单一功能安全网关。常见的安全网关有 VPN 网关、入侵防御网关、防病毒网关和基于密级标志的保密网关。

6.1.3　常见的隔离技术实现类型

1. 电路隔离

电路隔离起初的主要目的是通过隔离元器件把噪声干扰的路径切断，从而达到抑制噪声干扰的效果。在采用了电路隔离的措施以后，绝大多数电路都能够取得良好的抑制噪声的效果，使设备符合电磁兼容性的要求。电路隔离主要有：模拟电路的隔离、数字电路的隔离、数字电路与模拟电路之间的隔离。所使用的隔离方法有：变压器隔离法、脉冲变压器隔离法、继电器隔离法、光电耦合器隔离法、直流电压隔离法、线性隔离放大器隔离法、光纤隔离法、A/D 转换器隔离法等。

1）模拟信号的隔离

对于具有直流分量和共模噪声干扰比较严重的场合，在模拟信号的测量中应采取措施，使输入与输出完全隔离，彼此绝缘，消除噪声的耦合。

2）数字电路的隔离

数字电路的隔离主要有脉冲变压器隔离、继电器隔离、光电耦合器隔离和光纤隔离等。数字量输入隔离方式主要采用脉冲变压器隔离、光电耦合器隔离；而数字量输出隔离方式主要采用光电耦合器隔离、继电器隔离、高频变压器隔离(个别情况下采用)。

在数字电路中，一般采用光电耦合器、脉冲变压器及继电器来进行隔离。

(1) 脉冲变压器隔离。

使用脉冲变压器隔离是以太网接口常用的隔离方式。图 6－1 是脉冲变压器的示意图。脉冲变压器的匝数较少，而且一次绕组和二次绕组分别绕于铁氧体磁心两极，这种工艺使得它的分布电容特别小，仅为几个皮法，所以可作为脉冲信号的隔离元件。脉冲变压器传递输入、输出脉冲信号时，不传递直流分量。一般来说，脉冲变压器的信号传递频率在 1 kH～100 MHz 之间。高频(如 100 kHz)脉冲变压器也是隔离性开关电源中的关键器件。

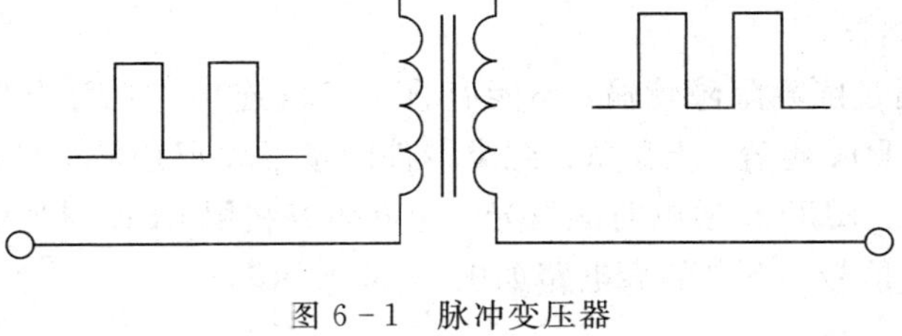

图 6－1　脉冲变压器

(2) 继电器隔离。

继电器是常用的数字输出隔离元件，用继电器作为隔离元件简单实用，价格低廉。图 6-2 是继电器输出隔离的实例示意图。在该电路中，通过继电器把低压直流与高压交流隔离开来，使高压交流侧的干扰无法进入低压直流侧。

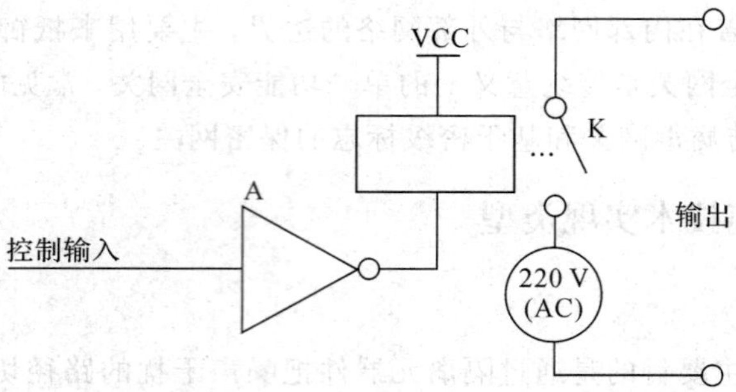

图 6-2　继电器输出隔离

(3) 光电耦合器隔离。

光电耦合器隔离方法是用光电耦合器把输入信号与内部电路隔离，或者是把内部输出信号与外部电路隔离，如图 6-3 所示。

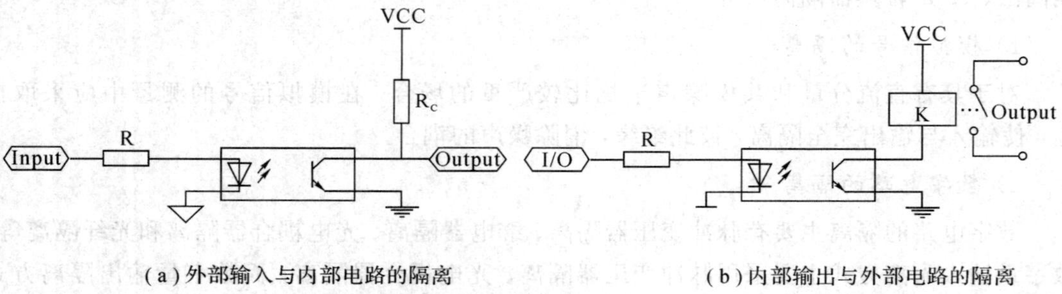

图 6-3　光电耦合器电路

目前，大多数光电耦合器件的隔离电压都在 2.5 kV 以上，有些器件达到了 8kV，既有高压大电流大功率光电耦合器件，又有高速高频光电耦合器件(频率高达 10 MHz)。

光电隔离器是将发光器件与光敏接收器件集成，或用一根光导纤维把两部分连接起来的器件。通常发光器件为发光二极管(LED)；光接收器件为光敏晶体管等。加在发光器件上的电信号为耦合器的输入信号；接收器件输出的信号为隔离器的输出信号。当有输入信号加在光电隔离器的输入端时，发光器件发光，光敏管受光照射产生光电流，使输出端产生相应的电信号，于是实现了光电的传输和转换。它的主要特点是以光为媒介实现电信号的传输，而且器件的输入和输出之间在电气上完全是绝缘的。常见光电隔离器如下。

① 传统光电隔离器。

隔离要求信号通过隔离阻障传输，不能有直接电气连接。常用的非接触式信号传输器件有发光二极管(LED)、电容、电感等。此类器件的基本原理是最常见的三种隔离技术：光电、电容和电感耦合。LED 在通电时能发光。光电隔离利用 LED 与光电探测设备实现隔离阻障，通过光来传输信号。光电隔离电路如图 6-4 所示。

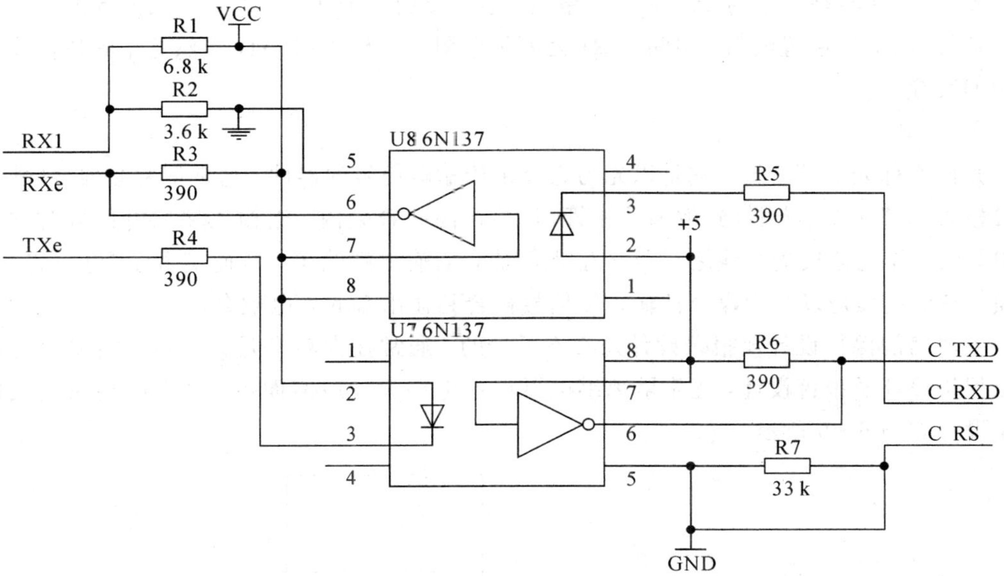

图 6-4　光电隔离电路

光电探测设备接收 LED 发出的光信号，再将其转换成原始电信号。光电隔离是最常用的隔离方法。使用光电隔离的优点是能够避免电气与磁场噪声，而缺点则是传输速度受限于 LED 的转换速度、高功率散射及 LED 磨损。

② 典型 RS485。

RS485 电路可以分为隔离型与非隔离型。隔离型比非隔离型在抗干扰、系统稳定性等方面都有更出色的表现，但有一些场合也可以用非隔离型。先介绍非隔离型的典型电路。非隔离型的电路非常简单，只需要一个 RS485 芯片直接与 MCU 的串行通信口和一个 I/O 控制口连接就可以了，如图 6-5 所示。

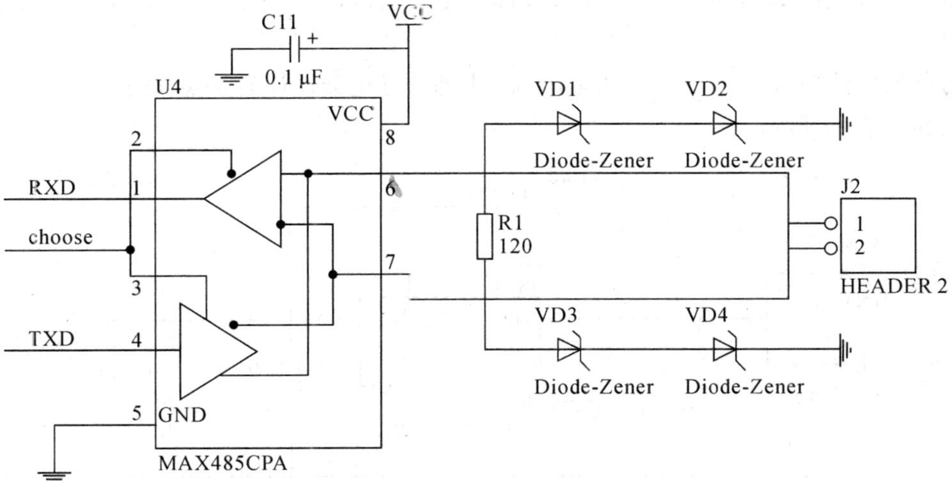

图 6-5　典型 485 通信电路(非隔离型)

图 6-5 并不是完整的 485 通信电路图，还需要加一个 4.7 kΩ 的上拉偏置电阻和加一个 4.7 kΩ 的下拉偏置电阻。中间的 R1 是匹配电阻，一般是 120 Ω，当然这个具体值要看传输用的线缆。

③ 光耦。

光耦亦称光电耦合器。它是以光为媒介来传输电信号的器件，通常把发光器(红外线发光二极管 LED)与受光器(光敏半导体管)封装在同一管壳内。当输入端加电信号时发光器发出光线，受光器接受光线之后就产生光电流，从输出端输出，从而实现了“电一光一电”转换。整个过程是以光为媒介把输入端信号耦合到输出端的光电耦合器。

主回路的保护设计及报警设计是必不可少的。通常在大功率开关电路中需要对主回路采取保护设计及报警设计，光耦隔离继电器保护电路设计应需而生。光电隔离及电气保护电路设计如图 6-6 所示。

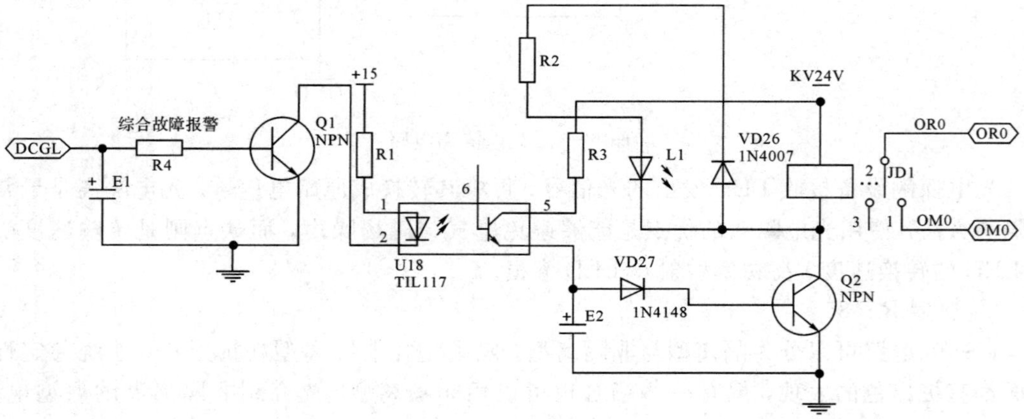

图 6-6 光耦隔离及电气保护电路

该继电保护主要隔离应用的是 TI 公司生产的 TIL117 光耦芯片。该芯片无需供电，通过光耦二极管上拉 15 V 电源输出 15 mA 即可正常工作，有效隔离了输出侧对主回路的电磁影响。

另外该电路还有一个+24 V 供电电源，大部分继电器设计的时候都需要 24 V，该电源设计图如图 6-7 所示。

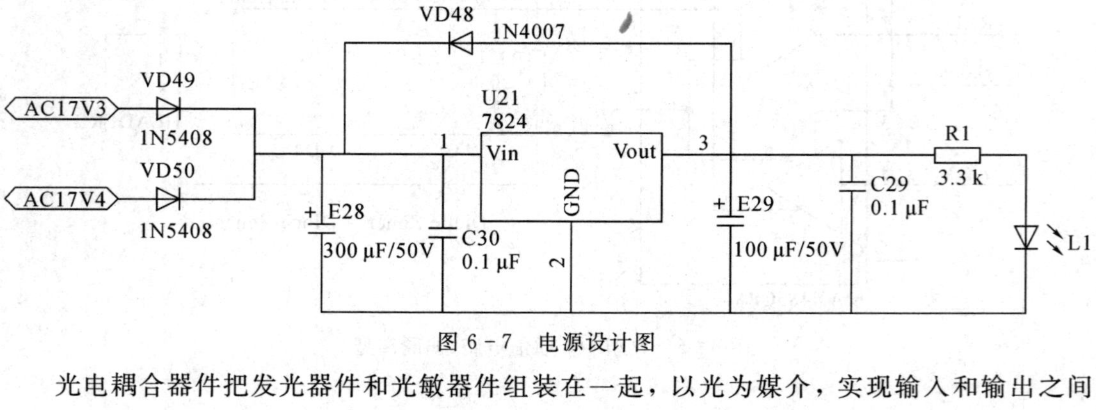

图 6-7 电源设计图

光电耦合器件把发光器件和光敏器件组装在一起，以光为媒介，实现输入和输出之间的电气隔离。光电耦合是一种简单有效的隔离技术，关键技术在于破坏了“地”干扰的传播途径，切断了干扰信号进入后续电路的途径，有效地抑制了尖脉冲和各种噪声干扰。电流传输比是光电耦合器件性能的一个重要标志，定义为输出电流与输入电流的比值。

一般来讲，光电耦合器由一个发光二极管和一个光敏器件构成。发光二极管的发光亮度 L 与电流成正比，当电流增大到引起结温升高时，发光二极管呈饱和状态，不再在线性工作区。光电二极管的光电流与光照度的关系可用 IL∝Eu 表述。其中，E 为光照度，u=1±0.05，因此，光电流基本上随照度而线性增大。但一般硅光电二极管的光电流是几十微安。对于光敏三极管，由于其放大系数与集电极电流大小有关，小电流时，放大系数小，所以光敏三极管在低照度时灵敏度低，而在照度高时，光电流又呈饱和趋势，达不到线性效果。

因为不同的光电耦合器有不同的工作线性区，所以，应该首先确定光电耦合器的线性区。驱动电路如图 6-8 所示。光电耦合器的偏置输入电路可以给定输入它的电流的范围，偏置电路设计得好，可以使得输入电流在很大范围内变化时，光电耦合器依然工作在线性区。

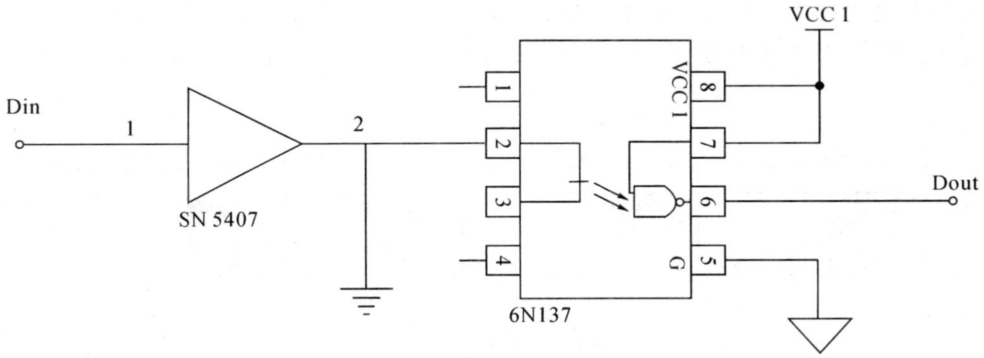

图 6-8 光耦隔离和驱动电路图

2.“沙盒”技术

“沙盒”技术与主动防御技术原理截然不同。主动防御是发现程序有可疑行为时立即拦截并终止运行。“沙盒”技术则是发现可疑行为后让程序继续运行，当发现的确是病毒时才会终止。“沙盒”技术的实践运用流程是让疑似病毒文件的可疑行为在虚拟的“沙盒”里充分表演，“沙盒”会记下它的每一个动作；当疑似病毒充分暴露了其病毒属性后，“沙盒”就会执行“回滚”机制：将病毒的痕迹和动作抹去，将系统恢复到正常状态。

沙盒技术也就是 Sandboxie，会在沙盘中运行 IE。Sandboxie 是一款专业的虚拟类软件，它通过重定向技术，把程序生成和修改的文件，定向到自身文件夹中。通过加载自身的驱动来保护底层数据，属于驱动级别的保护。

3. 时分多址接入机制

时分多址接入(Time Division Multiple Access，TDMA)机制采用时分复用的方式，通过修改 MAC 层的相关协议，使节点只能在指定时隙发送数据而在其他时隙只能处于等待状态，因此保证数据可以在指定时间顺利到达目的节点，从而保证了数据的实时性。

时分制是把一个传输通道进行时间分割以传送若干话路的信息，把N个话路设备接到一条公共的通道上，按一定的次序轮流给各个设备分配一段使用通道的时间。当轮到某个设备时，这个设备与通道接通，执行操作。与此同时，其他设备与通道的联系均被切断。当达到指定的使用时间间隔，则通过时分多路转换开关把通道连接到下一个需要连接的设备。时分制通信也称时间分割通信，它是数字电话多路通信的主要方法，因而PCM通信常称为时分多路通信。

时分多址是把时间分割成周期性的帧(Frame)，每一个帧再分割成若干个时隙向基站发送信号，在满足定时和同步的条件下，基站可以分别在各时隙中接收到各移动终端的信号而不混乱。同时，基站发向多个移动终端的信号都按顺序安排在预定的时隙中传输，各移动终端只要在指定的时隙内接收，就能在合路的信号中区分发给它的信号并接收。DEANA协议是基于TDMA传感网络MAC协议。DEANA协议全称是分布式能量感知节点活动(Distributed Energy - Aware NodeActivation)协议。DEANA协议采用TDMA机制，为WSN中的每个节点分配固定的时隙用于数据的传输。同时，DEANA协议也进行了一些改进，在每个节点的数据传输时隙前加入了简短的控制时隙，控制时隙被用于节点之间相互告知是否有需要接收的数据，如果没有接收数据，节点就进入休眠状态。只有接收数据的节点才会在整个传输时隙内保持活动状态。PEAN协议的时间帧分配如图6-9所示。

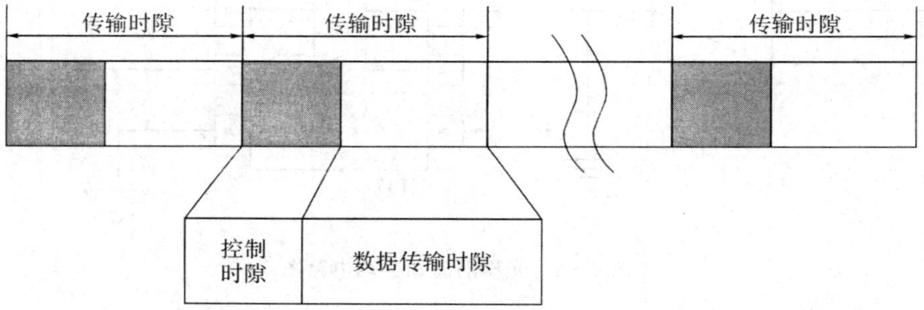

图6-9 DEAN协议的时间帧分配

4. TrustZone

1) TrustZone概述

TrustZone是ARM公司针对消费电子设备设计的一种硬件架构，其目的是为消费电子产品构建一个安全框架来抵御各种可能的攻击。

TrustZone在概念上将SoC的硬件和软件资源划分为安全(Secure World)和非安全(Normal World)两个界，所有需要保密的操作在安全界执行(如指纹识别、密码处理、数据加解密、安全认证等)，其余操作在非安全界执行(如用户操作系统、各种应用程序等)，安全界和非安全界通过监控模式(Monitor Mode)进行转换，如图6-10所示。

处理器架构上，TrustZone将每个物理核虚拟为两个核，一个非安全核(Non - Secure Core, NS Core)，运行非安全界的代码；和另一个安全核(Secure Core)，运行安全界的代码。

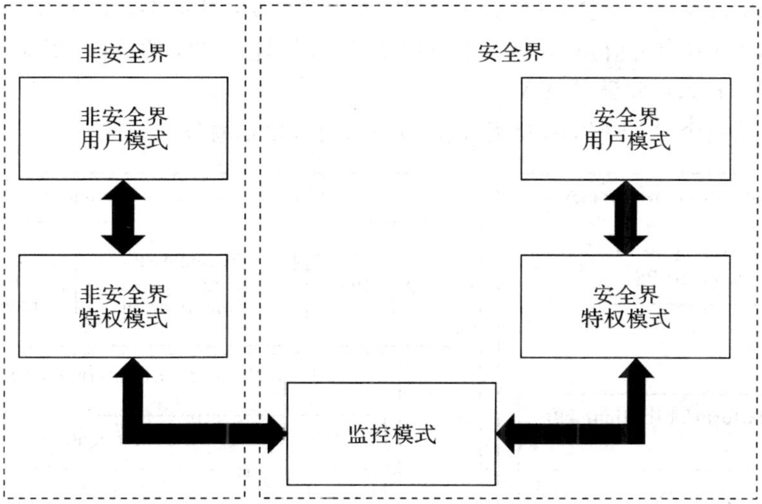

图 6－10　ARM 的安全界和非安全界

两个虚拟的核以基于时间片的方式运行，根据需要实时占用物理核，并通过 Monitor Mode（监控模式）在安全界和非安全界之间切换，类似同一 CPU 下的多应用程序环境，不同的是多应用程序环境下操作系统实现的是进程间切换，而 TrustZone 下的 Monitor Mode 实现了同一 CPU 上两个操作系统间的切换。

AMBA3 AXI（AMBA3 Advanced eXtensble Interface）系统总线作为 TrustZone 的基础架构设施，提供了安全界和非安全界的隔离机制，确保非安全核只能访问非安全界的系统资源，而安全核能访问所有资源，因此安全界的资源不会被非安全界（或普通世界）所访问。

设计上，TrustZone 并不是采用一刀切的方式让每个芯片厂家都使用同样的实现。总体上以 AMBA3 AXI 总线为基础，针对不同的应用场景设计了各种安全组件，芯片厂商根据具体的安全需求，选择不同的安全组件来构建他们的 TrustZone 实现。TrustZone 实现的主要组件有：

（1）必选组件。

· AMBA3 AXI 总线，安全机制的基础设施。

· 虚拟化的 ARM Core，虚拟安全和非安全核。

· TZPC（TrustZone Protection Controller），根据需要控制外设的安全特性。

TZASC（TrustZone Address Space Controller），对内存进行安全和非安全区域划分和保护。

（2）可选组件。

· TZMA（TrustZone Memory Adapter），对芯片上 ROM 或 RAM 安全区域和非安全区域的划分和保护。

· AXI－to－APB bridge，桥接 APB 总线，配合 TZPC 使 APB 总线外设支持 TrustZone 安全特性。

除了以上列出的组件外，还有诸如 Level 2 Cache Controller，DMA Controller 和 Generic Interrupt Controller等。

逻辑上，安全界中，安全系统的OS提供统一的服务，针对不同的安全需求加载不同的安全应用TA(Trusted Application)。例如，针对某具体DRM的TA、针对DTCP-IP的TA和针对HDCP 2.0验证的TA等。

图6-11是一个ARM官网介绍TrustZone的应用示意图。

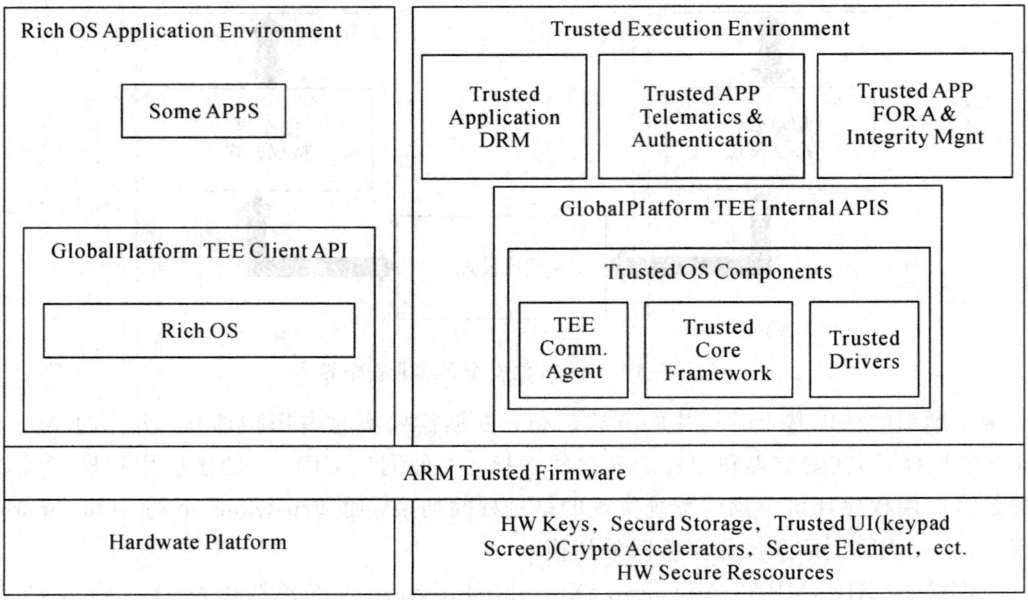

图6-11 TrustZone的应用示意图

图的左边Rich OS Application Environment(RAE)表示用户操作环境，可以运行各种应用，例如，电视或手机的用户操作系统；图的右边Trusted Execution Envrionment(TEE)表示系统的安全环境，运行Trusted OS，在此基础上执行可信任应用，包括身份验证、授权管理、DRM认证等，这部分隐藏在用户界面背后，独立于用户操作环境，为用户操作环境提供安全服务。

可信执行环境(Trusted Execution Environment，TEE)是Global Platform(GP)提出的概念。对应于TEE还有一个REE(Rich Execution Environment)概念，分别对应于安全界和非安全界。

Global Platform是跨行业的国际标准组织，致力于开发、制定并发布安全芯片的技术标准，以促进多应用产业环境的管理及其安全、可互操作的业务部署。目标是创建一个标准化的基础架构，加快安全应用程序及其关联资源的部署，如数据和密钥，同时保护安全应用程序及其关联资源免受软件方面的攻击。

2) TrustZone原理和设计

以下主要从TrustZone的总线设计，CPU设计(包括处理器模型、内存模型和中断模型)和安全隔离机制来介绍TrustZone的设计和工作原理。

(1) 总线设计。

① 总线。

设计时，TrustZone在系统总线上针对每一个信道的读写增加一个额外的控制信号位，这个控制位称为 Non - Secure 位或者 NS 位，是 AMBA3 AXI 总线针对 TrustZone 作出得最重要、最核心的扩展设计。

这个控制信号针对读和写分别称为 ARPORT[1]和 AWPORT[1]。

- ARPROT[1]：用于读操作(Read transaction)，低表示 Secure，高表示 Non - Secure。
- AWPROT[1]：用于写操作(Write transaction)，低表示 Secure，高表示 Non - Secure。

总线上的所有主设备(master)在发起新的操作(transaction)时会设置这些信号，总线或从设备(slave)上的解析模块会对主设备发出的信号进行辨识，确保主设备发出的操作在安全上没有违规。

例如：硬件设计上，所有非安全界的主设备(Non - Secure masters)在操作时必须将信号的 NS 位置高，而 NS 位置高又使得其无法访问总线上安全界的从设备(Secure Slaves)，简单来说就是对非安全界主设备发出的地址信号进行解码时在安全界中找不到对应的从设备，从而导致操作失败。

NS 控制信号在 AMBA3 AXI 总线规范中的定义：可以将其看作原有地址的扩展位，如果原有 32 位寻址，增加 NS 可以视为 33 位寻址，其中一半的 32 位物理寻址位于安全界，另一半 32 位物理寻址位于非安全界。

当然，非安全界的主设备尝试访问安全界的从设备会引发访问错误，可能是 SLVERR(slave error)或者 DECERR(decode error)，具体的错误依赖于其访问外设的设计或系统总线的配置。

② 外设。

在 TrustZone 出现前，ARM 的外设基于 AMBA2 APB (Advanced Peripheral Bus)总线协议，但是 APB 总线上不存在类似 AXI 总线上的 NS 控制位。为了兼容已经存在的 APB 总线设计，AMBA3 规范中包含了 AXI - to - APB bridge 组件，这样就确保了基于 AMBA2 APB 的外设与 AMBA3 AXI 的系统兼容。AXI - to - APB bridge 负责管理 APB 总线设备的安全事宜，它会拒绝不合理的安全请求，保证这些请求不会被转发到相应的外设。

例如：新一代的芯片可以通过增加 AXI - to - APB bridge 组件来沿用上一代芯片的设计使其外围设备可以支持 TrustZone。

(2) 处理器设计。

① 处理器模型。

TrustZone 中，每个物理处理器核被虚拟为一个安全核和一个非安全核，安全核运行安全界的代码，非安全核运行除安全界外的其它代码。由于安全界和非安全界的代码采用时间片机制轮流运行在同一个物理核上，相应地节省了一个物理处理器核。

多核处理器上，也有人建议将某个或几个核指定为安全专用核，只运行安全系统代码来构建安全界，其余核运行非安全代码。暂不清楚目前有哪些平台采用这种实现。

图 6 - 12 中，系统有 4 个物理核，每个物理核又分为两个虚拟核(安全核和非安全核)。ACP(Agent Creation Point)表示代理生成点；AXI(Advanced eXtensible Interface)是一种总线协议；AMBA(Advanced Microcontroller Bus Architecture)3.0 协议中最重要的部分，是一种针对高性能、高带宽、低延迟的片内总线；IRQ(Interrupt Request)，即中断请求；FIQ(Fast Interrupt Request)是快速中断请求。

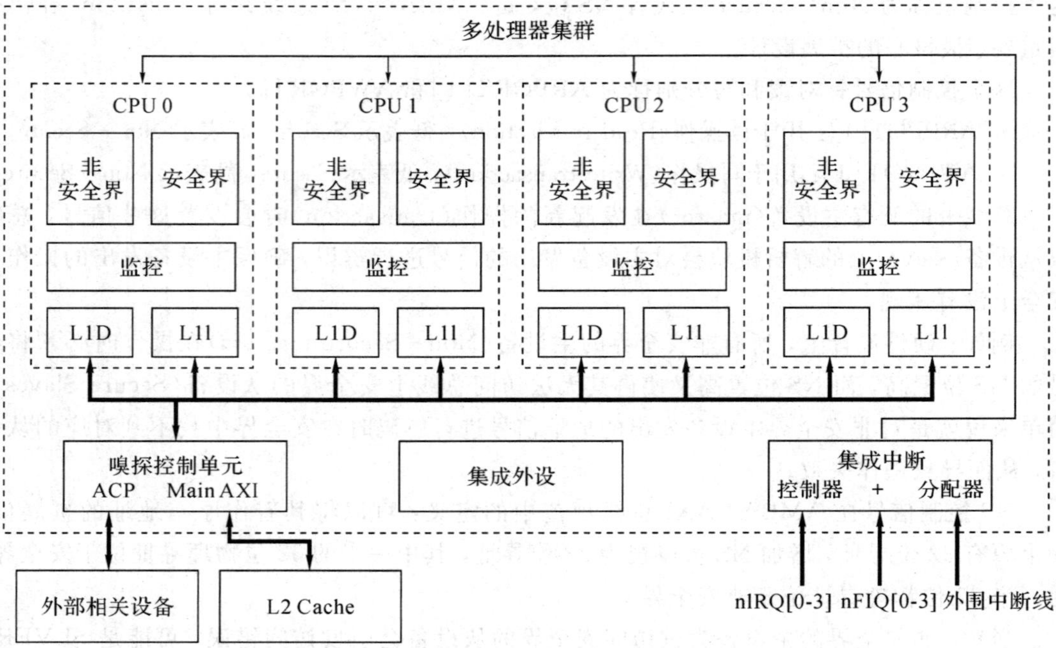

图 6－12　多核处理器上的安全核和非安全核

② L1 内存模型。

· MMU。

MMU 是一种硬件电路。它包含两类部件，一类是分段部件，另一类是分页部件，对应于内存管理的分段机制和分页机制。分段机制把一个逻辑地址转换为线性地址；接着，分页机制把一个线性地址转换为物理地址。

当 CPU 访问一个虚拟地址时，这个虚拟地址被送到 MMU 翻译，硬件首先把它和 TLB 中的所有条目同时(并行地)进行比较，如果虚页号在 TLB 中，并且访问没有违反保护位，页面会直接从 TLB 中取出而不去访问页表，从而提高地址转换的效率。TLB(Translation Lookaside Buffer)转换检测缓冲区是一个内存管理单元，用于改进虚拟地址到物理地址转换速度的缓存。

安全界和非安全界都有自己的虚拟 MMU，各自管理物理地址的映射。实际上只是两个世界都有一份 TTBR0、TTBR1、TTBCR 寄存器，因此就会对应两个 MMU 表。

尽管 MMU 有两套，但 TLB 缓存硬件只有一套，因此 TBL 对于两个世界来说是共享的，它通过 NS 位来标志其每一项属于哪一个界。这样在两个世界间进行切换时不再需要重新刷新 TLB，提高执行效率。对于 TLB 共享并不是硬性规定的，部分芯片在两个世界间切换时可能通过硬件也可能全部刷新 TLB。

· Cache。

与 TLB 类似，硬件上两个世界共享一套 Cache，具体的 Cache 数据属于哪一个世界也由其 NS 位指定，在世界间切换也不需要刷新 Cache。

③ 中断模型。

基于 TrustZone 的处理器有三套异常向量表：一套用于非安全界；一套用于安全界；

还有一套用于监控模式。

与之前非 TrustZone 的处理器不同的是，这三套中断向量表的基地址在运行时可以通过 CP15 的寄存器 VBAR(Vector Base Address Register)进行修改。

复位时，安全界的中断向量表由处理器的输入信号 VINITHI 决定，没有设置时为 0x00000000，有设置时为 0xFFFF0000；非安全界和监控模式的中断向量表默认没有设置，需要通过软件设置后才能使用。

默认情况下，IRQ 和 FIQ 异常发生后系统直接进入监控模式，由于 IRQ 是绝大多数环境下最常见的中断源，因此 ARM 建议配置 IRQ 作为非安全界的中断源，FIQ 作为安全界的中断源。这样配置有两个优点：

· 当处理器运行在非安全界时，IRQ 直接进入非安全界的处理函数；如果处理器运行在安全界，当 IRQ 发生时，会先进入到 Monitor 模式，然后跳到非安全界的 IRQ 处理函数执行；

· 仅将 FIQ 配置为安全界的中断源，而 IRQ 保持不变，现有代码仅需做少量修改就可以满足。

将 IRQ 设置为非安全界的中断源时系统 IRQ 的切换见图 6－13。

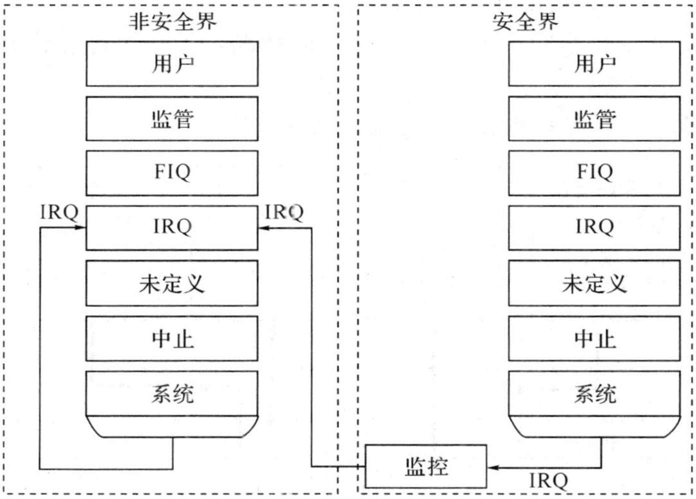

图 6－13　IRQ 作为非安全界的中断源

④ 系统模式切换。

基于 TrustZone 的系统有三种状态：安全界、非安全界和用于二者切换的 Monitor Mode。

协处理器 CP15 的寄存器 SCR(Secure Configuration Register)有一个 NS 位用于指示当前处理器位于哪一个世界，该寄存器在非安全界是不能访问的。当 CPU 处于 Monitor Mode 时，无论 NS 位是 0 还是 1，处理器都是在安全界运行代码。因此在 Monitor Mode 下总是安全界，但如果此时 NS 为 1，访问 CP15 的其他寄存器获取到的是其在非安全界的值。

· 非安全界到 Monitor 模式的切换。

处理器从非安全界进入 Monitor Mode 的操作由系统严格控制，而且所有这些操作在

Monitor Mode 都属于异常。从非安全界到 Monitor Mode 的操作可通过以下方式触发：

◇ 软件执行 SMC (Secure Monitor Call)指令。

◇ 硬件异常机制的一个子集(换而言之，并非所有硬件异常都可以触发进入监控模式)包括：IRQ、FIQ、external Data Abort、external Prefetch Abort。

• Monitor Mode。

监控模式(Monitor Mode)内执行的代码取决于具体的实现，其功能类似于进程切换，不同的是这里的代码是在不同模式间 CPU 状态切换。

软件在 Monitor Mode 下先保存当前世界的状态，然后恢复下一个世界的状态。操作完成后以从异常返回的方式开始运行下一个世界的代码。

• 安全模式和非安全模式不能直接切换。

非安全界无权访问 CP15 的 SCR 寄存器，所以无法通过设置 NS 直接切换到安全界，只能先转换到 Monitor Mode，再到安全界。

如果软件运行在安全界(非 Monitor Mode)下，通过将 CP15 的 NS 位置 1，安全界可以直接跳转到非安全界，由于此时 CPU 的流水线和寄存器还遗留了安全界的数据和设置，在非安全模式下的应用可以获取到这些数据，带来极大的安全风险。因此，只建议在 Monitor Mode 下通过设置 NS 位来切换到非安全模式。

综上所述，安全界和非安全界不存在直接的切换，所有切换操作都要通过 Monitor Mode 来执行。

图 6-14 展现了安全界和非安全界之间的切换方式。

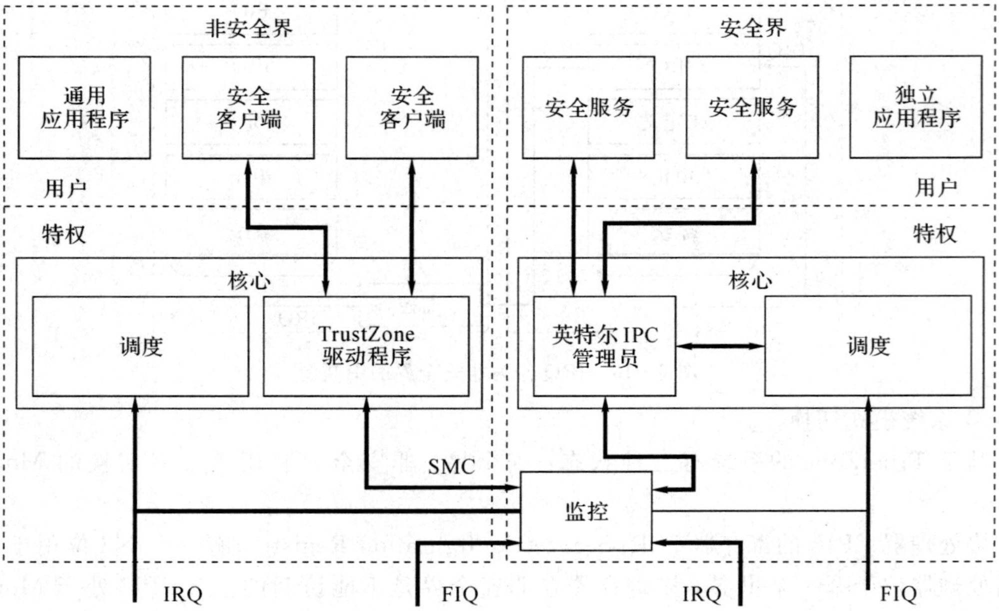

图 6-14　安全界和非安全界之间的切换

3）隔离机制

除了 CPU 执行时实行安全界和非安全界的隔离外，AMBA3 AXI 总线还提供了外设隔离的基础。

(1) 内存隔离机制。

这里的内存指外部的 DDR 和片上的 ROM 以及 SRAM，其隔离和保护通过总线组件 TZASC 和 TZMA 的设置来实现。

· TZASC (TrustZone Address Space Controller)可以把外部 DDR 分成多个区域，每个区域可以单独配置为安全或非安全区域，非安全界的代码和应用只能访问非安全区域。TZASC 只能用于内存设备，不适合用于配置块设备，如 Nand Flash。

· TZMA (TrustZone Memory Adapter)可以把片上 ROM 和 SRAM 隔离出安全和非安全区域。TZMA 最大可以将片上存储的 2 MB 配置为安全区域，其余部分配置为非安全区域。大小划分上，片上安全区域可以在芯片出厂前设置为固定大小，或运行时通过 TZPC (TrustZone Protection Controller)动态配置。TZMA 使用上有些限制，它不适用于外部内存划分，而且只能配置一个安全区域。

(2) 外设隔离机制。

外设上，基于 APB 总线的设备不支持 AXI 总线的 NS 控制信号，所以 AXI 到 APB 总线需要 AXI - to - APB bridge 设备连接，除此之外，还需要 TZPC(TrustZone Protection Controller)来向 APB 总线上的设备提供类似 AXI 上的 NS 控制信号。

由于 TZPC 可以在运行时动态设置，这就决定了外设的安全特性是动态变化的，例如键盘平时可以作为非安全的输入设备，在输入密码时可以配置为安全设备，只允许安全界访问。

(3) 隔离机制示意图。

整个系统内存和外设隔离机制示意图如图 6 - 15。

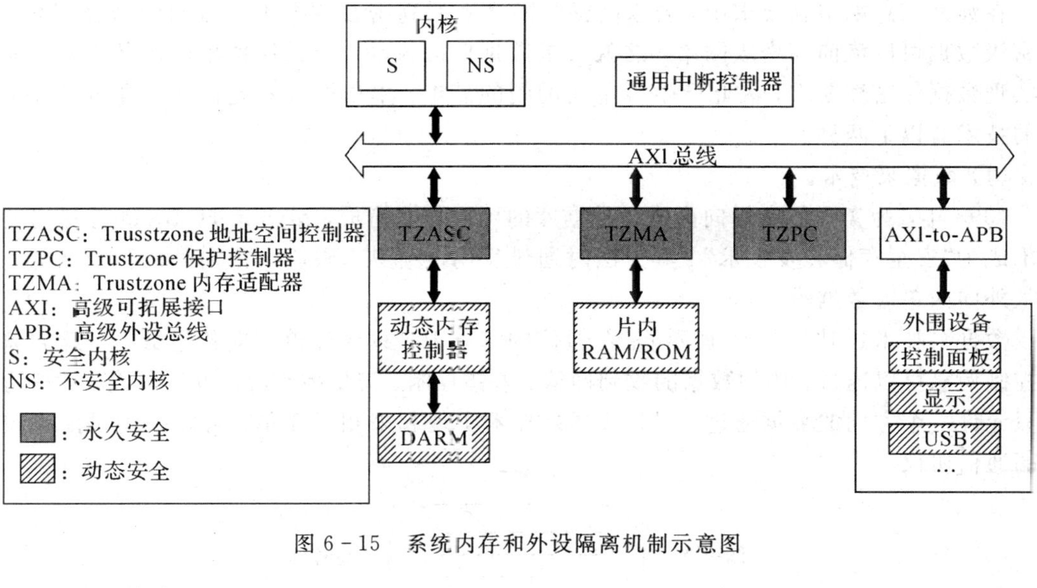

图 6 - 15　系统内存和外设隔离机制示意图

5. 网闸技术

安全隔离网闸是一种由带多种控制功能专用硬件、在电路上切断网络之间的链路层连接，并能够在网络间进行安全适度的应用数据交换的网络安全设备。网闸的安全思路来自于“不同时连接”。不同时连接两个网络，通过一个中间缓冲区来“摆渡”业务数据，使业务实现了互通。“不连接”原则上降低了入侵的可能性。

1）双向网闸

双向网闸是指允许数据双向流动的网闸。通常我们所说的网闸就是双向网闸。双向网闸基于“不同时连接”，在两个隔离的网络之间传递数据。

双向网闸的隔离作用基于“摆渡”数据。网闸的原理是模拟人工的数据“拷贝”，不建立两个网络的“物理通路”，所以网闸的一般形式是把应用的数据“剥离”，摆渡到另外一方后，再通过正常的通信方式送到目的地。从安全的角度上看，网闸摆渡的数据中格式信息越少越好，没有任何格式的原始数据当然就更好了，因为没有格式信息的文本，就没有办法隐藏其他的非数据的东西，减少了携带“病毒”的载体。

网闸切断了上层业务的通信协议，看到了原始的数据。为达到“隔离”的目的，采用通讯协议或存储协议，彻底剥离所有的协议附加信息，让摆渡的数据最“干净”。为了方便“摆渡”，在网闸两边建立业务的代理服务器，从逻辑上连通业务。

网闸虽然传递的是实际数据，但代理协议建立后，每次摆渡的可能不再是一个完整数据内容。攻击者可以把一个“蠕虫”分成若干片段分别传递，不恢复原状就很难知道它是什么；如传递“可执行代码”的二进制文件，网闸就很难区分数据与攻击。

双向网闸的应用场景：秘密级涉密信息系统（或安全域）和与公共信息网络物理隔离的第三级非涉密信息系统（或安全域）之间，可以在满足一定条件时使用“安全隔离与信息交换系统”进行连接，实现非涉密数据的双向交换。这里的“安全隔离与信息交换系统”可以是双向网闸。

2）单向网闸

在涉密信息的保密要求中，要求高密级网络中的高密级数据不能流向低密级网络，但低密级数据可以流向高密级网络，这就要求数据单向流动。若只保留单向的数据流，就可以实现数据保密性要求，因此产生了单向网闸的需求。单项网址只允许数据单向流动，具体的技术有以下两种。

（1）数据泵技术。

1993年，为实现低密级向高密级数据库的可靠数据拷贝，Myong H. Kang等提出的泵技术成为“安全存储转发技术”。其方法时通过反向的确认，限制由内向外的数据传输，事项从外向内单向数据流。

数据泵技术（如图6-16所示）是在通信的基础上，只允许单方向传送数据，反方向只有控制信息可以通过，比如数据的收到确认、差错控制、流量控制等。也就是说，通信协议中只允许一个方向的数据通过。因此数据泵技术实现起来相对简单，可以采用目前比较成熟的通信协议。

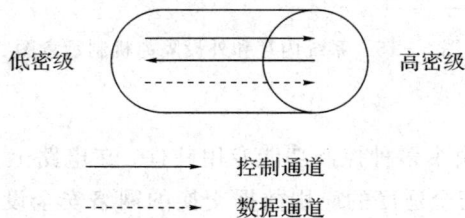

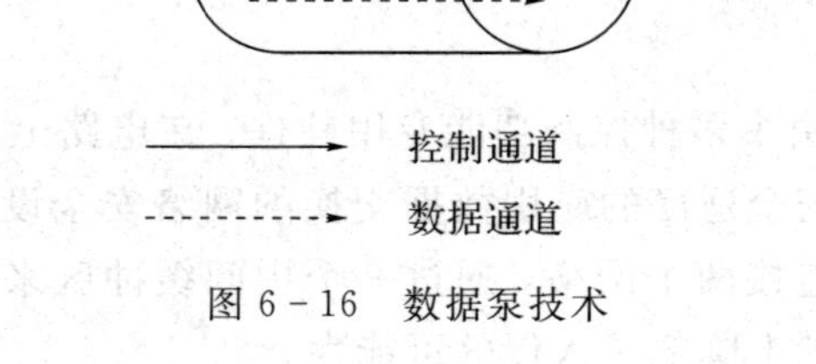

图6-16　数据泵技术

数据泵技术中虽然数据是单向传递的，但协议控制信息是双向传递的，若协议本身存在漏洞，则有可能利用协议的漏洞达到反向发送数据的目的。

（2）数据二极管技术。

若取消反向的控制协议，采用"盲发"的方式，一方只管发送，另一方只管接受，至于数据是否有错误、是否完整都不去理会，反响没有数据通道，也没有控制通道，完全处于盲状态，则这种技术在原理上类似于二极管，因此被称为数据二极管技术，也称为信息流的单向技术。数据二极管技术如图 6－17 所示。

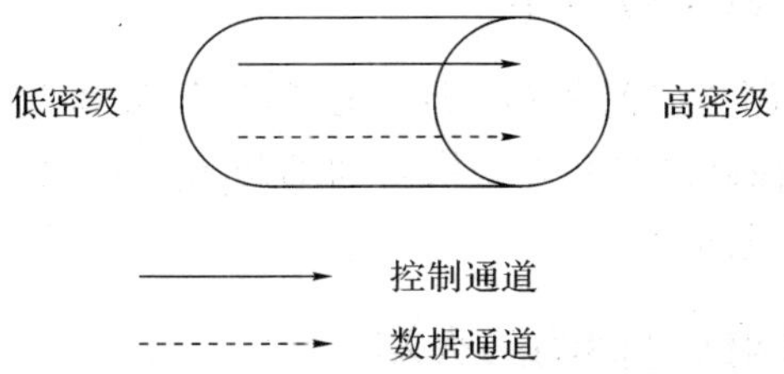

图 6－17　数据二极管技术

数据二极管技术的关键：由于是单向的"盲发"，没有交互的控制协议，数据的容错控制就是一个大问题。因为发送方不知道对方收到没有，接收方也不清楚收到的数据是否正确，即使发现错误，也没有办法让发送方重新发送，所以一般采用一些策略控制可能的出错。这些策略有：

① 接收方及时向"上层"汇报。接收方接收到数据，按实现约定的格式恢复数据。若发现不能恢复或部分数据有错误，则直接报告上层（也就是数据的接收人），让其通过其他方式通知发送方重新发送。

② 发送方增加冗余校验。发送发为了保证数据的正确，以降低效率为代价，增加了数据的冗余度，包括：

· 间隔地把一份数据重复地再发两次，接收方比较收到的三个副本，取相同的两个，"三取二"是重要系统中常用的控制方式。还可以采用"五取三"等方式。

· 在数据中增加校验码。如 CRC 校验码。

· 直接重复数据。如发送 1234 时，改为 11223344，减少出错的概率。

· 为了经常检测系统的准确性，要定期插入固定检测码。若接收方发现检测码序列异常，则立即报警或放弃该检测码之前区间内收到的数据。

在数据二极管技术中，由于高密级端向低密级端没有任何反馈信息，因此避免了数据泵技术中控制协议漏洞造成泄密的可能，保证了最纯粹的"单向"导入。尽管数据二极管技术存在容错方面的问题，但是以性能损失确保了涉密网的绝对安全，所以是有价值的。基于数据二极管技术实现的单向导入技术，是目前单向导入技术发展的主流。

单向网闸常应用于非涉密网络向涉密网络的数据传送或者低密级网络（或安全域）向高密级网络（或安全域）的数据传送。根据《电子政务保密管理指南》（国保发［2007］5 号）的规定，秘密级涉密信息系统（或安全域）和与公共信息网络非涉密信息系统（或安全域），在一定条件下，经国家保密行政管理部门批准，可采用"安全隔离与信息单向导入系统"进行连接，实现外部信息向涉密信息系统的单向导入。

6.2 网络隔离

ICS和办公网能够以不同的架构分割来加强网络安全，本节描述几种架构的优缺点。6.3节中表明防火墙在分割网络中位置，但不是所有的设备都必须使用防火墙。6.4节给出了深度防御架构的指导意见。

6.2.1 双宿主机/两个网络接口卡

双宿主机可以在两个网络之间传输。没有适当安全控制的电脑将会遭到意外的威胁。为了预防这种情况发生，控制网络和办公网之间的防火墙必须配置为双宿模式，两种网络之间的任何通信都必须通过防火墙。

6.2.2 办公网和控制网络之间的防火墙

图6-18中，在办公网和控制网络中应用一个两端口防火墙，可显著地提高安全性能。正确地配置，可以明显地降低外部攻击的成功率。

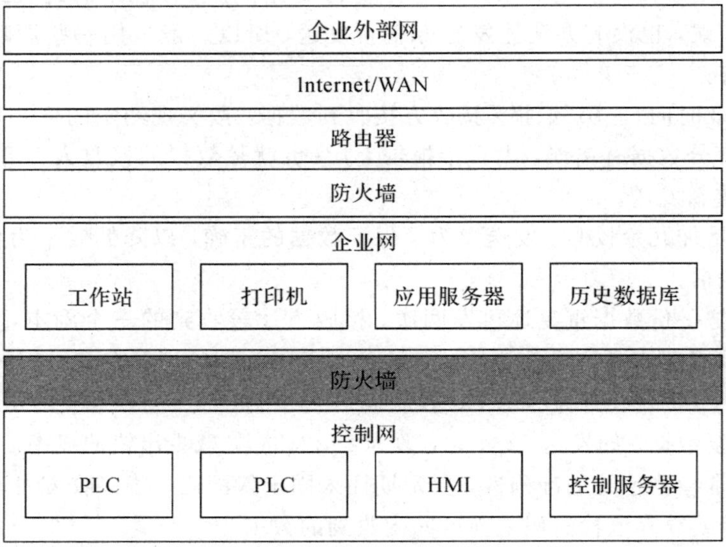

图6-18 办公网与控制网络间配置防火墙

但这种设计中存在两个问题：

(1) 由于海量数据记录系统被设计在办公网部分，防火墙需要授权这部分数据与控制网络中的控制设备通信。来自办公网络中，一个恶意的或者未正确配置的主机发送的数据包(通常表现为海量数据记录系统)，将会被转发到个别的可编程逻辑控制器或者分布式控制系统。

如果海量数据记录系统被存放在控制网络部分，那么防火墙就必须设置一条规则，允许所有企业主机与这部分数据通信。一般情况下这种通信发生在应用层，包括结构化查询语言(SQL)或者超文本传输协议(HTTP)请求，而这种应用层方面的缺陷则会对海量数据记录系统造成危害，一旦这种危害产生，控制网络中的其他节点也会成为蠕虫病毒和交叉攻击的突破口。

(2) 影响控制网络的伪造数据包被构造，可能使一些不公开的数据得以在允许的协议上传输。比如，防火墙允许 HTTP 数据包通过，特洛伊木马软件可以通过人机界面或控制网络中的笔记本远程控制，并传输数据(如捕获的密码)，伪装成合法传输。

总之，如果想要这种架构显著提高未分割网络安全性，防火墙的规则必须允许办公网和控制网络的设备直接通信。如果不能仔细设计并监控，将会导致安全漏洞。

6.2.3　办公网和控制网络之间的防火墙和路由器

图 6-19 是一个较好的设计，它使用了路由器和防火墙结合的方式。路由器配置在防火墙之前，提供一些基本的包过滤服务，防火墙则利用状态检测或代理技术负责更加复杂的事物。这种设计广泛应用于面向因特网的防火墙，因为它使快速的路由器处理了大量传入的数据包，并降低了防火墙的负载，同时提供了更好的深度检测。

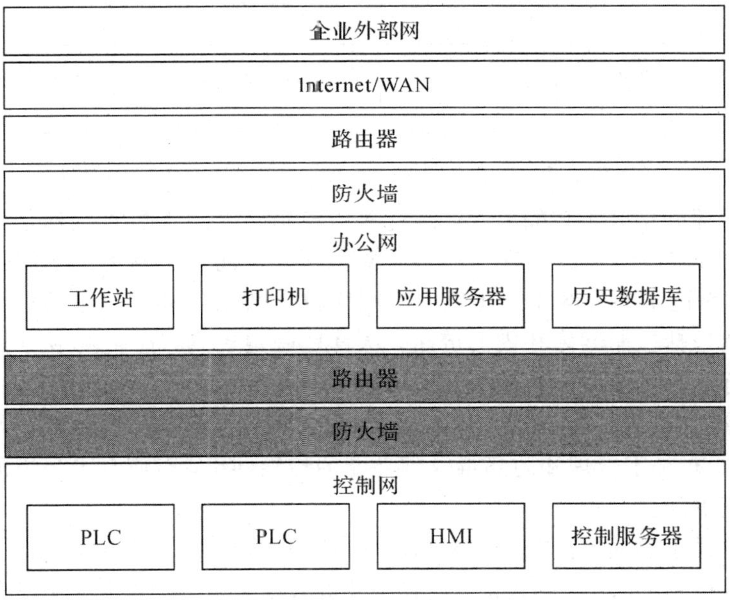

图 6-19　办公网和控制网络之间的防火墙和路由器

6.2.4　办公网和控制网络之间带 DMZ(隔离区)的防火墙

在办公网和控制网络之间建立隔离区防火墙是一个显著地提高。每个隔离区隔离出一个或多个重要组成部分，比如海量数据记录系统，无线网络接入点或者远程、第三方接入系统。实际上，能够制造隔离区的防火墙如同构建了一个中间网络。

为了构建隔离区，除了传统的公共和私有接口外，防火墙至少需要提供 3 个接口。一个接口连接办公网，一个接口连接控制网，剩余的接口则连接 DMZ 中那些共享的不安全的设备，比如海量数据记录系统服务器，无线网络接入点，图 6-20 是这种架构的示意图。

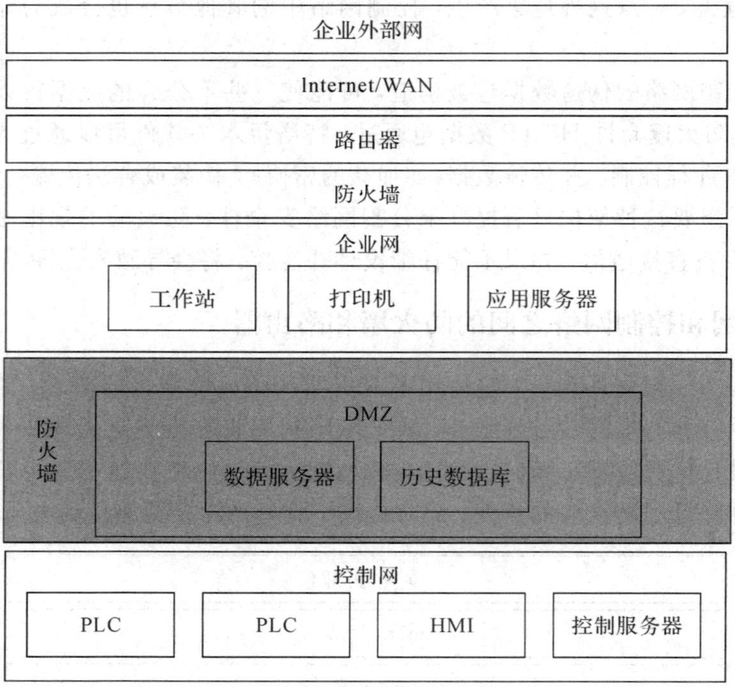

图 6-20　办公网和控制网络之间带 DMZ(隔离区)的防火墙

由于可存取部分是分布在隔离区，办公网和控制网之间不再直接通信，转而都以隔离区为通信目标。大多数防火墙允许存在多个隔离区，并规定了隔离区之间通信的规则。如图 6-20 所示，无论是办公网输出还是控制网络输入数据包都可以被防火墙丢弃，另外防火墙还能够协调包括控制网络在内的链路。认真地制定规则，控制网络与其他网络间明确细分地实施，确保了办公网和控制网络间几乎没用直接的通信。

如果补丁管理服务器或者防病毒服务器和其他安全服务器被用于控制网络，那么应该被置于 DMZ 中。有补丁管理和防病毒管理功能的控制网络，对应 ICS 环境的特定需求可以调整控制和安全更新。

这一架构中最主要的风险在于，如果 DMZ 中的一台主机被攻陷，这台被攻陷的主机被用于制造控制网络和 DMZ 中的攻击。通过强化并及时更新 DMZ 中的服务器，规定防火墙只接受有控制网络设备发起的与 DMZ 的通信，这种风险可以大大降低。另一问题是额外的复杂性以及端口个数带来日益增加的防火墙消耗。对于那些更为关键的系统，优势显然大于劣势。

6.2.5　办公网和控制网络之间成对的防火墙

如图 6-21 所示，带 DMZ 的防火墙解决方案中的一个变化是在办公网和控制网络之间使用成对的防火墙。像海量数据记录系统这样的公共服务器被布置于防火墙之间，被称之为制造执行系统(MES)层。如前所述，一台防火墙负责丢弃进入控制结构和公共数据数据包，另一台则可以防止错误的服务器连接控制网络和共享服务器对控制网络的冲击。

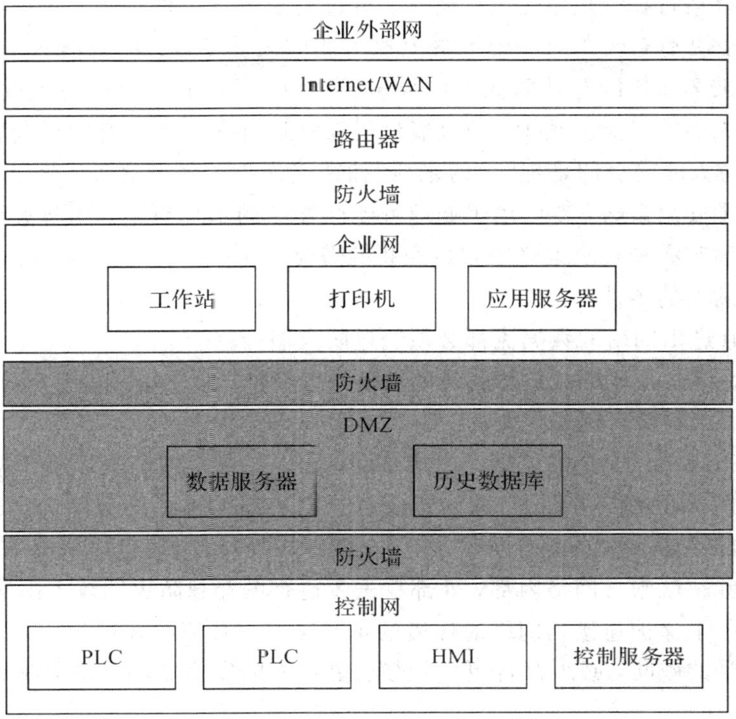

图 6-21　办公网和控制网络之间成对的防火墙

如果使用了不同厂商的防火墙，这个方案还有一个优势。由于工业组和信息技术组都可以独自管理防火墙，拥有明确分开的设备。这一架构的主要缺点是消耗人力和物力资源。对于安全有严格要求或需要明确、管理分离的环境，这种架构具备较强的优势。

6.2.6　网络隔离总述

总之，不基于防火墙的解决方案，并不适用于办公网和控制网的隔离。两个区域的解决方案基本符合要求，只需要严格的维护。最为安全、可行的网络隔离方案则是配置至少三个区域，其中至少有一个 DMZ 区。

6.3　防　火　墙

6.3.1　防火墙概述

防火墙是由硬件和软件组成的系统，它处于不同网络或安全域之间（通常处于企业的内部局域网与 Internet 之间，限制 Internet 用户对内部网络的访问以及管理内部网络用户访问 Internet 的权限）的信息交流的唯一通道，所有双向数据流必须经过防火墙才能进行通信。根据系统管理员设置的访问控制规则，对数据流进行过滤。大多数现代应用，是在 Internet 连接和 TCP/IP 协议的情况下讨论防火墙和防火墙环境的。然而，防火墙在不包括或需要 Internet 连接的网络环境中具有适用性。

通常防火墙运行在专用设备上，是一个通过流量的唯一的渠道，所以防火墙的性能非常重要。也就是说不应该在同一台机器上执行非防火墙功能。因为防火墙是可执行代码，攻击者可能会破坏该代码并从防火墙的设备上执行代码。因此，设备上的代码片段越少，攻击者攻陷防火墙的可能就越少。防火墙代码通常运行在一个专有的或周密地最小化了的操作系统上。防火墙的目的是把“坏的东西”挡在受保护的环境之外。为了实现这一点，防火墙实现了一种安全策略，专门用于处理可能会发生的不良事情。用防火墙保护网络的问题之一是需要确定哪种安全策略来满足安装的需要。

防火墙应满足的条件：

(1) 使所有进出网络的数据流都必须经过防火墙；

(2) 只允许经过授权的数据流通过防火墙；

(3) 防火墙自身对入侵是免疫的。

防火墙是 Internet 安全的最基本组成部分。但是，仅采用防火墙并不能给整个网络提供全局的安全性，防火墙对于内部攻击以及绕过防火墙的连接却无能为力。采用防火墙将内部网络与外部网络加以隔离的同时，还应确保内部网络中关键主机具有足够的安全性。因为有些安全威胁就来自网络内部，外部攻击者也企图穿越防火墙攻入内部网络。

防火墙是一个保护连接到网络的环境的重要工具，必须将环境视为一个整体，必须考虑所有可能遭受的威胁，必须符合更大规模、更全面的安全策略。单个防火墙不能保护环境安全。

一般来说，防火墙的组成如图 6-22，其中“过滤器”用来阻断某些类型的数据传输。网关则由一台或几台机器构成，用来提供中继服务，以补偿过滤器带来的影响。把网关所在的网络称为“非军事区”(Demilitarized Zone，DMZ)。DMZ 中的网关有时会得到内部网络的支援。通常，网关提供内部过滤器与其他内部主机进行开放的通信。在实际情况下，不是省略了过滤器就是省略了网关，具体情况因防火墙的不同而异。一般来说，外部过滤器用来保护网关免受侵害，而内部过滤器用来防备因网关被攻破而造成恶果。单个或两个网关都能保护内部网络免受攻击。通常把暴露在外的网关主机称作堡垒主机。目前市场上常见的防火墙都有 3 个或 3 个以上的接口，同时发挥两个过滤器和网关的功能，通过不同的接口实现 DMZ 区和内部网络的划分。

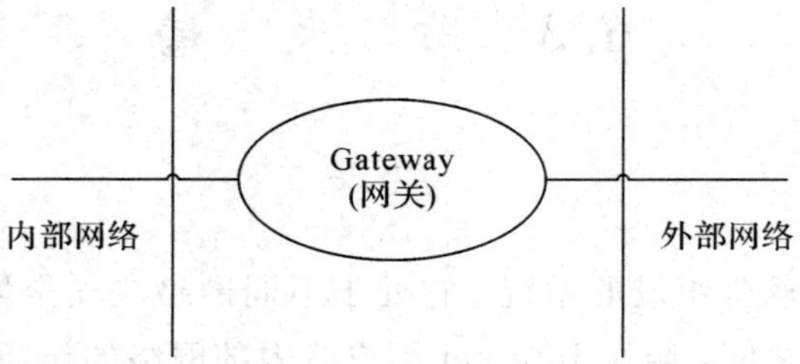

图 6-22 防火墙示意图

实质上，防火墙就是一种能限制网络访问的设备或软件。它可以是一个硬件的“盒子”，也可以是一个“软件”。如今，许多设备中均含有简单的防火墙功能，如路由器、调制解调器、无线基站、IP 交换机等。

请记住防火墙是一种特殊形式的引用监视器。而一个引用监视器必须满足三个条件：① 总是调用；② 防篡改；③ 小而简单，严格分析。通过在网络中仔细定位防火墙，可以确保所有需要控制的网络访问都必须通过它。此限制满足“总是调用”的条件。防火墙通常是隔离良好的，使得它对修改具有高度的免疫力。通常防火墙是在单独的计算机上实现的，只与外部和内部网络直接连接。这种隔离预计将满足“防篡改”的要求。防火墙设计者强烈建议保持防火墙的功能简单。

6.3.2 防火墙的分类和结构

防火墙分为以下三大类。

包过滤防火墙：最基础的防火墙。包过滤防火墙本质上就是具有访问控制功能的路由器。这种访问控制由系统管理员设置的访问控制规则来控制。包过滤防火墙一般作用于开放式系统互联模型(OSI 模型)的网络层，这种类型的防火墙在转发数据包之前，根据一组标准检查每个分组中的基本信息，例如 IP 地址。根据数据包和标准，防火墙可以丢弃数据包，转发数据包，或发送消息给发送者。防火墙对数据的处理方式有 3 种：① 允许数据流通过；② 拒绝数据流通过，防火墙向发送者回复一条消息，提示该数据流已被拒绝；③ 将这些数据流丢弃，防火墙不会对这些数据包做任何处理，也不会向发送者发送任何提示信息。

包过滤防火墙的优点是成本低和对网络性能的影响低。

应用代理网关防火墙：这类防火墙检查应用层上的数据包，并基于特定的应用规则过滤流量，例如指定的应用程序(例如浏览器)或协议(例如 FTP)。它提供了高级别的安全性，但是可能对网络性能产生开销和延迟影响，这在 ICS 环境中是不可接受的。

状态检测防火墙：这类防火墙在包过滤防火墙的基础上加入了对 OSI 模型第四层——传输层的感知。这类防火墙在网络层过滤数据包，判定会话包是否合法，以及在传输层上评估其内容(例如 TCP，UDP)。状态检测跟踪活动会话并使用该信息来确定数据包应该被转发还是阻止。它提供了高级别的安全性和良好的性能，但是管理可能更昂贵和复杂。ICS 应用的附加规则集可能是必需的。

1. 包过滤防火墙

1) 静态包过滤防火墙

静态包过滤防火墙采用一组过滤规则对每个数据包进行检查，然后根据检查结果确定是转发还是丢弃该数据包。这种防火墙对从内网到外网和从外网到内网两个方向的数据包进行过滤，其过滤规则是基于 IP 与 TCP/UDP 头中的几个字段。静态防火墙主要实现以下三个主要功能：

(1) 接收每个到达的数据包。

(2) 对数据包采用过滤规则，对数据包的 IP 头和传输字段内容进行检查。如果数据包的头信息与一组规则匹配，则根据该规则确定是转发还是丢弃该数据包。

(3) 如果没有规则与数据包头信息匹配，则对数据包施加默认规则。默认规则可以是丢弃或接受所有数据包。默认丢弃数据包规则更加严格，而默认接收数据包规则更开放。

通常，防火墙首先默认丢弃所有数据包，然后再逐个执行过滤规则，以加强对数据包的过滤。

概括地说，静态包过滤防火墙接收每个数据包，应用规则；如果规则不存在，则应用默认规则。

静态包过滤防火墙是最原始的防火墙，静态数据包过滤发生在OSI模型的第三层——网络层上。对于静态包过滤防火墙来说，决定接收还是拒绝一个数据包，取决于数据包中IP头和协议头等特定域的检查和判定，这些特定域包括：① 数据源地址 ；② 目的地址；③ 应用或协议；④ 源端口号；⑤目的端口号。静态包过滤防火墙IP数据包结构如图6-23所示。

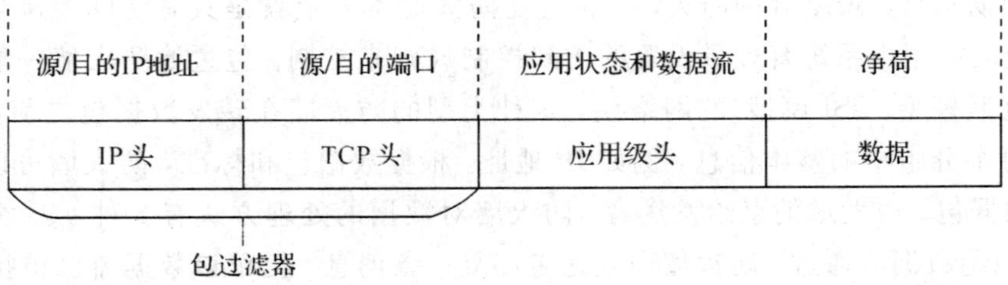

图6-23　静态包过滤防火墙IP数据包结构

在静态包过滤器规则库内，管理员可以定义一些规则决定哪些数据库可以被接收，哪些数据包将被拒绝。管理员可以针对IP头信息定义一些规则，以拒绝或接收那些发往或来自某个特定IP地址或某个IP地址范围的数据包。管理员可以针对TCP头信息定义一些规则，用来拒绝或接收那些发往或来自某个特定服务端口的数据包。包过滤防火墙的工作原理很简单，判决仅依赖于当前数据包的内容。根据所用路由器的类型，在网络入口处、出口处或者在入口和出口同时对数据包进行过滤。

包过滤防火墙的配置分三步进行：第一步，管理员必须明确企业网络的安全策略；第二步，必须用逻辑表达式清楚地描述数据包的类型；第三步，必须用设备提供商支持重写防火墙规则的语法。

包过滤器有一个天然的缺陷：仅检查数据的IP头和TCP头，它不能区分真实的IP地址和伪造的IP地址。若一个伪造的IP地址满足规则，则该数据包将被允许通过。规则虽然是精心制定的，但黑客只需用某个已知可信客户机的原地址代替恶意数据包的实际源地址就可以达到目的，把这种形式的攻击称为IP地址欺骗。用IP地址欺骗攻击来对付包过滤型防火墙是非常有效的。

同时我们注意到静态包过滤防火墙并没有对数据包做太多的检查。静态包过滤防火墙仅检查特定的协议头信息而没有检查数据包的净荷部分，使恶意的命令或数据有机会隐藏到数据净荷中，这种攻击方式通常被称为“隐信道攻击”。

包过滤防火墙并没有“状态感知”的能力。管理员必须为某个会话的两端配置相应的规则来保护服务器。（现在人们使用FTP和E-mail等服务，需要动态包过滤防火墙能够动态地为这些服务分配端口。）

2）动态包过滤防火墙

动态包过滤防火墙是在静态包过滤防火墙的基础上发展而来的。静态包过滤防火墙的规则表是固定的；而动态包过滤防火墙可以根据网络当前的状态检查数据包，即根据当前所交换的信息动态调整过滤规则表，它具有“状态感知”的能力。动态包过滤防火墙需要对已建连接和规则表进行动态维护，因此它是动态的和有状态的。

典型的动态包过滤防火墙工作在网络层，也有更先进的工作在传输层，可收集更多的状态信息，从而增加过滤的深度。通常，动态包过滤防火墙做出接收还是丢弃一个数据包的判断，是基于数据包的 IP 头和协议头的检查。动态包过滤防火墙所检查的包头信息包括：① 源地址；② 目的地址；③ 应用或协议；④ 源端口号；⑤ 目的端口号。（同静态）

动态包过滤防火墙直接对“连接”进行处理，而不是仅对数据包头信息进行检查。因此它可以处理 UDP 和 TCP。典型的动态包过滤防火墙能够感觉到新建连接和已建连接之间的差别。一旦连接建立，它就会将该连接的状态记入一个表单中，后续的数据包与表单中的信息进行比较，发现进来的数据包是已建连接的数据包时，就会允许数据包直接通过而不做任何的检查。

实现动态包过滤器有两种主要方式。一种方式是实时地改变普通包过滤器的规则集；另一种方式是采用类似电路级网关的方式转发数据包。所有进入防火墙的呼叫连接将终止于防火墙，然后防火墙再与目标主机建立新的连接。防火墙在两个连接之间来回复制数据。

由于某些动态包过滤增添了许多新的功能，有效地解决了普通包过滤防火墙存在的问题（没有状态感知，会话两端都需要配置相应的规则）。动态包过滤防火墙的安全性优于静态包过滤防火墙。由于具有了“状态感知”能力，所以防火墙可以区分连接的发起方和接收方，也可以检查数据包的状态阻断的攻击行为。同时，对于不确定端口的协议数据报，防火墙可以通过分析打开相应的端口。

2. 电路级网关和应用级网关

1）电路级网关

电路级网关又称线路级网关，目前通常作为应用代理服务器的一部分在应用代理型的防火墙中实现。它不允许端到端的 TCP 连接。当两个主机首先建立 TCP 连接时，电路级网关在两个主机之间建立一道屏障。电路级网关的作用就好像一台中继计算机，在两个连接之间来回地复制数据，也可以记录或缓存数据。此方案采用 C/S 结构，网关充当服务器的角色，而内部网络的主机充当客户机的角色。当某个客户机希望连接到某个服务器时，它首先要连接到中继主机上；然后中继主机再连接到服务器上。对服务器来说，该客户机的名称和 IP 地址是不可见的。

当有 Internet 请求进入时，电路级网关作为服务器接收外来请求，并转发请求；当有内部主机请求访问 Internet 时，它则担当代理服务器的角色。电路级网关监视两主机建立连接时的握手信息，如 SYN、ACK 和序列号等是否合乎逻辑，判断会话请求是否合法。在有效会话连接建立后，电路级网关仅复制、传递数据，而不进行过滤。电路级网关的工作原理如图 6-24 所示。

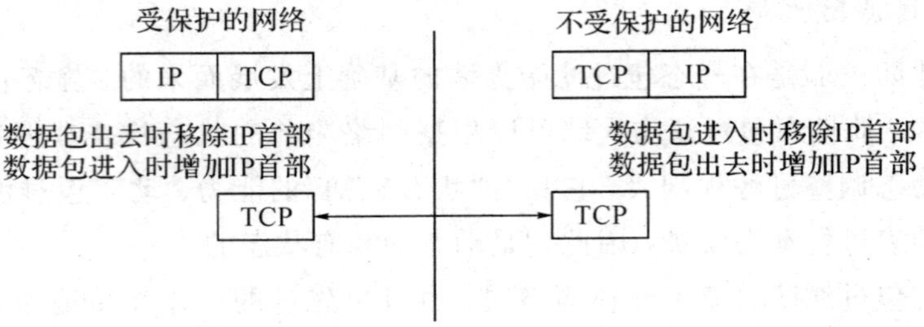

图 6-24　电路级网关工作原理

电路级网关工作在 OSI 模型的第 5 层——会话层，在许多方面电路级网关仅仅是包过滤防火墙的一种扩展，它除了进行基本的包过滤检查外，还要增加对连接建立过程中的握手信息及序列号合法性检查。在打开一条通过防火墙的连接或电路之前，电路级网关要检查和确认 TCP 及 UDP 会话。电路级网关检查的数据包括：① 源地址；② 目的地址；③ 应用或协议；④ 源端口号；⑤ 目的端口号；⑥ 握手信息及序号。

与包过滤防火墙类似，电路级网关在转发一个数据包之前，首先将数据包的 IP 头和 TCP 头与规则表相比较，以确定防火墙是将数据包丢弃还是让它通过。在可信客户机和不可信主机之间进行 TCP 握手通信时，仅当 SYN 标志、ACK 标志及序列号符合逻辑时，电路网关才判断该会话是合法的。如果会话是合法的，包过滤器就开始对规则逐条扫描，没有发现适合该数据包的规则时，施加默认规则，通常是丢弃包。

电路级网关实现的一个例子是 SOCKS 软件包。SOCKS 其实是一种网络代理协议。一台使用专用 IP 地址的内部主机可通过 SOCKS 服务器获得完全的 Internet 访问。具体的网络拓扑结构：一台运行 SOCKS 的服务器(双宿主主机)连接内部网和 Internet，内部网主机使用的都是专用 IP 地址。内部网主机请求访问 Internet 时，首先建立一个 SOCKS 通道，然后将请求通过这个通道发送给 SOCKS 服务器；SOCKS 服务器再收到客户请求后，向 Internet 上的目标主机发出请求；得到响应后，SOCKS 服务器再通过前面建立的 SOCKS 通道将数据返回给内网主机。当然，在 SOCKS 通道的建立过程中可能要用户认证。

典型的 SOCKS 连接如图 6-25 所示。其中，内域网的客户机通过 SOCKS 接口与中继主机的接口 A 相连，而 Internet 则通过接口 B 与中继主机相连。

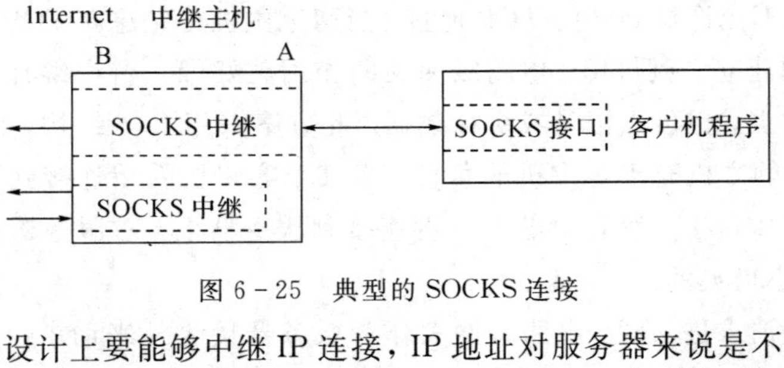

图 6-25　典型的 SOCKS 连接

电路级网关在设计上要能够中继 IP 连接，IP 地址对服务器来说是不可见的。中继请求会到达接口 A。如果在接口 B 上也提供该服务，外部用户就会通过中继主机发起连接。显然，必须对中继服务器施加控制。控制措施可采用各种形式。例如，可以对端口的持续时间加以限制，也可以要求列出允许访问该端口的外部用户名单，甚至可以要求对内部用户的连接建立请求进行用户认证，到底要采取什么措施要视情况而定。

电路级网关完全是从包过滤防火墙的基础上演化而来的，它与包过滤防火墙一样，工作在 OSI 模型的低层上，因此对网络的性能影响较小。然而，一旦电路级网关建立一个连接，任何应用均可通过该连接运行，这是因为电路级网关仍然是在会话层和网络层上对数据包进行过滤的，而不对数据包内容进行检查。这就存在潜在的风险，电路级网关有可能放过有害的数据包，使其顺利到达防火墙后面的服务器。但由于电路级网关过滤检查的项目多，可以提供认证功能，因此其安全性要优于包过滤防火墙。

2）应用级网关

应用级网关与包过滤防火墙不同，包过滤防火墙能对所有不同服务的数据流进行过滤，而应用级网关只能对特定服务的数据流进行过滤。应用级网关必须为特定的应用服务编写特定的代理程序，这些程序被称为“服务代理”。在网关内部分别扮演客户机代理和服务器代理的角色。

与电路级网关一样，应用级网关截获进出网络的数据包，运行代理程序来回复制和传递通过网关的信息，起着代理服务器的作用。应用级网关上所运行的应用代理程序与电路级网关有着两个重要的区别：

（1）代理是针对应用的；

（2）代理对整个数据包进行检查，因此能在 OSI 模型的应用层上对数据包进行过滤。

与普通静态或动态包过滤防火墙相比，应用级网关防火墙在更高层过滤信息，并且能够自动地创建必要的包过滤规则，因此配置上更容易。由于应用级网关防火墙对整个数据包进行检查，因此它是当前已有的最安全的防火墙结构之一。但它有一个固有的缺点：缺乏透明性。不过随着软件技术的发展和 SMP 等技术的出现，出现了很多安全性强和透明性好的应用级网关。

包过滤防火墙无须对数据净荷进行检查，而应用网关要对特定服务数据包的细节进行检查，更为复杂。它采用特定的代理程序处理特定应用服务的数据包，很容易地记录和控制进出网络的数据流。电子邮件通常必须经过应用网关的过滤。

大多数应用服务需要编写专门的用户程序或不同的应用接口。在实践中，这意味着应用级网关只能支持一些非常重要的服务，如 HTTP、RTP、SMTP、POP3、Telnet 等。在复杂的网络环境下，应用级网关显得不太实用，并且可能超负荷运行。当然从安全角度看，人们更偏向于采用应用级网关防火墙。（因为延迟、网络性能 ICS 不可接受）

总之，由于应用级网关工作在应用层，完全可以对服务的命令字、内容和病毒过滤。它具有强大的认证功能，比电路级网关要丰富，还具有比包过滤防火墙更详细的日志功能。

3. 状态检测防火墙

状态检测技术采用的是一种基于连接的状态检测机制，将属于同一连接的所有包作为一个数据流整体看待，构成连接状态表，并和规则表配合对表中的各个连接状态因素加以识别。与传统的包过滤防火墙的静态过滤规则表相比，它具有更好地灵活性和安全性。

先进的状态检测防火墙读取、分析和利用了全面的网络通信信息和状态。网络通信信息和状态如下所述。

（1）通信信息：即所有 7 层协议的当前信息。防火墙先在低协议层上检查数据包是否满足企业的安全策略，对于满足的数据包，再从高层协议层上进行分析。它验证数据的源地址、目的地址和端口号、协议类型、应用信息等多层的标志，因此具有更全面的安全性。

(2) 通信状态：即以前的通信信息。

(3) 应用状态：即其他相关应用的信息。状态检测模块能够理解并学习各种协议和应用，以支持各种最新的应用；并且，能够从应用程序中收集状态信息并存入状态表中，以供其他应用或协议做检测策略。

(4) 操作信息：即在数据包中能执行逻辑运算或数学运算的信息。

状态检测防火墙将动态包过滤、电路级网关和应用网关等各项技术结合在一起。由于状态检测防火墙可以在OSI模型的所有7个层次上进行过滤，理论上有很高的安全性，但现在大多数的状态检测防火墙只工作于网络层，而且只作为动态包过滤器对进出网络的数据进行过滤。

尽管状态检测防火墙潜在地具有在全部7层上过滤数据包的能力，但是许多管理员在安装防火墙时仅让其运行在OSI的网络层上，作为动态包过滤防火墙使用，并且允许采用单个SYN数据包建立新的连接，这是非常危险的。(有些防火墙厂商没有在建立连接的过程中采用RFC草案的建议，他们的防火墙在接收到第一个SYN数据包时就打开了一个新的连接，这种设计将使防火墙后面的服务器遭到伪装IP地址的攻击。)

状态检测防火墙可以模仿应用级网关，也可以在应用层对每个数据包的内容进行评估，并且能够确保这些内容与管理员根据本级机构的安全策略所设置的过滤规则相匹配。

总之，状态检测防火墙具有动态包过滤防火墙的所有优点，同时因为增加了状态检测机制而具有更高的安全性。但这只是较低的安全性，没有一种状态检测防火墙能提供高于通用标准EAL2的安全性。

4. 嵌入式防火墙

嵌入式防火墙(EFW)用以向计算机或基础设施提供基于某种功能定义(例如数据审计与可信认证)的防火墙功能和硬件VPN功能。ARM与FPGA是目前广泛使用的嵌入式防火墙的基础芯片。例如3Com嵌入式防火墙是一种基于硬件的分布式防火墙解决方案，它们被嵌入到PC和PCI卡硬件中，其中包括快速以太网连接。这种嵌入式防火墙技术把硬件解决方案的强健性和集中管理式软件解决方案的灵活性结合在一起，从而提供了最佳类型的分布式防火墙技术，并创建了一种更完善的安全基础架构。

基于ARM或FPGA的嵌入式防火墙或网关具有较强的工业数据审计能力，例如多块FPGA的架构可以从计算、数据传输与审计和数据存储等多方面协调分析通信数据安全，可以深层次地进行数据安全审计。这种多芯片架构所达到的安全审计作用远远超出了传统防火墙在访问控制方面所达到的局限作用。

另外，允许网络管理员把嵌入式防火墙保护扩展到远程用户。例如嵌入式防火墙通过VPN宽带与企业网络相连，自动监测用户，为站点实现相应的安全策略。除此之外，嵌入式防火墙将自动检测新安装的硬件，从而便于增加或修改安全策略配置，提供安全解决方案，对客户机采用防窜改安全措施，加大对内部威胁的防范力度。这种方式把防火墙硬件和集中式政策管理软件相整合，能够阻止对台式系统、服务器和笔记本电脑发起的网络内的与跨网的攻击和入侵，从而实现“纵深防御”的网络安全。

5. 工业防火墙

工业控制环境下的防火墙与传统防火墙的主要差异体现在数据过滤能力要求不同，工业控制环境下的防火墙除了具有传统防火墙的通用协议过滤能力外，还应具有对工业控制协议的过滤能力；工业控制环境下的防火墙比传统防火墙具有更高的环境适应能力；工业控制环境下的防火墙比传统防火墙具有更高的可靠性、稳定性等要求。

NIST SP 800－41，Guideline on Firewalls and Firewall Policy，提供了防火墙及其策略的选择指导。

在 ICS 环境中，防火墙往往部署在 ICS 网络和办公(企业)网络之间。正确的配置可以极大地限制往来于控制系统主机和控制器之间的未经授权的访问，从而提高安全性。通过去掉不必要的网络流量可以潜在地改善一个控制网络的响应。正确的设计、配置、使用防火墙，可以显著地提高当今 ICS 环境的安全性。

防火墙提供了一些加强安全策略的工具，当前市场上一系列进程控制设备并不具备这一功能。

· 除了某些特定的通信，未受保护的 LAN 与受保护的 ICS 中设备的通信都被阻止。这种阻止基于源、目的 IP 匹配，服务和端口。阻断可以发生于出入的数据包，从而帮助减少了通信的高风险，比如 E-mail。

· 所有接入 ICS 的用户都被强制安全用户认证。认证方法较为灵活，具有多种级别的保护：简单密码、复杂密码、多因素认证技术、令牌、生物测定和智能卡。具体选择何种方式，取决于 ICS 需要保护脆弱性，而不是使用设备的级别上可用的方法。

· 强制目的认证。用户可以被限制或允许仅到达控制网络上的节点，以满足其必要的工作需要。这样就减少了用户有意或无意地获得未授权设备的访问和控制的可能性，但增加了在职培训或交叉培训员工的复杂性。

· 记录流量监测，分析和入侵监测的信息流。

· 允许 ICS 执行适合于 ICS 的操作策略，但可能不合适 IT 网络，例如禁止电子邮件等不安全的通信，并且允许使用易于记住的用户名和组密码。

· 在严重的网络事件发生的时候，应该做出这样的决定——设计有文件化和最小化(尽可能的简单)的连接可以使 ICS 网络和企业网络隔离。

其他可能的部署包括使用基于主机的防火墙及在独立的控制设备之前的或运行它之上的单独的小型硬件防火墙。在独立设备基础上使用防火墙会产生显著的管理开销，特别是在防火墙配置的变更管理中。

在 ICS 环境中部署防火墙，有一些特别需要注意的地方：

· 控制系统通信可能带来额外的延迟。

· 设计符合工业应用规则集时经验匮乏。过去，防火墙仅仅保护已经配置好的控制系统，默认的规则是禁止出入。只有在与被信任的系统进行必要的连接时默认的配置才可以修改。

硬件防火墙需要持续的支持、维护和备份。规则的设置需要审查以确保它们能提供足够的安全保护以应对不断变化的安全威胁。系统性能(例如防火墙日志存储空间)必须被监控，确保防火墙正在执行数据收集的任务，设置安全策略。为了尽快发现网络事故并启动响应，必须实时监控防火墙和其他一些安全传感器。

6.4 工业控制系统一般防火墙策略

深度防御体系建好后，开始具体地确定防火墙应该允许什么流量通过。配置防火墙拒绝除了业务需求所需的流量之外的所有流量，这也是每个组织的基本前提，但现实的情况是很困难的。究竟“绝对需要的业务”意思是什么？允许了这些通信又对安全性有什么影响？举例来说，许多组织考虑允许 SQL 流量通过防火墙，因为这是许多历史数据服务器所需求的业务。不幸的是，SQL 也是 SLAMMER 蠕虫的载体。工业界使用的许多重要协议，如 HTTP、FTP、OPC/DCOM、Ethernet/IP、Modbus/TCP 等，都有着明显的安全漏洞(脆弱性)。

本节中接下来的部分将描述来自 CPNI 的一篇文档 Good Practice Guide on Firewall Deployment for SCADA and Process Control Networks 中的一些要点。

当为公共服务器配置一台两个端口的防火墙而不设置隔离区时，规则的制定则显得尤其重要，至少所有规则中都应包含 IP 地址和端口号。地址部分的规则应当阻止来自办公网地址的主机与控制网络中的一部分公共服务器(比如数据记录系统)的通信，任何企图进入控制网络属于办公网的 IP 地址都是不允许的。此外，端口部分的规则要关注协议的安全性。由于潜在的网路嗅探和修改，允许 HTTP、FTP 或者其他不安全的协议穿越防火墙是一种安全风险。制定规则时，控制网络外的主机对网络内的主动连接应当被拒绝，只允许网络内的主机主动发起的连接。

另一方面，如果使用了带隔离区的结构，办公网络与控制网络中可以配置为不存在直接的连接。除了一些特殊情况(后面介绍)，任何一方的流量都可以在 DMZ 中的服务器终止。这就使得允许通过防火墙的协议更加灵活。例如，从 PLC 连接数据记录系统使用了 Modbus/TCP 协议，而 HTTP 协议则用于数据记录系统与办公网客户端的连接。这两种协议本质上都不安全，但在这种情况下，它们都可以安全地使用，因为两部分网络并没有直接的交互。这个概念的扩展在于在所有控制网络到办公网络的通信中，使用“不相交”协议的想法。当一种协议用于控制网络与隔离区的通信时，最好不再应用于办公网络与隔离区的通信。这种设计极大地降低了像 SLAMMER 这样的蠕虫病毒入侵控制网络，因为对于蠕虫病毒而言，两种不同的协议就需要两种不同的形式，是有点困难的。

由控制网络操控出境(outbound)的通信是实践中很大的变动，如果管理不当，可能带来重要的安全风险。例如特洛伊木马软件使用 HTTP(隧道)协议，利用定义得不好的出境规则。因此，出境规则和入境规则一样严格是很重要的。

具体出、入境规则如下：

(1) 进入控制系统内部的流量应该被阻断，接入控制系统中的设备必须经过隔离区。

(2) 从控制网络出去的流量应该被限制，只用于必要的通信。

(3) 从控制网络到办公网络的连接必须通过服务和端口严格限制数据包源地址和目的地址。

除了这些规则外，防火墙还应当配置外出过滤规则，以阻止伪造的 IP 分组从控制网络或者隔离区出去。在实践中，这是通过检查外出的(经由防火墙的网络接口地址)数据包的源 IP 地址来实现的。目的在于防止控制网络被通信欺骗(例如伪造 IP)，这种欺骗往往用于 DoS 攻击。这样，对于控制网络和隔离区，防火墙只认可那些拥有正确源 IP 地址的数据包。最后，坚决反对将控制网络中的设备接入因特网。

下面总结了防火墙规则制定中要特别注意的地方：

· 基本的规则是拒绝一切未定义的 IP 或端口，不允许任何未定义的访问实现。

· 应启用控制网络环境和办公网络之间的端口和服务，并在特定的情况下授予许可。对于每次允许出入的数据流，都必须有业务正当性，并且有记录在案的风险分析和责任人。

· 如果状态合适，所有“允许”规则应该包含特定的 IP 地址和 TCP/UDP 端口。

· 所有规则都应该限制特定 IP 地址或地址段的流量。

· 禁止所有控制网络和办公网络的直连，所有通信的终点都是隔离区。

· 当一种协议用于控制网络与隔离区的通信时，它就不再应用于办公网络与隔离区的通信。

· 从控制网络到办公网络的连接必须通过服务和端口严格控制。

· 控制网络和隔离区的外出数据包，必须具备控制网络或隔离区预先确定的 IP 地址。

· 控制网络中的设备不能接入因特网。

· 即使有防火墙的保护，控制网络也不可以直接接入因特网。

· 所有防火墙管理业务应该在单独的、安全的管理网络(例如，不同频道信号传输)上进行，或者在具有多因素认证的加密网络上进行。流量也应该由 IP 地址限制到特定的管理站。

当然这些都应只被视为指南，在实施任何防火墙规则集之前，需要仔细评估每个控制环境。

6.4.1　工业防火墙安全性讨论

1. SCADA 和工业协议

SCADA 和许多工业协议(如 Modbus/TCP、Ethernet/IP、DNP3)，对大多数控制设备的通信是很重要的。不过，这些协议设计时并未考虑安全性，通常远程控制设备接入时也不需要用户验证。这些协议只能在控制网络内使用，而不允许穿过办公网络。

2. 海量数据记录系统

控制网络、办公网络和资产管理服务器，对防火墙的设计和配置有明显的影响。在三个区域的结构中，服务器在隔离区中的设置相对简单，而在控制网络和办公网络两个区域的结构中则显得比较困难。将服务器放在防火墙的办公网络一侧，意味着很多不安全的协议如 Modbus/TCP 或 DCOM 必须被允许通过防火墙，这样每一个向海量数据记录系统报告的控制设备就暴露在办公网络的一侧。相反，如果将服务器放在控制网络中，意味着同样有隐患的协议需要被允许通过防火墙，如 HTTP 或 SQL，这样会有一个服务器几乎可以访问位于控制网络上的组织中的每个节点。

通常，最好的解决方案是避免使用双区域系统(无 DMZ)并使用三区设计，将数据收集器放置在控制网络中，将历史数据组件放置在 DMZ 中；然而，即便如此，在某些情况下也会出现问题。从企业网络上的大量用户到DMZ中的海量数据记录系统的大量访问可能会对防火墙的吞吐量能力造成负担。可能的解决方案之一是安装两台服务器：一台安装在控制网络上，用于从控制设备收集数据；另一台安装在企业网络上镜像第一台服务器并支持客户端查询。必须解决如何对两个历史记录进行时间同步的问题。这需要通过防火墙安装一个特殊的通道以允许直接的服务器到服务器通信，但如果正确完成，就只会带来很小的风险。

3. 远程支持访问

ICS防火墙设计的另一个问题是远程登录控制网络。任何用户远程登录控制网络时，都需要使用适当的强有力的认证机制，如基于令牌的认证。虽然控制组可以在隔离区设置有多因素认证的远程登录系统，但是通常IT部门设置的现有系统通常更为有效。在这种情况下，需要通过防火墙从IT远程访问服务器进行连接。通过Internet或通过拨号调制解调器连接的远程支持人员应使用加密协议，例如运行公司VPN连接客户端，应用程序服务器或安全HTTP访问，并使用强大的机制进行身份验证，例如基于令牌的多因素身份认证方案，以连接到企业网络。连接后，应该要求他们使用强大的机制(例如基于令牌的多因素身份认证方案)在控制网络防火墙上第二次进行身份认证，以获得对控制网络的访问权限。对于不允许任何控制流量没有阻碍地通过企业网络的组织，这可能需要级联或辅助隧道解决方案才能访问控制网络，如IPsec VPN中的安全套接层(SSL)或传输层安全(TLS)VPN。

4. 组播

大多数通过以太网运行的工业生产者－消费者(发布者－订阅者)协议都是基于IP组播的协议，如Ethernet/IP和现场总线HSE。IP组播的第一个优势在于网络效率，不需要重复向多个目的地址传输数据，可以显著减小网络负载；第二个优势在于发送主机不必关心每个侦听广播消息的目的主机的IP地址；第三点，也许对于工业控制的目的来说最重要的是，单个多播消息提供了比多个单播消息更好的用于多个控制设备之间的时间同步的能力。

如果多播数据包的源、目的地址之间没有中间路由器和防火墙连接，则多播传输相对是无缝的。但如果源和目的地址不在同一LAN上，则将多播消息转发到目的地就变得更加复杂。为了解决组播消息路由的问题，主机需要通过因特网组管理协议(IGMP)通知其相关组ID上的组播路由器加入(或离开)相关组。组播路由器随后得知组播组中的成员，从而决定是否接受组播消息，这里也需要组播路由协议。从防火墙管理的角度来看，监视和过滤IGMP流量成为另一系列管理规则集，增加了防火墙的复杂性。

与组播相关的另一个防火墙问题是NAT的使用。防火墙使用NAT，当接收到一个外部主机发送的组播数据包时，没有反向映射出内部哪个组应该接收这个数据。如果使用IGMP，防火墙就会将数据广播给每个组ID，因为其中一个将是正确的，但是如果一个非计划的控制包被广播到关键节点，这可能会导致严重的问题。防火墙采取的最安全的措施是丢掉数据包。因此，组播通常被认为是对NAT不友好的。

6.4.2　网络地址转换(NAT)

1. NAT 的工作原理

NAT 实现将一个 IP 地址转换为另一个 IP 地址的功能。通常，一个局域网由于申请不到足够多的 IP 地址，或者只是为了编址方便，在局域网内部采用私有 IP 地址为设备编址，当设备访问外网时，再通过 NAT 将私有地址翻译为合法地址。NAT 已经成为包过滤网关类防火墙的一项基本功能。使用 NAT 防火墙具有另一个优点，它可以隐藏内部网络的拓扑结构，这在某种程度上提升了网络的安全性。

根据 NAT 的实现方式可分为静态网络地址转换(SAT)、动态网络地址(DAT)转换和端口地址转换(PAT)。所谓静态网络地址转换，是指在进行网络地址转换时，内部网络地址和外部的因特网 IP 地址是一一对应的关系，不需要维护地址转换状态表，功能简单，性能较好。地址转换状态表将内部主机地址映射到外部主机。动态网络地址转换则不同，它将可用的因特网 IP 地址限定在一个范围内，而内部网络地址的范围大于因特网 IP 地址的范围，必须维护一个转换表，功能更强大，需要更多资源。端口地址转换是指不仅网络地址发生改变，而且协议端口也会发生改变。PAT 在以地址为唯一标识的动态网络地址转换基础上，又增加了源端口或目的端口号作为标识的一部分。根据数据流向进行分类可分为源地址、目标地址转换。

普通边界路由器也能够实现地址转换，但由于其内存资源有限，如果使用路由器做 NAT，那么在运行一段时间(通常为几个小时)后，路由器的资源将耗尽，无法继续工作。通常在防火墙上实现 NAT 功能。

某一网段中的 IP 地址在另一个网段中无法识别，这时候我们需要 NAT 服务。最初设计它是为了减少 IP 地址消耗，这样一家拥有大量需要接入因特网设备的企业就可以通过分配到的很少的因特网地址访问网络。

为此，大多数 NAT 的实现依赖一个前提，并非每个内部设备都在给定时刻与外部主机进行主动通信。防火墙配置为具有有限数量的外部可见 IP 地址。当内部主机寻求与外部主机通信时，防火墙会将内部 IP 地址和端口重新映射到当前未使用的、更有限的公共 IP 地址之一，从而有效地将外出流量集中到更少的 IP 地址中。防火墙必须跟踪每个连接的状态以及每个专用内部 IP 地址和源端口如何重新映射到外部可见的一对 IP 地址/端口。当返回流量到达防火墙时，映射会反转，并且数据包会转发到正确的内部主机。

当控制网络设备需要与外部非控制网络主机建立连接时，NAT 允许控制网络主机的内部 IP 地址被防火墙的地址代替；外部非控制网络返回业务数据包被重新映射回内部 IP 地址并发送到适当的控制网络设备。

另外，NAT 不支持基于组播的通信。

总的来说，NAT 具有明显的优势，但它对实际工业协议配置的影响应该在部署前仔细评估。另外，由于没有直接的地址，某些协议会被 NAT 影响。比如 OPC 使用 NAT，就需要特殊的第三方隧道软件。

2. NAT 在工业网中的应用

NAT 是一项专门用于网络互联的技术，可以用来解决工业控制网络的互联及远程访问的问题。防火墙可以作为部署NAT的地点，利用NAT技术，将有限的IP地址动态或静态地与内部的IP地址对应起来，以缓解地址空间不足或者隐藏内部网络结构。

NAT技术则工作在网络中较低的层次，逻辑上是工作在IP层，给用户连接Internet提供了更大的透明性，其工作则更像一个路由器而并非一个代理网关，同时也便于网络应用的扩展，并不需要给每种新的应用都开发一种代理服务。由于技术并没有工作在应用层(代理网关工作在应用层，它理解提供服务的每一种协议细节)，因此，NAT并不需要理解和操纵应用层的数据，具有更高的效率，在防火墙中得到应用。

把工业以太网接入Internet实现数据的共享和远程控制，可有效地提高企业的运作效率，但也引入了一系列网络安全问题。一般可采用网络隔离(如网关隔离)将内部控制网络与外部网络分开。在设计内外网隔离的方案中，NAT技术的应用是一种比较经济实用的办法。利用NAT技术不仅能够解决网络安全的问题，还能有效地避免申请过多的公用IP的问题。

工业以太网大多基于TCP/IP协议。但是，IP地址空间紧张，公用IP地址还要逐年交纳费用，这就决定了不可能为现场的每个节点分配公用的IP地址，只有采用局域网的专用IP地址才能支持众多控制节点的访问。(但这些专用的IP是无法在Internet上路由的，也就是说它们无法直接访问Internet。传统的代理技术虽然可以解决控制节点接入Internet的问题，但严格禁止外部主机通过Internet对控制节点的访问)。采用NAT技术既可以提供代理的功能，使内部的控制节点连接到外部，实现对互联网的访问，同时利用反向地址转换技术，还可以实现外部主机对任意的控制结点的访问，从而很好地解决上述问题。

NAT技术为内外网的隔离，实现工业控制网络的远程访问提供了一个经济实用的解决方案，能够实现该功能的技术还有很多，如ICS技术、专用路由、常见的代理服务器端软件。

6.5 纵深防御架构

一个典型的工业控制系统纵深防御的战略思想包括：

· 制定专门适用于工业控制系统的安全策略、程序、培训和教育材料。

· 基于国土安全咨询系统威胁级别来考虑工业控制系统的安全策略和程序，随着威胁程度的增加部署逐渐增强的安全机制。

· 解决从架构设计→采购→安装→维护退役的工业控制系统整个生命周期的安全。

· 为工业控制系统设计多层网络拓扑结构，在最安全和最可靠的层进行最重要的通信。

· 提供企业网络和工业控制系统网络之间的逻辑分离(例如，在网络之间架设状态检测防火墙)。

· 采用DMZ网络体系结构(即防止企业和工业控制系统网络之间的直接通信)。

· 确保关键部件和网络冗余。

· 为关键系统设计容错，以防止灾难性的级联事件。

· 禁用工业控制系统设备中经测试确保不会影响ICS运作的未使用的端口和服务。

· 限制对工业控制系统网络和设备的物理访问。

· 限制工业控制系统的用户权限，只开放为执行每个人的工作所必需的权限（即建立基于角色的访问控制和基于最小特权原则配置每个角色）。

· 考虑为工业控制系统网络和企业网络的用户分别使用独立的身份验证机制和凭据（即 ICS 网络账户不使用企业网络的用户账户）。

· 利用现代技术，如智能卡的个人身份验证（PIV）。

· 在技术上可行的情况下实施安全控制，如入侵检测软件、杀毒软件和文件完整性检查软件，预防、阻止、检测和减少恶意软件的侵入、曝露和传播，无论是针对或来自工业控制系统，还是在其内部。

· 在适当的地方对工业控制系统的数据存储和通信应用安全技术，如加密和/或加密哈希。

· 在现场条件下进行了所有安全补丁包测试后，如果可能，则在安装到工业控制系统之前将安全补丁包先迅速部署到测试系统上。

· 在工业控制系统的关键领域跟踪和监测审计踪迹。

我们归类梳理了针对 DNC 系统的纵深防御策略如表 6-1。

表 6-1 针对 DNC 系统的纵深防御策略

管理方面	网络构架方面	软件方面	物理防护	预防机制
制定专门适用于智能制造的安全策略、程序、培训和教育材料。 随着威胁程序的增加部署逐渐增强的安全机制。 实施从架构设计到采购、安装、维护到报废的整个生命周期的安全管理规范。 禁止设备中未经测试确保和不确定的服务端口、接口和通信服务。禁止非负责人员对系统网络和设备的物理访问。 管理和限制智能制造系统的用户权限，只对有职权的工作人员开放权限	构建实施多层安全网络拓扑结构，在满足安全和可靠的层中间进行重要的信息通信。 在园区设计网中和生产网之间建立逻辑分离。（例如物理隔离、单向网闸或者设置状态检测防火墙，采用 DMZ 网络体系结构）。 确保关键部件和网络有冗余，并为关键系统设计足够的错误容忍空间，以防止灾难性的级联事件发生	实施技术上可行的安全控制，例如入侵监测软件、杀毒软件、文件完整检测、预防、阻止和减少恶意软件的侵入、曝露和传播。 在确定适当的地方对系统的数据存储使用通信应用安全技术，例如加密。 在安装软件到系统之前，首先将软件部署到测试系统上；然后在现场条件下进行软件的补丁包测试；最后只有测试通过已更新的软件才可以安装到系统上	对系统的物理位置关键节点处实施特殊保护。 设置访问监控系统。 设置访问多重保护策略和访问限制策略。 设置人员和资产管理跟踪和跟随系统。 WLAN 无线通信的检测。 移动通信网络的检测。 电磁信号检测	部署基于白名单策略防御的防火墙。 定义安全域及制造隔离区。 制定规律的检测机制、培训计划和事件响应反应机制。 自我入侵模拟，评估系统安全风险和保密等级。 通讯的防火墙策略，分别基于超文本传输协议（HTTP）、文件传输协议（FTP）、邮件传输协议（SMTP）及简单网络管理协议（SNMP）

基于纵深安全防御方式的工业控制系统安全防御产品包括工业防火墙、工控信息安全监控系统、工控漏洞扫描系统、工业数据采集隔离平台、工控安全监管平台、工控网络安全威胁评估平台等，对其中部分产品，本书其他部分有其基本概念、主要功能以及关键技术的介绍。纵深防御架构图如图 6-26 所示。

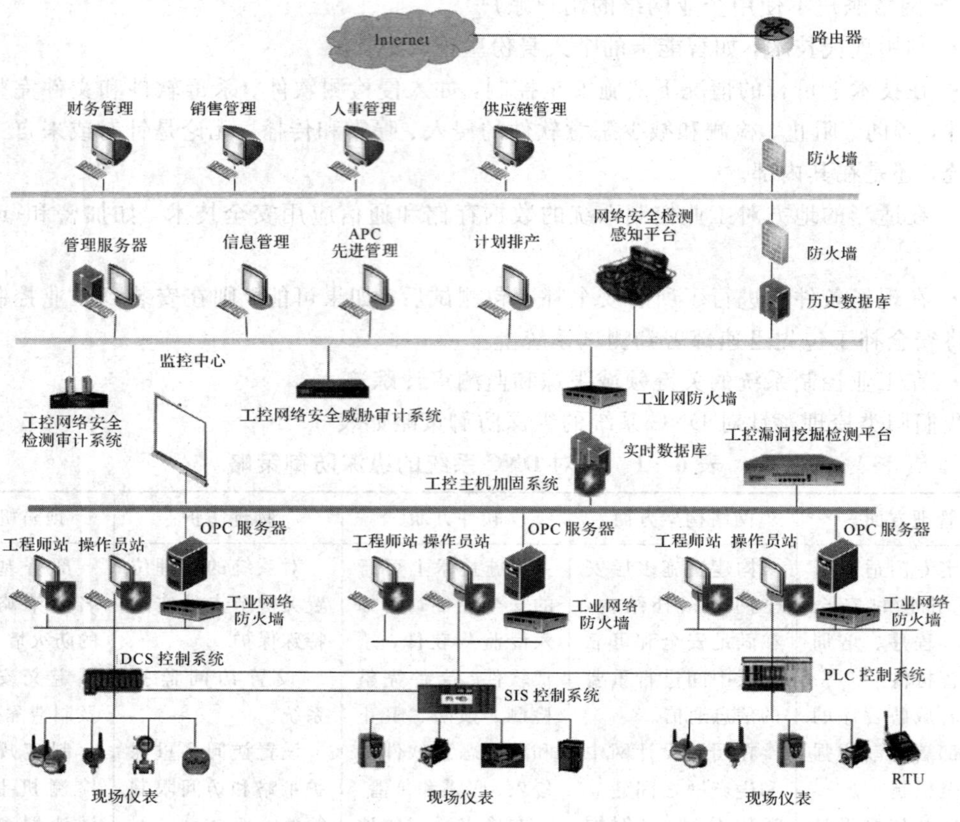

图 6-26　工业控制系统纵深防御架构图（来源于思科瑞迪公司）

详细的工业控制系统行业信息安全纵深防御解决方案见本书第 11 章。

习　题

1. 简述网络隔离技术的原理。
2. 隔离技术有哪些基本类型？
3. 隔离的方式有哪些？
4. 常见的隔离技术有哪些？
5. 安全的办公网与控制网络之间的隔离应如何部署？
6. 简述静态包过滤防火墙的工作原理，并对比动态包过滤防火墙分析其优缺点。
7. 为什么防火墙要有 NAT 功能？
8. 工业控制环境下的防火墙与传统防火墙的主要差异是什么？
9. 简述工业控制系统普遍的防火墙策略。

10. 针对一个典型的工业控制系统其纵深防御架构包含哪些要点？

参考文献

[1] 刘建伟，王育民. 网络安全：技术与实践[M]. 2 版. 北京：清华大学出版社，2012.

[2] 林晓霞，杨晓东. 网络隔离技术原理与实现[J]. 网络安全技术与应用，2005(6)：16－17，23.

[3] 岳红梅，石冬雪，徐咏梅，等. 基于嵌入式 LINUX 的网络隔离系统研究与实现[J]. 计算机工程与应用，2005，41(5)：141－143.

[4] 胡林峰，须文波. 基于嵌入式系统的隔离硬件设计[J]. 微计算机信息，2006，22(32)：4－6.

[5] 刘智国. 基于 FPGA 的网络物理隔离器的设计与实现[D]. 河北：华北电力大学，2008.

[6] 成晟，史彬娇. 隔离技术在嵌入式系统接口中的应用[J]. 单片机与嵌入式系统应用，2009(7)：31－34.

[7] STOUFFER K，FALCO J，SCARFONE K. Guide to Industrial Control Systems (ICS) Security[M]. NIST Special Publication 800－82，2011.

[8] 侯峥，张伟，汪思源，等. 基于以太网的工业控制远程访问的研究[J]. 工业控制计算机，2003，16(12)：26－27，51.

[9] 户现锋，张大陆. NAT 技术及其在防火墙中的应用[J]. 微型机与应用，2000，19(6)：32－33.

[10] NOERGAARD T. Embedded systems architecture－a comprehensive guide for engineers and programmers[M]. Second Edition. Elsevier Inc，2013.

[11] WOLF M. Computers as components－principles of embedded computing system design [M]. Third Edition. Elsevier Inc，2014.

[12] MÖLLER D P F. Guide to Computing Fundamentals in Cyber－Physical Systems[M]. Springer Publishing Company Inc，2016.

[13] 百度百科. 沙盒技术[EB/OL]. [2019－01－01]. https：//baike. baidu. com/item/%E6%B2%99%E7%9B%92%E6%8A%80%E6%9C%AF/7074481? fr=aladdin.

[14] 华强电子网. 电路隔离方法分类[EB/OL]. [2019－01－01]. http：//tech. hqew. com/fangan_1648393.

[15] 电子发烧友. http：//www. elecfans. com/article/88/131/188/2018/ 20180308644491_a. html.

[16] CSDN. https：//blog. csdn. net/guyongqiangx/article/details/78020 257.

[17] ARM Developer. Architectures[EB/OL]. [2019－01－01]. https：//developer. arm. com/products/architecture.

[18] ARM Developer. TrustZone[EB/OL]. [2019－01－01]. https：//developer.

arm. com/technologies/trustzone.

[19] ARM Developer. ARM Security Technology Building a Secure System using TrustZone Technology[EB/OL]. [2019 - 01 - 01]. https://developer. arm. com/docs/genc009492/c.

[20] Github. ARM Trusted Firmware[EB/OL]. [2019 - 01 - 01]. https://github. com/ARM - software/arm - trusted - firmware.

[21] ARM. TRUSTZONE FOR CORTEX - A[EB/OL]. [2019 - 01 - 01]. http://www. arm. com/products/security - on - arm/trustzone/tee - and - smc.

[22] 电子网. TDMA 技术[EB/OL]. [2019 - 01 - 01]. http://www. 51dzw. com/embed/embed_78571. html.

[23] Baidu. 网络隔离技术[EB/OL]. [2019 - 01 - 01]. https://baike. baidu. com/item/%E7%BD%91%E7%BB%9C%E9%9A%94%E7%A6%BB%E6%8A%80%E6%9C%AF/8277295? fr=aladdin.

第 7 章　工业控制系统安全控制：认证与权限

7.1　识别和认证

识别和认证(Identification and Authentication)是使用标识因素或凭据的组合来明确潜在网络用户、主机、应用程序、服务和资源的过程。该认证过程的结果成为进一步动作(允许还是拒绝)的基础。基于认证决定，系统可以允许或不允许潜在用户访问其资源。认证是决定对于特定的资源主体和哪些应该被允许访问的过程；访问控制是执行认证的机制。访问控制在 7.2 节描述。

确定一个人、设备或系统的真实性有三个可能的因素，包括已认识的事物、已拥有的权限或确定的独一无二的特征。例如，认证可以基于已知的事物(PIN 号码或口令)、拥有的权限(密钥、保护锁、智能卡)，和确定的独一无二的特征，比如生物特征(指纹、视网膜识别)、物理位置(GPS 位置访问)、或其他请求的时间或这些属性的组合。通常，在认证过程中使用的因素越多，过程就越复杂。当使用两个或多个因素时，该过程一般被称为多因素认证。

身份证明系统一般由三方组成。一方是出示证件的人，称作出示证者，又称作申请者，他提出某种入门或入网请求；另一方为验证者，检验出示证者的正确性和合法性，决定是否满足其要求；第三方是攻击者，他可以窃听或伪装示证者骗取验证者的信任。认证系统在必要时也会有第四方，即可信者，他的作用是参与调解纠纷。称此类技术为身份证明技术，又称身份识别(Indentification)、实体认证(Entity Authentication)、身份验证(Indentity Vertification)。身份认证与数字签名密切相关。数字签名是实现身份认证的一个途径，但身份识别一般不是“终生”的，而数字签名则应长期有效，在未来仍可启用。

下面介绍关于身份验证的几种技术及其在工业控制系统中的应用。

7.1.1　口令认证

口令认证技术根据已知事物验证身份，基于对请求访问的设备或人应该知道的东西测试(如 PIN 号码或密码)来确定真实性。口令认证方案被认为是最简单和最常见的认证形式。

图 7 - 1 是一种单向函数检验口令框图。用户 P 通过单向函数 f 登录，如果与系统护字符表内容相同，则通过认证，反之，则拒绝。有时系统需要双向认证，即不仅系统要检验用户的口令，用户也要检验系统的口令。在这种情况下，如何确保一方在另一方给出的口令之前不会受到对方的欺骗是一个关键问题。

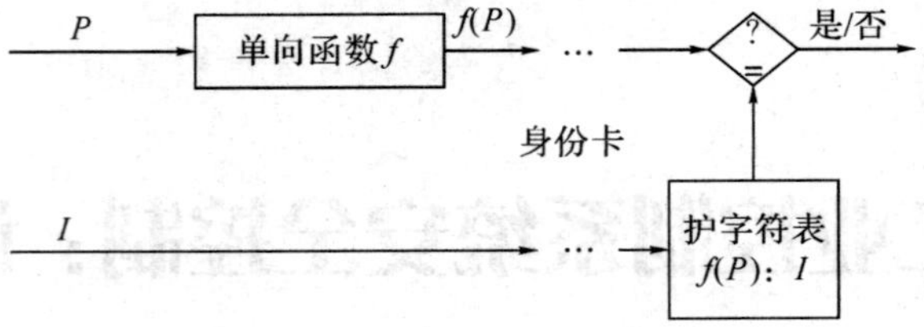

图 7-1　一种单向函数检验口令框图

图 7-2 给出了一种双方互换口令的安全验证方法：甲、乙分别以 P、Q 作为护字符。为了验证，他们彼此知道对方的口令，并通过一个单向函数 f 进行响应。例如，若甲要联系乙，甲先选择一随机数 x_1 送给乙，乙用 Q 和 x_1 计算 $y_1=f(Q, x_1)$送给甲，甲将收到的 y_1 与自己计算的 $f(Q, x_1)$进行比较，若相同，则验证了乙的身份；同样，乙也可选随机数 x_2 送给甲，甲将计算的 $y_2=f(P, x_2)$回送给乙，乙将所收到的 y_2 与他自己计算的值进行比较，若相同，就验证了甲的身份。

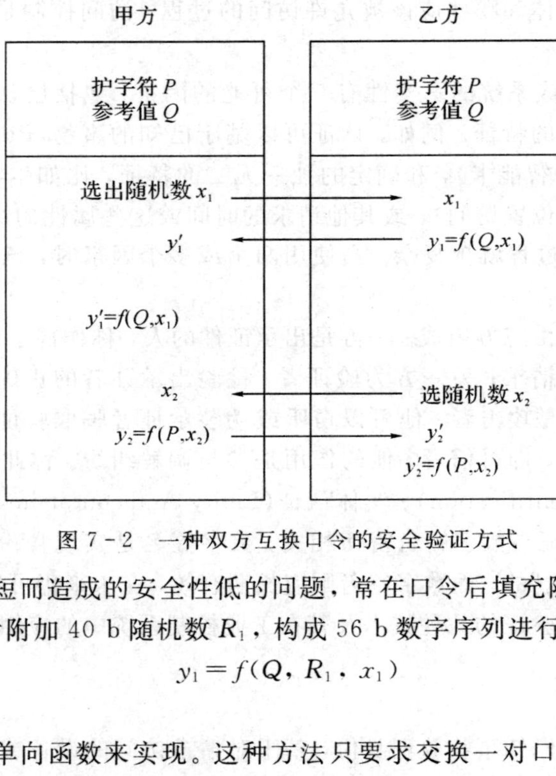

图 7-2　一种双方互换口令的安全验证方式

为了解决因口令短而造成的安全性低的问题，常在口令后填充随机数，如在 16 b(4 位十进制数字)护字符后附加 40 b 随机数 R_1，构成 56 b 数字序列进行运算，形成

$$y_1=f(Q, R_1, x_1)$$

使安全性大为提高。

可变口令也可由单向函数来实现。这种方法只要求交换一对口令而不是口令表。令 f 为某个单向函数，x 为变量。定义

$$f^n(x)=f(f^{n-1}(x))$$

甲取随机变量 x，并计算

$$y_0=f^n(x)$$

送给乙。甲将 $y_1=f^{n-1}(x)$作为第一次通信用口令。乙收到 y_1 后计算 $f(y_1)$ 并检验与 y_0 是否相同，若相同，则将 y_1 存入备用。甲第二次通信时发 $y_2=f^{n-2}(x)$ 。乙收到 y_2 后，计算 $f(y_2)$，并检验是否与 y_1 相同，以此类推。这样一直可用 n 次。若中间数据丢失或出错，甲

可向乙提供最近的取值，以求重新同步，而后乙可按上述方法进行验证。

工业控制系统广泛使用口令认证的方式，这种方式虽然简单实用，但也可能存在一些安全隐患。

工业控制系统环境中的计算机系统通常依赖于传统口令进行身份验证。控制系统供应商经常为系统提供默认密码。这些密码是工厂设置的，通常容易猜测或不经常更改，造成额外的安全风险。此外，当前在工业控制系统环境中使用的协议通常具有不充分的或者根本没有网络服务认证。

工业控制系统环境有关口令的一个特有的问题：用户的回忆和输入密码的能力可能会受到瞬间的压力的影响。在一次重大危机中，当需要人为干预来控制过程时，操作者可能会惊慌，难以记住或输入密码，或者发生完全锁定或延迟响应事件。生物识别标识符可能有类似的缺点。组织应该仔细考虑在这些关键系统上使用认证机制的安全需求和潜在后果。在 ICS 不能支持的情况下，或者组织确定它是不可取的(例如，性能、安全性或可靠性受到不利影响)时，为了在 ICS 中实施认证机制，组织使用补偿控制，例如严格的物理安全控制来为 ICS 提供等效的安全能力或保护级别。

一些 ICS 操作系统设置安全口令困难，因为口令位数非常小，并且系统只允许有每个访问级别的组密码，而不是单独的密码。一些工业(和互联网)协议在明文中传输口令，容易受到拦截。在这种事项无法避免的情况下，用户具有与加密和非加密的协议使用不同的(并且无关的)口令是非常重要的。

以下是关于使用口令的一般性建议和注意事项。

· 应该在软件和底层操作系统的访问之间平衡口令的长度、强度和复杂性安全性和操作易用性。

· 口令为了所需的安全性应该具有适当的长度和复杂性。

· 在操作员用户接口使用口令，例如关键进程上的控制台。

· 主口令的保管者应该是可信的员工，在紧急情况下可用。主口令的任何副本必须存储在非常有限的安全访问位置。

· 特权用户(如网络技术人员、电气或电子技术人员、管理人员和网络设计者/操作员)的口令应该是最安全和经常改变的。更改主口令的权限应限于可信员工。口令审计记录，特别是对于主口令，应该与控制系统分开维护。

· 在具有高截获或入侵风险的环境中，组织应考虑用其他形式的认证来补充口令认证，例如挑战/响应。或使用生物标识、物理令牌的多因素认证。

· 对于用户身份验证，口令的使用是常见的，对于用户直接登录到本地设备或计算机来说通常是可以接受的。口令不应通过任何网络发送，除非受到某种形式的保护(假设用于输入口令的设备以一种安全的方式连入网络)。

· 在网络服务认证中，如果可能的话，应该避免口令。可用更安全的替代方案，例如挑战/响应或公钥认证。

7.1.2　挑战/应答认证

挑战/响应认证要求服务请求者和服务提供者预先知道一个“秘密”代码。当服务被请求时，服务提供者向服务请求者发送一个随机数或字符串作为一个挑战。服务请求者使用秘密代码来为服务提供者生成唯一的响应。如果响应是预期的，它证明服务请求者可以访问"秘密"，而不必在网络上公开秘密。

挑战/响应认证解决传统口令认证的安全脆弱性。当口令(散列了的或普通的)通过网络发送时，实际"秘密"本身的一部分正在被发送。通过向远程设备提供秘密来执行身份认证。

挑战/响应认证机制流程如图 7-3 所示。

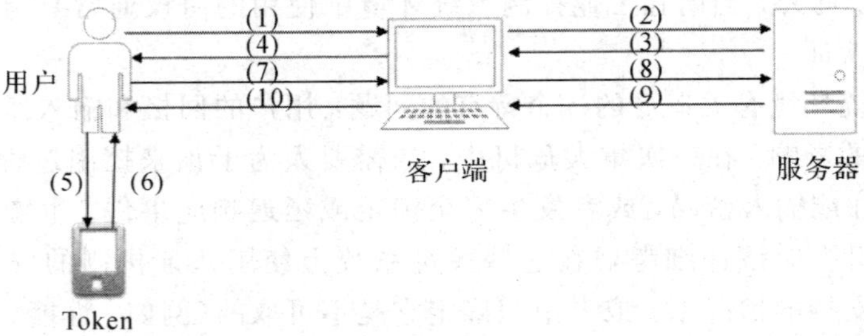

图 7-3　挑战/响应机制认证流程

(1) 用户在客户端发起认证请求。

(2) 客户端将认证请求发往服务器。

(3) 服务器返回客户端挑战值。

(4) 用户得到此挑战值。

(5) 用户把挑战值输入给一次性口令产生设备(令牌)。

(6) 令牌经过某一算法，得出一个一次性口令，返回给用户。

(7) 用户把这个一次性口令输入到客户端。

(8) 客户端把一次性口令传送给服务器。

(9) 服务器得到一次性口令后，与服务器端的计算结果进行匹配，返回认证结果。

(10) 客户端根据认证结果进行后续操作。

口令序列(S/key)机制是挑战/响应机制的一种实现。在口令重置之前，允许用户登录 n 次，那么主机允许计算出 $F_n(x)$，并保存该值，其中 F 为一个单向函数。用户第一次登录时，需提供 $F_{n-1}(x)$。系统计算 $F_n(F_{n-1}(x))$，并验证是否等于 $F_n(x)$。如果通过，则重新存储 $F_{n-1}(x)$。下次再登录时，再验证 $F_{n-2}(x)$，以此类推。

7.1.3　物理令牌认证

物理或令牌认证类似于口令认证，除了这些技术通过测试秘密代码或由设备或一个请求访问的人所拥有的令牌所产生的密钥来确定真实性，例如安全令牌或智能卡。越来越多的私钥被嵌入到物理设备，如 USB 软件包中。一些令牌仅支持单因素认证，因此只需拥有令牌就足以进行身份验证。其他支持多因素身份验证，除了拥有令牌之外，还需要知道 PIN 或口令。

令牌认证安全脆弱性在于防止复制秘密代码或与他人共享。第二个好处是物理令牌中的秘密可以非常大，物理上是安全的，并且是随机生成的。因为它嵌入在金属或硅中，所以它没有和手动输入密码相同的风险。如果安全令牌丢失或被盗，授权的用户失去访问，不像传统的密码，可能丢失或被盗而没有被注意到。物理/令牌认证的常见形式包括：传统的物理锁和钥匙、安全卡(例如磁、智能芯片、光学编码)、卡、钥匙块或安装标签形式的射频设备、依附到计算机的 USB、串行或并行端口有安全加密密钥的保护锁以及一次认证码生成器。

对于单因素身份验证，最大的缺点是物理上持有令牌意味着允许访问(例如，任何发现一组丢失密钥的人都可以访问他们能打开的任何内容)。当与第二种形式的认证相结合时，物理/令牌认证更安全，例如把令牌和 PIN 码结合起来使用。

智能卡(Smart Card)又称 IC 卡。它将微处理器芯片嵌在塑卡上代替无源存储磁条。智能卡的安全性比无源卡有了很大的提高，因为对手难以改变或读出卡中所存的数据。在智能卡上有一存储用户永久性信息的 ROM，在断电情况下也不会消失。

物理/令牌认证在工业控制系统环境中具有很强的作用。访问卡或其他令牌可以是用于计算机访问的有效形式的认证，只要计算机处于安全区域。

7.1.4 生物认证

生物认证技术通过独特的生物学特性来确定请求访问者的真实性。可用的生物特征包括手指细节、面部几何形状、视网膜和虹膜特征、语音模式、打字模式等。由于生物特征对特定个体来说是唯一的，生物特征认证解决了物理令牌和智能卡丢失或被盗的问题。需要注意的事项：

· 区分真实物体与假物；(例如区分一个真正的手指和一个硅橡胶手指，区分真实的声音和录音)

· 第一类错误和第二类错误(拒绝有效生物特征图像的概率，以及接受无效生物图像的概率)。生物认证设备应该配置为这两个概率之间的最低交叉，也称为交叉错误率。

· 处理某些生物测定设备敏感的环境因素，如温度和湿度。

· 解决工业应用中，员工带有安全眼镜、手套和工业化学品时、可能影响生物测定扫描仪。

· 重新训练生物测定扫描仪，偶尔会“漂移”。人体生物特征也可能随着时间的推移而变化，需要定期进行扫描仪再训练。

· 需要面对面的技术支持和设备培训的验证，不同于可以通过接待员发送的电话或访问卡提供的密码。

· 拒绝由于控制设备暂时无法识别合法用户而需要访问控制系统。

· 在社会上是可以接受的。用户认为某些生物认证设备比其他生物认证设备更可接受。例如，在可接受性的尺度上，视网膜扫描被认可是非常低的，而指纹扫描仪可接受的范围很广。生物识别设备的用户在选择不同生物特征时需要考虑其目标群体的社会可接受性。

生物识别设备对其他形式的认证进行有用的二次检查，这些认证可能丢失或被借用。使用生物特征认证结合基于令牌的访问控制提高了安全级别。

7.1.5 公钥基础设施技术

公钥基础设施(Public Key Infrastructure，PKI)是一种运用公钥密码理论与技术建立的、以实施和提供各种安全服务的、具有普遍适用性的网络安全基础设施。PKI 为使用数字证书的网络环境中的通信的身份管理、保密性和完整性提供了一种证明的手段。使用正确的系统、策略和配置，可以无缝连接利用 PKI 整合网络安全和信息隐私的各个方面。这在企业信息技术(IT)环境中得到了证实，而PKI今天已经遍布世界各地的IT机构中。

1. PKI的组成

一个典型的PKI应用系统由认证中心CA、证书库、Web安全通信平台等部分组成。认证中心和证书库是PKI的核心。

认证中心CA：负责管理PKI结构下所有用户的证书，包括用户的密钥或证书的发放、更新、废止、认证等工作，还包括管理策略(CA间的上下级关系、安全策略、安全程度、服务对象、管理原则和框架)、运作制度等。注册中心(RA)是CA的一部分。

CA的功能：主要是对证书进行管理，包括颁发证书、废除证书、更新证书、认证证书和管理证书等。

(1) 证书颁发；

(2) 证书更新；

(3) 证书撤销和查询；

(4) 生成密钥对；

(5) 密钥的备份；

(6) 根证书的生成；

(7) 证书认证；

(8) 交叉认证；

(9) 管理策略。

2. PKI在工业控制系统中的应用

在工控系统网络使用PKI安全通信示意图如图7-4所示。工业控制系统网络的安全考虑之一是这些网络所使用的通信路径。公钥基础设施在保证工业控制系统网络通信中起

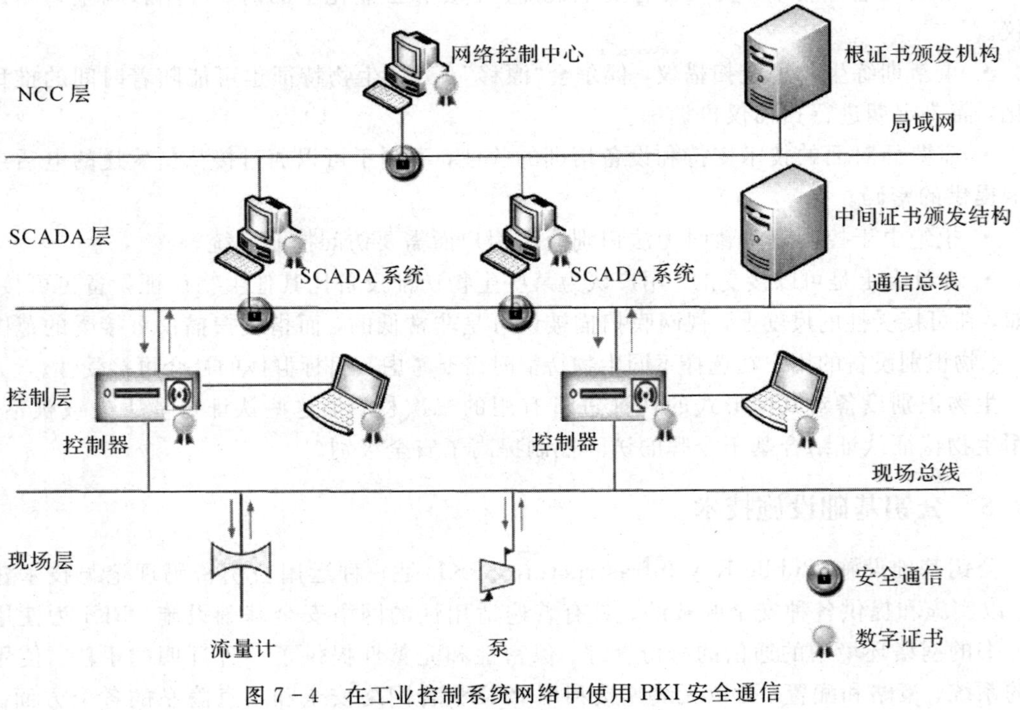

图7-4 在工业控制系统网络中使用PKI安全通信

着关键作用。使用数字证书，PKI 提供了一种机制来验证网络上所有实体的身份。确保信息在通信实体之间安全共享。PKI 是一种行之有效的安全通信机制，在许多组织中得到了广泛的应用。然而，由于资源受限的环境、带宽考虑和硬实时通信需求等因素，PKI 作为 ICS 安全性的解决方案是具有挑战性的。

PKI 允许各种数字证书管理过程的自动化，并为网络运营商提供必要时进行监控和采取纠正措施的手段。在企业 IT 环境中适用的定义良好的策略可能会导致 ICS 操作的瓶颈。ICS 设备与 IT 环境中使用的计算机类型有很大不同，具有独特的要求和实时性的挑战。

通过使用加密技术，PKI 系统的使用为保证数据交换的完整性和机密性奠定了基础。此外，PKI 还确保数据交换只发生在认证实体之间。例如，远程站将能够确保信息仅发送到预期的控制系统，并且控制系统可以确保其接收的信息来自认证的远程站。图 7-5 为 PKI 注册流程。

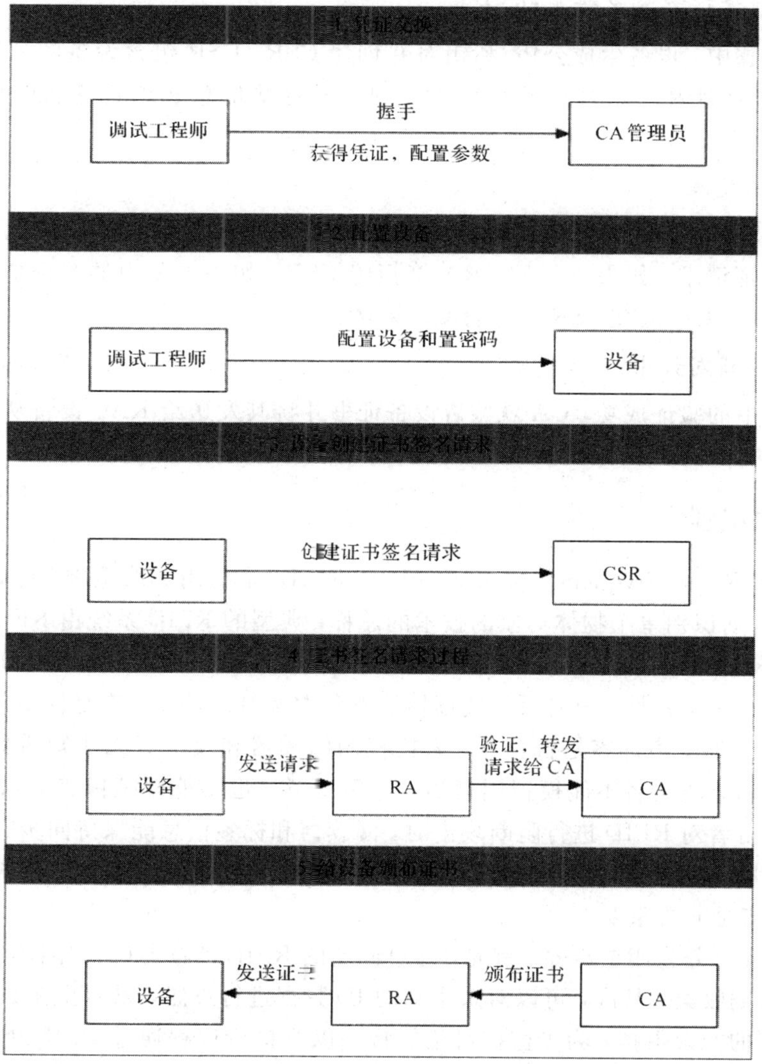

图 7-5　PKI 注册流程

1）凭证交换

调试工程师必须从CA服务器获得多个安全参数，以便设备可以参与PKI设置。CA经常在访问控制的安全网页上显示一些参数。CA管理员应该首先为调试工程师提供证书，以登录到CA系统，并检索要在终端设备中使用的安全/配置参数。根据CA服务器的选择技术，调试工程师可能需要将设备细节登记在CA的子组件中，称为注册机构(RA)。

2）配置设备

调试工程师在终端设备中配置检索的参数并触发注册过程。当使用简单证书注册协议(SCEP)时，ICS网络中的设备的证书注册通过普通HTTP连接实现。在发送注册请求之前，设备信任CA是很重要的。该设备可以通过SCEP下载CA证书信任链，然后通过比较从CA根证书检索到的哈希值与预先配置的哈希值对CA进行认证。

3）设备创建证书签名请求(CSR)

在这个步骤中，设备生成公钥/私钥对并创建CSR。CSR包含设备的公钥和诸如公用名称(CN)、IP地址和一次性密码(OTP)等细节，这些信息必须是签名的设备证书的一部分。

4）CSR的处理

设备将CSR发送给RA。RA通过使用在设备CSR中存在的OTP或通过预先登记的设备细节来验证请求。如果不匹配，RA将拒绝CSR。如果RA中的验证成功，则RA将CSR转发给CA。CA检查CSR以符合CA策略。

5）给设备颁发证书

一旦CA中的验证成功，CA就签署设备证书并将其发送给RA。设备从RA下载证书并安装。

7.1.6 射频识别

射频识别(Radio Frequency Identification，RFID)是应用无线电波(频率为50 kHz～5.8 GHz)来自动识别单个物体对象的技术的总称。典型的RFID系统由RFID标签(Tag)、标签阅读器(Reader)、后台服务器(Sever)组成。一般来说，一个安全的RFID系统需要解决四个问题：一是保密性，只有授权阅读器能够获取标签的信息；二是标签的不可追踪性，只有授权的阅读器知道标签是否存在，未授权的阅读器和攻击者无法知道标签是否存在；三是不可欺骗性，攻击者不能模拟阅读器去欺骗标签，也不能模拟标签去欺骗阅读器；四是鲁棒性，攻击者对RFID进行阻断攻击时，阅读器和标签信息能保持同步，不会导致系统崩溃。由于RFID系统的阅读器和标签通信是在无保护的无线通道中进行的，因此，保持RFID系统的安全非常重要。

RFID过程可分为四个步骤。首先，通过固定的RFID阅读器(门户阅读器)标记的对象或设备进行数据收集；其次，可以对采集到的ID数据进行过滤，以防止在数据库存储大量的标签接收到的冗余数据，为了监控对象的状态以及执行进程通过RFID中间设备对相应的数据进行处理和分析；第三，做出适当的决策；第四，生成事件以运行适当的命令。

在离散制造系统中，RFID 应用于生产控制，以提高质量和生产效率的管理水平。RFID 在生产阶段检测产品和可能在数据库中被更新的信息。因此，管理者可以实时检查产品状态。提出了一种新的基于 RFID 的精益制造 Kanban（为降低仓储成本在需要的前夕才进货）管理系统，以增强准时化生产模式。指出了 RFID 技术在新兴无线互联网制造领域中的优势。通过这些应用，在制造领域考虑到基于 RFID 系统的敏捷管理的概念来跟踪和监控装配设备。在随机混合汽车制造中，讨论了通过机器人装配单元的焊接过程的自动化生产系统，和 RFID 捕获数据是相符的。

7.1.7　数字签名

数字签名是一种以电子形式存在于数据信息之中的，或作为其附件或逻辑上有联系的数据，可用于辨别数据签署人的身份，并表明签署人对数据信息中包含的信息的认可技术。一套数字签名通常定义两种互补的运算，一个用于签名，另一个用于验证。

1. 数字签名的要求

数字签名的要求如下：

（1）签名者事后不能抵赖自己的签名。

（2）其他任何人不能伪造签名。

（3）如果当事人双方关于签名的真伪发生争执，能够在公正的仲裁者面前通过验证签名来辨其真伪。

数字签名是实现认证的重要工具，常用的数字签名机制有 RSA、Rabin、ElGamal、Schnorr、DSS、GOST 和离散对数等签名机制。

2. OPC 安全通信模型

近几十年来，计算机在工业控制系统中得到了广泛的应用，使工业自动化水平大幅提高。特别是在 OPC 规范的提出之后，它在 Windows 应用程序和现场过程控制应用之间架起了桥梁。工业控制网络可以直接与外部网络通信。工业控制系统对信息安全的需求越来越迫切，但 OPC UA 提出的安全模型不能满足工业控制系统的实际需求。OPC 规范缺乏必要的安全机制，它一方面使人们方便地管理或获取来自现场设备的数据；另一方面，来自工业控制网络的内部和外部安全威胁变得更加严重，例如木马、病毒或其他网络攻击引起的信息暴露和控制命令篡改。

工业控制系统数据传输的核心是在 OPC UA 中建立客户端与服务器之间的安全通信通道。该通道在通信过程中始终处于活动状态，保证了所有消息交换的完整性和认证性。这意味着客户端和服务器只需要一次相互认证。在该模型中，客户端使用其 API 发送和接收相应服务的请求和响应。服务器主要为客户端提供两种服务，一种是接收来自客户端的连接请求和通知订阅请求；另一种是将某些事件的发生发布到客户端，例如警报、数据值、事件和程序执行结果的改变。CA 主要负责为客户和服务器建立、发布和管理证书。该模型中可能包含多个客户端和服务器。每个客户端可以连接到一个或多个服务器，并且每个服务器可以连接到一个或多个客户端。应用程序可以包括分别执行客户端和服务器功能的两部分模块，从而满足连接到其他客户端和服务器的要求。该结构如图 7-6 所示。

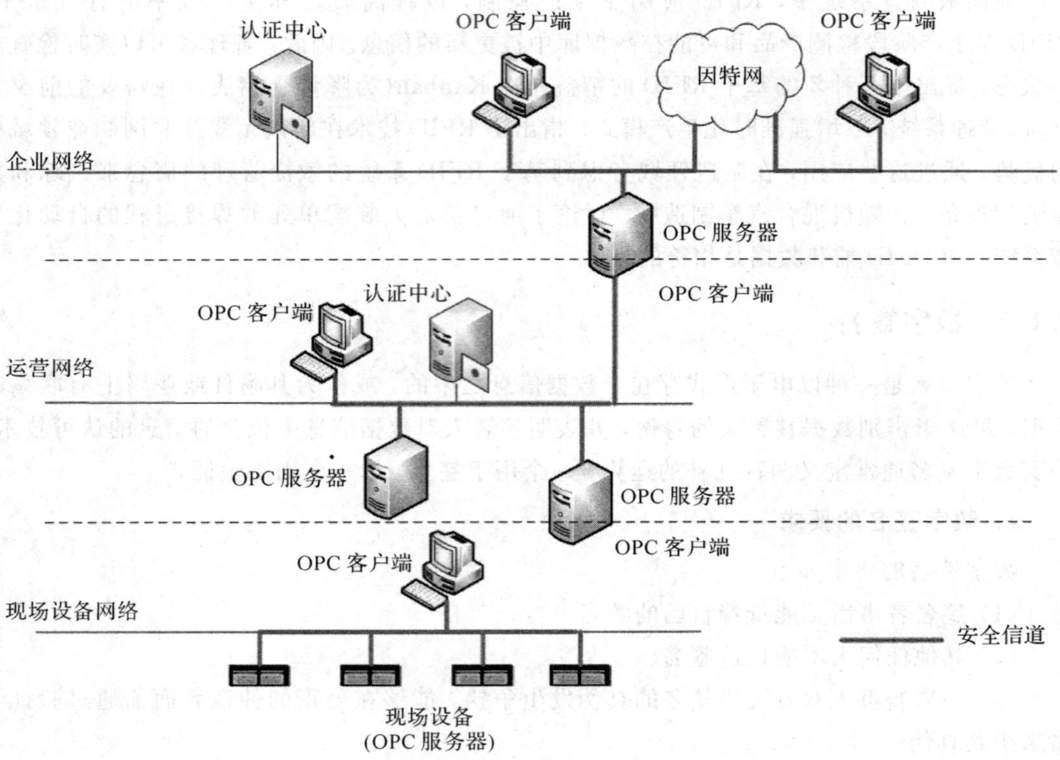

图 7-6　安全通信模型结构

3. 建立数字签名安全通道

在客户端和服务器之间建立安全通信通道的过程中，两个端将通过检查 CA 的数字签名是否正确来进行相互认证。该模型使用 Whirpool 获取消息摘要，然后使用证书中的 RSA 私钥加密消息摘要以生成数字签名。在客户端和服务器之间安全通信通道的建立过程如图 7-7 所示。

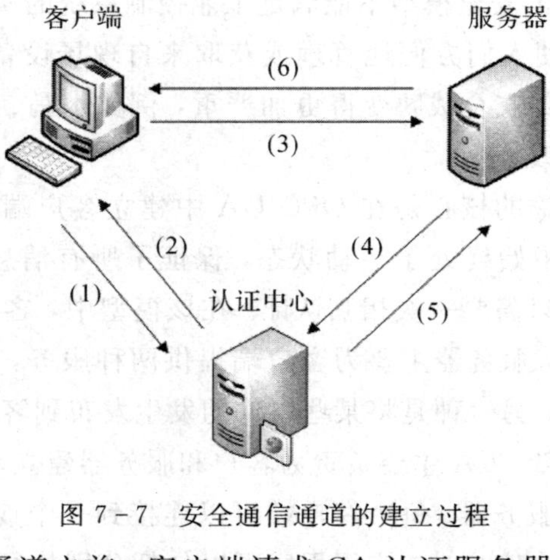

图 7-7　安全通信通道的建立过程

(1) 在建立安全通信通道之前，客户端请求 CA 认证服务器是否合法。认证内容包括 CA 签名、签发期限和失效日期以及 CA 撤销列表。

(2) CA 向客户端返回认证结果。

(3) 客户端请求服务器建立安全连接。客户端向服务器提供证书和一个现时值(nonce)。发送的数据用客户端的私钥签名，然后由服务器的公钥加密。

(4) 在服务器接收到连接请求后，服务器请求 CA 对客户端进行认证。认证的内容、包括 CA 签名、签发和失效日期以及 CA 撤销列表。

(5) CA 向服务器返回认证结果。

(6) 客户端认证后，服务器响应客户端的连接请求。服务器向客户端发送一个随机数、安全令牌和令牌的生存期。所发送的内容由服务器的私钥加密，再由客户端的公钥加密。之后，客户端和服务器可以通过安全通道相互通信。在随后的通信中，消息的接收方计算接收到消息的摘要，将其与签名中的摘要进行比较，以检查消息是否完整。

7.2　访问控制

访问控制技术是一种过滤和阻断技术，被授权后，可指导和调节设备或系统之间的信息流动。下面介绍几种访问控制技术及其与工业控制系统的应用。

7.2.1　基于角色的访问控制(RBAC)

在基于角色的访问控制中，用户不是自始至终以同样的注册身份和权限访问系统，而是以一定的角色访问。不同的角色被赋予不同的访问权限，系统的访问控制机制只看到角色而看不到用户。用户先经认证后获得一定的角色，该角色被分配了一定的权限，以特定的角色来访问系统资源。它能减少在有大量的智能设备的网络中安全管理的复杂性和花费。

RBAC 可以提供统一的手段来管理对工业控制系统设备的访问，同时降低维护单个设备访问级别和最小化错误的成本。应使用 RBAC 将工业控制系统用户权限限制为仅执行每个人的工作所需的权限(即基于最小特权的原则配置每个角色)。

7.2.2　Web 服务器

在工业控制系统产品中使用 Web 和 Internet 技术，是因为它们使信息更容易被访问，产品更便于用户使用，更易于远程配置。然而，它们也可能增加网络风险，并产生新的安全脆弱性，需要加以解决。

SCADA 和数据记录系统软件供应商通常提供 Web 服务器作为产品选项，以便控制室之外的用户可以访问工业控制系统信息。在许多情况下，必须将软件组件(如 ActiveX 控件或 Java 小应用程序)安装或下载到访问 Web 服务器的每个客户端机器上。一些产品(如 PLC 和其他控制设备)可以使用嵌入式 Web、FTP 和电子邮件服务器，使它们更易于远程配置，并允许它们在特定条件发生时生成电子邮件通知和报告。当可行时，使用 HTTPS 而不是 HTTP，使用 SFTP 或 SCP 而不是 FTP，阻止入站 FTP 和电子邮件流量等。

7.2.3　虚拟本地局域网络(VLAN)

VLAN 将物理网络划分为较小的逻辑网络，一方面有利于提高性能；另一方面可以提高可管理性，并简化网络设计。VLAN 是通过以太网交换机的配置来实现的。独立的 VLAN 隔离来自其他 VLAN 的流量的单个广播域。一般 VLAN 可以分为两类。

（1）静态的，通常称为基于端口的，其中交换机端口被分配给 VLAN，以便它对终端用户是透明的。

（2）动态的，其中终端设备与交换机协商 VLAN 特性，或者基于 IP 或硬件地址确定 VLAN。

通常以不部署 VLAN 而部署防火墙或 IDS 的方式来处理主机或网络的脆弱性。然而，当正确配置时，VLAN 可以允许交换机执行安全策略并在以太网层隔离流量。适当分割的网络还可以减轻可能由端口扫描或蠕虫活动引起的广播风暴的风险。

VLAN 已经有效地部署在 ICS 网络中，每个自动化单元被分配给单个 VLAN 以限制不必要的业务洪泛，并允许同一 VLAN 上的网络设备跨越多个交换机。

7.2.4 拨号调制解调器

工业控制系统具有严格的可靠性和可用性要求。当需要检修时，技术资源可能物理上不在控制室或设备中。因此，ICS 经常使用调制解调器使供应商、系统集成商或控制工程师保持系统在网络或组件上进行拨号和诊断、修复、配置和执行维护。虽然这使授权人员容易访问，如果拨号调制解调器没有得到适当的保护，它们也可以为非授权使用提供后门。

· 考虑在 ICS 中安装拨号调制解调器时使用回调系统。通过调制解调器根据拨号器的信息和在 ICS 认可的授权用户列表中存储的回调号码建立工作连接。

· 确保每个调制解调器的默认密码已更改，并有强密码。

· 在物理上识别控制室操作员使用的调制解调器。

· 配置远程控制软件，使用唯一的用户名和口令、强认证方式、合适的加密和审计日志。远程用户使用该软件应在几乎实时的频率上进行监控。

· 如果可行的话，在不使用时断开调制解调器，或者考虑在给定的一段时间内没有连接就自动断开。

7.2.5 无线

工业控制系统内的使用无线是一项具有风险的选择。一般来说，无线局域网应该只部署在安全、环境和经济影响较低的地方。关于无线的使用，需要考虑一下安全方面的问题。

· 在安装之前，应进行无线测量以确定天线位置和强度，以最小化无线网络的暴露。应考虑到攻击者可以使用强大的定向天线，将无线局域网的有效范围扩展到预期的标准范围之外。法拉第置和其他方法也可用于最小化指定区域外的无线网络的暴露。

· 无线用户接入应该使用 IEEE 802.1x 认证，使用安全认证协议（例如，可扩展认证协议[EAP]与 TLS [EAP - TL]）通过用户证书或远程认证拨入用户服务（RADIUS）服务器认证用户。

· 无线接入设备的无线接入点和数据服务器应该位于一个隔离的网络上，并与 ICS 网络进行连接，有最小化（尽可能的简洁）的连接记录。

· 无线接入点应配置为具有唯一的服务集标识符（SSID），禁用 SSID 广播，并至少允许 MAC 过滤。

· 无线设备通信应该被加密和完整性保护。加密不能降低端设备的操作性能。应该考虑在 OSI 第 2 层加密，而不是在第 3 层以减少加密延迟。还应考虑使用硬件加速器来执行密码功能。

· 对于 Mesh 网络，考虑使用在 OSI 第 2 层上实现的广播密钥与公钥管理来最大化性能。应该使用非对称密码来执行管理功能，而对称加密应该用于确保每个数据流的安全以及网络控制流量。如果设备要用于无线移动性，则应考虑自适应路由协议。网络的收敛时间应尽可能快，以支持在故障或功率损失情况下快速网络恢复。Mesh 网络可以通过网络的备用路由选择和抢占式故障转移提供容错。

习　　题

1. 身份认证的主要方式有哪些？应用身份认证在工业控制系统中应注意什么问题？
2. 怎样利用数字签名技术来实现工业控制系统中安全的通信？
3. 在工业控制系统网络中怎么运用 PKI 技术进行安全通信？
4. 什么是基于角色的访问控制？访问控制在工业控制系统中是怎么应用的？
5. 使用 Python 的 Socket 工具包实现仿真实现服务器和客户端的公钥与私钥分发。

参考文献

[1] RAO N, SRIVASTAVA S, SREEKANTH K S. PKI Deployment Challenges and Recommendations for ICS Networks [J]. International Journal of Information Security and Privacy, 2017, 11(2):34-48.

[2] Akbari A, Mirshahi S, Hashemipour M. Application of RFID System for the Process Control of Distributed Manufacturing System[C]. IEEE 28th Canadian Conference on Electrical and Computer Engineering (CCECE). Halifax: 2015.

[3] Wu Kehe, Li Yi, Chen Long, et al. Research of Integrity and Authentication in OPC UA Communication Using Whirlpool Hash Function[J]. Applied Sciences, 2015, 5(3):446-458.

[4] TAN V V, YOO D, YI M. Security in automation and control systems based on OPC techniques [C]. International Forum on Strategic Technology. Ulaanbaatar: 2007.

[5] Gaitan A M, Popa V, Gaitan V G, et al. Products Authentication and Traceability using RFID Technology and OPC UA Servers [J]. Electronics & Electrical Engineering, 2012, 18(10): 73.

[6] Huang Renjie, Liu Feng. Research on OPC UA based on electronic device description [C]. In Proceedings of the 3rd IEEE Conference on Industrial Electronics and Applications (ICIEA). Singapore: 2008.

[7] Liu Fagui, Miao Zhaowei. The Application of RFID Technology in Production Control in the Discrete Manufacturing Industry [C]. IEEE International

Conference on Video and Signal Based Surveillance. Sydney, 2006.

[8] Su Weixing, Ma Lianbo, Hu Kunyuam, et al. A Research on Integrated Application of RFID - based Lean Manufacturing [C]. 21st Chinese Control and Decision Conference. Guilin, 2009:5781 - 5784.

[9] Li Zhekun, GADH R, Prabhu B S. APPLICATIONS OF RFID TECHNOLOGY AND SMART PARTS IN MANUFACTURING[C]. in Proceedings of DETC'04: ASME 2004 Design Engineering Technical Conferences and Computers and Information in Engineering Conference. Salt Lake City: 2004.

[10] Tang Dunbing, Zhu Renmiao, Gu Wenbin, et al. RFID applications in automotive Assembly line equipped with friction drive conveyors[C]. in 15th International Conference on Computer Supported Cooperative Work in Design (CSCWD). Lausanne: 2011.

[11] ATKINS A, Zhang Lizong, Yu Hongnian. Application of RFID and Mobile technology in Tracking of Equipment for Maintenance in the Mining Industry [C]. Australasian Institute of Mining and Metallurgy. University of Wollongong, 2010: 350 - 358.

[12] MAKRIS S, MICHALOS G, CHRYSSOLOURIS G. RFID driven robotic assembly for random mix manufacturing [J]. Robotics and Computer - Integrated Manufacturing, 2012, 28(3): 359 - 365.

[13] MIRSHAHI S, AKBARI A, UYSAL S. Implementation of Structural Health Monitoring based on RFID and WSN[C]. in IEEE 28th Canadian Conference on Electrical and Computer Engineering (CCECE). Halifax, NS, Canada, 2015.

[14] 杜虹. 保密技术概论[M]. 北京：金城出版社，2013.

[15] STOUFFER K, FALCO J, SCARFONE K. Guide to Industrial Control Systems (ICS) Security[M]. NIST Special Publication 800 - 82, 2011.

[16] CSDN. 数字签名基本概念[EB/OL]. [2019 - 01 - 01]. https://blog.csdn.net/shaoqunliu/article/details/52080923.

第 8 章　工业控制系统安全控制：审计与数据安全

8.1　安全审计

8.1.1　安全审计的基本概念

安全审计是指通过审计产品对计算机网络的管理、防护、监控、恢复等行为，以及对可能带来的风险进行系统的、独立的检查验证，并作出相应评价的过程。安全审计功能主要是审计网络内部的用户活动，侦查系统中现有的和潜在的威胁，对与安全有关的活动的相关信息进行识别、记录、存储和分析。国内外各个安全评价标准对安全审计系统都有较详细的要求。

安全相关的操作可以做为对象(例如文件)进行单独访问，维护发生安全相关事件的日志，列出每个事件和负责添加、删除或更改的人。这个审计日志显然必须受到外部环境的保护，并且保持更新。

审查是对记录的独立审核和检查，以评估系统控制的充分性，确保遵守既定的政策和操作程序，也用于推荐控制、政策或者过程中的必要的改变。对于某些应用，可能需要生成对数据库的所有访问(读或写)的审计记录，这样的记录可以帮助维护数据库的完整性。

审计的范围应包括服务器、用户终端、应用系统、网络设别、外部设备/介质的使用以及操作系统。安全审计产品按被审计对象，可划分为主机审计、网络审计、数据库审计、应用审计、日志审计和综合审计。

主机审计是指通过在服务器、用户终端、单机、移动笔记本或其他审计对象中安装客户端代理的方式来进行审计，获取并记录审计主机的状态信息和敏感操作，并从已有的主机系统审计记录中提取信息，依据审计规划分析判断是否有违规行为和异常操作。

网络安全审计通过旁路或串联的方式实现对网络数据包的捕获。它通过监听网络行为，记录敏感的网络操作，分析是否有违规行为发生。

数据库审计可实时获取被审计数据库系统的状态信息和操作行为，从已有的数据审计记录中获取信息并进行分析，记录针对数据库的敏感操作，监控是否有违规行为。

应用审计一般通过调用应用系统提供的审计接口，对用户在使用应用系统过程中的登录、操作、退出的一切行为，通过内部截取和跟踪等相关方式，进行监控和详细记录，从而获取、记录被审计应用系统的状态信息和敏感操作，依据审计规则分析判断是否有违规行为和异常行为。

日志审计系统能够实现网络事件和信息的全面管理。

8.1.2 工业控制系统安全审计建议和指导

安全审计需要首先确定系统是否按预期执行。应对工业控制系统进行定期审核，以验证以下项目：

(1) 系统验证测试中的安全控制(例如，制造接收测试和网站接收测试)仍在生产系统中正确安装和运行。

(2) 生产系统不受安全性下降的影响，并在可行的情况下提供有关下降的性质和程度的信息。

(3) 严格遵循变更计划管理，对所有变更进行审核和审批审核。

每次定期审核的结果应以绩效的形式表示，并与一组适当的预定义指标相对应，以显示安全绩效和安全趋势。应将安全绩效指标发送给适当的利益相关者，同时了解安全绩效趋势。

传统 IT 系统审计的主要依据是记录保存。在 ICS 环境中使用适当的工具需要从与 ICS、主要产品和设备的安全隐患相似的 IT 专业获取可扩展的知识。许多集成到 ICS 中的过程控制设备已安装多年，并且无法提供本节中描述的审查记录的能力。因此，这些用于审查系统和网络活动的工具的适应性依赖于 ICS 中组件的能力。

在 ICS 环境中管理网络的关键任务是确保可靠性和可用性，以支持安全有效的操作。在受管制行业中，合法性可以增加安全性。通过认证管理、注册表和安装完整性管理，可以增强安装和操作的所有安全功能。使用审计和日志管理工具可以提供有价值的帮助。系统应该提供可靠的、同步的时间戳来支持审计工具。

系统审计实用程序应纳入新的和现有的 ICS 项目中。在部署到运营 ICS 之前，应对这些审计实用程序进行测试。这些工具可以提供有形的证据和系统完整性记录。此外，活动日志管理实用程序实际上可以标记正在进行的攻击或事件，并提供位置和跟踪信息以帮助响应事件。

应对所有手动(例如，控制室登录)或自动(例如，在应用程序和/或 OS 层登录)的用户行为实施跟踪，明确其在所有控制台的活动。应制定有关记录内容，日志如何存储(或打印)，如何受保护，谁有权访问日志以及如何/何时进行审核的策略程序，这些策略和程序将随 ICS应用程序和平台而变化。传统系统通常使用打印机记录器，由管理、操作和安全人员进行审核。由 ICS 应用程序维护的日志可以存储在各个位置，并且可以加密或不加密。

8.1.3 工业控制系统信息安全审计系统

1. 体系结构

如图 8-1 所示，工控安全审计系统可以视为“3+5”体系架构，即“3”个特征库(协议库、行为特征库、审计数据仓库)的“5”层架构(含数据采集层、内容检测层、行为检测与判断层、行为事件处理层、行为审计层)。

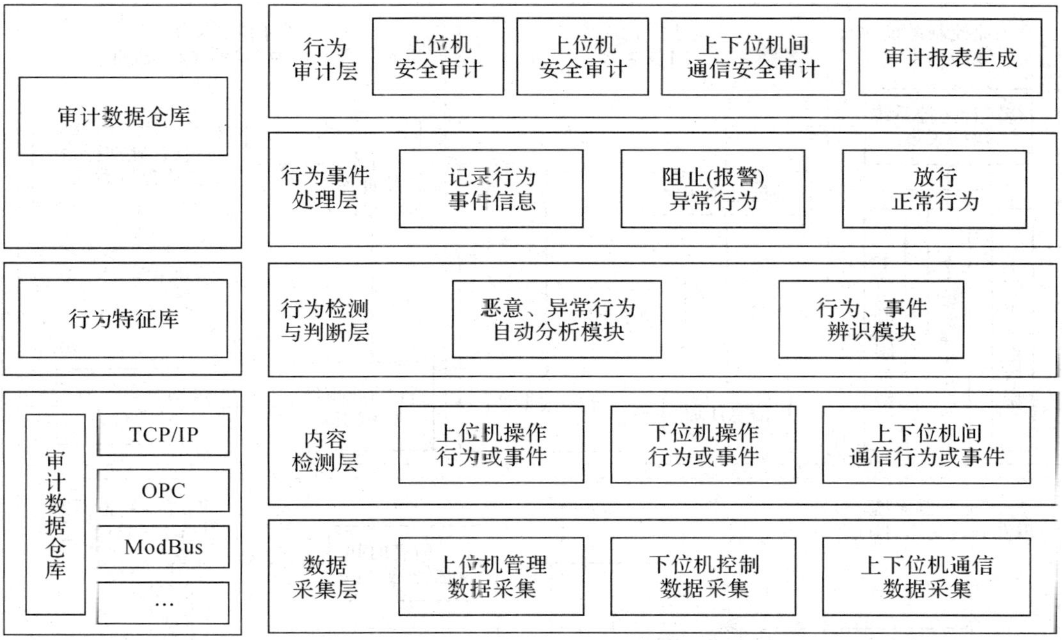

图 8-1　ICS 信息安全审计系统体系架构图

下面简要说明图 8-1 中的主要要件。

(1) 协议库。协议库是指工业控制系统所采用的通信协议，如 Modbus、OPC、TCP/IP、CAN、RS485、Rs232 等。

(2) 行为特征库。行为特征库是指上位机操作行为、下位机操作行为、上下位机间通信的通信行为的“行为特征”，如访问控制行为、请求错误行为、系统事件、备份和恢复事件、配置变化行为等。

(3) 审计数据仓库。审计数据仓库是指存储在数据库中的工业控制系统某一时间段、所有行为的审计信息。

(4) 恶意、异常行为自动分析模块。通过把可疑行为的不同部分关联起来并不断更新行为特征库，最终确定恶意代码的新型攻击行为。

2. ICS 信息安全审计系统的审计流程

工控安全审计系统的审计流程如图 8-2 所示。它主要包括以下 5 个流程。

(1) 工业控制系统数据采集。实现待审计的工控系统数据采集，包括上位机的管理数据采集、下位机控制数据的采集、上位机和下位机间的通信数据的采集等 3 部分数据。

(2) 工业控制系统内容检测。将采集的数据还原成上位机操作行为或事件、下位机操作行为或事件、上下位机间通讯的通讯行为或事件，如访问控制行为、请求错误行为、系统事件、备份和恢复事件、配置变化行为等。

(3) 工业控制系统恶意行为、异常行为判断。根据第(2)步所获得的行为信息或事件信息生成相应的行为事件，并通过行为特征库、行为检测引擎来辨识是否为恶意或异常行为，若能直接辨识则进入第(4)步；否则，利用恶意、异常行为自动分析模块更新行为特征库，来识别未知行为。

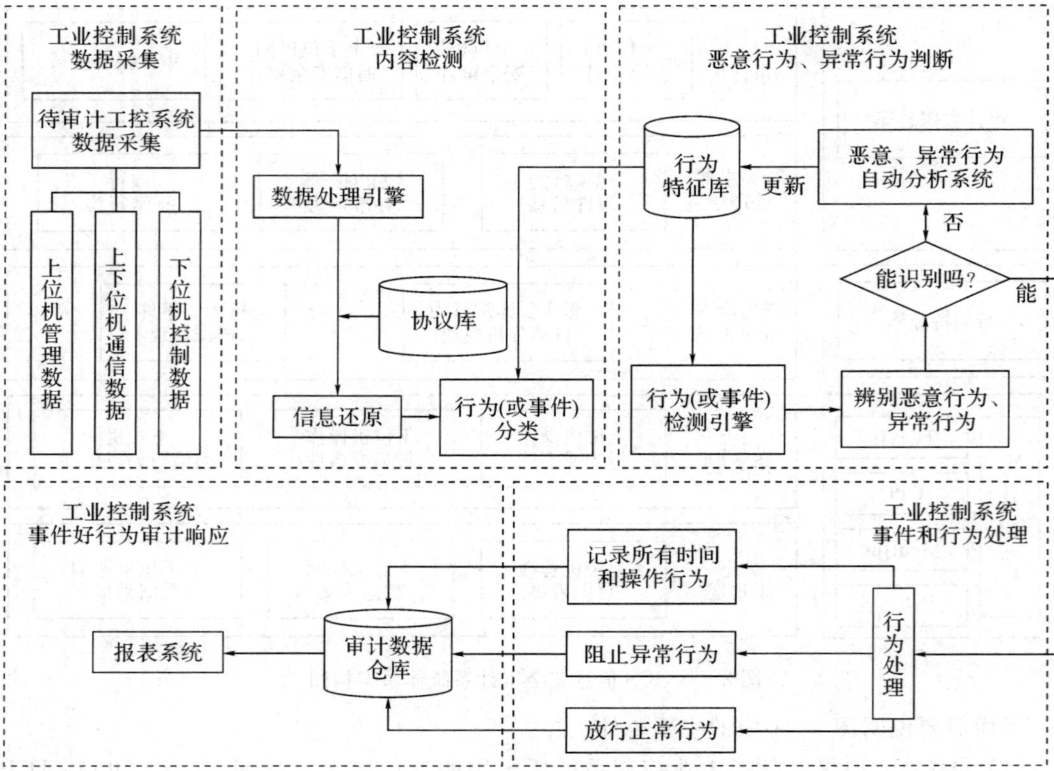

图 8-2　ICS 信息安全审计系统的审计流程图

(4) 工业控制系统事件和行为处理。根据行为特征进行智能处理，即对于异常行为进行阻止并报警；对于正常行为则放行；同时，还要记录所有的事件和操作行为信息。

(5) 工业控制系统事件和行为审计响应。将事件信息和行为信息存人审计数据仓库，并根据用户的需求生成相应的审计报表。

3. ICS 信息安全审计系统的部署

ICS 信息安全审计系统如图 8-3 所示。信息安全审计系统可直接安装在上位机(如 SCADA 服务器、DCS 服务器)与下位机进行数据交换的交换机上，可以对上位机的系统日志、上位机对下位机所下发的控制指令数据以及下位机反馈的控制数据进行数据采集和安全审计，部署简单，可操作性强。

ICS 信息安全审计系统性能上应该能够达到：

(1) 支持的原始日志和事件的存储容量足够大；

(2) 可以通过自身的调节达到负载均衡，支持双机热备实时同步；

(3) 支持工业控制系统特定接口、协议，如 OPC、Modbus 等常用工业通信协议，RS-422/485、RS-232 等工业控制系统常用接口。

ICS 信息安全审计系统能够全面实时地收集来自工业控制系统下位机区网络终端设备(PLC、智能仪表、工控机)、工业控制系统上位机区设备、企业办公区内所有节点终端设备的日常操作与管理事件，进行安全审计分析。

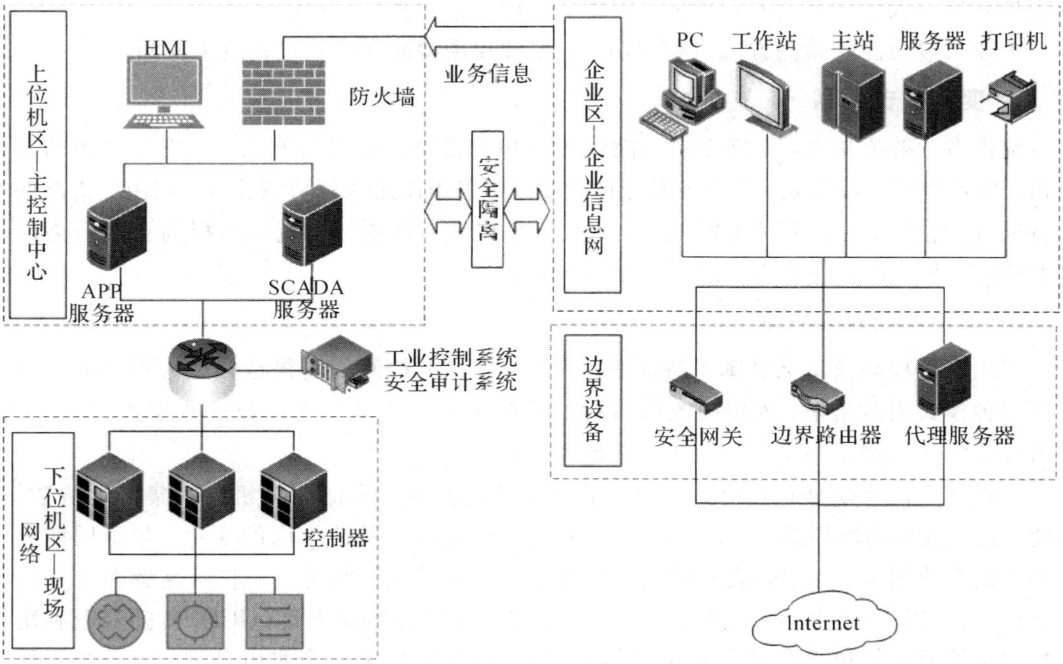

图 8-3 ICS信息安全审计系统

8.2 入侵检测系统

入侵检测是对企图入侵、正在进行的入侵或已经发生的入侵行为进行识别的过程。通常入侵检测主要由 4 个部分组成。

- 数据收集器：主要负责收集数据。
- 检测器：负责分析和检测入侵的任务，并向控制器发出警报信号。
- 知识库：为检测器和控制器提供必要的数据信息支持，例如用户历史活动或检测规则集合等。
- 控制器：根据从检测器发来的警报信号，自动地对入侵行为作出相应。

传统的计算机信息系统普遍布置入侵检测系统以保证系统的信息安全，对于工业控制系统，它所面对的信息安全考量与传统的计算机系统有一些侧重和不同。

传统计算机系统绝大多数都是由 PC 机、服务器通过 TCP/IP 协议通信，通用的操作系统有 Windows、Linux 等，系统兼容性好，软件升级频繁；而工业控制系统主要由 PLC、RTU、DCS、SCADA 和传感器等设备组成，通过 OPC、Modbus、DNP3 等专有协议信息通信，使用 WinCE 等嵌入式系统，系统兼容性差、软硬件升级困难。在性能特征等方面，传统计算机系统对实时性要求不高，运行有一定的延时，可停机或重启，需要高吞吐量，系统具有足够的资源支持；而工业控制系统实时性要求高，流量具有突发性和周期性，没有足够的升级资源和安保功能，并且必须具备容错功能，不能停机或重启。

传统入侵检测在流量过滤和监测时存在细粒度过大、协议类型不兼容的问题，并且工业环境复杂，无法防御中间人或内部人攻击。因此，需要针对工控环境和协议类型制定基于工控环境的入侵检测技术，不能将传统入侵检测技术直接套用。

工业入侵检测的检测方法主要有两种：变种攻击检测和隐蔽过程攻击检测。

1. 变种攻击检测

攻击者为躲避检测，不断更新功能或在一些攻击特征上进行修改，制作出更多的变种攻击，导致检测手段失效。对于变种小的攻击，可采用误用入侵检测技术，利用攻击族的共性特征进行检测。对于变种大的攻击，采用异常入侵检测技术，进一步提高正常行为的建模准确度，凡与正常行为不一致的都归为入侵行为。

1）误用入侵检测技术

误用入侵检测技术又称基于特征的入侵检测，这一检测的前提是假设入侵者的活动可以用一种模式表示出来，入侵检测的目标是检测出主体活动是否符合这些模式。所以，误用入侵检测的关键是准确描述攻击行为的特征。

工控网的流量是具有鲜明特点的，工业现场设备通常采用轮询机制收集并上传数据，因此，会呈现出高度周期性。许多攻击会引起网络流量频域范围内的变化，包括周期爆发频率的出现或消失、周期爆发持续时间的变化、噪声总量增加等。一些研究者在工控网流量分析上已经做了一些研究。例如，Liu 等爱尔兰都柏林国立大学(UCD)实验台上利用频率检测来检测网络攻击对智能电网的影响。测试电网模拟了 3 个水电站发电厂，当入侵者进入其中一个变电站局域网后，会控制 IED，断开输电线，使该发电厂停止运行，剩余 2 个发电厂必须满负荷发电，使发电厂正常运行，这就使变电站频率降低。所以针对该攻击应找出相应的策略，阻止网络攻击，断开入侵者连接，使其重新恢复到稳定值。Barbosa 等对 SCADA 流量的特性进行研究分析，并根据常见的攻击类型的特点，得出基于网络流量的周期性检测方法，不仅可以成功检测出网络中的攻击，如拒绝服务(DoS)攻击、扫描信息攻击，还能在识别攻击后，根据数据流量周期的变化来检测异常流量。实验中，Barbosa 利用快速傅里叶变换(FFT)和滑动窗口形成可视化的检测模型，其检测效率高，但在准确率上存在较大的问题。而工业网络的周期性存在不确定性，由于控制网络除了实时数据轮询功能，还有配置功能，在配置期间网络流量的周期性无法保证，容易引起误报。因此，单纯依靠周期性进行检测，将会产生很高的误报率。为此，侯重远等提出了工业网络流量异常检测的概率主成分分析法(PPCA)，分析出误报的原因是源于随机突发流量，建立了工业控制网络流量矩阵的概率主成分分析模型，并描述了随机突发流量对主成分分析法(PCA)的影响；接着利用变分贝叶斯理论对 PPCA 模型的秩进行推断，通过检测秩的变化判断异常流量，从而抑制随机突发流量对异常检测的干扰。实验中使用网络分析仪采集 Profibus 流量，使流量数据通过 OPC Tools 工具箱导入仿真软件，按照流量异常检测算法来进行异常检测，并模拟震网病毒在传播和攻击时的网络通信行为来实现对攻击流量的模拟，证实了基于 PPCA 模型的算法能有效降低误报率，平均下降率达到 32%，这种方法仅在攻击流量特征与正常业务类型差异比较大的情况下才有指导意义。

工业系统中的攻击方法已经转向慢渗透方式，仅统计网络流量特性已不能满足需求，研究者开始采用基于行为的分析方法进行检测。Vollmer 等应用多情感的遗传算法去自动提取异常行为的规则，可以为已知入侵行为建立规则。这个规则与过去的网络入侵检测相似，但内容上有所不同。过去的工作是开发规则集，从未知行为中分离出已知行为。而此工作是通过使用遗传算法，为基于行为的系统检测到的特殊异常生成一组最优的 IDS 规则，此规则要满足完整性规则匹配、部分规则匹配和语法检查。通过输入数据流量分组，利用遗传算法，输出一组规则以及各自的适应值；然后利用 Nemesis、PackETH 和 ISIC 这 3 个工具创建 2 套测试网络数据，与生成的规则进行匹配，对 33 804 个测试分组进行测试，只误报了 3 个数据分组，说明此算法生成的规则的误报率很低，算法的精确度非常高。但是该方法对于每一种攻击至少生成 3 条检测规则，有些行为多达 8 条规则，影响了检测性能。Morris 等针对 Modbus RTU/ASCII 协议，设计了一种基于 Snort 软件的入侵检测方法，利用 Snort 规则对上行数据和下行数据进行检测，该方法可以有效检测 Modbus 协议中出现的非法数据分组，但对检测规则的制定要求非常高。Morris 于 2013 年对其进行了改进，仔细分析了 Modbus 协议的漏洞，提出了 50 个基于入侵检测系统的签名规则，检测精度得到了很大的提升。

Hong 等综合基于特征检测和行为检测的优点，提出一种基于主机和网络的集成式异常检测系统，基于主机的异常检测通过分析日志信息以检测应用层攻击(如用户重复错误口令、非法拷贝文件等)，基于网络的异常检测，检测多播信息，以检测网络层的异常行为攻击。在变电站 WSU 网络安全试验台上测试，使用试验台模拟重放攻击，通过篡改数据分组、中间人和 DoS 等不同类型的网络入侵，来验证提出的异常检测算法。测试结果表明基于主机的异常检测系统的误报率(FPR)和漏报率(FNR)分别为 0.013%和 0.02%，基于网络的异常检测系统的 FPR 和 FNR 分别为 0.013%和 0.016%。由于基于主机的异常检测取决于生成的日志，而基于网络的异常检测不能检测未知攻击，所以为了提高检测率，基于主机的异常检测需要分析更多的系统日志，基于网络的异常检测需要周期更新算法。

误用入侵检测的关键问题是入侵行为的获取和表示，这种检测方法的优点是检测正确率高，缺点是变种攻击行为的检测能力有限。但是这个缺点并未影响其实际应用价值，该技术还是可以有效检测大部分变种攻击行为的。

2) 异常入侵检测技术

异常入侵检测技术是检测变种攻击的另一个重要途径，它能够建立用户或系统的正常行为轮廓。在早期的异常检测系统中通常用统计模型，通过统计模型计算出随机变量的观察值落在一定区间内的概率，并且根据经验规定一个阈值，超过阈值则认为发生了入侵。后来很多人工智能技术应用于异常检测，如神经元网络技术和数据挖掘技术等。

一些研究者在异常入侵检测技术上也有突破性的研究。Vollmer 等提出了基于 EBP 神经网络的规则学习算法，运用 EBP 神经网络作为训练网络，按照 Snort 规则向量的形式，从 ICMP 数据分组中提取数据特征(向量)作为输入提交给训练网络，让网络学习规则，实验中针对 ICMP 数据分组提取了 129 个 Snort 规则，并分为 7 类，此网络能够以 60%的正确率识别出 DoS、混合行为和企图探测的网络攻击行为。Linda 将此方法结合基于动态窗口的数据分组特征提取技术，并使用 LM 算法将反馈神经网络中的误差最小化。实验中使用标记的数据分组进行规则的学习，之后使用攻击分组进行探测，检测率达到 100%。但其并没有根据现实场景的攻击类型进行多样化测试来进一步说明检测的准确性，也使其成为今后的研究实验方向。2014 年，Vollmer 等又使用了一种低交互式的蜜罐技术(Honeyd)，可以在一台简单的主机上模拟数千台主机而减少硬件成本，目的是在较短的时间内收集信息，确认攻击者和可能破坏的网络平台。使用主动扫描工具 Nmap 和被动扫描工具

Ettercap收集信息进行蜜罐的配置；根据这些配置信息，蜜罐可以对虚拟主机进行自动配置和更新。Vollmer用一个小型校园网络作为测试场景，所有虚拟的主机设备都能够被识别，并且模拟主机的IP都会进入到异常检测系统中。如果系统认为有新的IP，则它的一切行为都是异常的，并被记录下来。但是Honeyd建立的虚拟主机的响应数据分组只有ICMP、TCP和UDP，如果是真实的设备响应，则种类更多。而且，虚拟的主机对于IP中的选项字段也没有正确响应，这都容易暴露蜜罐系统的存在。

Tsan等提出多主体的IDS架构，用于大型交换网络中的分布式入侵检测和预防控制。采用蚁群算法和无监督特征提取的方法，重点讨论如何提高聚类算法的精度和如何针对高维数据进行降维，为ICS中的入侵检测提供了一种多主体的分布式控制检测机制。实验中采用KDDCup99 IDS数据集评估训练模型，共311 029个记录。表明了蚁群聚类模型ACCM能提高现有的基于蚁群聚类算法的整体性能，能自动确定聚类数；为了对高维数据进行降维，评估比较了4个无监督特征提取算法，即主成分分析算法、K-means算法、E-M算法和独立成分分析(ICA)算法。应用ICA能从网络数据中提取潜在特征，加强聚类结果。结果证明ACCM应用ICA算法能有效检测已知或未知入侵攻击，有着较高的检测率，在识别正常网络流量上，具有较低的FPR。Gao等提出了一组命令和响应注入、DoS攻击，让商业SCADA系统遭受攻击，使用SCADA网络事务数据记录器，捕获与这些攻击相关的网络流量，然后让捕获的网络流量结合SCADA控制系统正常运行捕获的流量，验证基于IDS的神经网络，也就是采用设备地址、MTU命令、RTU响应频率和物理特性等作为特征，应用神经网络模型检测命令和响应注入攻击。Gao等在密歇根州立大学的SCADA测试床上进行了攻击测试，在正常操作下，抓取的数据分组有12 000个，当遭受中间人攻击时，抓取的数据分组有5000个，FPR为0～6.2%，FNR为0～8.9%；在DoS攻击情况下，FPR为0～8.2%，FNR为0～2.0%；重放攻击的FPR为45.1%，FNR为42.7%；其中，中间人攻击和DoS攻击的检测率非常高，而重放攻击的检测率非常低，这说明特征的选取是建立异常入侵检测模型的难点。

Kwon等针对IEC 61850协议，提出了基于行为的IDS，它使用多个网络特性的统计分析，得到高精度的检测。采用从智能变电站环境中捕获的真实的网络数据流量，通过分析IEC 61850网络流量，利用静态特征和动态特征，来检测异常流量。测试了288个场景包括261个正常操作场景，以及27个已知攻击，如扫描攻击、DoS攻击、GOOSE攻击和MMS攻击等；结果表明，提出的算法不仅能检测到24个已知攻击，还能检测出未知攻击，即使漏报了3个攻击，但是并无误报，并且算法精确度很高，为99.0%。所以，该基于行为的IDS能有效识别出给定实验中所有异常数据，并且无误报，检测率高。但是实验缺乏开放的可用网络数据集，无法比较其性能和精确度。Hadziosmanovic等也比较了4种基于行为的IDS模型(PAYL、PSEIDON、Anagram和McPAD)，使用N-gram方法提取特征，测试数据集包括Modbus协议数据和局域网协议数据，结果显示这4种IDS在Modbus协议数据集上有比较高的检测精度，但是在LAN数据集上的检测精度比较低，进一步说明工控网与传统网络的IDS特征选择方法有较大的区别。

此外，Barbosa等提出使用服务器的轮询方式来模拟SCADA周期性的网络流量，从而通过流量之间的关系建立正常的行为模型，并且可以依据此方法建立异常行为模型。Carcano等提出了基于状态的入侵检测系统，它能够检测复杂攻击，并为SCADA架构设计了一个 IDS 原型，采用单分组签名技术和状态分析技术 2 种检测方法来分析 Modbus 数据分组。其原型包括 3 个模块：负载系统(LS)、状态控制器(SC)和规则分析仪(RA)。还提出了一种规则语言来描述 Modbus 签名和现场设备状态。为验证 SCADA、IDS 的效率和有效性，实验执行了 2 种测试，即单分组签名检测和临界状态检测来进行检测比较，结果表明，提出的 IDS 能够检测所有的潜在威胁。但 Barbosa 等定义的系统临界状态过于简单，所以能够检测的入侵行为类型较少。Parvania 等使用网络入侵检测系统来保护混合配电系统(ADS)，通过其网络流量特征进行数据分组协议合法字段的规则定义(IP 地址，有效的功能码)。ADS 为减少出现故障的恢复时间，启用了自动化恢复过程(FLISR)，此自动化过程拥有一套严格的行为过程特征，在研究其配电系统的业务逻辑以及 FLISR 的基础上，确定了配电系统的 FLISR 过程操作，以及自动化操作的周期性规则定义，并且在特定环境的基础上，提出了可通过观察配电系统的电流、电压、功率流的守恒值来建立正常的特征基线，从而判断异常。实验使用 2 个 PLC 来模拟系统控制器，并验证了 DoS 攻击和中间人攻击。但实验由于只观察了一个通信链路，并没有充分验证通过观察电流、电压等物理定律来判断是否为攻击，这也成为他们今后的研究工作。

Hong 等建立了网络安全测试台，包括电力系统模拟、变电站自动化和 SCADA 系统，并在测试台上进行了评估；提出的网络安全框架的主要任务是实时监控、异常检测、影响分析和缓解策略。而且还定义了网络安全基准测试，提出了两种异常检测算法，这两种算法在爱尔兰都柏林国立大学(UCD)的试验床上得到检验，并且计划通过 ICCP 连接 UCD 和 ISU(爱荷华州立大学)两个测试台。

Zhou 等为工业过程自动化提出了基于多模式的异常检测系统，能够从时间和空间上检测到 PCS 中的异常，提出的异常检测包含基于通信的异常检测(CAD)，用 N－gram 序列检测通信状态；基于节点的异常检测(NAD)，使用 n 元序列和统计模型进行检测，通过检测时间来判断异常，以及基于应用的异常检测(ADD)。此外，还设计了一个基于智能的隐马尔可夫(HMM)模型，以识别连续异常警报的攻击。最后，在 OPNET 环境的仿真平台上，使用 TEP 控制系统对入侵检测系统的检测精度和实时性能进行评估，即通过对各类攻击设置不同的攻击频率，来测试运行时间，检测不同攻击频率下的精确度。实验采用了欺骗攻击、篡改攻击和 DoS 攻击。为训练 HMM 模型，还设计了故障注入(物理故障、通信故障和计算故障)，使系统正常运行、注入攻击、注入故障，得到的训练数据集包含 7200 个观察值，测试数据集包含 3600 个观察值。分析模拟结果，证实 PCS 中的攻击在宏周期内能被快速检测出来，误判率(FPR 和 FNR)低于 1.61%，并且提出的 IDS 能检测到未知攻击，其对 TEP 控制系统的性能几乎无影响。

为解决工业控制系统中通信行为的异常检测问题，Shang 等使用改进的单类 SVM 建立了正常的通信行为控制模型，设计了基于粒子群算法的 PSO－OCSVM 来优化参数。该方法建立的入侵检测模型，依据正常的 Modbus 功能码序列，能够识别异常的 Modbus TCP 流量。在模拟实验中，当系统运行时，操作员通过 WireShark 抓取 Modbus TCP 流量数据分组，丢弃无 Modbus 功能码的数据分组。使用 Modbus 功能码作为特征向量，在提取特征后，Shang 等挑选了 180 个 Modbus 功能码序列，其中的 140 个作为训练样本，剩余的 40 个为测试样本。在 PSO－OCSVM 中，选用的种群大小为 20，进化代数为 50，利用交叉验证方法可以得出 OCSVM 的精确度。模拟结果表明，PSO 优化过程效率很高。测试样本的分类精度达到96%，训练样本的分类精度达到100%，说明OCSVM有较强的学习能力和泛化能力。提出的PSO-OCSVM能满足工业控制系统的异常检测。

在异常入侵检测技术研究上，虽然研究人员在变种攻击检测方面进行了深入研究，取得了很多优秀成果，但是这些算法还存在许多问题，最大的缺点是会产生虚警率，且结果缺乏可解释性。这主要是由于单纯地分析监控特征，忽略了其中的形成机理，造成特征表达信息的缺失。因此，工业控制系统中的变种攻击检测技术还需要进一步地完善和发展。

2. 隐蔽过程攻击检测

过程攻击是指违背了生产过程的攻击。命令虽然符合协议规范，但违背了工控系统的生产逻辑，使系统处于危险状态。检测隐蔽的过程攻击方法有两种，一种需要提取更多的上下文信息，如果信息量不充分，那么就可能存在漏报现象；另一种，要获取工业控制系统中的领域约束逻辑，这是检测隐蔽过程攻击的关键，也是一个非常耗时的过程。

Carcano等考虑到配置命令必须通过现场总线传递给PLC，被动地监测总线流量发现异常，提出了基于状态的SCADA入侵检测系统，该系统包含3个模块：负载系统、状态控制器和规则分析器。设计了一种描述语言表达的智能电网，收集PLC和RTU的内部寄存器值、数字量及模拟量的输入和输出，为检测特征增加了语义描述，通过关键状态距离度量值能够检测隐蔽攻击(也称水母攻击)，这种攻击由合法的SCADA命令组合形成，但组合后的命令能导致系统进入危险状态。

与Carcano提出的语义检测类似，Lin提出了分布式网络入侵检测语义分析框架，通过评估执行控制命令时系统的状态，揭露攻击者的恶意意图。语义分析框架包括：

(1) 从SCADA网络数据分组中提取控制命令；

(2) 从变电站中的传感器获取测量值；

(3) 触发故障分析软件去估计可能的执行命令结果。

在IEEE 30总线系统上对此方法进行评估，实验证明通过打开3个传输线路，即恶意地手动控制命令，攻击者可以通过传统的故障分析避免检测，立即使测试的IEEE 30总线系统处于不安全状态；语义分析能花费很少的时间提供可靠的恶意命令监控和检测。然后对其进行性能评估，主要是测量分析关键命令的执行时间和网络吞吐量，在测量执行时间中进行了网络监控和触发故障分析，其中故障分析导致了IDS性能下降，而提出的语义分析主要依靠两个特点来保证实时性：① 电网中许多设备的关键执行命令是手动执行的，因此，控制命令的间隔是分钟级的；② 关键命令的类型和数量有限，因此，IDS语义分析计算量小。

Hadziosmanovic等开发了一种基于语义的网络IDS，采用了3个步骤确定特征及语义信息：① 确定了24个关键特征变量；② 基于对话提取告警、控制命令等信息，增加特征变量的语义信息；③ 确定变量间的相关性，即一组变量可以从不同角度描述一个设备，以此增加语义关联信息。作者的模型可以有效检测部分过程攻击，但对于特征的语义描述还不充分，下一步的工作将是获得更多的上下文信息，包括更多的结构协议和更多的工程配置文件。

在航空、医疗、电网等工业网络中的IDS研究中也有突出的贡献。在医疗领域中的IDS系统增加了丰富的领域语义信息，为在医疗网络物理系统(MCPS)的医疗设备中嵌入的入侵检测提出了一种基于行为规则规范技术。在医疗系统中，将医疗的行为规则转换为状态机，去检查行为偏差。以生命体征观察器（VSM）医疗设备为例，首先规定行为规则集；然后将行为规则转化成状态机；最后，基于攻击原型如鲁莽攻击、随机攻击和伺机攻击，收集合规度数据，确定合规度分布参数，从 IDS 性能评估生成的 ROC 曲线中估算 FNR 和 FPR。实验证明，所提出的方法能检测出低于 5%的鲁莽攻击者，以及低于 25%的随机攻击者和伺机攻击者。通过比较分析，证实了提出的基于行为规范的 IDS 技术要优于现有的 2 项基于异常的用于检测异常病人行为的技术。

检测隐蔽的过程攻击已经成为近年来工业 IDS 的研究热点，避免漏报和语义分析是关键。如何设计新的算法，提升过程攻击的检测精度是需进一步研究的内容。

8.3 数据安全

NIST SP 800－53 系统和交流保护（SC）系列的安全控制提供用于保护系统和数据交流组成部分的政策和过程。

8.3.1 加密

1. 工业控制系统加密基础考虑

加密是将数据（称为明文）加密转换为一种形式（称为密文），隐藏数据的原始含义以防止其被人知晓或使用。如果转换是可逆的，则相应的反转过程称为解密，就是将加密数据恢复到其原始状态的转换。

在部署加密之前，首先确定加密是否是特定 ICS 应用程序的适当解决方案，因为身份验证和完整性通常是 ICS 应用程序的关键安全问题。还应考虑其他加密解决方案，如哈希加密。

由于加密、解密和认证每条信息所需的额外的时间和计算机资源，在 ICS 环境下的加密应用可能引起通讯延迟，对于 ICS，使用加密或任何其他安全技术的应用所导致的任何延迟都不应降低终端设备或系统的操作性能。为了降低加密延迟，应考虑在 OSI 第 2 层加密，而不是在第 3 层。

此外，由于以下原因，加密邮件通常比未加密邮件大。

· 加校验和以减少错误；
· 控制密码学的协议；
· 填充（对于分组密码）；
· 身份验证程序；
· 其他所需的加密程序。

密码学还引起密钥管理问题。健全的安全策略需要周期性的密钥更改。随着 ICS 的地理距离增大，这个过程变得更加困难，广泛使用的 SCADA 系统就是最重要的例子。由于更改密钥的站点访问可能成本高且速度慢，因此能够远程更改密钥非常有用。

如果选择密码方式，最有效的安全措施是使用通过 NIST/通信安全机构（CSE）加密模块验证程序（CMVP）认证的完全加密系统。在该计划中，维护标准以确保密码系统被多数专家仔细研究，而不是由单个组织中的少数工程师开发。认证至少可能是：

· 用某种方法（例如计数器模式）来保证同样的信息每次不生成同样的值；

- ICS 消息可以防止重放和伪造；
- 密钥管理在密钥的整个生命周期中是安全的；
- 该系统使用有效的随机数字生成器；
- 整个系统已经被安全地实现。

尽管如此，该技术只有在其是有效执行的信息安全策略所不可或缺的部分时才起作用。美国煤气协会（AGA）报告 12－1 有这种安全策略的一个例子。虽然它针对的是天然气 SCADA 系统，但其许多政策建议都适用于任何 ICS。

对于一个 ICS，加密能够成为全面地执行安全策略的一部分。组织应根据风险评估和受保护信息的识别值以及 ICS 操作约束来选择加密保护。具体而言，加密密钥应该足够长，以便使通过分析进行猜测或通过分析确定密钥需要比受保护资产的值花费更多的精力、时间和成本。

加密软件应当防止物理篡改和不受控制的电子连接。假设密码是适当的解决方法，如果被保护的单位数量大或者地理分散而导致改变密钥困难或昂贵，则组织应当选择具有远程密钥管理的加密保护。

2. 工业控制加密算法模型

在具体的工业控制系统环境中应用的工业控制环境有两种加密算法模型：对称加密算法模型和单向链密码算法模型。

1）应用环境

工业远程自动化控制环境主要指一个控制中心站点向多个远程受控终端系统发送控制指令(可以是过程控制、流程控制、逻辑控制、运动控制等)的情形。定义控制中心站点为 C，远程受控终端系统为 $R_i(i=1\sim n)$。远程受控终端系统可以是可编程逻辑控制器、人机界面(HMI)、图形显示终端、智能仪器/仪表，以及任何可以接受、解释和执行控制指令的终端设备。

工业控制系统中的远程受控终端系统 R_i，需要确保下面 3 个方面的信息安全。

(1) 控制中心站点和目标受控终端系统之间传输的控制指令的机密性。

(2) 控制指令本身是可以鉴别的，即控制中心站点确保产生针对特定的受控终端系统的控制指令，该机制也可以确保控制指令的完整性。

(3) 控制指令的生命周期的合规性，指的是入侵者不能随意改变控制指令接收的顺序。此处讨论的网络安全问题主要来源于恶意攻击者非法改变控制指令的正确接收顺序，进而引起对工业生产运转的破坏。值得注意的是，在该类工业控制环境中，有可能发生另外一些实时通信中的非正常运行问题，但不在本节的讨论范围内。

在图 8－4 网络化的工业控制系统环境下，控制中心站点 C 必须确保其所发的指令能被远程受控终端系统 R_i 正确接收。实现这个安全目标相对容易些，因为 R_i 可以向 C 发送一条鉴别确认信息。控制中心站点和远程受控终端系统之间的下行通信信道通常是可信和机密的。远程受控终端系统和控制中心站点间的上行通信信道(如图 8－4 中虚线所示)用来确保可鉴别性。当远程受控终端系统在接收到控制指令后可以向控制中心站点发送一条鉴别确认信息。

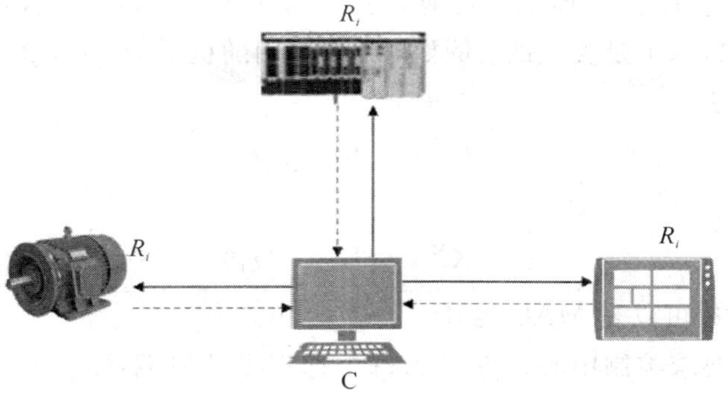

图 8-4　网络化的工业控制系统环境

2）模型涉及的密码概念

理论上有很多种密码技术可以用来实现上述信息安全目标，但是大多数成熟的密码技术都基于非对称加密算法，或称公钥加密—私钥解密算法，并在加密和解密阶段使用不同的密钥 H1。这类密码算法比一般的对称加密算法需要更多的计算资源和更多的存储空间，直接应用于计算资源、存储空间或通信能力受限的工业控制系统环境将会遇到很多问题。与此相反，对称加密算法使用相同的密钥进行加密和解密，不需要太多的计算资源和存储空间，但它的安全性依赖于共享密钥的强度。在诸如传感器网络等资源受限的自动化环境中使用对称加密技术，更容易实现信息安全目标。

此外，为实现低计算资源和存储空间，模型中讨论的技术主要基于对称算法模型。讨论利用模型实现上述章节提到的信息安全目标时，将会涉及下列对称加密算法中的基本概念。

（1）使用密钥 k 对消息并进行对称加密。高级加密标准（Advanced Encryption Standard，AES）算法是目前众多的对称加密算法中较为常用的算法。

（2）$H(x)$对消息并进行哈希运算。哈希运算是一种单向运算过程，可以对任意长度的消息报文进行运算，生成一个固定长度的数值，但对该数值进行逆运算却不能恢复原始消息。哈希运算主要用于确保数据完整性，最常用的哈希运算是安全哈希算法（Secure Hash Algorithm，SHA）。

（3）MAC(x)使用密钥 k 对消息 x 进行鉴别运算，运算结果形成基本的对称加密算法安全因子，该安全因子具有消息的身份鉴别能力。有很多方法可以对消息进行 MAC 运算。最简单的方法是对消息进行哈希运算时同时使用一个密钥，但是为增加安全性，需要使用更复杂的算法并迭代哈希运算过程。

3）对称加密算法模型

对称加密算法模型是应用对称加密算法为工业控制过程中的实体提供机密性和可鉴别性保护，这部分将讨论在前面应用环境中描述的工业远程自动化控制环境中使用上面讨论的密码学基本概念，确保工业控制过程的机密性和鉴别性。假设控制中心站点 C 与每个远程受控终端系统 $R_i(i=1\sim n)$共享一个秘密密钥 $K_{C,R_i}(i=1\sim n)$每个系统将需要两个密钥，一个密钥 K_{C,R_i}^{E} 用于加密，另一个密钥 K_{C,R_i}^{M} 用于计算消息鉴别码。K_{C,R_i}^{E} 和 K_{C,R_i}^{M} 都可以从主密钥 K_{C,R_i} 计算得出，但计算过程必须不可逆；否则，当攻击者破解其中的任何一个时，就有可能恢复主密钥 K_{C,R_i}。而如果计算过程本身是不可逆的，当攻击者破 K^E_{C,R_i} 和 K^M_{C,R_i} 中的任何一个时，另一个是安全的。例如，可以使用随机数 r_0、r_1，通过运算函数从主密钥分别计算出加密密钥：

$$K^E_{C,R_i}=E_{K_{C,R_i}}(r_0)$$

消息鉴别密钥：

$$K^M_{C,R_i}=E_{K_{C,R_i}}(r_1)$$

典型的运算函数可以是 MAC 运算。

另外，该模型要求控制中心站点 C 为每个远程受控终端系统 R_i 维系一个计数器 θ_{C,R_i} 每个远程受控制终端系统 R_i 与控制中心站点完成信息交换后，θ_{C,R_i} 累加 1。每个远程受控终端系统 R_i 也独立地保持一个计算器，每次正确接收控制指令后，计数器自动累加。

为保证向远程受控终端系统 R_i 发送控制指令的机密性和可鉴别性，控制中心站点 C 应用程序需要完成下列过程。

第一步，将工业控制指令表示为 M；

第二步，将控制指令加密设为 $E_{K^E_{C,R_i}}(M)$；

第三步，计数器累加

$$\theta_{C,R_i}=\theta_{C,R_i}+1;$$

第四步，组合使用计数器 θ_{C,R_i} 运算出消息 M 的消息鉴别码

$$\text{MAC}_{K^M_{C,R_i}}[E_{K^E_{C,R_i}}(M)\parallel\theta_{C,R_i}](\parallel\text{表示组合使用})。$$

从控制中心站点发往远程受控终端系统的消息如下：

$$C\rightarrow R_i:\{i,\theta_{C,R_i},E_{K^E_{C,R_i}},\text{MAC}_{K^M_{C,R_i}}[E_{K^E_{C,R_i}}(M)\parallel\theta_C R_i]\}$$

远程受控终端系统接收到该消息后需要进行如下操作。

(1) 基于数值 i 验证该消息的正确性，如果发生校验错误则忽略该消息，并等待传输下一组消息。

(2) 更新计数器数值，以确保新接收消息报文的计数器数值大于上一次接收到的消息报文的计数器数值，否则将丢弃该消息报文，并等待传输新的消息报文。

(3) 对已加密的消息报文进行 MAC 运算，确保消息报文和计数器的可鉴别性。如果鉴别失败，则丢弃该消息报文并等待消息重传。

(4) 使用新接收的数值 θ_{C,R_i}，更新计数器。

(5) 解密接收的消息报文并进行使用。

(6) 更新计数器值 θ_{C,R_i}，同时用计数器值和更新过的计数器值进行 MAC 运算。

$$R_i\rightarrow C:\{i,\theta_{C,R_i},\text{MAC}_{K^M_{C,R_i}}(\theta_{C,R_i})\}$$

利用 MAC 运算的结果应答控制中心站点。

控制中心站点端也将等待应答报文，并通过检查计数器数值和进行报文 MAC 计算的方法，检验该应答报文的正确性。如果检验结果正确，则表明已正常接收控制指令，控制中心站点的计数器进行同步更新；反之表示控制指令未被正常接收需要进行重传。

对称加密算法模型的特点是控制中心与远程受控终端系统共享的因素较少，仅几个少量字节的报文交互就可以完成整个加密过程，占用的计算资源和存储空间不大且可控。

4）单向链密码算法模型

单向链密码算法模型是指在工业控制系统中应用单向链密码技术，即使用单向陷门函数。

通常情况下以可以证明一个实体身份的某项秘密特征来实现鉴别过程。基于密码的鉴别是最普遍的鉴别技术，但它的缺点是仅能提供较弱的安全防护等级。因为密码有可能会在其存储的系统中被窃取，或在并不安全的会话通信信道中被泄漏。但是在那些计算时间特别受限的重要工业控制系统中，基于密码的鉴别技术优势很突出；而在一些不能占用太多计算资源的场合可以使用一次性密码。

一次性密码技术指的是每次鉴别认证过程都使用不同的密码。其最大的优点是及时放弃已经使用过一次的密码，并保证不会被第二次使用，确保用户不会遭受重放攻击。

Lamport 等人在 1981 年开展的一次性密码研究计划中，曾经提出仅将秘密信息存储在会话双方中的一方，从会话双方传输密码的过程中截获密码将不会导致系统遭受重放攻击，因为在该系统中同一个密码不会被使用两次。Lamport 的鉴别认证过程要求需要进行鉴别的实体计算序列$\{x, F(x), F^1(x), F^2(x), \cdots, F^{N_A}(x)\}$，其中 x 为实体选择的随机数并确保是秘密不公开的，N_A 是需要进行鉴别的次数，F 是已知的单向函数也称为单向链，且 F 具有交换性，或 F 本身是单向陷门函数（本节中讨论的单向函数 F 均指 F 具有交换性，或 F 是单向陷门函数）。

单向链在工业控制系统中的具体应用实例：利用 F 的交换性或单向陷门函数特性，实体 A 将 $F^N(x)$ 运算结果作为初始运算因子，当其他实体 B 需要与 A 进行第一次（$i=1$）鉴别时，B 将 $F^{N-1}(x)$ 运算的结果作为一次性密码，该一次性密码的真实性可以通过下列运算进行确认。

$$F[F^{N-1}(x)]=F^N(x)$$

当运算结果证明这种可逆性和真实性后，$F^N(x)$ 将被 $F^{N-1}(x)$ 替换。通常，在第 i 次（$i=1\sim n$）鉴别过程中，任意一个实体 C 可以向另一个实体 D 发送 $F^{N-i}(x)$ 运算结果，实体 D 可以通过简单的运算 $F[F^{N-i}(x)]$ 验证其真实性，并校验

$$F[F^{N-i}(x)]=F^{N-i+1}(x)$$

此时 $F^{N-i}(x)$ 是初始一次性密码，如果校验运算的结果正确，$F^{N-i+1}(x)$ 则可以被 $F^{N-i}(x)$ 替换。

工业远程受控终端系统（如 PLC 等）的运算速度和资源往往非常受限，构建上述单向链一般可以有两种较为实用有效的解决方案，但方案各有优缺点，需要根据实际情况进行选择。

（1）基于对称加密算法构建单向链。

hash 运算是一种典型的对称加密算法，其运算速度很快。但在国外一些密码研究计划中曾报道过该方案存在着明显缺陷。单向链的长度固定，如果将所有的原始数据用于单向链进行 hash 运算，则这些数据将不可再利用，因为单向链本身是不可逆的。如果将单向链的存储空间设置得过大，则单向链运算将需要更多的计算资源；如果设置得过小，则很快就会占满存储空间。

（2）基于非对称算法构建单向链。

使用公开密钥作为初始加密密钥，以及支持多个整型变量的加密算法作为单向链计算

方法的优点是单向链的长度可以是任意的并且单项链不存在存储空间被占满的问题。但是，公开密钥算法带来更灵活的安全性的同时却需要消耗更多的计算资源。

单向链密码算法模型最大的特点：一次性密码的使用不仅确保了信息安全能力，而且降低了工程实现上的难度，使用更灵活。

在工程化应用阶段，上述对称加密算法或单向链算法的软硬件实现载体，主要有三种形式：密码芯片、软件模块、独立的外设。密码芯片和软件模块可以与原有的控制中心站点设备和远程受控终端系统融为一体，而独立的外设将以串接或并接的方式接入原有工业控制通信网络环境中，因此应根据具体的使用环境和条件灵活选择。

研究工业自动控制系统中的控制中心站点与远程受控终端系统之间的安全通信问题，在当前的网络安全形势下非常有意义。本节提出两种基于密码的解决方案及应用模型，确保控制中心站点能向其控制网络中的每个远程受控终端系统发送机密的、可鉴别的控制指令，并保证工业控制会话双方的可用性。这两种应用模型能够较好地适应工业控制系统中计算和存储资源受限条件，克服信息安全技术对工业控制系统实时性的影响问题，具有一定的应用价值。

8.3.2 虚拟专用网络(VPN)

加密通信数据的一个方法是通过 VPN。VPN 是一个专用网络，像是公共基础结构上的覆盖层，能够在公共网络上运行。

1. VPN 概述

VPN 是指将在物理上分布在不同地点的网络通过公用网络连接而构成逻辑上的虚拟网。它采用认证、访问控制、机密性、数据完整性等安全机制在公用网络上构建专用网络，使得数据通过安全的“加密管道”在公用网络中传播。这里的公用网通常指 Internet。

VPN 技术实现了内部网信息在公用信息网中的传输，就如同在茫茫的广域网中为用户拉出一条专线。对于用户来讲，公用网络起到了“虚拟”的效果，虽然他们身处世界各地，但感觉仿佛是在同一个局域网里工作。VPN 对每个使用者来说也是“专用”的。也就是说，VPN 根据使用者的身份和权限，直接将其接入 VPN，而非法用户不能接入 VPN 并使用其服务。

在实际应用中，VPN 具备以下几个特点：费用低、安全保障、服务质量保障、可扩充性和灵活性以及可管理性等。

根据 VPN 组网方式、连接方式、访问方式、隧道协议和工作层次(OSI 模型或 TCP/IP 模型)的不同，VPN 可以有很多种分类方法。根据访问方式的不同，VPN 可分为两种类型：一种是移动用户远程访问 VPN 连接；另一种是网关－网关 VPN 连接。两种 VPN 的访问方式如图 8－5 所示。

1) 移动用户远程访问 VPN 连接

由远程访问的客户机提出连接请求，VPN 服务器提供对 VPN 服务器或整个网络资源的访问服务。在此连接中，链路上第一个数据包总是由远程访问客户机发出。远程访问客户机先向 VPN 服务器提供自己的身份，之后作为双向认证的第二步，VPN 服务器也向客户机提供自己的身份。

(a)移动用户远程访问 VPN

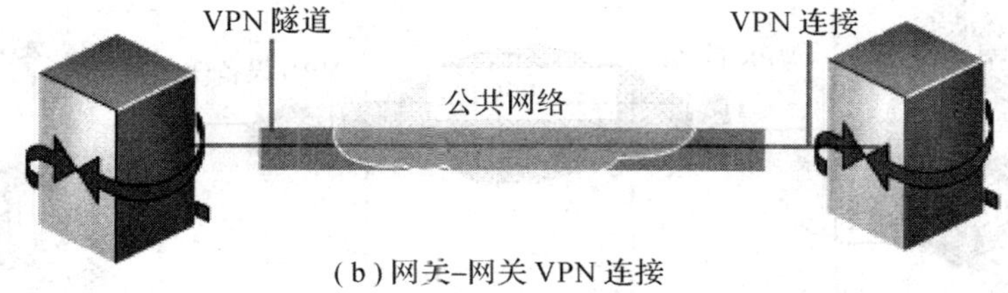

(b)网关–网关 VPN 连接

图 8-5　两种 VPN 访问方式

2）网关–网关 VPN 连接

由呼叫网关提出连接请求，另一端的 VPN 网关作出响应。在这种方式中，链路的两端分别是专用网络的两个不同部分，来自呼叫网关的数据包通常并非源自该网关本身，而是来自其内网的子网主机。呼叫网关首先应答网关提供自己的身份，作为双向认证的第二步，应答网关也应向呼叫网关提供自己的身份。

2. VPN 关键技术

VPN 采用多种技术来保证安全，这些技术包括隧道技术(Tunneling)、加/解密(Encryption & Decryption)、密钥管理(Key Management)、使用者与设备身份认证(Authentication)、访问控制(Access Control)等。

1）隧道技术

隧道技术是 VPN 的基本技术，它在共用网上建立一条数据通道(隧道)，让数据包通过这条隧道进行传输。数据包在隧道中的封装及发送过程如图 8-6 所示。隧道是由隧道协议构建的，常用的有第 2、3 层隧道协议。

第 2 层隧道协议首先把各种网络协议封装到 PPP 中，再把整个数据包装入隧道协议中。这种双层封装方法形成的数据包靠第 2 层协议进行传输。第 2 层隧道协议有 L2F、PPTP、L2TP 等。L2F 可以在多种介质(如 AMT、帧中继、IP 网)上建立多协议的安全虚拟专用网。它将链路层的协议(如 HDLC、PPP 和 ASYNC 等)封装起来传送。PPTP 让远程用户拨号连接到本地 ISP，通过 Internet 安全远程访问公司网络资源。PPTP 具有两种不同的工作模式，即被动模式和主动模式。L2TP 是在上述两种协议的基础上产生的，适合组建远程接入方式的 VPN。第 2 层隧道协议简单易行，但可扩展性不好，不提供内在的安全机制，不能保证企业和企业的外部客户及供应商之间会话的保密性。

第 3 层隧道协议把各种网络协议直接装入隧道协议中，形成的数据包依靠第 3 层协议进行传输。第 3 层隧道协议有 GRE、MPLS、IPSec 等。GRE 规定了如何用一种网络协议去封装另一种网络协议的方法。MPLS 引入了基于标记的机制。它把选路和转发分开，用标

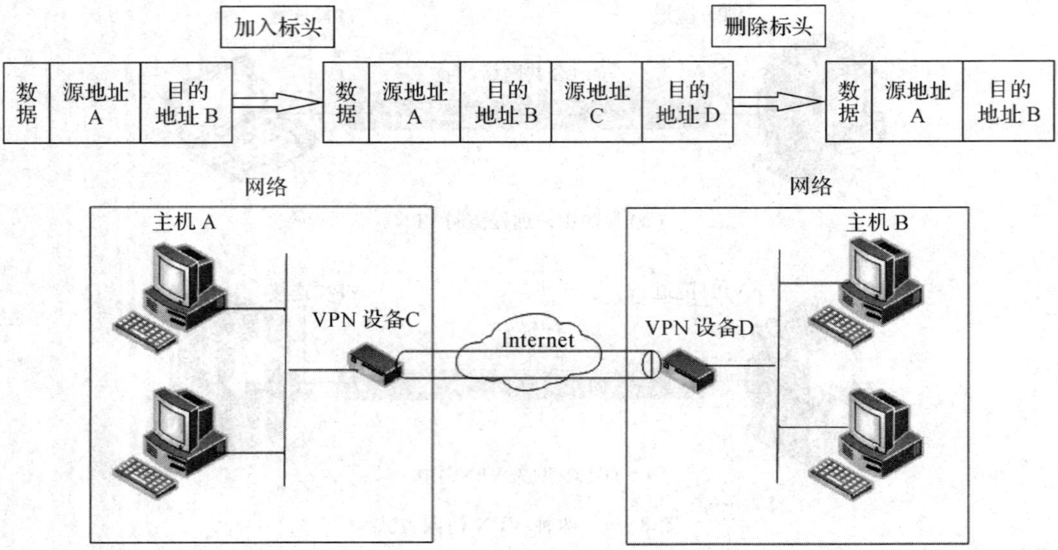

图 8-6 数据包在隧道中的封装及发送过程

签来规定一个分组通过网络的路径。IPSec(IP Security)是由一组RFC文档描述的安全协议，它定义了一个系统选择VPN所用的密码算法，确定服务所使用密钥等服务，从而在IP层提供安全保障。

2) 加/解密技术

在VPN应用中，加/解密技术是将认证信息、通信数据等由明文转换为密文的相关技术，其可靠性主要取决于加/解密的算法及强度。

3) 密钥管理技术

密钥管理的主要任务是保证密钥在公用数据网上安全地传递而不被窃取。现行的密钥管理技术又分为SKIP与ISAKMP/OAKLEY两种。SKIP主要利用Diffie-Hellman密钥分配协议，使通信双方建立起共享密钥。在ISAKMP中，双方都持有两把密钥，即公钥/私钥对，通过执行相应的密钥交换协议而建立共享密钥。

4) 身份认证技术

在正式的隧道连接开始之前，VPN需要确认用户的身份，以便系统进一步实施资源访问控制或对用户授权。

5) 访问控制

访问控制决定了谁能够访问系统、能访问系统的何种资源及如何使用这些资源。采取适当的访问控制措施能够阻止未经允许的用户有意或无意地获取数据，或者非法访问系统资源等。

3. IPSec VPN

1) IPSec 协议概述

IPSec是一套由IETF定义的用来管理在公共网络层上的IP层的安全通信数据的标准。IPSec包含在许多现在的操作系统中。该标准的目的是保证不同厂商平台之间的互通性，但实际情况是确定多供应商实施的互操作性取决于最终用户组织进行的具体实施测试。

IPSec 使用认证头（AH）协议和封装安全净载（ESP）协议两种安全协议来提供安全通信。两种安全协议都分为隧道模式和传输模式。传输模式用在主机到主机的通信，隧道模式用在其他方式的通信。传输模式只加密每个数据包的数据部分（负载），留下未加密的报头；更加安全的隧道模式给每一个数据包添加一个新的报头并且给原始的报头和负载加密。在接收端，IPSec 客户端设备解密每个数据包。AH、ESP 或 AH＋ESP 既可以在隧道模式中使用，也可以在传输模式中使用。

2）IPSec 的工作原理

IPSec 的工作原理类似于包过滤防火墙，可以把它看做是包过滤防火墙的一种扩展。IPSec 网关通过查询安全策略数据库（SPD）决定对接收到的 IP 数据包进行转发、丢弃或 IPSec 处理。IPSec 网关可以对 IP 数据包只进行加密或认证，也可以对数据包同时实施加密和认证。无论是进行加密还是进行认证，IPSec 都有两种工作模式：传输模式和隧道模式。

传输模式和隧道模式下 AH 和 ESP 封装如图 8－7 所示。

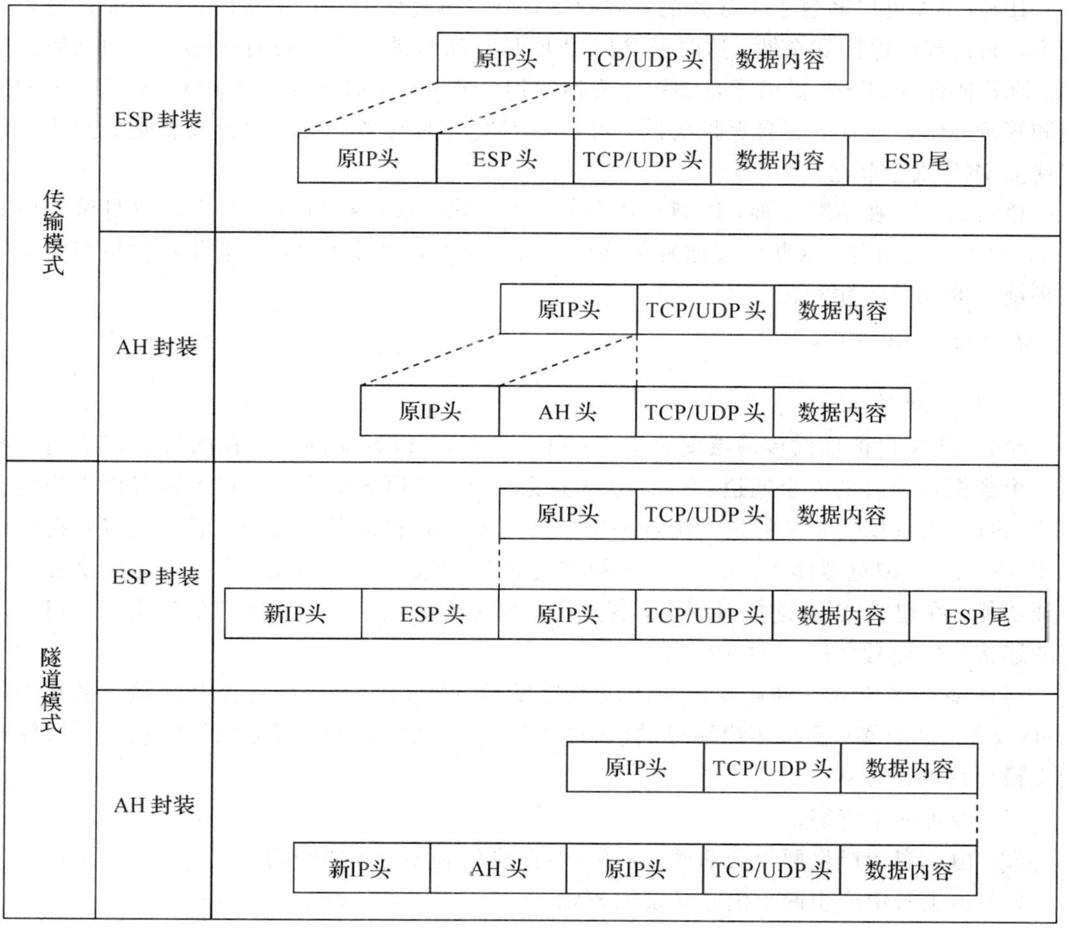

图 8－7　传输模式和隧道模式下 AH 和 ESP 封装

采用传输模式时，IPSec只对IP数据包的净荷进行加密或认证。封装数据包继续使用原IP头部，只对部分域进行修改。IPSec协议头部插入到原IP头部和传送层头部之间。

采用隧道模式时，IPSec对整个IP数据包进行加密或认证。产生一个新的IP头，IPSec头被放在新IP头和原IP数据包之间，组成一新IP头。

3）IPSec中的主要协议

IPSec中主要由AH、ESP和IKE三个协议来实现加密、认证和管理交换功能。

RFC 2401将AH服务定义为：非连接的数据完整性校验；数据源点认证；可选的抗重放攻击服务。AH有两种实现方式：传输方式和隧道方式。AH只涉及认证，不涉及加密。

ESP协议主要用于对IP数据包进行加密，此外也对认证提供某种程度的支持。ESP协议也有两种工作模式：传输模式和隧道模式。

IKE用于动态建立安全关联(Security Association，SA)，IKE协议分两个阶段：

第一阶段，通信各方彼此间建立了一个已通过身份验证和安全保护的通道，此阶段的交换建立了一个安全联盟，称为IKE SA；

第二阶段，用第一阶段所建立的安全通道为IPSec协商安全服务，即为IPsec协商具体的安全联盟，建立IPSec SA，而IPSec SA用于最终的IP数据安全传送。

IPSec SA可以通过手工配置的方式建立，但是当网络中节点增多时，手工配置将非常困难，而且难以保证安全性。这时就要使用IKE自动地进行安全联盟建立与密钥交换的过程。IKE协议为IPSec提供了自动协商交换密钥、建立安全联盟的服务，以简化IPSec的使用和管理。IKE具有一套自保护机制，可以在不安全的网络上安全地分发密钥、验证身份和建立IKE安全联盟。

该协议一直在不断完善，以满足特定的要求，如扩展协议以解决个人用户身份验证和NAT设备横向问题。这些扩展通常是特定于供应商的，并可能导致主要是在主机与安全网关环境下的互操作性问题。

4. SSL/TSL VPN

1）TLS概述

SSL VPN也被称做传输层安全协议(TLS)VPN。TLS提供一种在两台机器之间加密每一个数据包内容的安全通道。TLS协议主要用于HTTPS协议中。TLS也可以作为构造VPN的技术。TLS VPN的最大优点是用户不需要安装和配置客户端软件。只需要在客户端安装一个IE浏览器即可。由于TLS协议允许使用数字签名和证书，故它能提供强大的认证功能。在建立TLS连接过程中，客户端和服务器之间要进行多次的信息交互。TLS协议的连接建立过程如图8－8所示。

与许多C/S方式一样，客户端向服务器发送“Client hello”信息打开连接；服务器用“Server hello”回答；要求客户端提供它的数字证书；完成证书验证，执行密钥交换协议密钥交换协议的任务：

(1) 产生一个密钥；

(2) 由主密钥产生两个会话密钥：A→B的密钥和B→A的密钥；

(3) 由主密钥产生两个消息认证码密钥。

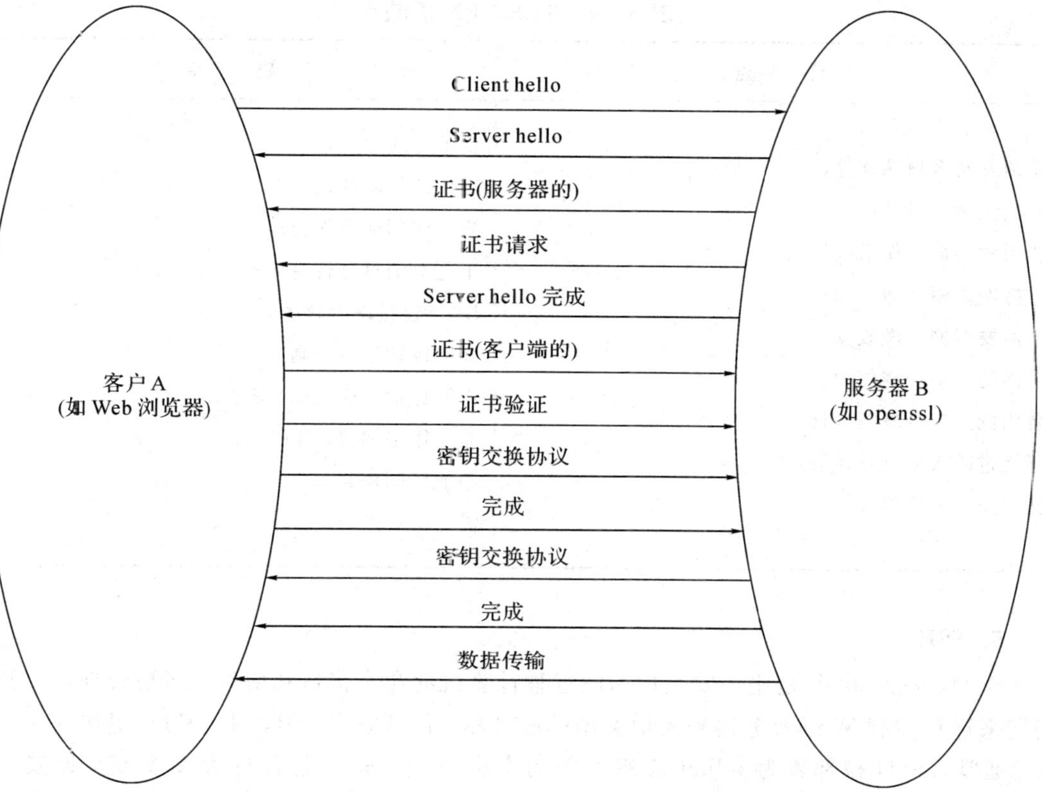

图 8-8　TLS 协议的连接建立过程

2）TLS VPN 的原理

TLS VPN 的实现主要依靠下面三种协议的支持。

(1) 握手协议。具体协议流程如下：

① TLS 客户机连接至 TLS 服务器，并要求服务器验证客户机的身份。

② TLS 服务器通过发送它的数字证书证明其身份。

③ 服务器发出一个请求，对客户端的证书进行验证。

④ 协商用于消息加密的加密算法和用于完整性检验的杂凑函数。

⑤ 客户机生成一个随机数，用服务器的公钥对其加密后发送给 TLS 服务器。

⑥ TLS 服务器通过发送另一随机数据做出响应。

⑦ 对以上两个随机数进行杂凑函数运算，从而生成会话密钥。

(2) TLS 记录协议。该协议建立在 TCP/IP 协议之上，用在实际数据传输开始前通信双方进行身份认证、协商加密算法和交换加密密钥等。

(3) 警告协议。警告协议用于提示何时 TLS 协议发生了错误，或者两个主机之间的会话何时终止。只有在 TLS 协议失效时告警协议才会被激活。

3）TLS VPN 的优缺点

与其他类型的 VPN 相比，TLS VPN 的优缺点如表 8-4 所示。

表 8-4 TLS VPN 优缺点

优点	缺点
无须安装客户端软件； 适用大多数设备； 适用大多数操作系统； 支持网络驱动器访问； 不需要对网络做改变； 较强的资源控制能力； 费用低且有良好安全性； 可绕过防火墙进行访问； 已内嵌在浏览器中	认证方式单一； 应用的局限性很大； 只对应用通道加密； 不能对消息进行签名； LAN 连接缺少解决方案； 加密级别通常不高； 不能保护 UDP 通道安全； 是应用层加密，性能差； 不能访问控制； 需 CA 支持

5. SSH

SSH(安全 shell)是用于安全地访问远程计算机的命令接口和协议。网络管理员广泛使用它来远程控制 Web 服务器和其他类型的服务器。最新版本 SSH2 是 IETF 提出的一套标准。通常，SSH 被部署为 telnet 应用程序的安全替代。SSH 包含在大多数 UNIX 发行版中，通常通过第三方软件包添加到其他平台。

SSH 是一对协议(版本 1 和 2)，最初是为 UNIX 定义的，但也可以在 Windows 2000 下使用，它提供了对 shell 或操作系统命令解释器的经过身份验证和加密的路径。两个 SSH 版本都替换了 UNIX 实用程序，如 Telnet，rlogin 和 rsh，用于远程访问。SSH 可防止欺骗攻击和通信中的数据修改。

SSH 协议涉及本地和远程站点之间的协商，用于加密算法(例如，DES、IDEA 和 AES)和身份验证(包括公钥和 Kerberos)。

6. 西门子 SCALANCE S VPN 部署

在建立 VPN 时，需要 VPN Server 和 VPN Client，并且以成对的方式出现。例如，可以通过两个 SCALANCE S 建立 VPN 通道，也可以利用 Softnet Security Client 软件实现 PC 与 SCALANCE S 之间建立 VPN 通道。这样 SCALANCE S 的内网以及 PC 都是安全的网络。

VPN 的隧道技术本质上是封装技术。所谓封装技术，就是原始数据包通过某一层时，额外增加了包头，这样完成从一种协议的完整报文没有变化的生成另外一种协议的报文。

SCALANCE S 使用 IPSec 协议的隧道模式实现 VPN 的隧道。IPSec 是在发展 IPv6 时创建的，是 IPv6 的一部分，工作在 ISO/OSI 的网络层，即第 3 层。IPSec 协议把多种安全技术集合到一起，可以建立一个安全、可靠的隧道。SCALANCE S 应用 VPN 安全策略时仅使用 ESP 安全协议。

VPN 网络组态图如图 8-9 所示。

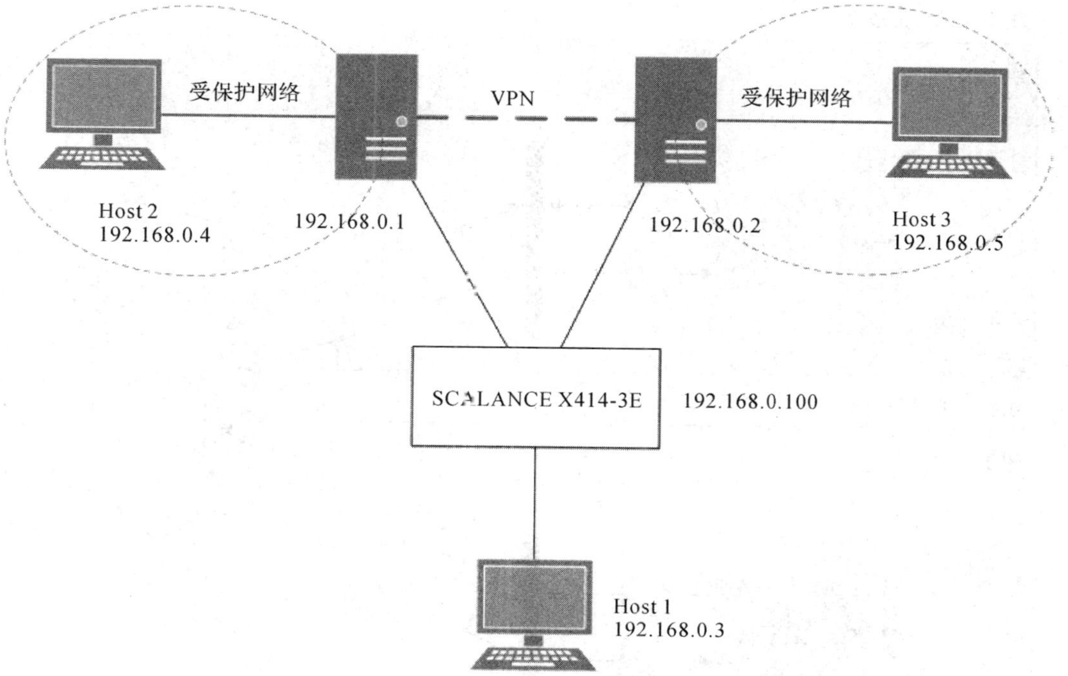

图 8－9　VPN 网络组态图

Host1 与交换机 SCALANCE X414－3E 相连，2 个 SCALANCE S 的外部网络端口 1 分别与 SCALANCE X414－3E 相连。2 个 SCALANCE S 的内部网络端口分别与主机 Host2 和 Host3 相连。可以根据网络组态图设置 IP 地址、子网掩码并相应添加 SCALANCE S 的 MAC 地址。可以在安全模式中选择身份验证方式及有效期。

8.3.3　云安全

1. 新的安全挑战

将业务数据移动到云意味着与云提供商共担对数据安全的责任。远程使用 IT 资源需要云用户扩展信任边界以包括外部云，除非云消费者和云提供商碰巧支持相同或兼容的安全框架，否则很难建立跨越此类信任边界而不会引入漏洞的安全体系结构——这在公共云中是不可能的。

信任边界重叠的另一个后果与云提供商对云消费者数据的特权访问有关。数据安全的程度现在仅限于云消费者和云提供商应用的安全控制和策略。此外，由于基于云的 IT 资源是共享的，因此可能存在来自不同云消费者的重叠信任边界。

信任边界的重叠和数据暴露的增加可以为恶意云消费者（人力和自动化）提供更多机会来攻击 IT 资源并窃取或破坏业务数据。图 8－10 说明了一种情况，即需要访问同一个云服务的两个组织将其各自的信任边界扩展到云，从而导致信任边界重叠。云提供商很难提供满足云服务消费者安全要求的安全机制。

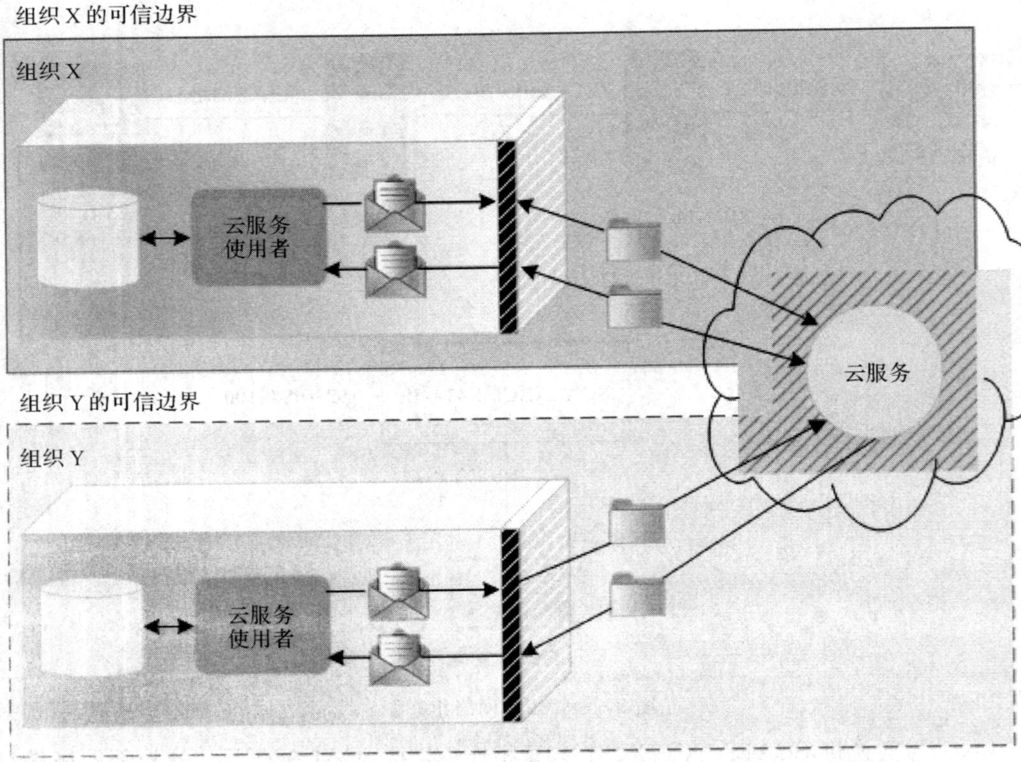

图 8-10　云服务的边界重叠

2. 云安全机制

常见的云安全机制包括加密、哈希、数字签名、公钥基础设施(PKI)，身份和访问管理(IAM)；以及单点登录(SSO)等。加密(哈希等)在前面章节已经介绍，本节主要介绍数字签名、IAM和SSO。

1) 数字签名

数字签名机制是通过身份验证和不可否认性提供数据真实性和完整性的手段。散列和非对称加密都涉及数字签名的创建，数字签名基本上作为消息摘要存在，该消息摘要由私钥加密并附加到原始消息。

数字签名机制有助于缓解恶意中介，授权不足以及信任边界重叠等安全威胁。在图8-11中云服务使用者B发送经过数字签名已被可信攻击者(云服务使用者A)更改消息。虚拟服务器B配置为在处理传入消息之前验证数字签名，即使云服务使用都A与B在其信任边界内。由于其无效的数字签名，该消息被显示为非法，因此被虚拟服务器B拒绝。

2) 身份和访问管理

身份和访问管理机制包含控制和跟踪IT资源、环境和系统的用户身份和访问权限所必需的组件和策略。

• 身份验证——用户名和密码组合仍然是IAM系统管理的最常见的用户身份验证凭证形式，它可以支持数字签名、数字证书、生物识别硬件(指纹识别器)、专业软件(如语音分析程序），以及将用户账户锁定到已注册的 IP 或 MAC 地址。

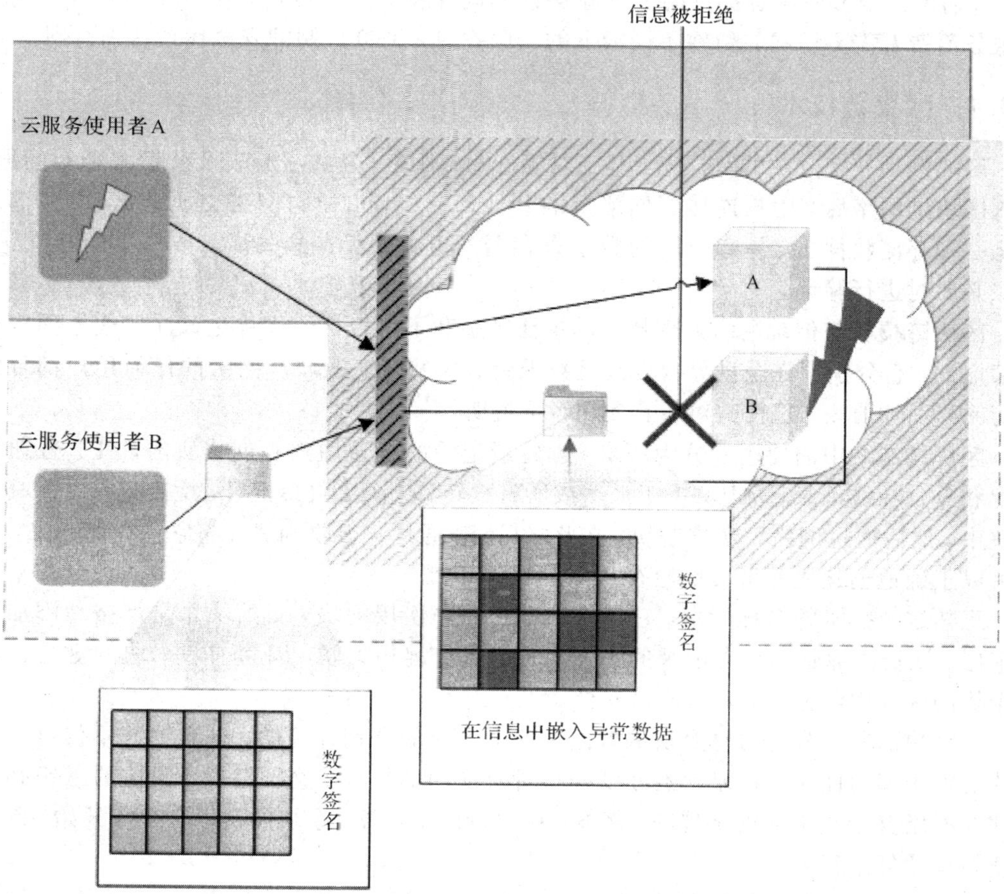

图 8-11　数字签名防护信任边界重叠威胁示意图

· 授权——授权组件定义访问控制的正确粒度，并监督身份与访问控制权限和 IT 资源可用性之间的关系。

· 用户管理——与系统的管理功能相关，用户管理程序负责创建新的用户身份和访问组，重置密码，定义密码策略和管理权限。

· 凭据管理——凭据管理系统为已定义的用户账户建立身份和访问控制规则，从而减轻授权不足的威胁。

尽管其目标与 PKI 机制的目标类似，但 IAM 机制的实现范围是不同的，因为除了分配特定级别的用户权限外，其结构还包括访问控制和策略。

IAM 机制主要用于抵制授权不足、拒绝服务和重叠信任边界威胁。

3）单点登录（SSO）

跨多个云服务、调用大量云服务时，使用者的身份验证和授权可能是一项挑战。单点登录机制使一个云服务使用者能够由安全代理进行身份验证，该安全代理建立在云服务使用者访问其他云服务或基于云的 IT 资源时持久存储的安全环境。否则，云服务使用者需要在每个后续请求中重新进行身份验证。

SSO机制实质上使相互独立的云服务和IT资源能够生成和传播运行时认证和授权凭证。最初由云服务使用者提供的凭据在会话期间保持有效，同时共享其安全环境信息。当云服务消费者需要访问驻留在不同云上的云服务时，SSO机制的安全代理特别有用。

8.3.4 区块链技术

区块链是一个分散的数据库，基于对等(p2p)网络、公共注册表及公钥和私钥的加密。进入区块链网络后，用户连接到网络上的其他计算机，以便与网络交换数据(块和记录)。这是一种存储数据、交易和合同的数字寄存器的方式。所有这些都需要单独的独立记录，并在必要时进行验证。

区块链技术与传统网络处理技术的主要区别和不可否认的优势是该注册表不固定存储在某地方，它分别存在全世界数百甚至数千台计算机中。区域链网络的任何用户都可以免费访问当前注册表，这使其对所有使用者都透明。

区块链网络中的使用者分为两组：创建新记录的普通用户和创建块的矿工。普通用户创建和分发在线记录，例如，关于汇款或所有权转移。矿工收集记录，检查记录并将其记录在块中，然后通过网络发送这些块。在此之后，普通用户会收到块并将它们存储起来，这样就可以正确地创建块并可靠地检查其他人的新记录。

正如这个技术的名称所示，它基于一系列顺序连接的块。新的块总是严格地添加到链的末尾。该块由标题和包含记录的正文组成。块与键相关联，因为前一个块的键是存储在每个块的标题中。这样可确保网络安全。

每个块的密钥是针对整个块的数据和前一个块的密钥计算的。这意味着不仅可以在任何块的键中编写此块的记录，还可以编写所有前面的块。在这种情况下，块的密钥必须满足建立网络安全级别的安全规则。例如，在比特币中，第一个块的键以十个零开始，确定了创建新块的复杂程度。

加密过程称为散列，由在同一网络上运行的大量不同计算机执行。如果他们的计算结果与收到的结果相同，则为该块分配唯一的数字签名。一旦注册表更新并形成新块，就不能再更改。因此，也不可能伪造。只能向其添加新条目。重要的是要考虑注册表同时在网络所有计算机上的更新。

矿工是区块链用户，除了检查和分发数据之外，还可以创建新块。收到其他网络成员的新条目后，矿工将它们收集在一起，形成未来块的标题并计算块的密钥。为了找到合适的关键值，矿工必须进行大量的重新计算。找到合适的密钥后，矿工会保存该块并将其发送给其他网络成员。现在，块中的所有记录都被确认并使用难以伪造的密钥进行保护。而且，前一个块的键被编码在当前块的键中，不能伪造。这种复杂的密钥计算过程使得块的创建变得复杂，使伪造块的创建复杂化，是为了让伪造块几乎不可能。

块体内的记录也受链接保护。每个条目都包含对前面源记录的引用，以及阻塞条件和解锁规则。为了描述规则和条件，使用了一种编程语言，允许为参与者的交互指定复杂的逻辑和规则。每条记录可以有多个源和结果，也就是说，记录可以将多个源记录转换为多个结果记录。因此，风靡一时的区块链技术引导我们达成“智能”合同，这使我们不仅可以在人与人之间形成关系，而且可以在机器人和程序之间形成关系，从而创造在物联网上使用该技术的先决条件。

区块链是公开的，很容易查看其内容。它可提供解析器和在线服务。

区块链数据库的分布式特性使得黑客几乎不可能入侵，因为他们需要同时访问网络上所有计算机上的数据库副本。区块链技术还可以保护个人数据，因为散列过程是不可逆转的。如果原始文档或事务被更改，则它们将接收到不同的数字签名，这表示在系统中的不匹配。

习　题

1. 画出 ICS 信息安全审计系统的体系结构。
2. 简述 ICS 安全审计系统的实现流程。
3. 工业系统中的攻击按工业网络部署层次可分为几类，分别是什么？
4. 现有的工业入侵检测还存在哪些问题？
5. 误用入侵检测系统与异常入侵检测系统有何区别？
6. 简述 IPSec VPN 的基本原理。
7. 西门子 SCALANCE S VPN 如何部署。
8. 常见的云安全机制包括哪些？
9. 根据对区块链技术的了解，谈谈你对区块链技术应用的看法。
10. 收集整理已公开发布的工控网络数据流，使用本章提到的方法实现离线的异常数据流检测。

参考文献

[1] 胡晨，陈凯. 工业控制系统行为审计方案设计与部署[J]. 软件导刊，2017，16(1)：120－123.

[2] 陈庄，黄勇，邹航. 工业控制系统信息安全审计系统分析与设计[J]. 计算机科学，2013，40(z1)：340－343.

[3] MAMUNTS D G, MARLEY V E, KULAKOV L S, et al. The use of authentication technology blockchain platform for the marine industry[C]. IEEE Conference of Russian Young Researchers in Electrical and Electronic Engineering, 2018.

[4] 赖英旭，刘增辉，蔡晓田，等. 工业控制系统入侵检测研究综述[J]. 通信学报，2017，38(2)：143－156.

[5] 兰昆，唐林，张晓. 密码技术在工业控制系统中的应用研究[J]. 自动化仪表，2015，36(10)：72－76.

[6] 刘建伟，王育民. 网络安全：技术与实践[M]. 2 版. 北京：清华大学出版社，2012.

[7] STEFANOV A, Liu Chenching. Cyber－power system security in a smart grid environment[C]. IEEE PES Innovative Smart Grid Technologies (ISGT). Washington, 2012：1－3.

[8] BARBOSA R R R, SADRE R, PRAS A. Towards periodicity based anomaly

detection in SCADA networks[C]. inProceedings of IEEE 17th International Conference on Emerging Technologies & Factory Automation (ETFA). Krakow: 2012.

[9] 侯重远，江汉红，芮万智，等. 工业网络流量异常检测的概率主成分分析法[J]. 西安交通大学学报，2012，46(2)：70——75.

[10] VOLLMER T, ALVES - FOSS J, Manic M. Autonomous rule creation for intrusion detection[C]. IEEE Symposium on Computational Intelligence in Cyber Security (CICS). Paris: 2011.

[11] MORRIS T, VAUGHN R, DANDASS Y. A Retrofit Network Intrusion Detection System for MODBUS RTU and ASCII Industrial Control Systems [C]. 45th Hawaii International Conference on System Sciences. Maui: 2012: 2338 - 2345.

[12] HongJ, Liu Chenching, GOVINDARASU M. Integrated Anomaly Detection for Cyber Security of the Substations [C]. IEEE PES General Meeting Conference & Exposition. National Harbor, 2014.

[13] VOLLMER T, MANIC M. Computationally efficient Neural Network Intrusion Security Awareness[C]. 2nd International Symposium on Resilient Control Systems. Idaho Falls: 2009.

[14] LINDA O, VOLLMER T, MANIC M. Neural network based intrusion detection system for critical infrastructures[C]. International Joint Conference on Neural Networks. Atlanta: 2009: 102 - 109.

[15] VOLLMER T, MANIC M. Cyber - Physical System Security With Deceptive Virtual Hosts for Industrial Control Networks[J]. IEEE Transactions on Industrial Informatics, 2014, 10(2): 1337 - 1347.

[16] TSANG C, KWONG S. Multi - agent intrusion detection system in industrial network using ant colony clustering approach and unsupervised feature extraction[C]. IEEE International Conference on Industrial Technology. Hong Kong: 2005.

[17] Gao Wei, Morris T, Reaves B, etal. On SCADA control system command and response injection and intrusion detection[C]. eCrime Researchers Summit. Dallas: 2010.

[18] KWON Y, KIM H K, Lim Yong Hun, et al. A behavior - based intrusion detection technique for smart grid infrastructure [C]. IEEE Eindhoven PowerTech. Eindhoven: 2015.

[19] HADŽIOSMANOVI Ć D, SIMIONATO L, BOLZONI D, et al. N - Gram against the Machine: On the Feasibility of the N - Gram Network Analysis for Binary Protocols[C]. in Proceedings of the 15th international conference on Research in Attacks, Intrusions, and Defenses. Amsterdam: 2012: 354 - 373.

[20] BARBOSA R R R, PRAS A. Intrusion detection in SCADA networks[C]. in

Proceedings of the Mechanisms for autonomous management of networks and services, and 4th international conference on Autonomous infrastructure, management and security. Zurich: 2010: 163 - 166.

[21] CARCANO A, FOVINO I N, MASERA M, et al. State - based network intrusion detection systems for SCADA protocols: a proof of concept[C]. in Proceedings of the 4th international conference on Critical information infrastructures security. Bonn: 2009: 138 - 150.

[22] PARVANIA M, KOUTSANDRIA G, MUUTHUKUMARY V, et al. Hybrid Control Network Intrusion Detection Systems for Automated Power Distribution Systems[C]. 44th Annual IEEE/IFIP International Conference on Dependable Systems and Networks. Atlanta: 2014: 774 - 779.

[23] HONG J, WU S, STEFANOV A, et al. An intrusion and defense testbed in a cyber - power system environment[C]. IEEE Power and Energy Society General Meeting. Detroit: 2011.

[24] Zhou Chunjie, Huang Shuang, Xiong Naixue, et al. Design and Analysis of Multimodel - Based Anomaly Intrusion Detection Systems in Industrial Process Automation[J]. IEEE Transactions on Systems, Man, and Cybernetics: Systems, 2015, 45(10): 1345 - 1360.

[25] Shang Wenli, Li Lin, Wan Ming, et al. Industrial communication intrusion detection algorithm based on improved one - class SVM[C]. World Congress on Industrial Control Systems Security (WCICSS). London: 2015.

第9章　工业控制系统安全控制：管理与运维

安全控制(Security Control)是应用于工业控制系统的防护措施和对策，以保护工业控制系统及其信息资产的保密性、完整性和可用性。本章讨论对安全控制的管理和运维在相关标准中的具体指导。主要的安全控制相关标准或指导由美国 NIST SP 800－82、IEC 62443 以及国内的相关指南、指导与标准构成。

单独的安全产品或技术不能充分保护一个工业控制系统(Industrial Control System，ICS)。保护 ICS 是基于有效安全性策略和适当配置的一组安全控制的组合。对于 ICS 来说，一个有效的网络安全策略应基于深度防御——一种分层的安全管理和运维思想，使任意一个机制失效所产生的影响最小化。下面从安全控制中的管理和运维两方面讨论基于纵深防御思想在 ICS 的应用。

9.1　管理控制

对一个工业控制系统(ICS)来说，管理控制是安全对策。相关标准在管理控制分类中定义了 5 个控制族。

(1) 安全评估与授权(Security Assessment and Authorization，CA)。确保指定的控制得到正确实施，按照预期操作，并产生期望的结果。

(2) 规划(Planning，PL)。一个规划的开发和维护，通过执行评估、指定和实施安全控制、分配安全级别和事件响应来解决信息系统安全性问题。

(3) 风险评估(Risk Assessment，RA)。评估是针对资产的威胁和脆弱性发生的可能性，由此产生的影响以及可以减轻这种影响的额外安全控制来识别运营、资产或个人风险的过程。

(4) 系统与服务获取(System and Services Acquisition，SA)。对信息系统的安全来说，资源分配维护贯穿整个系统的生命周期和基于风险评估结果的获取措施的发展，包括需求、设计标准、测试程序和相关文档。

(5) 程序管理(Program Management，PM)。提供组织级别的安全控制，而不是信息系统级别的安全控制。

本节接下来的内容会对这些管理控制进行详细讨论，并提供 ICS 具体的指导和建议。

9.1.1　安全评估与授权

安全评估与授权族的安全控制，为执行周期性评估提供基础，并提供安全控制证书。在信息系统中，实施安全控制证书决定了该控制能否得到正确实施、按照预期操作、并产生期望的结果来满足系统的安全需求。这些步骤完成了证书的认证过程。另外，所有的安全控制必须按照持续的原则进行监控。监控活动包括配置管理和信息系统组成控制、系统安全影响分析、安全控制持续评估和状态报告。

《工业控制系统信息安全防护指南》特别要求在工业主机登录、应用服务资源访问、工业云平台访问等过程中使用身份认证管理，对于关键设备、系统和平台的访问采用多因素认证；要求合理分类设置账户权限，以最小特权原则分配账户权限；要求强化工业控制设备、SCADA 软件、工业通信设备等的登录账户及密码，避免使用默认口令或弱口令，定期更新口令；要求加强对身份认证证书信息保护力度，禁止在不同系统和网络环境下共享。

《工业控制系统信息安全防护指南》特别要求在工业控制网络部署网络安全监测设备，及时发现、报告并处理网络攻击或异常行为；在重要工业控制设备前端部署具备工业协议深度包检测功能的防护设备，限制违法操作。

《GB/T 32919—2016 信息安全技术 工业控制系统安全控制应用指南》就 CA 控制中的安全评估与授权策略和规程、安全评估、ICS 连接管理、实施计划、安全授权、持续监控、渗透测试、内部连接进行了具体说明和指导。

我国工信部信软司指出：工业企业应在工业控制网络部署可对网络攻击和异常行为进行识别、报警、记录的网络安全监测设备，及时发现、报告并处理包括病毒木马、端口扫描、暴力破解、异常流量、异常指令、工业控制系统协议包伪造等网络攻击或异常行为。

9.1.2　规划

一个安全的规划是一个正式的文档。它为信息系统提供了一个安全需求概况，并且在合适的位置描述安全控制，用于满足某些需求。

规划族的安全控制，为开发安全计划提供了基础。这些安全控制也解决了周期性更新安全计划的问题。在授权进入系统之前，有关信息系统的一系列规则描述了用户的责任和预期行为，用户签署同意使用条款表明他们已经读懂并同意遵守这些行为规则。

《工业控制系统信息安全防护指南》要求通过建立工控安全管理机制、成立信息安全协调小组等方式，明确工控安全管理责任人，落实工控安全责任制，部署工控安全防护措施。

《GB/T 32919—2016 信息安全技术 工业控制系统安全控制应用指南》就 PL 控制中的安全规划策略和规程、系统安全规划、行为规则、信息安全架构、安全活动规划进行了具体说明和指导。

对于 ICS 来说，一个安全的规划应该建立在适当的现有 IT 安全方面的经验、计划和实践中。但是，IT 和 ICS 之间最关键的不同之处是将影响安全机制如何应用在 ICS 中。一个前瞻性的规划需要提供一个可持续安全改进的思想。无论新系统何时设计和安装，从结构到采购安装维护再到解除，花时间解决遍及整个系统的安全问题非常必要。ICS 安全是一个快速发展的领域，要求在安全规划过程中，不断探索新兴的 ICS 的安全功能，不断发现新的威胁。

9.1.3　风险评估

风险取决于特定威胁源利用潜在漏洞的可能性以及成功利用漏洞所带来的影响。风险评估是一个识别组织运作、资产和个人风险的过程，该过程由识别出的漏洞所造成影响的概率所确定。一个评估包括一个安全控制评价，这个安全控制能减轻每个威胁和实施相关安全控制的成本。一个安全评估也必须比较安全成本和一个事件相关的成本。

实现可接受风险级别是一个减少事件发生概率的过程，通过减轻或消除可利用漏洞和事件所造成后果的方法实现这个过程。安全漏洞的优先级必须基于成本和收益，目标是提供业务案例，以实现至少一组控制系统安全要求，来将风险降低到可接受的水平。在风险评估期间经常犯的错误是选择技术上有趣的漏洞而不考虑与之相关的风险级别。在试图选择和实施安全控制之前，必须进行漏洞和风险评估。

风险评估族的安全控制提供了制定、分发和维护文档化的风险评估策略的政策和程序，该策略描述了安全控制的目的、范围、角色、责任和政策的实施步骤。基于安全目标和风险级别范围对信息系统和相关数据进行分类。进行风险评估以识别可能由于未经授权的访问、使用、泄露、修改或破坏信息系统和数据而导致的风险和伤害程度。这些安全控制还包括保持风险评估更新、执行周期性测试和漏洞评估的机制。

工业控制系统信息安全防护是指通过实施管理和技术措施，避免工业控制系统遭到非授权或意外的访问、篡改、破坏及损失。工业控制系统信息安全防护能力评估是从综合评价的角度，运用科学的方法和手段，系统地分析和诊断工业控制系统所面临的威胁及其存在的脆弱性，评估企业工业控制系统安全防护水平，提出有针对性地抵御威胁的防护对策和整改措施，为最大限度地保障信息安全提供科学依据。

《工业控制系统信息安全防护能力评估方法》中将工作程序分为受理评估申请、组建评估技术队伍、指定评估工作计划、开展现场评估工作、现场评估情况反馈、企业自行整改、开展复评估工作和形成评估结论 8 个部分。

《GB/T 32919－2016 信息安全技术 工业控制系统安全控制应用指南》就 RA 控制中的风险评估策略和规程、安全分类、风险评估、脆弱性扫描进行了具体说明和指导。

《工业控制系统信息安全防护指南》要求对静态存储和动态传输过程中的重要工业数据进行保护，根据风险评估结果对数据信息进行分级分类管理；要求定期备份关键业务数据；要求对测试数据进行保护。

工信部信软司指出：工业企业应对静态存储的重要工业数据进行加密存储，设置访问控制功能；对动态传输的重要工业数据进行加密传输，使用 VPN 等方式进行隔离保护，并根据风险评估结果，建立和完善数据信息的分级分类管理制度。

机构必须考虑在 ICS 中一个事件所导致的潜在后果。减轻风险技术由明确的政策和程序所确定，设计该技术用于阻止事件发生和管理风险，消除或使后果最小化。对于 ICS 来说，风险评估一个非常重要的方面是确定从控制网络流向办公网络的数据价值。在由这个数据确定价值决策的实例中，数据可能有非常高的价值。通过比较减轻风险的成本和后果的影响，得出减轻风险的财政理由。但是，定义适合所有安全要求的政策是不可能的。也许能实现一个非常高级别的安全控制，然而，由于功能的丧失和其他相关成本，其在大多数情况下是不合适的。一个深思熟虑的安全控制实施必须平衡风险和成本。在某些情况下，风险可能是与安全、健康或者环境有关，而不是纯粹与经济相关。

9.1.4 系统与服务获取

系统与服务获取族的安全控制，为满足保护信息系统准确资源获取的需求而制定政策和程序奠定了基础。这些服务的获取基于安全需求和安全规范。作为获取步骤的一部分，使用系统开发生命周期的方法管理一个信息系统，包括信息安全方面的考虑。作为获取的一部分，必须在信息系统和构成组件上维持足够的文档。SA成员也可以处理外包系统，为所支持的组织指定的供应商提供足够的安全控制。供应商在这些外包信息系统的配置管理和安全测试方面负有责任。

《GB/T 32919－2016 信息安全技术 工业控制系统安全控制应用指南》就SA控制中的系统与服务获取策略和规程、资源分配、生存周期支持、服务获取、系统文档、软件使用限制、用户安装软件、安全工程原则、外部系统服务、开发人员的配置管理、开发人员的安全测试、供应链保护、可信赖性、关键系统部件进行了具体说明和指导。

《工业控制系统信息安全防护指南》要求在选择工业控制系统规划、设计、建设、运维或评估等服务商时，优先考虑具备工控安全防护经验的企事业单位，以合同等方式明确服务商应承担的信息安全责任和义务；要求以保密协议的方式要求服务商做好保密工作，防范敏感信息外泄。

工信部信软司指出：工业企业在选择工业控制系统规划、设计、建设、运维或评估服务商时，应优先考虑有工控安全防护经验的服务商，并核查其提供的工控安全合同、案例、验收报告等证明材料。在合同中应以明文条款的方式约定服务商在服务过程中应当承担的信息安全责任和义务。工业企业应与服务商签订保密协议，协议中应约定保密内容、保密时限、违约责任等内容。防范工艺参数、配置文件、设备运行数据、生产数据、控制指令等敏感信息外泄。

外包管理和控制其全部或部分信息系统与网络和桌面环境的组织的安全要求应在双方商定的合同中解决。对组织安全产生影响的外部供应商必须遵守相同的安全政策和程序，以维持ICS安全的整体水平。

9.1.5 程序管理

程序管理的安全控制关注的是企业范围内的信息安全要求，它与任何特定的信息系统是无关的，而对于管理信息安全项目至关重要。

《GB/T 32919－2016 信息安全技术 工业控制系统安全控制应用指南》就PM控制中的程序管理计划、信息安全高管、信息安全资源、行动和里程碑计划、安全资产清单、安全性能度量、组织架构、关键基础设施计划、风险管理策略、安全授权过程、业务流程定义进行了具体说明和指导。

9.2 运维控制

运行控制是应对ICS的安全对策，主要由人代替系统实施和执行。相关标准定义了9个控制族。

(1) 人员安全(Personnel Security，PS)。人员职位分类、筛选、转移、罚款和终止的策略和程序，也涉及了第三方的人员安全。

(2) 物理与环境安全(Physical and Environmental Protection，PE)。用于解决物理、传输和显示访问控制的策略和程序，如空调环境控制(温度、湿度)和紧急防备(关机、电源、照明、防火)。

(3) 应急计划(Contingency Planning，CP)。维持或恢复业务运营的策略和程序，包括在紧急情况下，系统故障或灾难事件中的电脑操作。

(4) 配置管理(Configuration Management，CM)。硬件、固件、软件和文件修改控制的策略和程序，保障了信息系统在实施过程中和实施后不被非正常修改。

(5) 维护(Maintenance，MA)。管理信息系统中所有维修方面的策略和程序。

(6) 系统与信息完整性(System and Information Integrity，SI)。使用功能验证数据完整性检查、入侵检测、恶意代码检测、安全警报和咨询控制来保护信息系统及其数据免受设计缺陷和数据修改的政策和程序。

(7) 介质保护(Media Protection，MP)。确保安全处理介质的策略和程序。控制包括访问、标签、存储、运输、杀毒、销毁和处置。

(8) 事件响应(Incident Response，IR)。事件响应培训、测试、处理、监测、报告和支持服务有关的策略和程序。

(9) 教育培训(Awareness and Training，AT)。根据信息系统用户对系统的使用的要求确保适当的安全培训的策略和程序，并持续记录培训情况。

本节接下来的内容会描述这些运行控制的细节，并提供ICS具体的指导和建议。

9.2.1 人员安全

人员安全中安全控制方法提供的策略和程序，减少了人为错误、盗窃、诈骗或其他有意无意滥用信息系统的风险。

《GB/T 32919—2016 信息安全技术 工业控制系统安全控制应用指南》就PS控制中的人员安全策略和规程、岗位分类、人员审查、人员离职、人员调离、访问协议、第三方人员安全、人员处罚进行了具体说明和指导。

人员安全策略主旨在于减少人为错误、盗窃、诈骗或其他有意无意滥用信息系统的风险。它包含三个方面。

1. 雇佣策略

雇佣策略包括雇前的筛选，如背景调查、面试过程、就业条款及条件、完整的工作和职责的描述、雇佣条款条件的详细说明，还包括员工和雇主的合法权益和责任。

2. 企业策略和实践

企业策略和实践包括安全策略、信息分类、文档和媒体的维护和处理策略，用户培训、企业资产可用策略、员工绩效定期评估、适当的背景调查，以及其他任何策略和行为。这些策略和行为可以细述员工、雇主、访问者的行为。企业的策略必须记录下来，并通过各种方式让员工知道。

3. 就业条款和条件

就业条款和条件这部分包括明确工作岗位职责、通知员工纪律处分及处罚，并定期评估员工绩效。

职位的分类应该根据风险的制定和筛选标准。每加入一个新员工，都要根据筛选标准筛选，被授予访问信息系统权限时也要如此。任何控制和维护ICS的人员都需要进行筛选。

9.2.2　物理与环境安全

物理与环境安全中安全控制方法提供了物理接入信息系统的策略和程序，包括指定节点的出入、介质传输和播放。其中包括用于监视物理访问，维护日志和处理访问者的控制。该系列还包括用于紧急保护控制的部署和管理，例如 IT 系统的紧急关闭，电源和照明的备用，温度和湿度的控制以及防火和防水的保护。

物理安全措施旨在降低意外、故意丢失、损坏工厂资产和周围环境的风险。受保护的资产可能是有形资产(如工具和工厂设备、环境、周围的社区)以及无形的知识产权。知识产权包括工艺流程和客户信息在内的私有数据。物理安全控制的部署通常受环境、安全、管理、法律和其他要求的限制，这些要求必须根据特定环境进行识别和解决。部署物理安全控制的范围非常广泛，需要特定于所需的保护类型。

《GB/T 32919—2016 信息安全技术 工业控制系统安全控制应用指南》就 PE 控制中的物理与环境安全策略和规程、物理访问授权、物理访问控制、传输介质的访问控制、输出设备的访问控制、物理访问监控、访问日志、电力设备与电缆、紧急停机、应急电源、应急照明、消防、温湿度控制、防水、交付和移除、备用工作场所、防雷、电磁防护、信息泄露、人员和设备追踪进行了具体说明和指导。

《工业控制系统信息安全防护指南》要求对重要工程师站、数据库、服务器等核心工业控制软硬件所在区域采取访问控制、视频监控、专人值守等物理安全防护措施；要求拆除或封闭工业主机上不必要的 USB、光驱、无线等接口。若确实需要使用，则通过主机外设安全管理技术手段实施严格访问控制。

《工业控制系统信息安全防护指南》要求建设工业控制系统资产清单，明确资产责任人以及资产使用及处置规则。

网络组建保护和 ICS 数据整合应当被看做厂房整体安全的一部分。对于厂房安全而言，许多 ICS 设备的安全性是紧密相连的。它的主要目标是在没人阻止他们的工作或没有进行紧急应变程序时，也能使人们远离危险状况。

获得控制室的物理入口或控制系统的组成部分，往往意味着获得控制系统进程的逻辑入口。同样，逻辑访问如同主服务和控制室的电脑被攻击者尝试控制的物理过程。如果计算机有移动媒体设备(软盘、光盘和外置硬盘)或 USB 端口，就会容易攻陷。我们可以为其配备固定的媒体设备，或干脆禁用这些设备和 USB 端口。根据安全需要和风险，甚至可以对电源按钮进行控制使用。为了安全最大化，服务器应当置于被保护的地方，并有认证机制保护。同时，ICS 网络中的设备包括交换机、路由器、网络插孔、服务器、工作站、控制器也应当安置在安全的区域，且只能由授权的人员访问。安全区域也应符合设备对环境的要求。

物理安全的一个深度解决方案应包含下面 11 点。

1. 物理位置的保护

传统的物理安全考虑，通常是指一个环状结构分层安全措施。在建筑物、设施、房间、设备或其他信息资产周边建立一些主动或被动的物理安全屏障。物理安全性控制旨在通过一些工具保护物理位置，包括围栏、壕沟、土丘、墙、路障、门或其他工具。大多厂房都有使用栅栏，设置门卫、大门、锁门这种层级模式防止入侵。

2. 访问控制

访问控制系统需要确保，只有授权人能够访问控制区域。访问控制系统应该很灵活。访问需求往往基于时间、培训等级、就业状态、工作分配、厂房状况和无数其他因素。系统需要能够鉴别出试图访问的人是谁(通常依靠这个人所持有的接入卡或密钥、这个人的个人识别编号或直接通过识别设备辨别)。访问控制应该高度可靠，不会影响到员工日常或紧急工作。将访问控制系统集成到过程系统中，不但可以安全访问，而且能够跟踪物理及个人资产，加快紧急事件的反应事件，保障个人安全并提高整体生产力。在一个区域内，访问网络和计算机的人员应当被限制在确实有需要的网络技术人员、网络工程师和计算机维护人员中。设备应当被锁保护，布线也应尽量隐蔽。考虑将所有计算机安置在安全机架，使用外围设备扩展技术与这些计算机的人机界面互联。

3. 访问监控系统

访问监控系统包括摄像机，传感器和各类识别系统。例如通过摄像头监控停车场、便利店或航空的安全。访问监控系统不仅用于监控某个特定区域，而且用于存储记录真实存在的个人、车辆、动物或其他物体。访问监控设备需要有充足的照明。

4. 访问限制系统

访问限制系统使用组合设备进行控制或防止访问受保护的资源，它包括主动和被动的安全设备，如围墙、门、保险柜、大门和警卫，加上识别和监控系统，提供基于角色的专人和专门团体的访问。

5. 人员和资产的跟踪

从安全角度考虑，定位人员及车辆在大型安装作业中日益重要。资产定位技术可以追踪厂房内人员及车辆的动向，确保他们留在授权区域，找出需要帮助的人员，并支持应急响应。

6. 环境因素

处理系统和数据安全性需求时，考虑环境因素是很重要的。例如，如果一个站点的环境恶劣，系统就应当置于过滤环境中。在煤或铁的生产过程中，这一点尤为重要，因为灰尘有可能导电或导磁。如果存在振动问题，则应为系统安装橡胶外套，防止磁盘损坏和接线连接问题。此外，包含系统和媒体(例如，备份磁带，软盘)的环境应该有稳定的温度和湿度。在特定环境下，如温度和湿度超标，过程控制系统应生成报警。

7. 环境控制系统

为控制室配备暖气、通风和空调系统(HVAC)，以支持厂房内人员在正常工作和紧急情况下的安全，包括有毒物质的释放。为避免造成更大损失，消防系统需要精心设计。HVAC 和消防系统在增加过程控制和安全的相互依赖关系中扮演了重要的安全角色，如支持工业控制计算机的防火和 HVAC 系统需要对网络事件提供保护。

8. 电力

ICS 可靠的电源必不可少，因此应提供不间断的电源(UPS)。如果有一个应急发电机，UPS 的电池容量也许只需要几秒钟就可以了；但如果依赖于外部电源，UPS 的电池容量可能就需要几个小时了。至少我们需要能确保系统正常关机的电池容量。

9. 控制中心/控制室

为控制中心/控制室提供安全必不可少，这样可以减少潜在威胁。控制中心/控制室常常不断登录主控制服务器，响应速度和持续观测是最重要的。这些区域往往包含自己的服务器、其他关键的主机节点和一些控制器。重要的是进入这些区域是有限制的，只有授权用户使用如智能磁卡或身份识别设备的方法才能进入。在极端情况下，有必要考虑控制中心/控制室的防爆或提供异地紧急控制中心/控制室，这样当控制中心/控制室无法使用时，还有备用方案。

10. 便携式设备

任何时候，用于 ICS 功能的功能的计算机和设备都不能离开 ICS 区。笔记本电脑、便携式工作站或手持设备应被严格保护并不能带离 ICS 网络。防病毒和补丁管理应保持更新。

11. 布线

控制网络布线设计和实施也在网络安全计划中。适用于办公室环境的屏蔽双绞线通信电缆，一般不大适合厂房环境，因为其容易被磁场、无线电波、极端温度、水分、灰尘和震动的干扰。工业 RJ－45 连接器需要应用在其他类型的双绞线以提供对水、灰尘和震动的保护。光缆和同轴电缆往往是更好的选择，因为他们适用于许多典型环境，包括工业控制环境中电气和无线电频率干扰情况下。电缆和连接器应当用颜色标记加以区分，这样 ICS 网络和 IT 网络可以明确分开，同时减少了交叉连接的潜在风险。应安装电缆线以尽量减少接入(即仅限于授权人员)，并且设备应安装在足够通风和具有空气过滤的安全处。

9.2.3 应急计划

应急计划是为保存或存储业务运作而设计的，包括可能在交互位置发生的紧急事件、系统宕机或者灾难等计算机业务。

应急计划中的安全控制通过指定角色和职责，分配与中断或故障后恢复信息系统相关的人员和活动，提供实施应急计划的政策和程序。与应急计划一起，控制也用于应急培训、测试和计划更新，并且用于备份信息进程和存储网站。

《GB/T 32919—2016 信息安全技术 工业控制系统安全控制应用指南》就 CP 控制中的应急计划策略和规程、应急计划、应急计划培训、应急计划测试和演练、备用存储设备、备用处理设备、通信服务、系统备份、系统恢复与重建进行了具体说明和指导。

《工业控制系统信息安全防护指南》要求制定工控安全事件应急响应预案，当遭受安全威胁导致工业控制系统出现异常或故障时，应立即采取紧急防护措施，防止事态扩大，并逐级报送直至属地省级工业和信息化主管部门，同时注意保护现场，以便进行调查取证；要求定期对工业控制系统的应急响应预案进行演练，必要时对应急响应预案进行修订。

应急计划应该应对全部范围的由网络事件导致的故障或问题；还应该应对存储系统的无效备份，将系统与各种障碍和许可网络事件侵入的连接分开，并转换为必要的接口。员工应该接受培训并熟悉应急预案的内容。从对 ICS 负责人的角度出发，员工应该定期地复习应急计划，通过对员工进行测试以确认员工熟悉应急计划。组织要有与应急计划紧密相关的商业应急计划和故障恢复计划。

1. 对于业务持续性规划

业务持续性规划解决了在中断的情况下维持或重新建立生产的总体问题。这些中断可能是自然灾害(例如，飓风、龙卷风、地震、洪灾)、无意的人为事件(例如，意外设备损害、火灾或者爆炸、操作错误)、故意的人为事件(例如，炸弹、武器或者故意破坏、侵入或者病毒)或者设备故障。从潜在的中断角度来看，这可能需要几天、几周或者几个月的典型时间跨度来恢复自然灾害，也许需要几分钟或者几个小时来恢复恶意软件入侵或者机械/电力故障。保障系统可靠性和机电可维护性有不同的方法。组织者可以选择排除故障来源的方式来定义业务持续性。由于业务持续性对生产中断产生长期影响，因此组织也需要考虑在风险范围内设置最小中断限制。长期的短缺(长期停电)和短期的短缺(短期停电)都应该被考虑。这是因为这些潜在的中断中的一部分涉及人为事件，与物理安全组织协同工作对于理解这些事件的相关风险和防止相关风险的物理安全措施是至关重要的。对于物理安全组织而言，了解生产站点的哪些区域可能存在可能具有更高级别风险的数据采集和控制系统也很重要。

在创建业务持续性规划以处理潜在短缺(中断、停电)之前，必须根据典型业务需求指定所涉及的各种系统和子系统的恢复目标。恢复目标有两种不同目标类型：系统恢复和数据恢复。系统恢复涉及通信链路和处理能力的恢复，通常指定的是恢复时间目标(RTO)，被定义为恢复所需的通信链路和处理能力所需的时间。数据恢复涉及对过去描述生产或产品条件的数据的恢复，通常指定的是恢复点目标(RPO)，被定义为可以容忍缺失数据的最长时间段。

一旦恢复目标被定义，则应该潜在中断的列表创建并且应该开始恢复进程运行和描述。对于大多数规模较小的中断，基于关键备件库存的修复和更换动作将足以满足恢复目标。如果不是这样，应完善应急计划。由于潜在的成本和这些应急预案的重要性，这些因素应该被负责业务连续预案的管理人员重新评估，确保修改的业务持续性规划是正确的。一旦建立恢复过程文档，应该更新日程表来测试部分或者全部的恢复过程，尤其应该注意验证系统配置数据和产品或者生产数据的备份。他们不仅应在生产时进行测试，还应定期检查其存储过程，以验证备份是否保持在可靠的环境条件下，并将生产数据存储、备份保存在安全的位置，在需要时可以由经过授权的个人快速获得。

2. 对于灾害恢复计划

灾害恢复计划(DRP)对于ICS的持续可用性至关重要。DRP应该包括以下事项：

(1) 对激活恢复计划的持续时间和严重程度不同的事件或条件的必要响应。

(2) 在手动模式下操作ICS的程序，所有外部电子连接都被切断，直到可以恢复安全状态。

(3) 响应者的角色和责任。

(4) 用于备份的进程与过程和信息的安全存储。

(5) 完整的和实时更新的逻辑网络示意图。

(6) 用于将授权后的物理和网络连接到ICS的人员列表。

(7) 交互过程和在包括ICS供应商、网络管理者和ICS支持人员等的紧急情况下与人员的通信步骤和列表。

(8) 用于所有组成部分的当前参数信息。

这项计划还应该明确在紧急情况下及时更换部件的要求。如果可能，难以获得的关键部件应保留在库存中。

恢复计划应定义全面的备份和还原策略。在制定本策略时，应考虑以下因素：

(1) 必须恢复数据或系统的速度。此要求可能证明需要冗余系统、备用脱机计算机或有效的文件系统备份。

(2) 关键数据和配置的频率正在改变。这将决定备份的频率和完整性。

(3) 完整备份和增量备份的安全现场和非现场(异地)存储。

(4) 安全介质、许可证密钥和配置信息的安全存储。

(5) 识别负责执行、测试、存储和恢复备份的人员。

9.2.4　配置管理

配置管理策略和过程用于控制对硬件、固件、软件和文档的修改，以确保在系统实现之前、期间和之后保护信息系统免受不正确的修改。

配置管理族的安全控制提供了为信息系统建立基线控制的策略和过程，指定了用于维护、监视和记录配置控制更改的控件。应该限制访问配置设置，并且将 IT 产品的安全配置设置为符合 ICS 操作要求的最具限制性条件的模式(最严格模式)。

《GB/T 32919－2016 信息安全技术 工业控制系统安全控制应用指南》就 CM 控制中的配置管理策略和规程、基线配置、配置变更、安全影响分析、变更的访问限制、配置设置、最小功能、系统组件清单、配置管理计划进行了具体说明和指导。

《工业控制系统信息安全防护指南》要求做好工业控制网络、工业主机和工业控制设备的安全配置，建立工业控制系统配置清单，定期进行配置审计；要求对重大配置变更制定变更计划并进行影响分析，配置变更实施前进行严格安全测试；要求对关键主机设备、网络设备、控制组件等进行冗余配置。

应该建立正式的变更管理程序，确保对 ICS 网络的所有修改都符合与资产评估中确定的原始组件以及相关风险评估和缓解计划相同的安全要求。应该对可能影响安全性的 ICS 网络的所有更改执行风险评估，包括配置更改，网络组件的增加和软件的安装。可能还需要更改策略和过程。当前的 ICS 网络配置必须被熟知并且建立文档。

9.2.5　维护

维护系列的安全控制提供了对信息系统组件执行例行和预防性维护的策略和过程。这里包括维护工具(本地和远程)的使用以及维护人员的管理。

《GB/T 32919－2016 信息安全技术 工业控制系统安全控制应用指南》就 MA 控制中的维护策略和规程、受控维护、维护工具、远程维护、维护人员和及时维护进行了具体说明和指导。

《工业控制系统信息安全防护指南》要求原则上严格禁止工业控制系统面向互联网开通 HTTP、FTP、Telnet 等高风险通用网络服务，确需远程访问的，采用数据单向访问控制等策略进行安全加固；对访问时限进行控制，并采用加标锁定策略，确需远程维护的，采用虚拟专用网络(VPN)等远程接入方式进行。

9.2.6　系统与信息完整性

维护系统和信息完整性可确保未经授权和未检测的方式修改或删除敏感数据。

系统和信息完整性族的安全控制提供了识别、报告和纠正信息系统缺陷的策略和程序。存在用于恶意代码检测、垃圾邮件和间谍软件防护以及入侵检测的控制，尽管它们可能不适合所有 ICS 应用程序。SI 还提供了用于接收安全警报和建议以及验证信息系统上的安全功能的控制。此外，该系列中还有一些控件可以检测和防止未经授权的软件和数据更改，对数据输入和输出进行限制，检查数据的准确性、完整性和有效性以及处理错误情况，尽管它们可能不适合所有 ICS 应用程序。

《GB/T 32919－2016 信息安全技术 工业控制系统安全控制应用指南》就 SI 控制中的系统与信息完整性策略和规程、缺陷修复、恶意代码防护、系统监控、安全报警、安全功能验证、软件和信息完整性、输入验证、错误处理、信息处理和留存、可预见失效预防、输出信息过滤、内存防护、故障安全程序、入侵检测和防护进行了具体说明和指导。

1. 对于恶意代码检测

防病毒产品根据已知恶意软件签名文件的清单评估计算机存储设备上的文件。如果计算机上的某个文件与已知病毒的配置文件匹配，则会通过杀毒过程(例如，隔离，删除)删除病毒，因此它不会感染其他本地文件或通过网络通信以感染其他文件。防病毒软件可以部署在工作站、服务器、防火墙和手持设备上。

《工业控制系统信息安全防护指南》要求在工业主机上采用经过离线环境中充分验证测试的防病毒软件或应用程序白名单软件，只允许经过工业企业自身授权和安全评估的软件运行。

工信部信软司指出：工业控制系统对系统可用性、实时性要求较高，工业主机如 MES 服务器、OPC 服务器、数据库服务器、工程师站、操作员站等应用的安全软件应事先在离线环境中进行测试与验证，其中，离线环境指的是与生产环境物理隔离的环境。验证和测试内容包括安全软件的功能性、兼容性及安全性等。

防病毒工具仅在安装、配置和运行并且针对已知攻击方法和有效负载的状态正确维护时，才能有效运行。虽然防病毒工具是 IT 计算机系统中的常见安全应用，但它们与 ICS 的使用可能需要采用特殊的做法，包括兼容性检查、变更管理问题和性能影响指标。每当安装新的签名或新版本的防病毒软件时，都应使用这些特殊做法。

主要的 ICS 供应商建议甚至支持使用特定的防病毒工具。在某些情况下，控制系统供应商可能已针对特定防病毒工具的受支持版本在其产品线上执行了回归测试，并提供了相关的安装和配置文档并且努力制定一套针对 ICS 性能影响的一般指南和测试程序，以填补 ICS 和防病毒供应商指南不可用的空白。

一般地，用作控制台、工程工作站、数据历史记录，HMI、通用 SCADA 和备份服务器的 Windows、UNIX、Linux 系统等可以像商业 IT 设备一样得到保护。安装推送或自动更新的防病毒软件和补丁管理软件，将管理软件和防病毒服务器更新，把位于进程控制网络中的管理服务器打包，并且通过 IT 网络自动更新。

遵循所有其他服务器和计算机(DCS、PLC、仪器)上的供应商建议，及时更新、修改扩展操作系统或任何其他更改。期望供应商定期发布包含安全补丁的维护版本。

2. 对于入侵检测和防护系统

入侵检测系统(IDS)监视网络上的事件(例如流量模式)或系统(例如日志条目或文件访问)，可以识别侵入或试图侵入系统的入侵者。IDS 确保引起相应安全人员注意不寻常的动作，例如新的开放端口、异常流量模式或关键操作系统文件的更改。

下面是两种最常用的 IDS 类型。

(1) 基于网络的 IDS。这些系统在监控网络流量并在识别出他们认为是攻击的流量时生成警报。

(2) 基于主机的 IDS。该软件监视系统的一种或多种类型的特征，例如应用程序日志文件条目、系统配置更改以及对系统上的敏感数据的访问，并在用户试图破坏安全性时响应警报或对策。

《工业控制系统信息安全防护指南》要求建立防病毒和恶意软件入侵管理机制，对工业控制系统及临时接入的设备采取病毒查杀等安全预防措施；要求保留工业控制系统的相关访问日志，并对操作过程进行安全审计。

有效的 IDS 部署通常涉及基于主机和基于网络的 IDS。在当前的 ICS 环境中，基于网络的 IDS 通常与防火墙一起部署在控制网络和公司网络之间；基于主机的 IDS 通常部署在使用通用操作系统或 HMIs、SCADA 服务器和工程工作站等应用程序的计算机上。正确配置后，IDS 可以极大地增强安全管理团队检测进出系统的攻击的能力，从而提高安全性。它们还可以通过检测网络上的非必要流量来提高控制网络的效率。但是，即使实施 IDS，安全人员也可以主要识别单个攻击，而不是随着时间的推移而组织的攻击模式。此外，应注意不要将异常 ICS 动作(例如在瞬态条件下的动作)混淆为攻击。

当前的 IDS 和 IPS 产品可有效地检测和防止众所周知的网络攻击，但直到现在还没有解决 ICS 协议攻击。IDS 和 IPS 供应商开始开发并整合各种 ICS 协议的攻击签名，如 Modbus、DNP 和 ICCP。

3. 对于补丁管理

补丁是为解决现有软件中的特定问题或缺陷而开发的附加代码片段。补丁的弱点是可以被利用的漏洞，允许未经授权访问 IT 系统或使用户能够访问比授权更高级别的权限。

管理和使用软件补丁的系统方法可以帮助组织以经济高效的方式提高其 IT 系统的整体安全性。积极管理和使用软件补丁的组织可以降低其 IT 系统中的漏洞被利用的可能性。此外，它们可以节省可能用于响应与漏洞相关的事件的时间和金钱。

相关标准为负责设计和实施安全补丁和漏洞管理程序以及测试程序在减少漏洞方面的有效性的组织安全经理提供指导。该指导对负责应用和测试补丁以及部署漏洞问题解决方案的系统管理员和操作人员也很有用。

《工业控制系统信息安全防护指南》要求密切关注重大工控安全漏洞及其补丁发布，及时采取补丁升级措施。在补丁安装前，需对补丁进行严格的安全评估和测试验证。

将补丁应用于 OS 组件会产生另一种情况，即在 ICS 环境中应该非常小心。应对补丁进行充分测试(例如，在类似的 ICS 上离线测试)以确定副作用的可接受性。建议进行回归测试。补丁对其他软件产生负面影响的情况并不少见。补丁可能会删除漏洞，但从生产或安全角度来看也可能带来更大的风险。修补漏洞还可能会改变操作系统或应用程序与控制应用程序一起工作的方式，从而导致控制应用程序丢失其部分功能。另一个问题是许多 ICS 供应商不再支持的旧版操作系统。因此，可用的补丁可能不适用。组织应该负责和记录的 ICS 补丁管理流程，以管理漏洞风险。

一旦决定部署补丁，就应确认补丁已正确部署。考虑将 ICS 补丁管理的自动化流程与非 ICS 应用程序的自动化流程分开。修补程序应安排在计划的 ICS 中断期间。

9.2.7 介质保护

介质保护族的安全控制提供了限制授权用户访问媒体的策略和过程。它存在用于标记介质以进行分配和处理需求以及存储、传输、清洁处理(从数字介质中移除信息)、销毁和处理介质的控制。

《GB/T 32919—2016 信息安全技术 工业控制系统安全控制应用指南》就 MP 控制中的介质保护策略和规程、介质访问、介质标记、介质存储、介质传输、介质销毁、介质使用进行了具体说明和指导。

《工业控制系统信息安全防护指南》要求拆除或封闭工业主机上不必要的 USB、光驱、无线等接口。若确需使用,通过主机外设安全管理技术手段实施严格访问控制。

介质资产包括可移动媒体和设备,如软盘、CD、DVD 和 USB 存储器,以及打印的报告和文档。物理安全控制应满足安全可靠地维护这些资产的特定要求,并为传送、处理、擦除或销毁这些资产提供具体指导。安全需求包括防止物理消耗、火灾、盗窃和无意图的分配或者环境损害的安全存储。如果攻击者获得对与 ICS 相关联的备份介质的访问权限,则可以为发起攻击提供有价值的数据。从备份中恢复身份验证文件可能允许攻击者运行密码破解工具并提取可用密码。此外,备份通常包含计算机名称、IP 地址、软件版本号、用户名以及在规划攻击时有用的其他数据。

不允许在 ICS 的一部分或连接到 ICS 的任何节点上使用任何未经授权的 CD、DVD、软盘、USB 存储器或类似的可移动介质,以防止引入恶意软件或无意中丢失或数据盗窃。在系统组件使用未修改的行业标准协议的情况下,可以使用机械化策略管理软件来实施介质保护策略。

9.2.8 事件响应

事件响应计划是用于检测、响应和限制针对组织信息系统的事件后果的预定指令或过程的文档。事件响应应该首先根据“提供的服务”来衡量响应,而不仅仅是对受到损害的系统的响应。如果发现事件,则应进行快速风险评估,以评估攻击和响应选项的影响。例如,一种可能的响应选项是物理隔离受攻击的系统。但是,这样可能会对服务产生严重的影响,因为它被认为是不可行的。

事件响应族的安全控制提供事件响应监控、处理和报告的策略和过程。安全事件的处理包括准备、检测和分析、遏制、根除和恢复。控制还包括人员的事件响应培训和测试信息系统的事件响应能力。

《GB/T 32919—2016 信息安全技术 工业控制系统安全控制应用指南》就 IR 控制中的事件响应策略和规程、事件响应培训、事件响应测试与演练、事件处理、事件监控、事件报告、事件响应支持、事件响应计划进行了具体说明和指导。

无论采取哪些措施来保护 ICS,ICS 都可能会因有意或无意的事件而受到损害。正常的网络问题可能会出现以下症状,但是当几种症状开始出现时,模式可能表明 ICS 受到攻击,可能需要进一步调查。如果对手技术娴熟,则很有可能正在进行攻击。

事件的症状如下:

- 不正常的大量网络流量；
- 磁盘空间不足或可用磁盘空间大量减少；
- 不正常的高 CPU 使用率；
- 创建新用户账户；
- 尝试或实际使用管理员级账户；
- 锁定账户；
- 当使用者不进行工作时使用的账户；
- 清除日志文件；
- 具有异常大量事件的完整日志文件；
- 防病毒或者 IDS 警报；
- 已禁用防病毒软件和其他安全控制；
- 不期望的补丁更改；
- 连接到外部 IP 地址的计算机；
- 有关系统的信息请求(社会工程尝试)；
- 不期望的配置设置更改；
- 不期望的系统死机。

为了最大限度地减少这些入侵的影响，有必要规划一个响应。事件响应计划定义了入侵发生时要遵循的步骤。相关标准提供了有关事件响应计划的指导，其中可包括以下 3 项。

1. 事件的分类

应识别各种类型的 ICS 事件并将事件其分类为潜在影响，以便为每个潜在事件制定适当的响应。

2. 响应动作

在发生事故时可以采取一些响应。采取的响应依赖于事件的类型和对 ICS 系统的影响，并且应该提前预测每种类型的响应。应编制一份书面计划，记录事件的类型和对每种类型的反应，在事件可能引起混淆或压力的时候提供指导。该计划应包括各组织将采取的逐步行动。如果有报告需求，则应注意这些需求要应报告中作出标记从而降低报告混淆。

3. 恢复动作

入侵的后果可能比较小，或者入侵可能会在 ICS 中引起许多问题。应进行风险分析，以确定受控物理系统对 ICS 故障模式的敏感性。在任何情况下，都应记录逐步恢复操作，以便系统能够尽量快速、安全地返回正常操作。

在事件响应计划的准备期间，应从各个利益相关者处获得输入，包括运营、工程、IT、系统支持供应商、管理、有组织的劳动力、法律和安全等。这些利益相关者还应审查和批准该计划。

9.2.9 教育培训

教育培训族的安全控制提供了政策和程序，以确保在授权访问系统之前，为信息系统的所有用户提供基本的信息系统安全教育和培训资料。必须对人员培训进行监控和记录。

《GB/T 32919—2016 信息安全技术 工业控制系统安全控制应用指南》就 AT 控制中的教育培训策略和规程、安全意识培训、基于角色的安全培训、安全培训记录进行了具体说明和指导。

对于ICS环境，必须包括特定于控制系统的信息安全教育和针对特定ICS应用程序的培训。此外，一个组织必须识别、记录和培训所有具有重要ICS角色和职责的人员。教育培训必须涵盖受控制的物理过程和ICS。

安全教育是ICS事件预防的重要部分，特别是涉及社会工程威胁时。社会工程是一种用于操纵个人泄露私人信息(如密码)的技术。该信息能够被用于危害其他安全系统。

实施ICS安全程序可能会改变人员访问计算机程序、应用程序和计算机桌面的方式。组织应设计有效的培训计划和沟通工具来帮助员工了解为什么需要新的访问控制方式；这种方式如何降低风险；以及如果不采用控制方法对组织的影响。培训计划还证明了管理层对网络安全计划的承诺和价值。接受此类培训的工作人员的反馈可以成为改进安全计划章程和范围的宝贵投入来源。

习　　题

1. 标准规定的安全控制是什么?
2. 简述管理控制的概念和组成。
3. 标准提供的工业控制系统信息安全防护能力评估方法包括哪些步骤?
4. 简述操作控制的概念和组成。
5. 人员安全策略有哪些内容?
6. 物理安全的深度解决方案中包含哪些内容?
7. 简述应急预案的概念和分类。
8. 简述系统和信息完整性的概念。
9. 简述时间响应的概念和NIST提供的有关事件响应计划的内容。
10. 通过梳理本章所讲的管理与运维的知识点，明白信息安全管理的主要思想。

参考文献

[1] STOUFFER K, FALCO J, SCARFONE K. Guide to Industrial Control Systems (ICS) Security[M]. NIST Special Publication 800－82(Revision 1), 2013.

[2] 工业和信息化部. 工业控制系统信息安全防护指南[M]. 工业和信息化部, 2016.

[3] GB/T 32919－2016, 信息安全技术工业控制系统安全控制应用指南[S]. 中华人民共和国国家质量监督检验检疫总局, 中国国家标准化管理委员会, 2016.

[4] 工业和信息化部. 工业控制系统信息安全防护能力评估方法[M]. 工业和信息化部, 2017.

[5] 工业和信息化部. 工业控制系统信息安全防护能力评估工作管理方法[M]. 工业和信息化部. 工业控制系统信息安全防护能力评估方法. 工业和信息化部, 2017.

[6] 新华网. http://www.xinhuanet.com/info/2016－11/15/c_135830124.htm.

第 10 章　工业控制系统安全控制：漏扫与靶场

10.1　工业控制网络漏洞分析

要对工业控制网络中的漏洞进行检测和分析，首先要对工控安全漏洞有一个总体的认识，本节将对工控安全漏洞的挖掘技术、分类、主题的漏洞发布平台和工控安全漏洞的态势进行介绍，通过本节的学习读者会对工控网络安全漏洞有一个初步的了解。

鉴于工业控制系统设计者与运营者可以犯的错误有多种方式，寻找工业控制系统中的失误和漏洞应该是工业控制系统生命周期持续过程中不可或缺的一部分。

但是测试工业控制系统整体、局部甚至特定部件的安全性所需费用可能比较高，工业控制系统运营者必须将这些费用与工业控制系统自身安全风险所涉及的其他成本因素进行权衡。

进行漏洞排查主要有以下三种方式。

1. 手动系统漏洞排查

查找系统硬件及软件方面漏洞的有效方法是手动系统漏洞排查。例如，可对照 ICS 安全指导一一排查系统漏洞，或者对照各个主要系统供应商、国家安全中心提供的安全补丁发布和漏洞发布提示进行及时排查。这种方法在过去已经极大地保护了工业控制系统的安全，但其结果是寻找已知的(软件、系统、基础设施)的漏洞，或者已知漏洞的实例。

2. 黑盒测试漏洞排查

顾名思义，黑盒测试并不考虑实际系统的实际执行细则，而是程序的输入规范(程序要接收的数据)和输出规范(程序的内容应该用输入数据)的测试与验证。黑盒测试旨在衡量系统是否符合设计目标。从安全角度来看，黑盒测试为系统提供系统通常不会期望的输入，以了解系统如何处理此输入。黑盒测试可以手动完成，也可以通过定义其输入和输出自动完成。也就是建立安全工业系统时须同步建立其模拟环境。因为很多情况下，我们无法在实际工业控制系统上测试，因此共享的、被定义为指代特定系统的模拟环境就非常具有意义。发展的 CPS 系统建设要求在建立 CPS 系统时，有同步的仿真及测试环境，这一要求可以为工业控制系统提供安全测试环境。我们在下一节所讲的靶场中也会继续讨论这一概念。

3. 玻璃盒漏洞排查

玻璃盒测试与黑盒测试类似，但测试人员可以了解系统和数据流的状态。通过这种类型的测试，可以更容易地确保程序按预期运行，因为可以直接在程序流中测试条件。玻璃盒测试可以制作允许执行和测试每行代码的输入。从安全角度来看，在玻璃盒测试中，为程序提供程序通常不会期望的输入，以便了解程序如何处理该输入，这一点非常重要。

10.1.1 工业控制网络漏洞挖掘背景

1. 工控设备漏洞挖掘的可行性

1）工控设备和系统

工控系统通常由以下系统组件构成：工业业务子系统（也称为实际业务子系统，在不同的工业行业中具有不同的命名，如在电力中的SIS、DCS、SCADA等，有时也称为上、下位机）、网络子系统、现场仪器仪表和现场设备。以网络为中心的工业控制系统常具有安全边界的隔离设备、授权远程访问的网络设备、网络基础连接设备（如路由器、交换机、工业专用网关等）、网络安全防护设备（网络流量分析防火墙，主机加固设施）、工业控制设备（PLC、RTU、DCS、FCS、智能传送器）等。

工业业务子系统中控制程序状态的控制设备或者嵌入式系统是工控系统的核心。这些终端设备中定制了预先配置的指令集，可以控制设施在控制过程中的变化，它们都被连接到工厂的固定设备上，用来测量温度、压力、水位或流量的改变，然后发送信号给其他工厂设备，如阀门、泵、发电机等，控制开关或者维持其在稳定状态。

工控设备和系统有如下典型特点：

（1）系统的封闭性。设计之初的SCADA、DCS、ICS处于封闭网络，因此没有将安全机制考虑在内。

（2）数据接口的多样性。工控设备和系统使用多种数据接口（如RJ-45、RS-485、RS-232等）和多种协议类型。

（3）通信的复杂性。工控设备和系统使用专用的通信协议（如OPC、Modbus、DNP3、Profibus等）。

（4）不可改变性。工控系统程序和固件难以升级。

以上特点导致传统系统信息、系统漏洞检测技术无法直接应用于工业控制系统。因此需要针对工业控制系统的特点，研究对应的漏洞检测技术，分析工业控制系统中的安全威胁，从而对安全威胁进行有效的防御。

2）漏洞挖掘的可行性

过去工业控制设备通过串行电缆和专有协议连接到计算机网络，随着业务的发展以及传统IT基础设施的开放和技术渗透，目前通过以太网电缆和标准化的TCP/IP通信协议连接到计算机网络的工业控制系统越来越多。供应商提供的大量工控设备提供了嵌入式Web、开放的FTP、远程Telnet等传统服务。这些开放的端口和服务为工控终端设备漏洞被挖掘和利用打开了通道，也给工控系统造成了巨大的安全隐患。

3）漏洞挖掘的困难性

目前，公开的工业控制设备的漏洞数目不多，但漏洞直接关系到工控生产等实际业务流程的现场设备，并分布在大量的基础设施中。因此如果控制设备受到攻击，将会造成直接而严重的损失，如设备损坏、停机甚至人员伤亡。

需要注意的是，对这些工控设备的网络渗透测试不能在实际运行的系统中进行，因为渗透测试的某些测试样本会使设备达到性能的极限或者出现异常，所以渗透攻击测试都应该运行在模拟平台上，或者正在开发、测试的系统中。

另外，工业控制设备通常不公开其内部结构，且设备品牌众多，体系也各不相同，漏洞挖掘人员对此普遍接触较少，导致目前对其内部结构相关的研究也比较少，这是目前直接针对工业控制设备的漏洞挖掘方法非常少的重要原因。

2. 传统信息系统漏洞挖掘方法适用性分析

传统信息系统的漏洞挖掘方法主要分为白盒方法、灰盒方法和黑盒方法 3 种。白盒方法是指在有源代码、对目标完全了解的情况下进行漏洞挖掘，主要方式有源代码审计和走读、源代码静态分析等；灰盒方法是指在有目标文件、对于目标有部分了解的情况下进行的漏洞挖掘，包括二进制插桩、动态污点分析等；黑盒方法是指在对目标完全不了解的情况下进行的漏洞挖掘，典型的代表是模糊测试(Fuzzing)。

传统信息系统漏洞挖掘方法对于工控终端设备的适用性分析表见表 10－1。

表 10－1　传统信息系统漏洞挖掘方法适用性分析表

方法	必备条件	优　点	缺　点	可使用性
白盒方法	源代码	高效、快速	误报率高	无源代码，不可用
灰盒方法	目标文件、调试工具	准确度高	效率低、技术要求高	无目标文件，不可用
黑盒方法	无	准确度高	覆盖率低	可用

现阶段，安全研究人员对于工业控制设备内部结构的了解不足，逆向工控设备的技术处于起步阶段，又因为无法获取工控系统的源代码和目标文件，无法采用白盒方法和灰盒方法挖掘漏洞，所以现阶段采用模糊测试来挖掘工控设备漏洞的方法比较常见。

10.1.2　工业控制网络安全漏洞分析

与传统信息系统相比，工业控制系统采用了很多专用的工控设备、工控网络协议、操作系统和应用软件，工业控制系统的安全漏洞也具有工控系统独有的特性。根据漏洞出现于工控系统组件的不同，工控安全漏洞可划分为工控设备漏洞、工控网络协议漏洞、工控软件系统漏洞、工控安全防护设备漏洞等，如表 10－2 所示。

表 10－2　工业控制系统漏洞分类举例

漏洞分类	典型设备/协议
工控设备漏洞	PLC、RTU、DCS、交换机、工业协议网关等
工控网络协议漏洞	OPC、Modbus、Profibus、CAN 等
工控软件系统漏洞	WinCC、Intouch、KingView、WebAccess 等
工控安全防护设备漏洞	工业防火墙、网闸等

例如，Schneider Electric Telvent 信息泄露漏洞(CVE－2015－6485)是由于施耐德的

Telvent Sage 2300/2400 RTU 存在 IEEE 802 合规性问题，对少于 56 字节的数据包，常驻内存及其他数据在填充字段时会造成信息泄露，所以属于典型的工控 RTU 设备漏洞；而 Advantech WebAccess 缓冲区溢出漏洞(CVE－2016－4528)是研华科技基于 Web 的 SCADA 产品的安全问题，属于软件系统漏洞范畴；特定型号的 SCADA 较早的 DLL 文件可触发缓冲区溢出漏洞。

图 10－1 显示目前已知的公开工控相关安全漏洞占据了多数，下位机的漏洞主要集中在 PLC 上，另外，服务器、固件和网络设备也占据了一定的比例。对工控系统而言，可能带来直接隐患的安全漏洞也可以分为 SCADA 系统软件漏洞、操作系统安全漏洞、网络通信协议安全漏洞、安全策略和管理流程漏洞。

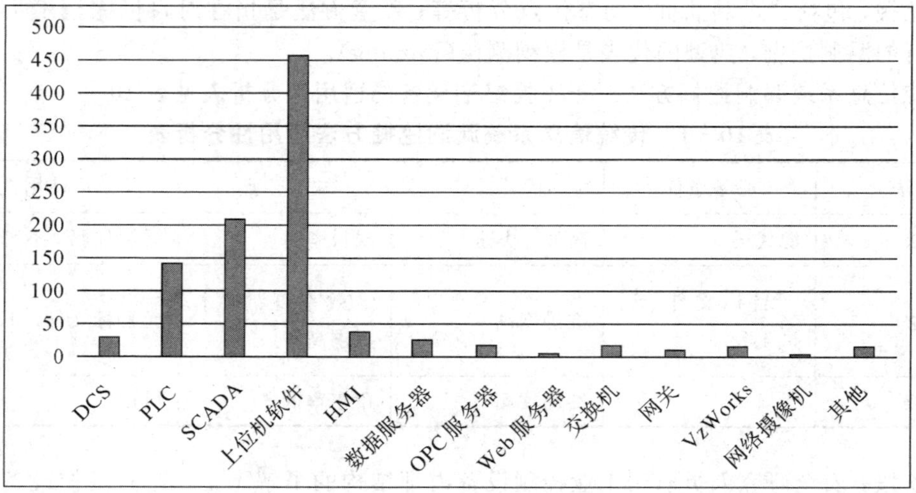

图 10－1　2000－2016 年公开的工控漏洞影响产品统计数据

10.1.3　工业控制网络安全漏洞态势分析

本小节将从工控系统公开的安全漏洞统计、近期典型的工控安全事件及新型攻击技术等多个方面，讨论工控系统安全漏洞态势。

1. 工控漏洞的价值被高度重视

工业控制网络已成为信息安全人员关注的新焦点，一些恶意的攻击者不断扫描工控系统的漏洞，并使用针对工控系统的专用黑客工具发动网络攻击。

近几年漏洞的数量呈爆发式增长的趋势，主流的工业控制系统也普遍存在安全漏洞，且多为能够造成远程攻击、越权执行的严重威胁类漏洞。此外，工业控制网络通信协议种类繁多、系统软件难以升级、设备使用周期长、系统补丁兼容性差、发布周期长等现实问题，造成了工业控制系统的补丁管理困难，难以及时处理威胁严重的漏洞。因此，及早发现工控系统中的漏洞是保护工业控制系统的关键。

2. 中高危漏洞比例居高不下

工控相关应用系统和应用软件的安全健壮性不强。无论是应用软件漏洞还是设备固件漏洞，都是由于在开发过程中遗留的安全设计和实现缺陷所导致的，1 个高危漏洞就意味着目标系统中存在 1 个甚至多个致命安全性缺陷。

3. 漏洞类型复杂，危害严重

常见的漏洞类型有信息泄露、缓冲区溢出、跨站攻击、拒绝服务等。其中，信息泄露相关的漏洞数量最多，它对工控系统的影响主要体现在两个方面：一方面，企业内部的工艺流程、图纸、排产计划等关键数据容易成为攻击者窃取的对象；另一方面，攻击者利用间谍工具手机的各种涉密信息，为后续具有破坏性的网络攻击提供安全情报。

紧随其后的是缓冲区溢出漏洞和跨站攻击漏洞。缓冲区溢出在各种操作系统、应用软件中广泛存在，利用缓冲区溢出漏洞，恶意攻击代码可以导致应用程序运行失败、系统宕机、重新启动，甚至用于执行非授权代码，对工业现场的智能设备下达非法指令(如修改运行参数、关闭阀门开关等)。

4. 漏洞的补丁发布严重滞后

发现漏洞并打补丁在信息安全领域是安全防护工作的常态，但在工控安全领域却经常面临着发现了漏洞却无补丁可补的尴尬状态。

10.2　工业控制网络安全漏洞分析技术方法

10.2.1　漏洞的检测技术方法

工控系统漏洞检测的关键技术有以下 3 种。

1. 构建工控系统漏洞库

由于通信协议的特殊性，传统漏洞库并不适用于工业控制系统漏洞测试领域，需要构建工控系统专有漏洞库。在漏洞库的设计中需要遵循以下几条原则：

(1) 从漏洞库的建议性、有效性出发，选择文本方式记录漏洞。

(2) 对每个存在安全隐患的网络服务建立对应的漏洞库文件。

(3) 对漏洞危险性进行分级。

(4) 提供漏洞危害性描述和建议的解决方案。

2. 基于工业漏洞库的漏洞检测技术

基于工业漏洞库的漏洞检测技术通过漏洞扫描引擎选用合适的检测规则，结合工控系统漏洞库，扫描系统中的关键目标系统和设备的脆弱性。另外，需要完整支持 Modbus、DNP3、Profinet 等工业通信协议，以及支持 ICMP Ping 扫描、端口扫描等传统扫描技术。

漏洞扫描的策略主要分为主机漏洞扫描和网络漏洞扫描。在工业控制系统场景下，主机漏洞扫描一般特指在上位机环境，包括操作员站、工程师站和服务器安装漏洞扫描的代理工具或者直接部署服务实现，从而方便实现对文件、进程、内存等对象的访问；而网络漏洞扫描则更多是针对目标系统、服务或者资源较低的工业设备本身进行的，通过构造特殊的数据包发送给目标，收集反馈信息来判断是否有特定的漏洞存在。

3. 漏洞检测执行

漏洞检测的主要方法包括直接测试、推理测试和凭证测试三种。

(1) 直接测试：特指利用漏洞特点发现目标系统漏洞的方法。扫描检测或者渗透方式，有些是来用直接有明确反馈而被观测到的，还有一些是需要稍作分析或者间接观测到的，由于其粗暴的攻击特性有的时候可能会造成检测的目标对象被破坏，所以准确性比较高。典型的测试应用是 Web 服务漏洞测试和拒绝服务漏洞测试。

(2) 推理测试：指根据相关系统、应用的版本、时序结果判断是否具有某个漏洞，并结合目标所表现出来的行为情况分析是否具有感染漏洞的行为特征的检测方法。这种方法对目标系统影响非常小，但是可能有较高的误检测情况。

(3) 凭证测试：在已有访问服务的授权情况下进行对应检测的方法。

10.2.2 模糊测试漏洞挖掘技术

10.1 节中介绍过传统信息系统的漏洞挖掘方法对工控系统的适用性，由于很难获取工控应用软件的源代码或目标文件，因此目前对于工控系统未知漏洞的挖掘主要采用的是模糊测试(Fuzzing)的方法。

1. 传统 Fuzzing 技术简介

Fuzzing 技术是一种通过构造能使软件崩溃的畸形输入来发现系统中存在漏洞的安全测试方法，通常被用来挖掘网络协议、文件、ActiveX 控件中存在于输入验证和应用逻辑中的漏洞。因具有自动化程度高、适应性广的特点，Fuzzing 技术成为漏洞挖掘领域最有效的方法之一。

传统 Fuzzing 测试流程如图 10-2 所示。一般来说，Fuzzing 测试包括协议解析、测试用例生成、异常捕获和定位三个阶段。协议解析是通过对公开资料或者对网络数据流量的

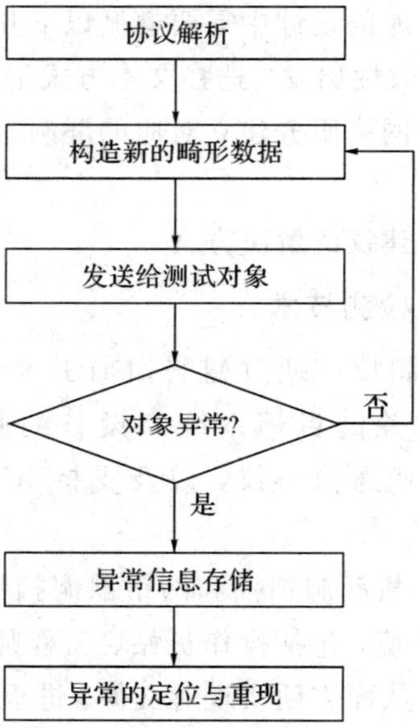

图 10-2 传统 Fuzzing 测试流程

分析，理解待测协议的层次、包字段结构、会话过程等信息，为后续生成测试用例打下基础；测试用例生成依据上一阶段分析出来的包字段结构，给待测对象发送采用变异方式生成的畸形测试用例；异常捕获和定位的目的是通过多种探测手段发现由测试用例触发的异常，保存异常相关数据信息，为后续异常的定位和重现提供依据。

2. 传统的 Fuzzing 工具难以测试工控网络协议

由于工控系统以及工控网络协议的特殊性，传统网络协议 Fuzzing 技术无法直接应用，具体体现在协议解析、异常捕获和定位以及部署方式上存在困难。

1）工控网络协议解析方面

根据信息公开的程度，工控网络协议大致可以分为两种：

(1) 私有协议，如 Harris－5000 以及 Conitel－2020 设备的协议，这些协议资料不公开或者只在有限范围内半公开，数据包和字段的含义未知，协议会话过程功能不清晰。

(2) 非私有协议，如 Modbus TCP、DNP3、IEC61850 以及 CIP、EtherNet/IP 等，具有协议资料公开、会话功能明确的特点。

对于公开的控制协议，虽然可以使用 Fuzzing 技术生成的方法进行测试，但由于工控协议面向控制协议，高度结构化，控制字段数量较多，使得需要构造大量的变异器，测试效率不高。

对于私有的控制协议，需要先弄清楚协议的结构才能进行模糊测试。一般来说，有两种思路：对协议栈的代码进行逆向分析，分析出重要的数据结构和工作流程；抓取协议会话数据包，根据历史流量来推测协议语义。

对于大量使用私有协议的基于嵌入式的工控系统来说，其运行环境较为封闭，很难使用加载调试器的方法对协议栈的二进制代码进行逆向分析。相比之下，采用基于数据流量的协议解析方法更实际。然而，工控设备具有时间敏感、面向会话的特点，使得部署需要大规模网络流量输入的基于突变的传统 Fuzzing 并不现实。

2）工控网络协议异常捕获和定位方面

目前在网络协议 Fuzzing 中常用的异常检测手段主要有返回信息分析、调试器跟踪及日志跟踪 3 种方法。

返回信息分析主要通过分析请求发送后得到的返回信息来判断目标是否出错，其优点是处理简单，但由于工控设备具有较快的自修复能力，因此在发生异常时网络进程会自动重启，如果请求收发频率不够高，将无法捕获发生的异常。

调试器跟踪主要通过监视服务器进程，在进程出错时抓取进程异常信息并重启来实现，但由于工控设备运行环境封闭，且使用嵌入式系统，难以安装第三方调试工具，因而该方法只适用于工控设备机对协议栈的分析，无法应用在 PLC 等工控设备上。

日志跟踪主要通过解析服务器日志判断进程是否发生异常，但由于工控设备属嵌入式系统，计算、存储和网络访问均受到严格的制约，因此在 PLC 等工控设备上难以实现对一个事件的日志记录和访问。

3）Fuzzing 测试工具的部署方式方面

目前，由于在传统信息系统中 C/S 模式的 Client 端漏洞利用较困难，价值相对不高，因而传统网络协议 Fuzzing 测试技术主要针对 Server 端软件，较少涉及 Client 端。但有些工控系统 Client 端负责数据采集与监视控制，其网络协议栈存在的漏洞可能导致重要数据传输实时性的丧失，影响生产控制过程的正常运行，因此只测试 Server 端的 Fuzzing 测试工具不能满足工控协议测试的需求。

3．工控 Fuzzing 测试框架的设计准则

根据工控网络协议的特点，结合已有工控网络协议 Fuzzing 的研究成果，从模糊测试的步骤和部署方式来看，工控网络协议 Fuzzing 测试框架应该遵循以下几个准则。

1）支持对私有工控网络协议的测试

由于大量工控网络协议结构不公开，因此对私有协议的支持成为工控网络协议Fuzzing 测试框架的首要需求。一般来说，对于私有协议的模糊测试思路主要有离线分析和在线分析两种。

（1）离线分析：梳理协议的结构和内容，生成协议模型，然后在此基础上进行 Fuzzing 测试，即先将私有协议变成公有协议，再使用由 Fuzzing 技术生成的方法产生测试数据，如图 10－3 所示。

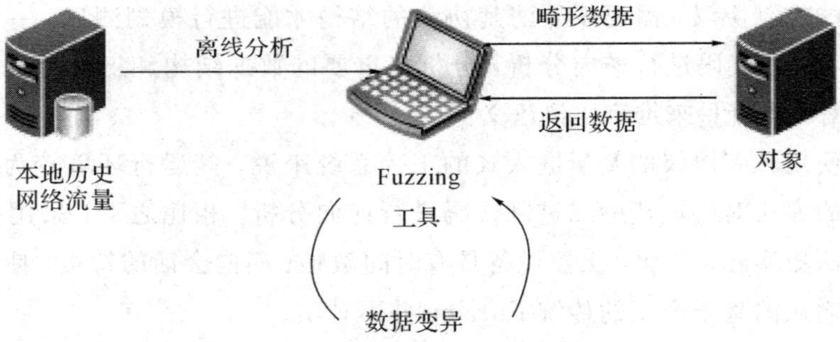

图 10－3　离线分析的模糊测试

（2）在线分析：只是使用在线的方式，通过人工智能的方法对工控网络协议的使用网络流量进行学习，生成并完善协议的语义结构，如图 10－4 所示。

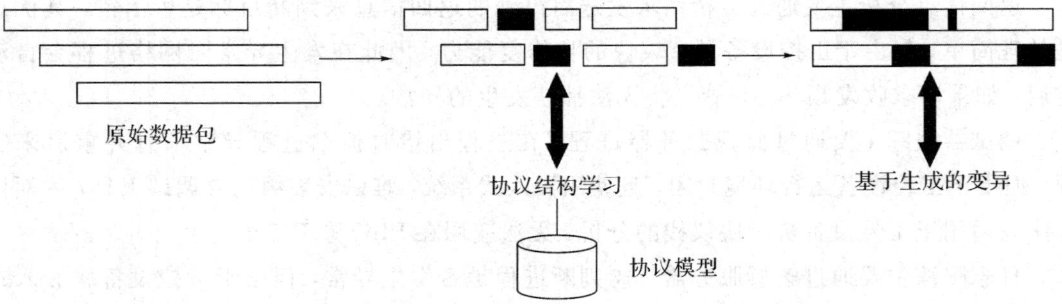

图 10－4　在线分析的模糊测试

离线分析方法虽然生成的测试用例质量较高，但需要积累相当数量的历史网络数据流量作为原始样本，且初始阶段需要耗费大量的人力，对协议分析经验要求较高且实时性差。相比之下，在线分析方法虽然在测试初期生成的模型较为粗糙，需要耗费大量计算资源，但随着学习过程的不断深入，模型会逐步成熟，测试用例的质量也会不断提升。

2）不依赖本地调试进行异常捕获和定位

作为工控系统的核心组件，PLC 等物理设备运行环境封闭且存储计算资源受限，无法通过附加调试组件的方式记录异常事件并保存日志，只能依赖网络探测的方式。较为可行的方法之一是使用心跳机制，以间歇性“请求－响应”的形式探测目标是否出错，同时结合异常隔离机制，在每传输一组测试用例后通过发送心跳包的方式检测对象是否发生异常。如果在一定的时间阈值未收到回复包，则认为测试对象发生了异常，需采取逐步隔离的方式，如图 10－5 所示，从该组用例中找出触发异常的单个测试用例，并保存异常产生的流量数据，以便进一步分析。

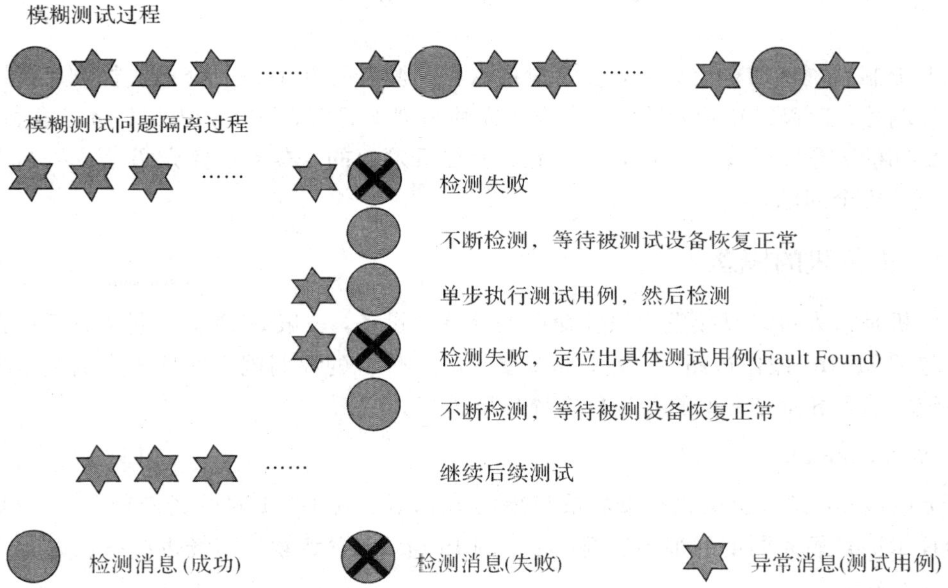

图 10－5　基于心跳检测的故障隔离技术

此外，对于构建于 TCP 之上的工控网络协议，TCP RST 标识也可以用来检测测试对象的网络异常。

3）具有对网络协议进行双向测试的能力

工控协议要支持对 Server 端和 Client 端的双向测试，且对数据流量较小、类型单一的工控私有网络协议 Client 端而言，由于其会话时间较短，时间敏感性较强，对要求大量历史数据流量的传统 Fuzzing 测试工具基本免疫，因此可行的方法之一是采取内联的方式，通过 ARP 欺骗，将 Fuzzing 测试工具插入服务器和客户端之间，捕获发往 Server 端或者 Client 端的实时通信流量数据，使用重放或中间人攻击对数据进行区域突变，产生用于测试的畸形数据，发送给测试对象，如图 10－6 所示。

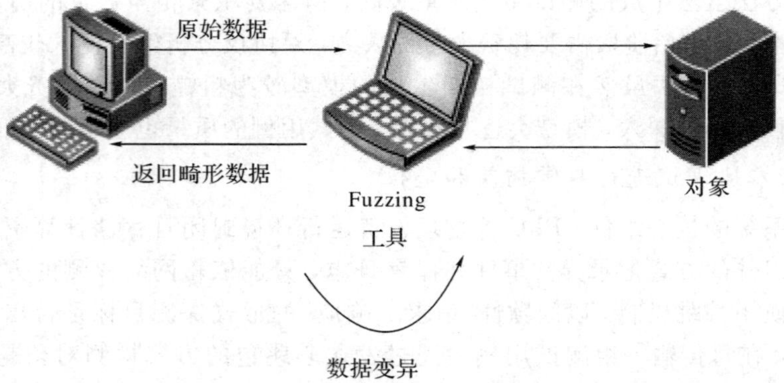

图 10-6　工控网络协议的双向模糊测试

10.3　漏洞分析

工业控制系统从结构上分类，主要包括数据采集与监控系统、分布式控制系统、可编程逻辑控制器、远程终端单元等；从安全研究的角度来看简要分类为上位机和下位机环境。而现在已知的大量工控安全事件，多数是从上位机发起的，本节主要介绍上位机与下位机的概念及其安全问题。

10.3.1　上位机的概念

上位机是指人可以直接发出操控命令的计算机设备，一般是 PC、人机界面等，常见的上位机包括 HMI、操作员站、工作站等。要挖掘上位机的漏洞就需要熟悉市面上常见的上位机系统环境，下面对常见的上位机系统环境进行介绍。

1. Wonderware

Wonderware 是上位机软件市场最早期的开拓者。其 HMI 的市场份额很大，SCADA 软件的技术更是领先同期的很多厂商，旗下的 Intouch HMI 软件市场占有率最大。

2. Intellution

Intellution 的核心代表产品是 iFix，它是世界排名第二的 HMI 软件。

3. 西门子

WinCC 隶属于西门子，是欧洲业绩第一的上位机软件，在中国区市场中 WinCC 市场份额也极高，破解版的 WinCC 软件更是被大量应用。

4. Citect

Citect 是澳大利亚本土软件厂商，后被施耐德收购。借助施耐德强力的销售渠道，Citect 的销售业绩后来居上，Citect 现归属于施耐德。

5. Cimplicity

Cimplicity 是 GE 旗下原生的 HMI 软件产品，收购了 Intellution 之后 GE 旗下便拥有了 Cimplicity HMI 和 iFix 两条上位机软件产品线。

6. FactoryLink

FactoryLink 属于 UGS 旗下的 Tecnomatix 子公司，后来被西门子收购后不在更新。

7. PVSS

PVSS 是奥地利 ETM 公司的产品。后来 ETM 被西门子收购，PVSS 并入西门子，更名为 WinCCOA。PVSS 专门面向大的自动化控制系统，具有跨平台特性，支持 UNIX 和 Linux 平台。

10.3.2　上位机常见安全问题

上位机漏洞包括通用平台的系统漏洞、采用的中间件漏洞、工控系统驱动漏洞、组态开发软件漏洞、Activex 控制和文件格式等，这些漏洞形成的原因有很多种。目前，针对上位机环境开发语言多为 C/C++，下面我们对使用 C/C++开发的上位机系统环境的常见漏洞从源头进行分析。

1. 缓冲区溢出漏洞

缓冲区溢出漏洞一般是在程序编写的时候不进行边界检查，超长数据可以导致程序的缓冲区边界被覆盖，通过精心布置恶意代码在某一个瞬间获得 EIP 的控制权并让恶意代码获得可执行的时机和权限。

2. 字符串溢出漏洞

字符串存在于各种命令行参数，在上位机系统和系统使用者的交互使用过程中会存在输入的行为。XML 在上位机系统中的广泛应用也使得字符串形式的输入交互变的更为广泛。字符串管理和字符串操作的失误已经在实际应用过程中产生大量的漏洞，差异错误、空结尾错误、字符串截断和无边界检查字符串复制是字符串常见的 4 种错误。

3. 指针相关漏洞

来自外部的数据输入都要存储在内存当中，如果存放的时候产生写入越界正好覆盖掉函数指针，此时程序的函数执行流程就会发生改变；如果被覆盖的地址是一段精心构造的恶意代码，此恶意代码就会有被执行的机会。不仅是函数指针，由于上位机系统开发流程的日益复杂，很多时候面临的是对象指针。如果一个对象指针用作后继赋值操作的目的地址，那么攻击者就可以通过控制该地址从而修改内存其他位置中的内容。

4. 内存管理错误引发漏洞

C/C++开发的上位机系统有时候需要对可变长度和数量的数据元素进行操作，这种操作对应的是动态内存管理。动态内存管理非常复杂。初始化缺陷、不返回检查值、空指针或者无效指针解引用、引用已释放内存、多次释放内存、内存泄漏和零长度内存分配都是常见的内存管理错误。

5. 整数溢出漏洞

这几年整数安全问题有增长趋势，在上位机系统的开发者眼里，整数的边界溢出问题通常大部分时候并没有得到重视，很多上位机系统开发人员明白整数是由定长限制的，但是很多时候他们会以为自己用到的整数表示的范围已经够用。整数类漏洞通常是这样的，当程序对一个整数求出了一个非期望中的值，进而将其用于数组索引或者大于后者循环计数器的时候，就可能导致意外的程序行为，进而可能导致有被利用的漏洞。

10.3.3 下位机的概念

虽然目前绕开上位机直接针对下位机攻击的情况还不多，但是随着社会工程和无线在工业控制系统环境下越来越多地应用，以及很多下位机服务直接暴露在互联网环境下，下位机上的漏洞将呈现飞速增长。下面介绍关于下位机的一些概念和安全问题。

下位机是直接控制设备和获取设备状况的计算机，一般是PLC、单片机、智能仪表、智能模块等。常见的下位机一般指放置在现场的数据采集设备，如AD4500等设备，用来采集相关智能设备运行的数据，并把数据通过串口或者其他通信方式传送给服务器端。下位机一般具有自我检查和自我启动的功能，是一种小型的计算机，功能比较单一，大多使用VxWorks、μCLinux或WinCE等专用的嵌入式操作系统。

10.3.4 下位机常见安全问题

下位机暴露在互联网中会带来许多安全隐患。

1. 未授权访问

未授权访问指未经授权使用网络资源或以未授权的方式使用网络资源，主要包括非法用户进入网络或系统进行违法操作以及合法用户以未授权的方式进行操作。

防止未经授权使用资源或以未授权的方式使用资源的主要手段就是访问控制。访问控制技术主要包括入网访问控制、网络的权限控制、目录级安全控制、属性安全控制、网络服务器安全控制、网络监测和锁定控制、网络端口和节点的安全控制。根据网络安全的等级、网络空间环境的不同，可灵活地设置访问控制的种类和数量。

2. 通信协议的脆弱性

不仅仅是Modbus协议，像IEC 60870－5－104、Profinet这类主流控制协议都存在一些常见的安全问题，这些协议的设计为了追求实用性和有效性，牺牲了很多安全性。这些脆弱性导致了很多下位机漏洞的产生。这些通信协议类的主要漏洞包括明文密码传输漏洞、通信会话无复杂验证机制导致的伪造数据攻击漏洞、通信协议处理进程设计错误导致的溢出漏洞等。

3. Web用户借口漏洞

为了便于用户管理，目前越来越多下位机配置了Web人机用户接口，但方便的同时也带来了众多的Web安全漏洞。这些漏洞包括命令注入、代码注入、任意文件上传、越权访问、跨站脚本等。

4. 后门账号

有些下位机设备硬编码系统中存在隐蔽账号的特殊访问命令，工控后门就是特指开发者在系统开发时有意在工控系统代码中设计的隐蔽账户或特殊指令。通过隐蔽的后门，设计者可以以高权限的角色进行设备间访问或操作。工控后门对工控网络造成巨大的威胁。攻击者可以利用它来进行病毒攻击、恶意操控设备等。

10.3.5　上下位机典型漏洞分析

1. 上下位机系统 dll 劫持漏洞分析

由于上下位机系统软件更新频次较低，dll 劫持漏洞较为普遍。dll 劫持漏洞在上位机系统中每年都会被发掘并上报，上位机现存系统中该类漏洞数量很高。常见挖掘方法一般来说都是用 dll 劫持检查工具生成一个测试 dll，测试 dll 里面包含一段特定的标记代码，通过将该测试 dll 置于不同的路径，重启目标进程后检测特定的标记代码是否执行来检测目标软件是否存在 dll 劫持漏洞。对于 dll 的特定时刻会被调用的特定函数无法作劫持检测。我们还可以通过手工的方式对 dll 劫持漏洞进行挖掘。dll 劫持漏洞手工检测流程如图 10－7 所示。

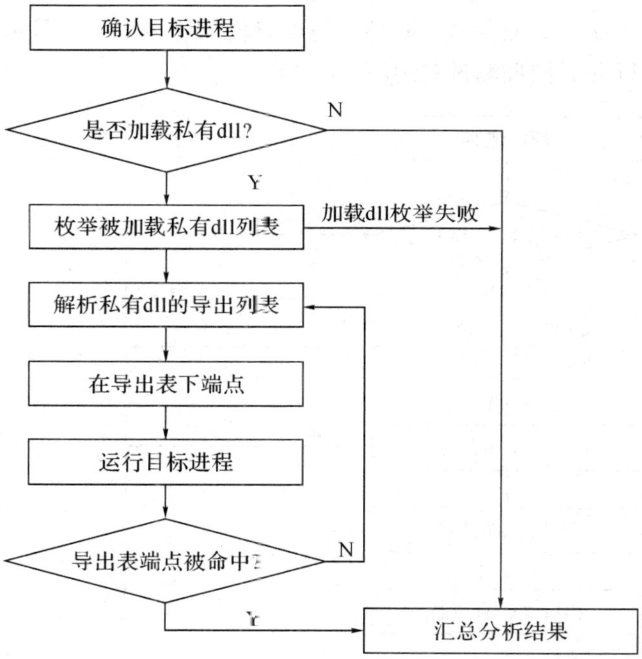

图 10－7　上位机系统的 dll 劫持漏洞挖掘流程

2. 上位机组件 ActiveX 控件漏洞分析

ActiveX 于 1996 年推向市场。由于支持将原生的 Windows 技术嵌入至网页浏览器，ActiveX 的发展很快得到了很多企业的响应。在 2015 年 7 月 29 日发行的 Windows10 自带的 Edge 浏览器中不再支持 ActiveX。作为兼容性需要，Windows 10 自带 IE11 依然支持 ActiveX。上位机系统的开发人员往往并不很关注安全。一般开发好 ActiveX 控件之后都会全部打包到上位机系统安装包内，在 ActiveX 控件中上位机系统开发人员往往封装了很多功能强大的接口，例如，直接可以调用 ActiveX 控件操作新增或者修改文件内容，操作 WMI 访问登录信息，直接运行其他的可执行文件。这些属于封装的 ActiveX 控件的正常功能，问题出在安装的时候不对控件加以区分，全都加入 SFS(Safe For Scripting，脚本安全）标志。一个 ActiveX 控件被标注为 SFS 之后 IE 可以通过脚本语言（如 JavaScript 或

VBScript)调用控件，并修改或读取它的属性，这也意味着攻击者可以写一段网页代码取调用别的软件的 ActiveX 控件达到远程操作注册表文件的效果。上位机系统中有很多大量的远程交互操作，这些大都是通过 ActiveX 控件实现的。

下面 ActiveX 漏洞挖掘进行分析。

ActiveX 漏洞从形成上区分为两类。

(1) 逻辑类漏洞：不应该标记 SFS 的模块错误地标记了 SFS，并且该模块提供了注册表、进程和文件的接口，结果导致可以进行远程未授权的操作。

(2) 溢出类漏洞：由于功能需要模块被标记了 SFS，但是该模块提供的接口存在堆栈溢出的风险。

现有的 ActiveX 漏洞挖掘分为工具挖掘和手工测试。工具类漏洞挖掘如 Axfuzz、Axman、Comraider、Dranzer 普遍对逻辑类漏洞的挖掘能力比较弱；而纯手工测试对于溢出类漏洞的挖掘效率比工具低很多。这时我们可以使用下列 ActiveX 漏洞挖掘流程对上位机 ActiveX 模块进行漏洞挖掘测试(参见图 10-8)。

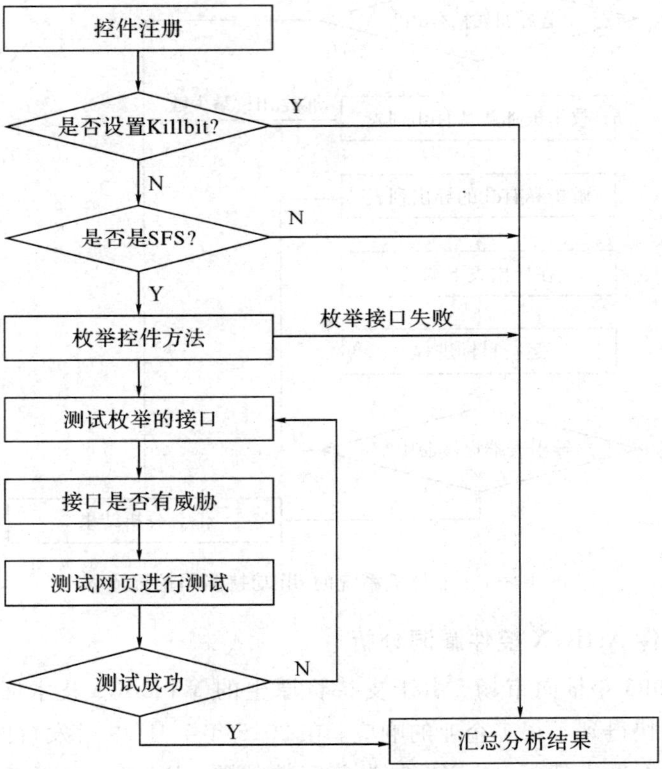

图 10-8　上位机系统 ActiveX 模块的漏洞挖掘流程

步骤 1　获取 ActiveX 空间信息。

使用注册表操作函数枚举 HKEY_CLASSES_ROOT\CLSID 中记录的 classid 下面的 typelib。使用 OLEView 工具再一次枚举 typelib，综合两次枚举获取完整的 ActiveX 的 typelib 信息。

步骤 2　判定 ActiveX 控件是否设置 KillBit。

使用注册表操作函数在下列注册表位置枚举 KillBit 标志 DWORD 值 0x00000400，并做记录。记录如下：

32 位 IE/32 位 Windows：HKEY_LOCAL_MACHINE/SOFTWARE/Microsoft/InternetExplorer/ActiveX Compatibility/。

64 位 IE/64 位 Windows：HKEY_LOCAL_MACHINE/SOFTWARE/Microsoft/InternetExplorer/ActiveX Compatibility/。

32 位 IE/64 位 Windows：HKEY_LOCAL_MACHINE/SOFTWARE/Wow6432Node/Microsoft/InternetExplorer/ActiveX Compatibility/。

步骤 3　判定 ActiveX 控件是否标记脚本安全。

使用注册表操作函数枚举“HKEY_CLASSES_ROOT/CLSID/<control clsid>/Implemented Categories”的注册表键并确认该项下具有子键 7DD92801-9882-11CF-9FA9-00AA06C42C4。具有该注册表键者为脚本安全，记录进入步骤 4。

步骤 4　挖掘 ActiveX 模块的漏洞。

① 通过步骤 2 和步骤 3 筛选出没有设置 KillBit 并且是 SFS 的 ActiveX 控件，通过步骤 1 解析出接口的名称、方法、属性。

② 在网页中用脚本调用威胁函数进行测试，使用含有畸形超长数据的网页对其他 ActiveX 接口进行测试。

③ 汇总分析结果。

3. 上位机组件服务类漏洞分析

服务的权限类漏洞可以认为是访问控制缺陷，这种漏洞一般无法使用 Fuzzing 工具来进行挖掘，因为常规的 Fuzzing 工具无法理解应用程序的逻辑，不容易判定访问控制越权。

完整的组件服务提权类漏洞挖掘流程如图 10-9 所示。

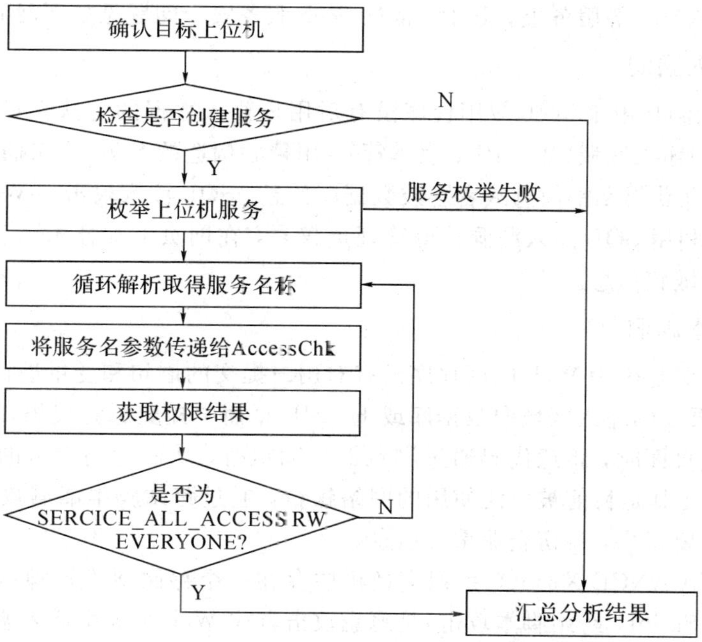

图 10-9　上位机系统的服务提权类漏洞挖掘流程

4. 下位机典型漏洞分析

下位机的漏洞很多在控制设备的固件或者硬件芯片之上。VxWorks 是世界上使用最广泛的一种在嵌入式系统中部署的实时操作系统，是由美国 WindRiver 公司(风河公司，即 WRS 公司)于 1983 年设计开发的。其市场范围跨越所有的安全关键领域，包括火星好奇流浪者号、波音 787 梦幻客机、网络路由器等。这些应用程序的安全高位性质使得 VxWorks 的安全被高度关注。

对 VxWorks 的一些网络协议(RPC、FTP、TFTP、NTP 等)可以通过 Sulley 进行模糊测试，对于没有可用的精确崩溃检测的问题可以使用 WDB RPC 作为解决方案。

Fuzzing 过程图解如图 10-10 所示。

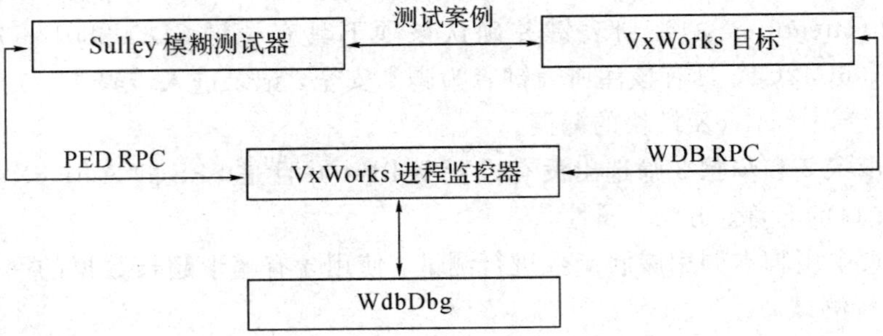

图 10-10　基于 Sulley 的 Fuzzing 过程图解

10.4 工控网络设备漏洞分析

已知工控网络设备的很多安全问题大多数都发生在这些设备的 Shell 及对外提供的 Web、SNMP、Telnet 等服务上，其中，常见 Web 服务安全问题见如下漏洞。

1. SQL 注入漏洞

SQL 注入漏洞是由于 Web 应用程序没有对用户输入数据的合法性进行判断，攻击者通过 Web 页面的输入区域(如 URL、表单等)，用精心构造的 SQL 语句插入特殊字符和指令，与数据库交互获得私密信息或者篡改数据库信息。SQL 注入攻击在 Web 攻击中非常流行，攻击者可以利用 SQL 注入漏洞获得管理员权限，在网页上加挂木马和各种恶意程序，盗取企业和用户敏感信息。

2. 跨站脚本漏洞

跨站脚本漏洞是因为 Web 应用程序没有对用户提交的语句和变量进行过滤或限制，攻击者通过 Web 页面的输入区域向数据库或 HTML 页面中提交恶意代码，当用户打开有恶意代码的链接或页面时，恶意代码通过浏览器自动执行，从而达到攻击的目的。跨站脚本漏洞危害很大，尤其是目前被广泛使用的网络银行，通过跨站脚本漏洞攻击者可以冒充受害者访问用户重要账户，盗窃企业重要信息。

西门子 SCALANCE X－300 系列交换机中存在一个存储型跨站脚本漏洞。XSS 又叫 CSS(Cross Site Script，跨站脚本攻击)是恶意攻击者往 Web 页面里插入恶意脚本代码，而程序对于用户输入内容未过滤，当用户浏览该页面时，嵌入 Web 里面的脚本代码会被执行，从而达到恶意攻击用户的特殊目的。

跨站脚本攻击的危害包括窃取 Ccokie、放蠕虫、网站钓鱼等。

跨站脚本攻击的分类主要有存储型 XSS、反射型 XSS、DOM 型 XSS 等。

3. 文件包含漏洞

文件包含漏洞是指攻击者向 Web 服务器发送请求时，在 URL 添加非法参数，Web 服务器端程序变量过滤不严，把非法的文件名作为参数处理。这些非法的文件名可以是服务器本地的某个文件，也可以是远端的某个恶意文件。由于这种漏洞是由 PHP 变量过滤不严导致的，所以只有基于 PHP 开发的 Web 应用程序才有可能存在文件包含漏洞。

4. 命令执行漏洞

命令执行漏洞是指通过 URL 发起请求，在 Web 服务器端执行未授权的命令，获取系统信息，篡改系统配置，控制整个系统，使系统瘫痪等。

命令执行漏洞主要有两种情况：

(1) 通过目录遍历漏洞，访问系统文件夹，执行指定的系统命令。

(2) 攻击者提交特殊的字符或者命令，Web 程序没有进行检测或者绕过 Web 应用程序过滤，把用户提交的请求作为指令进行解析，导致执行任意命令。

5. 信息泄露漏洞

信息泄露漏洞是由于 Web 服务器或者应用程序没有正确处理一些特殊请求，泄露 Web 服务器的一些敏感信息，如用户名、密码、源代码、服务器信息、配置信息等。

造成信息泄露主要有以下 3 种原因：

(1) Web 服务器配置存在问题，导致一些系统文件或者配置文件暴露在互联网中。

(2) Web 服务器本身存在漏洞，在浏览器中输入一些特殊的字符，便可访问未授权的文件或者动态脚本文件源码。

(3) Web 网站的程序编写存在问题，对用户提交请求没有进行适当的过滤，直接使用用户提交上来的数据。

10.5 靶　场

10.5.1 网络空间靶场的基本概念及特点

1. 概念

网络空间靶场是用于网络战争培训和网络技术开发的虚拟环境，并可提供用于加强政府和军事机构使用的网络基础设施和计算机系统稳定性、安全性以及性能的工具。网络空间靶场涉及大规模网络仿真、网络流量/服务与用户行为模拟、试验数据采集与评估、系统安全与管理等多项复杂的理论和技术，是一个复杂的综合系统。

2. 特点

网络空间靶场的特点主要包括仿真性、广泛性、自动化以及综合性。

1) 网络空间靶场具有仿真性的特点

网络空间靶场是指针对真实信息系统的全真模拟环境。建成的网络靶场尽可能贴近实际环境，且仿真过程不超过硬件设备的承载能力，尤其是对于重要信息系统和大型关键基础设施网络系统。网络空间靶场既模拟了真实的信息系统，又与其相互隔离，不会对其造成任何损害。

2）网络空间靶场具有广泛性的特点

网络安全涉及军事、政府、工业等多个领域，包括能源、金融、石油、交通、航空、电信等多个掌握国家命脉的行业。网络空间靶场需要兼顾不同领域间的差异，尽可能保证整个平台的通用性。网络空间靶场针对不同的试验目的，不需要搭建试验环境，可以通过管理控制软件对硬件资源进行调度，实现不同的试验场景。

3）网络空间靶场的一个重要特性是自动化

网络基础结构创建后，研究人员可以立即投入试验，可以精确地重复试验条件，并能够反复进行新型研究，也可以通过较小的改变实现对测试环境的改变。另外，网络空间靶场必须具备重新配置的快速性，可以模拟网络的多样性，并在不同加密层级同时处理多个对象。研究人员可以通过简单的操作改变试验环境及参数设置。同时，针对真实社会网络威胁的动态性，网络空间靶场解决了大规模网络测试的时效性和范围不足问题，为试验和分析提供了快速周转时间。

4）网络空间靶场具有综合性的特点

网络空间靶场涉及多个领域，需要多方合作。网络空间靶场可以建立专门的试验平台对信息系统安全性进行验证，并与国家安全机构、工业控制部门共享研究数据，整个平台应该具有互连性，方便数据的传输和共享。网络空间靶场需要耗费巨大的人力、物力、财力，开发周期长，建成周期一般在4～6年，长则十几年，投资金额一般为数千万至数亿美元不等。

10.5.2 网络空间靶场的基本类型

1. 大规模网络仿真

大规模网络空间仿真，主要有模型模拟和虚拟化两种方法。在模型模拟方面，代表性工作有基于并行离散事件的网络模拟。它尽管能实现超大规模网络的构建，但难以保证网络节点的逼真度以及用户行为复制的逼真度。因此，以虚拟化为基础的网络空间仿真成为主流，虚拟化技术又分为节点虚拟化和链路虚拟化两方面。在节点虚拟化方面，有作为云计算平台中最具代表性的 Openstack 和在轻量级的节点虚拟化方面最具有代表性的 docker，都基于 Linux container（LXC）的技术；在链路虚拟化方面，有作为网络仿真平台的代表 Emulab，其基于 Dummynet，通过协议栈的方式拦截数据包，并通过一个或多个管道模拟带宽、传播时延、丢包率等链路特性，具有较高宿主机内部的链路仿真逼真度。基于网络模拟和虚拟化技术各自的优缺点，可以整合两种技术形成基于虚拟机以及模拟器的融合仿真。

大规模虚拟网络快速部署主要有3种方法：基于镜像启动的方法、基于内存拷贝的方法和轻量级的虚拟化技术部署。基于镜像启动是虚拟机部署方法中最普遍的一种方法，主要工作集中在镜像管理、镜像格式的升级、镜像传输优化和镜像存储等方面。镜像启动的另一个关键技术就是镜像格式的优化。

2. 网络流量/服务和用户行为模拟

在网络流量行为模拟方面，靶场工作主要集中在流量模型的建立、预测与回放等方面。网络流量具有突发性和长相关性，网络流量的特性与用户的行为之间是有联系的。使用流量分析工具对真实网络中的流量进行捕获分析，并通过在实验床中开发一个代理，可以实现真实网络攻击流量的回放。通过对实际网络数据流量数据的分析，可以建立模型来进行预测。模型性能与模型参数存在相关性。

在网络用户行为模拟方面，利用各种优化算法对 web 用户的浏览行为进行建模，能解决传统 web 挖掘方法与模型适应性不强的问题。基于机器学习的方法，通过对每个用户的特征进行训练提炼典型特征用户行为；还可通过用户行为状态图对用户行为进行描述和表示的方法，实现目标场景和人工合成活动产生真实用户行为数据。

3. 试验平台采集与效果自评估

试验数据采集分为物理数据采集和虚拟化数据采集。物理数据采集利用真实的工业控制系统来进行数据采集，它的方法、技术、工具都相对成熟，所以我们主要分析虚拟化数据采集技术。即在体系结构栈的硬件层和操作系统层之间加入一个新层次——虚拟层(hypervisor)，为单一物理机上提供同时运行多个相互独立的操作系统。

在试验数据分析自评估方面，主要是基于试验运行采集到的数据，根据一定的评估标准和模型，对被测的攻防武器或技术进行定量与定性相结合的效果评估，以及网络攻防对抗态势评估分析与可视化，并尽可能保证自评估的可操作性和客观性。分析评估方法主要有三类，即基于数学模型的方法、基于指标体系的方法和基于知识推理的方法。

4. 试验平台安全及管理

在试验平台安全方面，主要包括虚拟机安全隔离、虚拟网络隔离和试验平台隔离三方面。从虚拟机内核、内存、存储、监控器、网络流量、系统平台等各个层次研究试验平台的安全技术。虚拟机安全方面 XEN 和 KVM 有不同的方法，XEN 通过修改操作系统特权级、内存分段保护机制、分离设备驱动模型等实现安全隔离；KVM 通过 CPU 的绑定设置、修改、优化 KQEMU 源代码、影子页表法、硬件辅助的虚拟化内存等实现安全隔离。

根据现有的带宽隔离策略是否基于本地交换机或链路，可以分为本地策略和端对端策略。Vlans 和 802.1p 服务类型标签(CoS Tags)是以太网提供的分割不同用户和类型流量的机制，属于本地策略。端对端策略在端节点维护速率控制状态，因而更加灵活、扩展性更强。端对端策略还可以针对单个流进行调整，而不影响其他流，因而更加准确。

试验平台隔离的相关研究主要涉及虚拟机用户恶意行为监控与记录、基于平台配置的安全管理、恶意行为安全取证、安全审计和追责四项关键技术。在工业界，VMware 依据其虚拟化平台 vSphere 的配置选项，设计 vSphere 云平台安全配置的安全加固文档，以确保 VMware vCenter Server 和 VMware ESXi 的 vSphere 环境安全。

在试验任务运行控制与管理方面，主要研究集中于试验任务的自动化配置、试验运行控制以及网络仿真系统协同融合控制。在试验运行控制方面，传统的并行离散事件模拟技术(PDES) 基于同步技术，可实现试验任务运行时钟的可控性与因果性，但仅限于离散事件模拟；一种离散事件模拟与虚拟机的时钟同步与控制技术，可为试验运行的灵活时钟控制提供支撑。

5. 网络空间安全事件建模与模拟

网络空间安全事件在复杂性和目标上有很大的差异，有偏向防御测试的；有评估人员、过程和技术训练的；有研发操作测试的等等。因此也产生了不同种类的靶场，例如 DCSR、DETER test bed 和 NCR 等。面对众多的靶场设计，尚没有成型的靶场标准。当前，基础工作仍然是如何在从普遍到专业概念上协调靶场组件和相关数据。网络空间安全事件就是相关基础工作的切入点。网络空间安全事件包括训练、试验和测试事件。它们代表大多数靶场事件并且支持基本标准建立。靶场的目的在于执行事件。事件执行依据一种基本的过程：计划、发布、执行和分析。

事件操作包括靶场实物。现实中的部件或者系统被称为实物。实物的模型提供实物操作相关的界面、协议、特性，被称为表达模型，可以通过仿真实现。真实模拟指尽管实物被使用，但依然被认为是模拟，因为整体事件被模拟。虚拟模拟指表达模型与实物相互关联。

6. 网络空间靶场的实例化培训

尽管网络空间靶场是能够提供针对网络空间安全研究的攻防演练和人员培训的有效方式，然而建造这样一个复杂的包含各种必要特征和设施，例如虚拟仪器、网络拓扑和其他与安全相关的内容，不是一项容易的任务，尤其是当为很多参与者或不同应用提供服务时。网络空间靶场实例化培训可以为网络安全培训与教育提供自动化的资源准备与靶场管理。它主要包含以下内容：

(1) 培训细则。这个模块建立靶场描述，用于定义培训内容和活动的培训数据库(包括培训情形、安全攻击与漏洞信息等)。

(2) 内容定义。这个模块接收培训细则而为 LMS(学习管理系统)产生相应的培训内容，现在多使用开源学习平台，例如 moodle。

(3) 网络空间靶场实例。这个模块接收靶场描述而自动产生相应的靶场环境。

当前网络安全训练使用的是实体的计算基础设施构建培训环境，成本高维护困难、扩展面窄，因此使用虚拟化的网络靶场环境可以克服这些缺点。

网络空间靶场实例化培训接收两类输入构建靶场。第一类输入是操作系统、基本系统架构等；第二类是靶场描述，类似 XML 格式文件的 YAML 格式文件。文件中定义有主账号设定、访问账户设定，网络系统信息合成。网络空间靶场实例化培训定义了五方面的特征：系统构建、工具安装、事件仿真、内容管理和集成管理。

- 系统构建：实现信息收集(各类账户及网络)以管理账户和设定修改防火墙规则。
- 工具安装：网络空间安全中工具安装是非常重要以及核心的部分。很多工具都需要安装，例如，网络侦察的 wireshark 和 tcpdump，渗透检测的 aircrack - ng suite 和 john - the - ripper。如何使用这些工具是培训的重要内容。
- 事件仿真：这个特性包括三个重要功能：攻击仿真、流量捕捉、异常软件仿真。攻击仿真中识别攻击类型是网络空间安全的重要工作内容。静态攻击与动态攻击是攻击的主要形式。发现以及植入系统的攻击视为静态攻击捕捉。通过静态攻击捕捉来审计取证技术(日志、网络监视和文件集成)。抵御正在发生的攻击视为动态攻击抵御。通过动态攻击抵御可以发觉攻击与回应攻击。流量捕捉指在有线与无线环境里捕捉流量信息。异常软件仿真是指以采用消耗 CPU 或者模拟服务的方式仿真软件异常。

7. 检查信息基础设施的漏洞

为了提供保证用户要求的服务，重要信息基础设施需要协同工作。这个工作往往并不容易，因为它要求在各个不同的管理边界内信息基础设施协调工作，而不同管理边界内的基础设施可能具有不同的甚至有冲突的实施目标。为了验证各信息基础设施的管理及其漏洞提出信息基础设施相关模型和分析框架，应使用靶场的试验测试方法。

10.5.3 工控靶场的基本组成

工控靶场用众多的测试功能来模拟真实场景。平台提供全面的工控系统网络环境模拟如下：

· 工控网络模型——采用预先配置的数据流模型来代表一定范围工控网络场景，如现场总线网络、系统网络、企业网等。

· 应用仿真——测量网络设备精确地处理不同应用层数据流的能力。

· 客户端仿真——通过模拟数百万并发用户的行为来测量一个服务器或服务器群有效地处理极端数据流的能力。

· 安全性——将设备置入数千个安全攻击中，以验证设备的阻拦能力或证实设备的稳定性。

1. 高性能工业流量仿真

工控中的网络流量大多由工控设备按照生产工艺自动产生，与大部分由人为产生的互联网流量有极大的区别：工业控制网络流量分布整体较规律，数据包时间间隔既不服从泊松分布又不服从重尾分布，小时间尺度上具有周期性，没有表现出自相似的特性，大时间尺度上则较为平稳。

工控靶场用发出混合有协议、安全攻击、大规模的数据流来测试网络架构对抗网络攻击与高压力负载的弹性。

2. 应用场景仿真

工控靶场内置多种真实应用仿真，并紧随工控行业的发展，及时更新应用仿真库。目前支持的协议有：Modbus、OPC、HTTP、FTP 等。

工业基础设施(如 SCADA、DCS 和 PLC 模型)提供相应实物操作相关的界面、协议、特性，被称为表达模型，可以通过仿真实现。

3. 业务执行仿真

工控靶场内置了不同的网络流量与行业场景，包括不同行业模型、企业网流量和常用安全模型。它也可以自行定义业务场景。工控靶场不仅可以模拟典型的工控业务，而且可以精确的按照比例产生特定时期的工控流量。在工控靶场中，可以通过上位机的网络端口发动正常流量和攻击报文。攻击报文可以和正常流量同网段，也可以不同的网段。通过调整不同的流量比例，来反映一个网络受到不同程度的攻击。在工控靶场中，也可以通过下位机的基础设施接口等直接植入攻击。在两种不同的攻击情况下，工控靶场可以演示工控业务执行情况。

4. DDoS 测试

工控靶场应内置多种 DDoS 测试模版。用户可以产生 GE 或者 10GE 的线速 DDoS 攻击，如 Ping Flood、Syn Flood、ACK Flood、Syn - Ack Flood、UDP Flood 和 DNS Flood 等。系统还内置了 2 个僵尸网络模型，DNS 反射攻击，HTTP Get/Post flood，Slowloris，TCP 0 receive 窗口、RUDY 和 HTTP 分片攻击等模型。用户既可以配置使用真实 IP，也可以使用虚假 IP。

5. 攻击和恶意软件库

工控靶场可以帮助企业评估工控系统的安全。它包括了多种系统漏洞攻击和真实的恶意程序和多种协议 fuzzing 测试。

(1) 提供多种实时安全攻击，定期添加新的安全攻击。

(2) 支持复杂的攻击模拟以及多种网络逃避技术、在线恶意软件、僵尸网络、分布式拒绝服务（DDoS）攻击、完全协议模糊等。

(3) 提供可选的定制应用工具包和定制攻击工具包，用于创建定制应用和攻击。

6. 系统漏洞仿真

系统漏洞包括操作系统本身的安全漏洞，以及运行在操作系统之上的应用程序(例如 Apache、Nginx、MySQL、Flash 和 IE)的安全漏洞。工控靶场包含多种系统漏洞攻击，并且按照危害程度划分等级。用户可以根据不同等级的通过率来评估系统的安全风险。

7. 病毒仿真

工控靶场也支持病毒仿真，病毒的承载协议包括 HTTP、SMTP、POP、IMAP 和 FTP 等。在这些协议里面，病毒可以独立存在，也可以作为压缩包方式出现。另外，支持不同种类的文件如 .doc、.pdf、.ppt、.xls 和 .exe 等为后缀的文件。对于私有病毒样本，用户可以自行导入工控靶场系统中进行测试。

8. 其他主要攻击类型

1) SQL 注入

SQL 注入攻击(SQL Injection)，简称注入攻击、SQL 注入。它被广泛用于非法获取网站控制权，是发生在应用程序的数据库层上的安全漏洞。在设计程序，SQL 注入忽略了对输入字符串中夹带的 SQL 指令的检查，被数据库误认为是正常的 SQL 指令而运行，使数据库受到攻击，从而可能导致数据被窃取、更改、删除，以及进一步导致网站被嵌入恶意代码、被植入后门程序等危害。比如以前的 CSDN 密码泄露就是被利用 SQL 注入漏洞攻破。

2) 跨站脚本攻击

跨站脚本攻击(Cross - Site Scripting，XSS)发生在客户端，可被用于进行窃取隐私、钓鱼欺骗、窃取密码、传播恶意代码等攻击。XSS 攻击使用的技术主要为 HTML 和 Javascript，也包括 VBScript 和 ActionScript 等。XSS 攻击对 Web 服务器虽无直接危害，但是它借助网站进行传播，使网站的使用用户受到攻击，导致网站用户账号被窃取，从而对网站产生较严重的危害。

9. 流量捕捉回放测试(监视器与流表)

工控靶场可以实现对捕捉 PCAP 报文的回放能力。回放的方式有两种：PCAP 包内的流量协议回放和按照 PCAP 包顺序的时间戳间隔回放。工控靶场也可以实现现场总线通信的回放的能力。回放的方式通常通过通信流表展示的方式。

通过强大的回放能力，工控靶场可以帮助用户进行网络上现网问题定位(抓取现场PCAP在实验室复现问题)；同时也可以帮助用户实现自己的私有协议在测试仪表上的完全模拟；还可以帮助用户通过监视器的方式分析定位工控信息安全问题。

10. 预防信息泄漏与故障维修测试

工控靶场可以提供独特的预防信息泄漏(DLP)引擎。在工控界面上可以配置关键字出现的频率，并有按照时间出现的关键字报告。通过比对工控靶场的报告和网络设备的识别情况来判断设备识别准确率。

故障维修也可以对工控系统尤其是基础设施安全带来威胁。工控靶场应该提供相应的故障维修仪器接口，分析故障维修仪器可能带来的安全风险，评估维修设备的安全以及数据窃取的风险。另外，通常测试设备产生的报文内容是固定的，递增、递减、随机或者自定义，必须是可以识别的。工控靶场需要通过技术手段识别、仿真、检测与判断测试设备的报文信息安全风险。

11. 报表系统

工控靶场提供了完善的报表系统。每一次的测试结果都自动保存在系统数据库中，方便用户查阅和比对测试结果。另外也提供了一键生成报告的功能，可以生成 pdf、html、csv、zip、rtf、xls、xml 等多种格式，方便用户进一步整理测试数据。

习　　题

1. 目前工控网络中漏洞挖掘的主要困难是什么？
2. 为什么传统信息系统的漏洞检测技术不适用于工业控制系统？
3. Fuzzing 技术有哪些分类？哪一种更适合工控系统？
4. 简要概述上位机常见的漏洞？
5. 简要概述 Web 服务器常见的漏洞？
6. 工控靶场与传统网路靶场的主要区别是什么？(ICS 网络靶场与传统网络靶场的区别：ICS 网络靶场所模拟和仿真的内容主体是以工业为核心单元。)
7. 工控靶场根据其技术侧重点的不同可分为哪几种类型？
8. 工控靶场的基本组成有哪些？
9. 使用 Python 实现图 11-8 的上位机系统 ActiveX 模块的漏洞挖掘流程。
10. 针对 PLC 的已知的主要攻击与漏洞，设计 PLC 靶场的漏洞库与攻击库。

参考文献

[1] 方滨兴，贾焰，李爱平，等. 网络空间靶场技术研究[J]. 信息安全学报，2016，1(3)：1-9.

[2] 李秋香，郝文江，李翠翠，等. 国外网络靶场技术现状及启示[J]. 信息网络安全，2014，(9)：63-68.

[3] 王雅超，黄泽刚. 云计算中 XEN 虚拟机安全隔离相关技术综述[J]. 信息安全与

通信保密，2015(6)：85－87.
[4] DAMODARAN S K, COURETAS J M. Cyber modeling & simulation for cyber－range events[C]. in Proceedings of the Conference on Summer Computer Simulation. Chicago：2015：1－8.
[5] PHAM C, TANG D, CHINEN K, et al. CyRIS：A cyber range instantiation system for facilitating security training[C]. in Proceedings of the Seventh Symposium on Information and Communication Technology. Ho Chi Minh City：2016：251－258.
[6] ADETOYE A O, CREESE S, GOLDSMITH M H. Reasoning about Vulnerabilities in Dependent Information Infrastructures：A Cyber Range Experiment[M]H? mmerli B M, Svendsen N S, Lopez J. Critical Information Infrastructures Security. London：2012.
[7] LILES S, RAKERS M, CERVERA W, et al. National Cyber range proposal [R]. Purdue University Cal—umet, 2009.
[8] ONF. Software—defined networking：the new norm for networks[EB/OL]. (2012—03—13)[2015—02—20]. https://www. opennetworking. org/images/stories/downloads/white－papers/wp—sdnnewnorm. Pdf.
[9] 802. 1Q. Virtual LANs [EB/OL]. [2019－01－01]. http://www. ieee802. org/1/pages/802. 1Q. html.
[10] Ek N. IEEE 802. 1 P, Q－Qo S on the MAC level [EB/OL]. http://www. tml. tkk. fi/Opinnot/Tik－110. 551/1999/papers/08IEEE802. 1Qos In MAC / qos. html.
[11] Jiang Xuxian, Wang Xinyuan, Xu Dongyan. Stealthy malware detection and monitoring through VMM－based "out－of－the－box" semantic view reconstruction[J]. ACM Transactions on Information and System Security：2010, 13(2)：128－138.
[12] NANCE K, HAY B, BISHOP M. Virtual Machine Introspection：Observation or Interference? [J]. IEEE Security & Privacy：2008, 6(5)：32－37.
[13] DUNLAP G W, KING S T, CINAR S, et al. ReVirt：Enabling Intrusion Analysis through Virtual－Machine Logging and Replay [C]. OSDI′ 02 Proceedings of the 5th symposium on Operating systems design and implementation. Boston：2002.
[14] YAN L, JAYACHANDAR M, Zhang Mu, et al. V2E：combining hardware virtualization and softwareemulation for transparent and extensible malware analysis[C]. in Proceedings of the 8th ACM SIGPLAN/SIGOPS conference on Virtual Execution Environments. London：2012：227－238.
[15] FUJIMOTO R M. Parallel Discrete Event Simulation[C]. Winter Simulation Conference Proceedings. Washington：1989.
[16] JIN D, Zheng Y, NICOL D M. A parallel network simulation and virtual time－based network emulation testbed[J]. Journal of Simulation, 2014, 8(3)：206－

214.

[17] WHITE B，LEPREAU J，STOLLER L，et al. An integrated experimental environment for distributed systems and networks [C]. ACM SIGOPS Operating Systems Review - CSDI′02：Proceedings of the 5th Symposium on Operating Systems Design and Implementation，2002，36：255 - 270.

[18] IXIA BreakingPoint 安全测试平台.

[19] 赖英旭，高春梅. 工业控制网络流量特性分析与建模[J]. 北京工业大学学报，2015(7)：991 - 999.

[20] 姚羽，祝烈煌，武传坤. 工业控制网络安全技术与实践[M]. 北京：机械工业出版社，2017.

第11章　工业控制系统综合案例

近年来频发网络安全事件的警示和长期以来被忽略的网络安全风险理应得到更多得重视。工业控制系统信息安全事关工业生产运行、国家经济安全和人民生命财产安全，并且工控系统广泛应用于生产生活的方方面面。一旦工业控制系统出现安全问题，势必会给生产运营者和国家经济安全带来重大损失。当前工控网络安全事件频发，安全形势十分严峻，工业控制系统急需得到有效的安全防护。本章以工控安全事件及重点行业安防为例，结合事件及行业特点，给出切实有效的安全解决方案的思路。

11.1　震网事件

11.1.1　事件背景

据说，2006年，伊朗重启核计划的消息一出，震惊了美国和以色列。以色列态度激烈，决定对伊朗实施外科手术式的打击，派出由F-16组成的攻击机群，像1981年摧毁伊拉克核设施那样摧毁伊朗的核工业。

然而，以色列激进的计划遭美国的否决，美国并不愿意军事介入伊朗的核设施。在美国看来，以色列的空中打击计划无疑会将美国拖入战争，最终受益的只有以色列，所以美国极力否决了以色列的提案。

但伊朗的核计划本身对美国在中东的利益亦构成重大威胁。美国无法坐视同样反美的伊朗拥有核武器。

经多方权衡，既能破坏伊朗核设施，又能保证以色列不会“胡闹”。“奥运会”绝密项目诞生。2009年，奥巴马政府上台之后，亦将此项目视为对抗伊朗的战术手段。

在“奥运会”项目下，震网病毒由此诞生。美国意图借助电脑病毒的力量来破坏伊朗的核设施，这样既不用出动美军的一兵一卒，也能向以色列有所交代。

伊朗是中东地区第二人口大国，仅次于埃及；由于受到国际制裁，伊朗被孤立于全球贸易及金融体系之外，因多年来投资不足，导致国内运输及公用设施领域出现投资严重不足和陈旧老化等状况。

11.1.2　系统现状

工控系统中通常会部署Safe系统，伊朗核设施工控系统中也部署了相关系统。当现场的控制器和执行器出现异常的时候Safe系统会运行，紧急停车防止事故发生。只有Safe系统被破坏的情况下，震网病毒才能够随意地控制离心机的转速。

(1) 伊朗的Safe系统使过时且不可靠的离心机(型号“IR-1”)持续的运转，如果没有它，离心机“IR-1”几乎无用。

(2) 伊朗核设施中存在大量离心机，若离心机坏掉，则可通过关闭离心机上的隔离截止阀门，将故障的离心机从现有的系统上隔离出来，而工艺流程仍然正常运行。

(3) 存在的问题：隔离阀的解决方案也导致了运行压力将会升高，从而导致各种各样的问题。

(4) 真正的问题：伊朗人在每一个铀浓缩组里，都安装了一个排气阀门并用传感器检测。但此压力疏导系统基于西门子 S7-417 系列工业控制器设计，这些控制器用来操控每个离心机上的阀门和压力传感器。

(5) 病毒感染：震网病毒感染这些控制器，并取得控制权。感染了震网病毒的控制器从真实的物理层断开了，合法的控制逻辑变成了震网病毒想让他展现的样子。

在攻击序列执行前，病毒代码能够给操作员展示物理现场正确的数据。但是攻击执行时，一切都变了。

11.1.3 病毒解析

震网蠕虫病毒的复杂程度远超一般电脑黑客的能力。这种病毒于 2010 年 6 月首次被检测出来，是第一个专门定向攻击真实世界中基础(能源)设施的“蠕虫”病毒，比如针对核电站、水坝、国家电网等。

1. 病毒构成

震网病毒并不是一个而是一对。震网病毒的第一个变种“复杂功能”用来破坏用于保护离心机的 Safe 系统；第二个变种“简单功能”可控制离心机的转速，通过提高其转速而达到破坏离心机的效果。如果没有后来的“简单功能”版本，老的震网病毒“复杂功能”可能至今沉睡在反病毒研究者的档案中，并且不会被认定为历史上最具攻击性的病毒之一。

2. 病毒特点

1) 极具毒性和破坏力

“震网”代码非常精密，主要有两个功能，一是使伊朗的离心机运行失控；二是掩盖发生故障的情况，“谎报军情”，以“正常运转”记录回传给管理部门，造成决策的误判。在 2011 年 2 月的攻击中，伊朗纳坦兹铀浓缩基地至少有 1/5 的离心机因感染该病毒而被迫关闭。

2) 具有精确制导的“网络导弹”能力

该病毒是专门针对工业控制系统编写的恶意病毒，能够利用 Windows 系统和西门子 SIMATIC WinCC 系统的多个漏洞进行攻击，不再以刺探情报为己任，而是能根据指令，定向破坏伊朗离心机等要害目标。

3) “震网”采取了多种先进技术，具有极强的隐身性

该病毒打击的对象是西门子公司的 SIMATIC WinCC 监控与数据采集(SCADA)系统。尽管这些系统都是独立于网络而自成体系运行，也是“离线”操作的，但只要操作员将被病毒感染的 U 盘插入该系统 USB 接口，这种病毒就会在神不知鬼不觉的情况下取得该系统的控制权。

3. 病毒分析

1）运行环境

Stuxnet 蠕虫在下列操作系统中可以激活运行：

Windows 2000、Windows Server 2000、Windows XP、Windows Server 2003Windows Vista、Windows 7、Windows Server 2008。当它发现自己运行在非 Windows NT 系列操作系统中，会立刻退出。

被攻击的软件系统包括：SIMATIC WinCC7.0 和 SIMATIC WinCC 6.2，但不排除其他版本的 WinCC 有被攻击的可能。

2）本地行为

样本被激活后，典型的运行流程如下。

样本首先判断当前操作系统类型，如果是 Windows 9X/ME，就直接退出。

接下来加载一个 DLL 模块，后续要执行的代码大部分都在其中。为了躲避反病毒软件的监视和查杀，样本并不将 DLL 模块释放为磁盘文件，而是直接拷贝到内存中，然后模拟正常的 DLL 加载过程。此后，样本跳转到被加载的 DLL 中执行，衍生文件。

其中有两个驱动程序 mrxcls.sys 和 mrxnet.sys，分别被注册成名为 MRXCLS 和 MRXNET 的系统服务，实现开机自启动。这两个驱动程序都使用了 Rootkit 技术，并使用了数字签名。

mrxcls.sys 负责查找主机中安装的 WinCC 系统，并进行攻击。具体地说，它监控系统进程的镜像加载操作，将存储 %Windir%\inf\oem7A.pnf 中的一个模块注入到 services.exe、S7tgtopx.exe、CCProjectMgr.exe 三个进程中，后两者是 WinCC 系统运行时的进程。mrxnet.sys 通过修改一些内核调用来隐藏被拷贝到 U 盘的 lnk 文件和 DLL 文件。

4. 传播方式

Stuxnet 蠕虫的攻击目标是 SIMATIC WinCC 软件。SIMATIC WinCC 软件主要用于工业控制系统的数据采集与监控，一般部署在专用的内部局域网中，并与外部互联网实行物理上的隔离。为了实现攻击，Stuxnet 蠕虫采取多种手段进行渗透和传播，如图 11-1 所示。

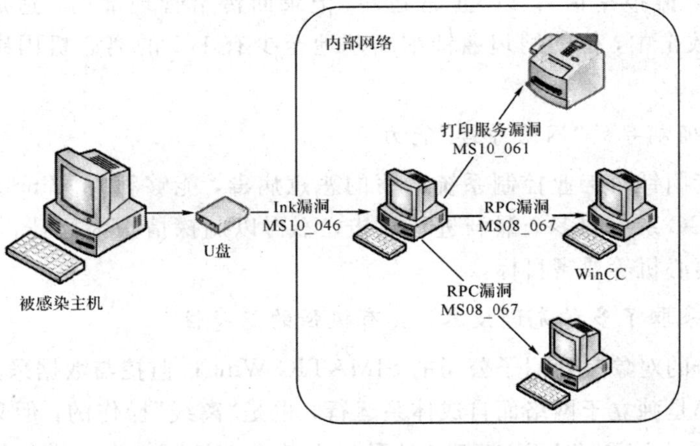

图 11-1　Stuxnet 渗透和传播方式

整体的传播思路：首先感染外部主机，然后感染 U 盘，利用快捷方式文件解析漏洞，传播到内部网络；在内网中，通过快捷方式解析漏洞、RPC 远程执行漏洞、打印机后台程序服务漏洞，实现联网主机之间的传播，最后抵达安装了 WinCC 软件的主机，展开攻击。

5. 攻击逻辑

1）快捷方式解析漏洞（MS10－046）

这个漏洞利用 Windows 在解析快捷方式文件（例如. lnk 文件）时的系统机制缺陷，使系统加载攻击者指定的 DLL 文件，从而触发攻击行为。具体而言，Windows 在显示快捷方式文件时，会根据文件中的结构信息寻找它所需的图标资源，并将其作为文件的图标展现给用户。如果图标资源在一个 DLL 文件中，系统就会加载这个 DLL 文件。攻击者可以构造一个这样快捷方式文件，使系统加载他指定的恶意 DLL 文件，从而触发后者中的恶意代码。快捷方式文件的显示是系统自动执行的，无需用户交互，因此漏洞的利用效果很好。

Stuxnet 蠕虫搜索计算机中的可移动存储设备。一旦发现，就将快捷方式文件和 DLL 文件拷贝到其中。如果用户将这个设备再插入到内部网络中的计算机上使用，就会触发漏洞，从而实现所谓的“摆渡”攻击，即利用移动存储设备对物理隔离网络渗入。

2）RPC 远程执行漏洞（MS08－067）与提升权限漏洞

这是 2008 年爆发的最严重的一个微软操作系统漏洞，具有利用简单、波及范围广、危害程度高等特点。

具体而言，存在此漏洞的系统收到精心构造的 RPC 请求时，可能允许远程执行代码。在 Windows 2000、Windows XP 和 Windows Server 2003 系统中，利用这一漏洞，攻击者可以通过发送恶意构造的网络包直接发起攻击，无需通过认证而运行任意代码，并且获取完整的权限。因此该漏洞常被蠕虫用于大规模的传播和攻击。

Stuxnet 蠕虫利用这个漏洞实现在内部局域网中的传播。利用这一漏洞时，如果权限不够导致失败，还会使用一个尚未公开的漏洞来提升自身权限，然后再次尝试攻击。截止本报告发布，微软尚未给出该提权漏洞的解决方案。

3）打印机后台程序服务漏洞（MS10－061）

这是一个 0day 漏洞，首先发现于 Stuxnet 蠕虫中。Windows 打印后台程序没有合理地设置用户权限。攻击者可以通过提交精心构造的打印请求，将文件发送到暴露了打印后台程序接口的主机的 %System32% 目录中。成功利用这个漏洞可以以系统权限执行任意代码，从而实现传播和攻击。

Stuxnet 蠕虫利用这个漏洞实现在内部局域网中的传播。它向目标主机发送两个文件：winsta. exe 和 sysnullevnt. mof。后者是微软的一种托管对象格式（MOF）文件，在一些特定事件驱动下，它将执行 winsta. exe，也就是蠕虫自身。

4）攻击行为

Stuxnet 蠕虫查询两个注册表键来判断主机中是否安装 WinCC 系统，一旦发现 WinCC 系统，就利用其中的两个漏洞展开攻击。

一是 WinCC 系统中存在一个硬编码漏洞，保存了访问数据库的默认账户名和密码，Stuxnet 利用这一漏洞尝试访问该系统的 SQL 数据库。

二是在 WinCC 需要使用的 Step7 工程中，打开工程文件时，存在 DLL 加载策略上的缺陷，从而导致一种类似于“DLL 预加载攻击”的利用方式。最终，Stuxnet 通过替换 Step7 软件中的 s7otbxdx. dll，将原来的同名文件修改为 s7otbxsx. dll，并对这个文件的导出函数进行一次封装，从而实现对一些查询、读取函数的 Hook。

5）样本文件的衍生关系

本节综合介绍样本在上述复制、传播、攻击过程中，各文件的衍生关系，如图 11-2 所示。

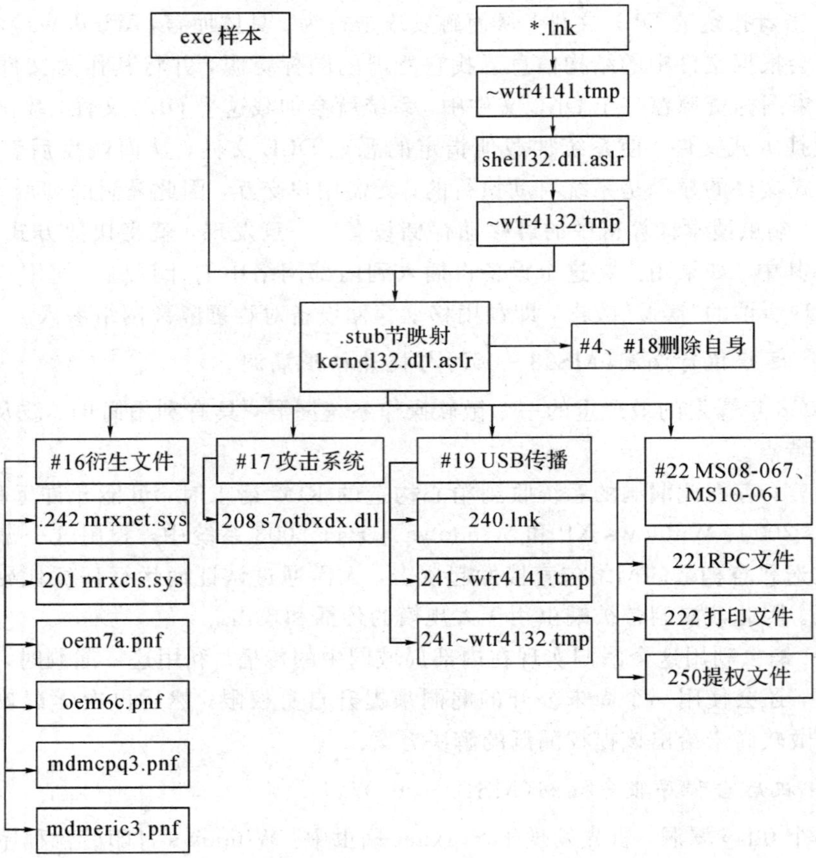

图 11-2　样本文件衍生的关系

样本的来源有多种可能。

原始样本、通过 RPC 漏洞或打印服务漏洞传播的样本，都是 exe 文件，在自己的. stud 节中隐形加载模块，名为“kernel32. dll. aslr. ＜随机字＞. dll”。

U 盘传播的样本，当系统显示快捷方式文件时触发漏洞，加载～wtr4141. tmp 文件，接着加载一个名为“shell32. dll. aslr. ＜随机数字＞. dll”的模块，这个模块将另一个文件～wtr4132. tmp 加载为“kernel32. dll. aslr. ＜随机字＞. dll”。

模块“kernel32. dll. aslr. ＜随机数字＞. dll”负责实现后续的大部分攻击行为，导出 22 个函数来完成恶意代码的主要功能；在该模块中，包含了一些衍生文件，以加密的形式被保存。

其中，第 16 号导出函数用于衍生一些本地文件，包括资源编号 201 的 mrxcls. sys 和编号 242 的 mrxnet. sys 两个驱动程序，以及 4 个. pnf 文件。

第 17 号导出函数用于攻击 WinCC 系统的第二个漏洞，它释放一个 s7otbxdx.dll。

第 19 号导出函数负责利用快捷方式解析漏洞进行传播。它释放多个 lnk 文件和两个扩展名为 tmp 的 DLL 文件。

第 22 号导出函数负责利用 RPC 漏洞和打印服务漏洞进行传播。它释放的文件中，资源编号 221 的文件用于 RPC 攻击，编号 222 的文件用于打印服务攻击，编号 250 的文件用于提权。

11.1.4　攻击事件介绍

目前公认美国和以色列的特工是通过 U 盘给伊朗核设施的控制系统植入了病毒。当病毒被成功植入之后，病毒就进入了潜伏期。

一段时间的蛰伏后，病毒苏醒，开始展现它卓越的攻击力。通过感染伊朗核设施中的工业控制程序，取得关键设备的控制权，并进行伪装。

“震网”通过修改程序命令，让生产浓缩铀的离心机异常加速，超越设计极限，致使离心机报废。

在病毒控制伊朗核设施的系统主动权后，通过修改程序指令，阻止报错机制正常运行。即便离心机发生损坏，报错指令也不会传达，致使伊朗核设施的工作人员明明听到“咚、咚、咚”的机器异常的声音，但回头看看屏幕显示器时却显示一切正常。

11.1.5　事件总结

目前网络攻击多以获取经济利益为主要目标，但针对工业控制网络和现场总线的攻击，可能破坏企业重要装置和设备的正常测控，由此引起的后果可能是灾难性的。

针对工业控制网络的攻击可能破坏反应器的正常温度/压力测控，引起反应器超温/超压，最终导致冲料、起火甚至爆炸等灾难性事故，还可能造成次生灾害和人道主义灾难。因此，这种袭击工业网络的恶意代码一般带有信息武器的性质，目标是对重要工业企业的正常生产进行干扰甚至严重破坏，其背景一般不是个人或者普通地下黑客组织。

11.1.6　防护方案

1. 方案目标

依据伊朗“震网”病毒攻击的整个流程，可从病毒攻击的各个环节进行安全防护。安全防护需要实现以下六大防护效果，以达到对从“震网”病毒传播到攻击的各个环节进行有效防护的目的。

(1) 将采集操作系统、数据库、网络设备、安防设备等网络资产的脆弱性和安全事件信息与数据关联，从微观角度，详细掌握企业网络资产、脆弱性、告警事件、威胁、攻击和风险，并进行应急响应、调查分析等闭环处置，提供网络整体安全状态及防护情况展示，帮助相关人员进行决策。

(2) 需要对各类工控网络进行安全检查和风险评估，对网络资产、流量、厂区无线、恶意代码、系统基线、异常网络行为等方面进行安全风险评估，在网络安全事件发生之前掌握工控网络存在的各类问题，并能够依据风险评估情况提供可操作的威胁整改建议，帮助用户认识当前工控网络所符合的安全等级和需要整改的部分。

(3) 能够检测出工业控制设备(例如 PLC)、工业控制系统(例如 DCS、SCADA)、工业控制网络中的安全保护设备(例如工控防火墙、网关)，以及工控软件(例如 WinCC)存在的各类已知漏洞和缺陷，能利用智能模糊测试引擎等多种手段来挖掘潜在的未知漏洞。

(4) 能对常用工控协议做指令级监测与审计。根据业务判断异常，能够对工控网络中网络攻击、用户误操作、违规操作、设备非法接入以及蠕虫病毒等恶意软件的传播进行监测和审计，实现对工控网络环境实时监测、实时告警、安全审计等功能。

(5) 可以提供对工业协议的数据级深度过滤，阻断来自网络的病毒传播、黑客攻击等行为，提供 DoS/DDoS 攻击防护、异常数据包攻击防护、扫描防护等功能，能够有效防止网络病毒扩散，有效隔离病毒扩散源。

(6) 能够对工业主机环境、应用、主机接口外部设备、文件、网络通信等进行安全检查及安全过滤，对用户操作、主机活动进行记录和审计；防范恶意攻击，保障主机运行安全。

2. 方案依据

(1)《网络安全法》；

(2)《中华人民共和国计算机信息系统安全保护条例》；

(3)《国家信息化领导小组关于加强信息安全保障工作的意见》(中办发[2003]27 号)；

(4)《关于信息系统安全等级保护工作的实施意见》(公通字[2004]66 号)；

(5)《关于加强工业控制系统信息安全管理的通知》(工信部协[2011]451 号)；

(6)《工业控制系统信息安全事件应急管理工作指南》(工信部信软[2017]122 号)；

(7)《工业控制系统信息安全行动计划(2018—2020 年)》(工信部信软[2017]316 号)；

(8)《工业控制系统信息安全防护指南》(工信软函[2016]338 号)；

(9)《GB/T 22239—2008 信息安全等级保护基本要求》。

3. 方案整体架构

方案设计以工控网络安全整体防御，建立整体安全环境为目标，从事前工控网络监测评估到安全主动防御为基本防护原则。同时，事前及主动防御模块会与网络安全监测感知平台进行深度联动，在感知平台统一对工控网络整体安全态势进行展示，帮助企业管理者进行事态预测、评估和安全事件决策。

方案整体建设和设计充分考虑当前网络情况，并结合当前网络信息安全建设目标要求，从多层次、整体防护出发，建立符合安全防护需要的网络闭环。方案网络部署如图 11-3 所示，基于纵深防御思想，通过各个产品模块配合进行整体防护。

部署工控网络安全威胁评估系统可对工控网络整体安全状态进行实时上报并加以修复。通过工控漏洞挖掘系统可对工控网络未知漏洞进行挖掘，实现防患于未然的效果。

工控主机加固系统，可实现对工控服务器、数据库、上位机的整体防护，从“震网”病毒传播入口进行有效拦截。若“震网”病毒已经入侵到工控网络内部系统，则可通过工控网络防火墙系统对已感染的区域进行有效隔离，有效防止病毒扩散。

“震网”病毒通过后台服务器进行集中运行攻击工控网络设施时，工控网络安全监测审计系统可对网络异常的控制流量进行实时审计告警，以帮助有效防御攻击。

最终通过安全监测感知平台收集工控网络信息，联动安防设备可实现整体网络态势判断，并进行快速有效的响应。

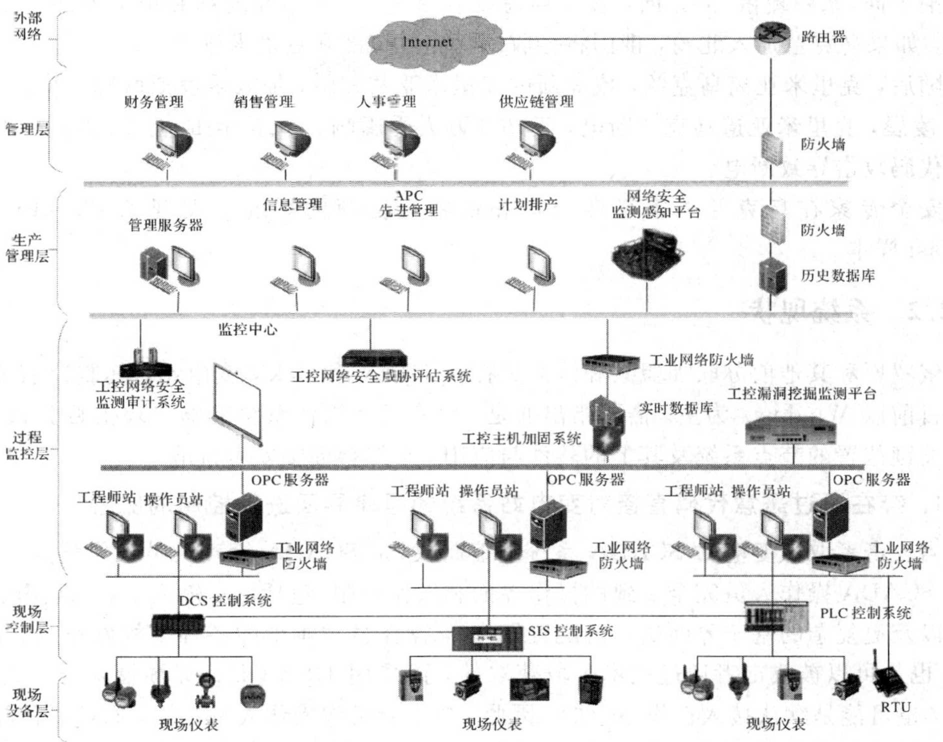

图 11－3　方案网络部署

11.2　乌克兰电力事件

2015 年 12 月 23 日，乌克兰电力部门遭受到恶意代码攻击。乌克兰新闻媒体 TSN 在 24 日报道称："至少有三个电力区域被攻击，并于当地时间 15 时左右导致了数小时的停电事故。"攻击者入侵了监控管理系统，超过一半的地区和部分伊万诺-弗兰科夫斯克地区断电几个小时。

Kyivoblenergo 电力公司发布公告称：公司因遭到入侵，导致 7 个 110 kV 的变电站和 23 个 35 kV 的变电站出现故障以及 80000 用户断电。

11.2.1　事件背景

安全公司 ESET 在 2016 年 1 月 3 日最早披露了本次事件中的相关恶意代码，表示乌克兰电力部门感染的是恶意代码 BlackEnergy(黑色能量)。BlackEnergy 被当作后门使用，并释放了 KillDisk 破坏数据来延缓系统的恢复。同时在其他服务器还发现一个添加后门的 SSH 程序，攻击者可以根据内置密码随时连入受感染主机。BlackEnergy 曾经在 2014 年被黑客团队"沙虫"用于攻击欧美 SCADA 工控系统，当时发布报告的安全公司 iSIGHT Partners 在 2016 年 1 月 7 日发文，将此次断电事件矛头直指"沙虫"团队，而在其 2014 年关于"沙虫"的报告中，iSIGHT Partners 认为该团队与俄罗斯密切相关。

俄乌两国作为独联体中最重要的两个国家，历史关系纠缠复杂。前苏联解体后，乌克兰逐渐走向"亲西疏俄"的方向，俄罗斯总统普京于2008年在北约和俄罗斯的首脑会议上指出，如果乌克兰加入北约，俄国将会收回乌克兰东部和克里米亚半岛。

随后，克里米亚离乌克兰，成立新的克里米亚共和国，加入俄罗斯联邦。2015年11月22日凌晨，克里米亚遭乌克兰断电，近200万人受影响。2015年12月23日，乌克兰遭受恶意代码攻击导致断电。

安全专家在乌克兰一家矿业公司和铁路运营商的系统上发现了BlackEnergy和KillDisk样本。

11.2.2 系统现状

俄罗斯和其他前苏联加盟共和国大量存在110kV和35kV变电站，其监控系统的操作系统目前以Windows为主。需要指出的是，没有任何操作系统能够对攻击百分百"免疫"，任何关键位置的节点系统及其上的软件与应用，必然会面临安全挑战。

1. 存在通过恶意代码直接对变电站系统的程序界面进行控制的威胁

当攻击者取得变电站SCADA系统的控制权(如SCADA管理人员工作站点)后，可取得与SCADA操作人员完全一致的操作界面和操作权限(包括键盘输入、鼠标点击、行命令执行以及更复杂的基于界面交互的配置操作)，操作员在本地的各种鉴权操作(如登录口令等)，也是可以被攻击者通过技术手段获取的，而采用USB KEY等登录认证方式的USB设备，也可能是默认接入在设备上的。因此，攻击者可像操作人员一样，通过操作界面远程控制对远程设备进行开关控制，以达到断电的目的；同样也可以对远程设备参数进行调节，导致设备误动作或不动作，引起电网故障或断电。

2. 存在通过恶意代码伪造和篡改指令来控制电力设备的威胁

除直接操作界面这种方式外，攻击者还可以通过本地调用API接口或从网络上劫持等方式，直接伪造和篡改指令来控制电力设备。目前变电站SCADA站控层之下的通信网络，并无特别设计的安全加密通信协议。当攻击者获取不同位置的控制权(如SCADA站控层PC、生产网络相关网络设备等)后，可以直接构造和篡改SCADA监控软件与间隔层设备的通信，例如IEC 61850通信明码报文。IEC 61850属于公开协议、明码通信报文，截获以及伪造IEC 61850通信报文并不存在技术上的问题，因此攻击者可以构造或截获指令来直接遥控过程层电力设备，同样可以完成远程控制设备运行状态、更改设备运行参数引起电网故障或断电。

上述两种方式不仅可以在攻击者远程操控情况下交互作业，还可以进行指令预设、实现定时触发和条件触发，从而在不能和攻击者实时通讯的情况下发起攻击。即使是采用操控程序界面的方式，仍可以采用键盘和鼠标的行为提前预设来完成。

11.2.3 病毒解析

BlackEnergy是一种颇为流行的攻击工具，主要用于实施自动化犯罪活动，通常贩卖于俄罗斯的地下网络，其最早出现的时间可追溯到2007年。

1. 不断更新和演进

BlackEnergy不断进行更新和演进，共进行了3次演变，其破坏和自我防护能力不断加强。

BlackEnergy1主要用于实施DDoS攻击。

BlackEnergy2 依然是一个具备 DDoS 功能的僵尸网络程序，该样本新增类加密软件以对自身加密处理，防止反病毒软件查杀。

已经出现新的变种称之为 BlackEnergy 3，但目前对该版本的攻击事件，还并不多见。

2. 攻击组件多样

BlackEnergy 组件是 DLL 库文件，一般通过加密方式发送到僵尸程序，一旦组件 DLL 被接收和解密，就被置于分配的内存中，然后等待相应的命令。例如：可以通过组件发送垃圾邮件、窃取用户机密信息、建立代理服务器、伺机发动 DDoS 攻击等。

攻击组件名称及功能如图 11－4 所示。

组件名称	功能
SYN	SYN攻击
HTTP	http攻击
DDOS	DDoS攻击
spm_v1	垃圾邮件
Ps	密码偷窃
ibank.dll	窃取银行证书
VSNET	传播和发射有效载荷
weap_hwi	编译ARM系统上运行的DDoS工具
FS	搜索特定的文件类型
DSTR	这通过用随机数据重写它破坏
RD	远程桌面
Ciscoapi.tcl	针对思科路由器
Killdisk	删除MBR，导致系统无法启动

图 11－4　攻击组件名称及功能

3. 攻击逻辑

这个事件的攻击逻辑是一种针对性攻击常用的手法，首先攻击者在一封邮件中嵌入一个恶意文档发送给目标，如果目标主机存在安全隐患，则在打开附件时就会自动运行宏代码，附件(Excel)打开后诱导受害者启用宏，攻击者还使用乌克兰语进行了提醒，图中文字为："注意！该文档由较新版本的 Office 创建，为显示文档内容，必须启用宏。"

经分析人员对宏代码进行提取分析，发现宏代码主要分为两个部分，首先通过 25 个函数定义 768 个数组，在数组中写入二进制数据(PE 文件)备用；然后通过一个循环将二进制数据写入指定的磁盘文件，对应的路径为：%TEMP%\vba_macro.exe，随后执行此文件，即 BlackEnergy Dropper；在经过多次解密后，它会释放 BlackEnergy，并利用 BlackEnergy 下载插件对系统进行攻击。

11.2.4 攻击事件剖析

这是一起以 BlackEnergy 等相关恶意代码为主要攻击工具，通过 Botnet 体系进行前期的资料采集和环境预置；以邮件发送恶意代码载荷为最终攻击的直接突破入口，通过远程控制 SCADA 节点下达指令为断电手段；以摧毁破坏 SCADA 系统实现迟滞恢复和状态致盲；以 DDoS 电话作为干扰，最后形成长时间停电并制造整个社会混乱的具有信息战水准的网络攻击事件。

BlackEnergy 攻击事件主要针对三种 HMI 产品展开攻击：GE Cimplicity、Advantech/Broadwin WebAccess、西门子 WinCC。

1. 通过程序恶意破坏 HMI 软件监视管理系统

监视管理系统都是被安装在商业的操作系统当中(很多企业还用的是 Windows XP)。很容易通过 0day 进入操作系统后对监视管理软件进行恶意破坏。

2. 通过 U 盘带入传播

很多工控系统的维护是由第三方公司来完成的，而第三方公司的工程师一般是用自带 U 盘来携带维护和检测工具的。

3. 使用 PLC Rootkit 感染可编程逻辑控制器 PLC

典型的如震网 Stuxnet 蠕虫。可以感染西门子公司的 SIMATIC WinCC 7.0 和 SIMATIC WinCC6.2两个版本的 PLC 组件。

乌克兰电力系统攻击事件概要见表 11-1。

表 11-1 乌克兰电力系统攻击事件概要

主要攻击目标	乌克兰电力系统
关联被攻击目标	乌克兰最大机场基辅鲍里斯波尔机场 乌克兰矿业公司 乌克兰铁路运营商 乌克兰国有电力公司 UKrenergo 乌克兰 TBS 电视台
作用目标	办公机(Windows)、上位机(Windows)
核心攻击原理	通过控制 SCADA 系统直接下达断电指令
攻击入口	邮件发送带有恶意代码宏的文档
抗分析能力	相对比较简单，易于分析
恶意代码模块情况	模块体系，具有复用性
攻击成本	相对较低

11.2.5　事件危害及后果

乌克兰电力系统遭到 Black Energy 恶意软件攻击，超过三个区域的电力系统遭到高度破坏，引发了三小时大规模停电。同时，报修电话线路因遭受自动拨号软件攻击而阻塞，导致维修服务无法正常开展。大面积停电的同时通信被阻塞，引起当地民众极大恐慌。它具有广泛的适用性，因为恶意软件主要对于 SCADA 数据采集与监视控制系统进行攻击。它是以计算机为基础的 DCS 与电力自动化监控系统，应用领域广泛，可以应用于电力、冶金、石油、化工、燃气、铁路等领域的数据采集与监视控制以及过程控制等，可造成巨大的威胁。

除了攻击乌克兰矿业公司之外，黑客用 KillDisk 组件对乌克兰的一些大型铁路公司发动了攻击，造成的影响非常恶劣。工控系统安全直接关系到包括国家的国防安全、经济安全、金融安全以及社会民生的各个方面，必须防止出现任何重大安全事件。在任何情况下，黑客针对任意一个国家的重要基础设施发动的网络攻击，对该国政府来说，都是一种严重的威胁。

11.2.6　防护方案

1. 方案目标

依据黑色能量病毒的整个入侵流程，需要从工控网络防护的各个环节进行安全防护。安全防护需要实现以下五个防护效果，以达到从震网病毒传播到攻击的各个环节进行有效防护。

（1）能够采集操作系统、数据库、网络设备、安防设备等网络资产的脆弱性和安全事件信息结合数据关联，从微观角度，详细掌握企业网络资产、脆弱性、告警事件、威胁、攻击和风险，并进行应急响应、调查分析等闭环处置，提供网络整体安全状态及防护情况展示，帮助相关人员进行决策。

（2）能够对网络异常事件、工控协议攻击事件、未知设备接入事件、工控漏洞、木马和病毒等提供实时检测告警的工控安全审计类产品，支持 GOOSE、SV、MMS、IEC104、DNP3、OPC、S7、Modbus/TCP、Profinet、Ethernet/IP 等众多工业协议深度监测审计分析，并能对安全事件收集、存储、实时告警，通过特定的安全策略，快速识别系统中存在的非法操作、异常事件、APT 攻击、蠕虫、木马及其他外部攻击。

（3）能够对工业主机环境、应用、主机接口外部设备、文件、网络通信等，进行安全检查及安全过滤，对用户操作、主机活动进行记录和审计；防范恶意攻击，保障主机运行安全。

（4）可以提供对工业协议的数据级深度过滤，阻断来自网络的病毒传播、黑客攻击等行为，提供 Dos/DDos 攻击防护、异常数据包攻击防护、扫描防护等功能，能够有效防止网络病毒扩散，有效隔离病毒扩散源。

（5）能够对用户文件提供全方位的保护；能够有效阻止黑客通过病毒、木马等对用户文件进行非法破坏、删除；因具有系统响应速度快、判断准确、资源占用少及部署灵活等特点，故数据安全中心系统是一套高效、稳定的文件防护系统。

2. 方案依据

（1）《网络安全法》；

（2）《中华人民共和国计算机信息系统安全保护条例》；

(3)《关于信息系统安全等级保护工作的实施意见》(公通字[2004]66 号);
(4)《信息系统安全保护等级定级指南》(公信安[2005]1431 号);
(5)《关于加强工业控制系统信息安全管理的通知》(工信部协[2011]451 号);
(6)《工业控制系统信息安全事件应急管理工作指南》工信部信软[2017]122 号;
(7)《工业控制系统信息安全行动计划(2018－2020 年)》工信部信软[2017]316 号;
(8)《工业控制系统信息安全防护指南》(工信软函〔2016〕338 号);
(9)《电力监控系统安全防护总体方案》(国家能源局 36 号文);
(10)《GB/T 22239－2008 信息安全等级保护基本要求》。

整体安全防御部署如图 11－5。

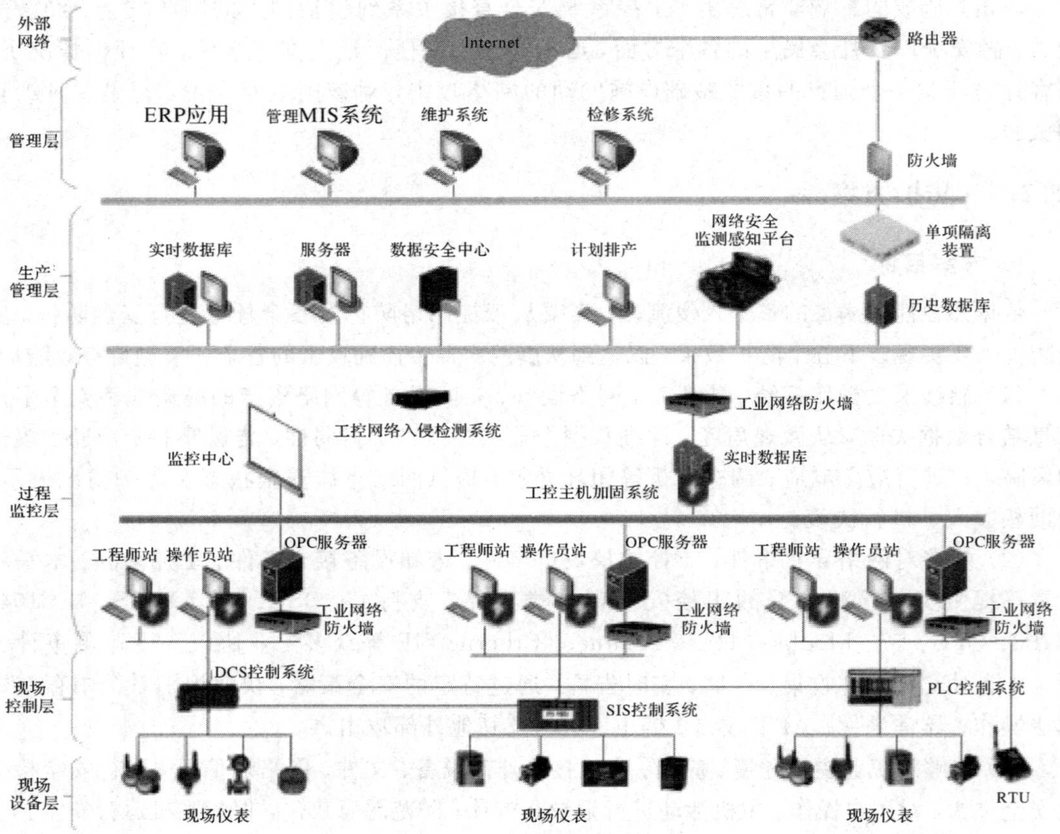

图 11－5　整体安全防御部署图

如图 11－5 所示:对黑色能量病毒进行安全防护，需要从病毒攻击的各个角度出发，因黑色能量本身具有多个攻击组件，并可在进行检测后使用相关薄弱防护点进行攻击，所以需要将其各类攻击组件的攻击方式进行有效的屏蔽，从而实现有效的防护。

通过在工控网络部署网络入侵检测系统，可有效发现黑客通过远程操作手段发起的黑色能量 DDOS、Http、SYN 等攻击，在第一时间响应保证有效防备。同时通过在生产管理区域和工控网络设备控制层级之间部署工控网络防火墙，可有效隔离黑色能量在区域之间的传播，通过工业网络防火墙的深度过滤功能，可有效阻断黑客使用通过远程控制关闭发电设备的行为。

通过网络防火墙对电力各个场站之间进行隔离，可将黑色能量导致的断电情况封堵在场站内部。

部署数据安全中心系统可对电力系统中主机、服务器数据等重要数据进行有效保护。

工控主机加固系统，可实现对工控服务器、数据库、上位机的真题防护，从震网病毒传播入口进行有效拦截。若震网病毒已经入侵到工控网络内部系统，则可通过工控网络防火墙系统对已感染的区域进行有效隔离，有效防止病毒扩散。

最终通过安全监测感知平台收集工控网络信息、联动安防设备可实现整体网络态势判断，并进行快速有效的响应。

3. 工控主机防护系统

1）安全防护范围

工控主机防护系统采用基于内核的安全机制为核心技术，以白名单为主要依据，对主机环境、应用、主机接口外部设备、文件、网络通信等，进行安全检查及安全过滤，对用户操作、主机活动进行记录和审计。通过最小权限的细粒度安全配置策略，实现主机及应用运行在可信环境之中；防范恶意攻击，保障主机运行安全。

2）系统部署

工控主机防护系统（如图 11－6 所示）由管理中心和保护终端共同组成。管理中心为硬件系统，保证管理中心和各个保护终端之间可以通信。保护终端指的是工控网络各个层级当中的服务器、操作员站、工程师站，需要进行安装工控主机防护助手软件。

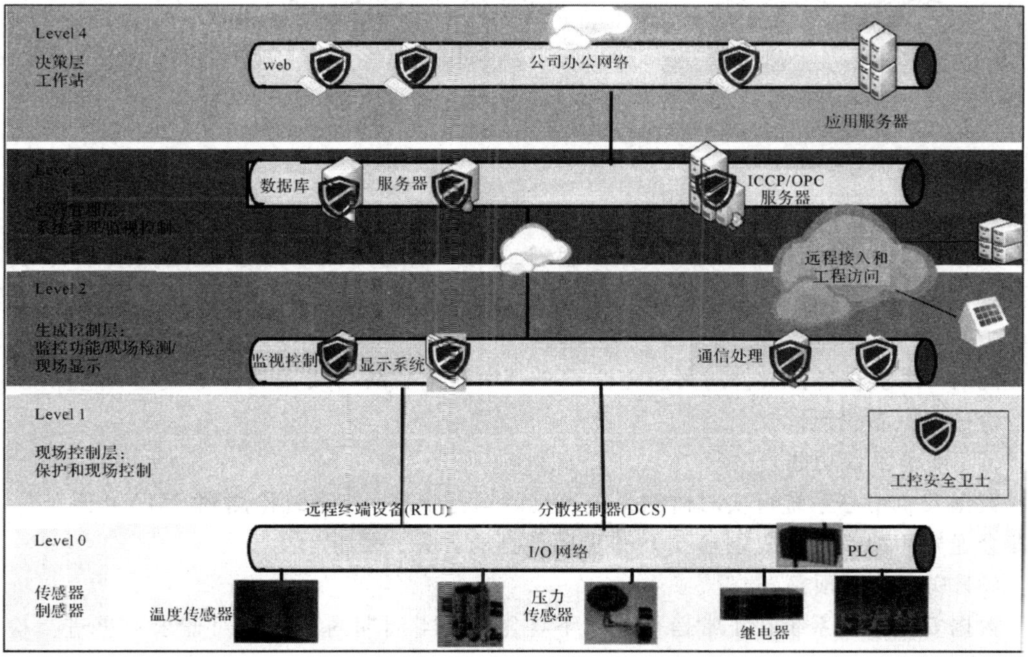

图 11－6　工控主机防护系统

4. 数据安全中心

1）安全防护范围

系统是对文件防护、文件备份及硬盘监控预警而精心研发的一款安全产品。系统主要采用操作系统底层驱动技术对用户文件提供全方位的保护，能够有效阻止黑客通过病毒、木马等方式，对用户文件进行非法破坏、删除；结合系统响应速度快、判断准确、资源占用少及部署灵活等特点，经广大用户实践，得到了用户的高度认可。数据安全中心系统是一套高效、稳定的文件防护系统。

2）平台系统架构

平台系统架构如图 11－7 所示。

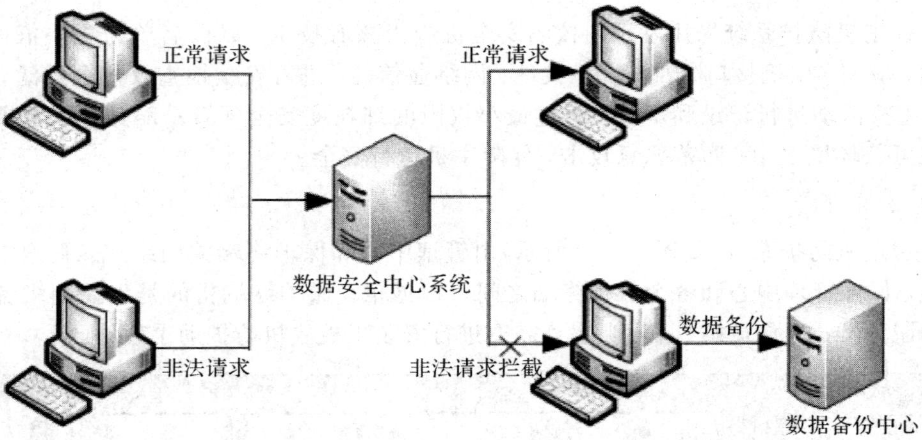

图 11－7　平台系统架构

3）平台功能模块

（1）数据备份功能。

数据安全中心系统可指定用户重要盘符或文件夹进行备份设定（设定权限修改交给管理员）。系统默认可对系统盘的桌面文件进行备份，以及对除系统盘之外的其他盘符进行备份设定。

同时，系统在备份文件时可自定义筛选，如筛选后缀名或大文件等类型；选择实时同步备份还是只备份删除文件。

（2）硬盘预警功能。

数据安全中心系统可实时监测系统硬盘的运行状态，当系统检测到 SMAT 预警时，系统即会通知用户及时修复硬盘，防止重要数据的丢失、损坏。

（3）病毒攻击预警。

数据安全中心系统在正常运行状态下，会 7×24 周期内不间断对请求数据进行检测，当检测到病毒批量修改时，首先对重要数据备份，并自动报警。

（4）格式化预警功能。

数据安全中心系统在部署完成之后，会自动识别格式化数据操作能够，当检测到该行为时，系统会自动阻止格式化行为并向数据安全中心平台推送报警信息。

11.3 智能制造行业案例

11.3.1 行业发展背景

1. 发展现状

1）智能制造业取得了一批基础研究成果和智能制造技术

我国对智能制造的研究开始于 20 世纪 80 年代末。在最初的研究中智能制造技术取得了一些成果，而进入 21 世纪以来的十年智能制造在我国迅速发展，在许多重点项目取得成果，智能制造相关产业也初具规模。我国已取得了一批相关的基础研究成果和长期制约我国产业发展的智能制造技术，如机器人技术、感知技术、工业通信网络技术、控制技术、可靠性技术、机械制造工艺技术、数控技术与数字化制造、复杂制造系统、智能信息处理技术等；攻克了一批长期严重依赖并影响我国产业安全的核心高端装备，如盾构机、自动化控制系统、高端加工中心等；建设了一批相关的国家重点实验室、国家工程技术研究中心、国家级企业技术中心等研发基地；培养了一大批长期从事相关技术研究开发工作的高技术人才。

2）智能制造装备产业体系初步形成

随着信息技术与先进制造技术的高速发展，我国智能制造装备的发展深度和广度日益提升，以新型传感器、智能控制系统、工业机器人、自动化成套生产线为代表的智能制造装备产业体系初步形成，一批具有自主知识产权的智能制造装备实现突破，2012 年工业自动化控制系统和仪器仪表、数控机床、工业机器人及其系统等部分智能制造装备产业领域销售收入超过 4000 亿元。

3）国家对智能制造的扶持力度不断加大

近年来，国家对智能制造的发展越来越重视，成立了越来越多的研究项目，研究资金也大幅增长。国家发布了《智能制造装备产业“十二五”发展规划》和《智能制造科技发展“十二五”专项规划》，并设立《智能制造装备发展专项》，加快智能制造装备的创新发展和产业化，推动制造业转型升级。

2. 存在的问题

近年来，我国智能制造技术及其产业化发展迅速，并取得了较为显著的成效。然而，制约我国智能制造快速发展的突出矛盾和问题依然存在，主要表现在四个方面。

1）智能制造基础理论和技术体系建设滞后

智能制造的发展侧重技术追踪和技术引进，而基础研究能力相对不足，对引进技术的消化吸收力度不够，原始创新匮乏。控制系统、系统软件等关键技术环节薄弱，技术体系不够完整。先进技术重点前沿领域发展滞后，在先进材料、堆积制造等方面差距还在不断扩大。

2）智能制造中长期发展战略缺失

金融危机以来，工业化发达国家纷纷将包括智能制造在内的先进制造业发展上升为国家战略。尽管我国也一直重视智能制造的发展，及时发布了《智能制造装备产业“十二五”发展规划》和《智能制造科技发展“十二五”专项规划》，但智能制造的总体发展战略依然尚待明确，技术路线还不清晰，国家层面对智能制造发展的协调和管理尚待完善。

3）高端制造装备对外依存度较高

目前我国智能装备难以满足制造业发展的需求，我国90%的工业机器人、80%的集成电路芯片制造装备、40%的大型石化装备、70%的汽车制造关键设备、核电等重大工程的自动化成套控制系统及先进集约化农业装备严重依赖进口。船舶电子产品本土化率还不到10%。关键技术自给率低，主要体现在缺乏先进的传感器等基础部件，精密测量技术、智能控制技术、智能化嵌入式软件等先进技术对外依赖度高。

4）关键智能制造技术及核心基础部件主要依赖进口

构成智能制造装备或实现制造过程智能化的重要基础技术和关键零部件主要依赖进口，如新型传感器等感知和在线分析技术、典型控制系统与工业网络技术、高性能液压件与气动原件、高速精密轴承、大功率变频技术、特种执行机构等。许多重要装备和制造过程尚未掌握系统设计与核心制造技术，如精密工作母机设计制造基础技术、百万吨乙烯等大型石化的设计技术和工艺包等均未现国产化。几乎所有高端装备的核心控制技术严重依赖进口。

5）重硬件轻软件的现象突出

智能制造技术是以信息技术、自动化技术与先进制造技术全面结合为基础的。而我国制造业的“两化”融合程度相对较低，低端CAD软件和企业管理软件得到很好的普及，但是应用于各类复杂产品设计和企业管理的智能化高端软件产品缺失，在计算机辅助设计、资源计划软件、电子商务等关键技术领域与发达国家差距依然较大。关键核心技术依然严重依赖国外；企业所需要的工业软件90%以上依赖进口；我国出口的数控机床，其核心部件的数控系统也依赖进口。

另外，智能制造行业存在的以上五大问题也给工控网络本身安全带来了问题。核心部件及关键网络设备及软件系统依赖进口，致使系统安全状况不明，无法获知进口设备本身是否存在安全漏洞及“后门”。若未做工控安全防护的情况下，出现相关安全问题也将给制造业带来严重后果。

11.3.2 网络整体架构

智能制造业网络整体架构如图11-8所示。

智能制造行业网络网络基本可以划分为三层，由下往上分别为工业现场控制层、生产监控管理层、企业信息网络层，现场控制层通过工业以太网络连接，由PLC对现场层设备进行控制；生产监控管理层对工业现场控制层进行响应操作；企业信息网络层则负责对外供应链管理、客户关系管理等。

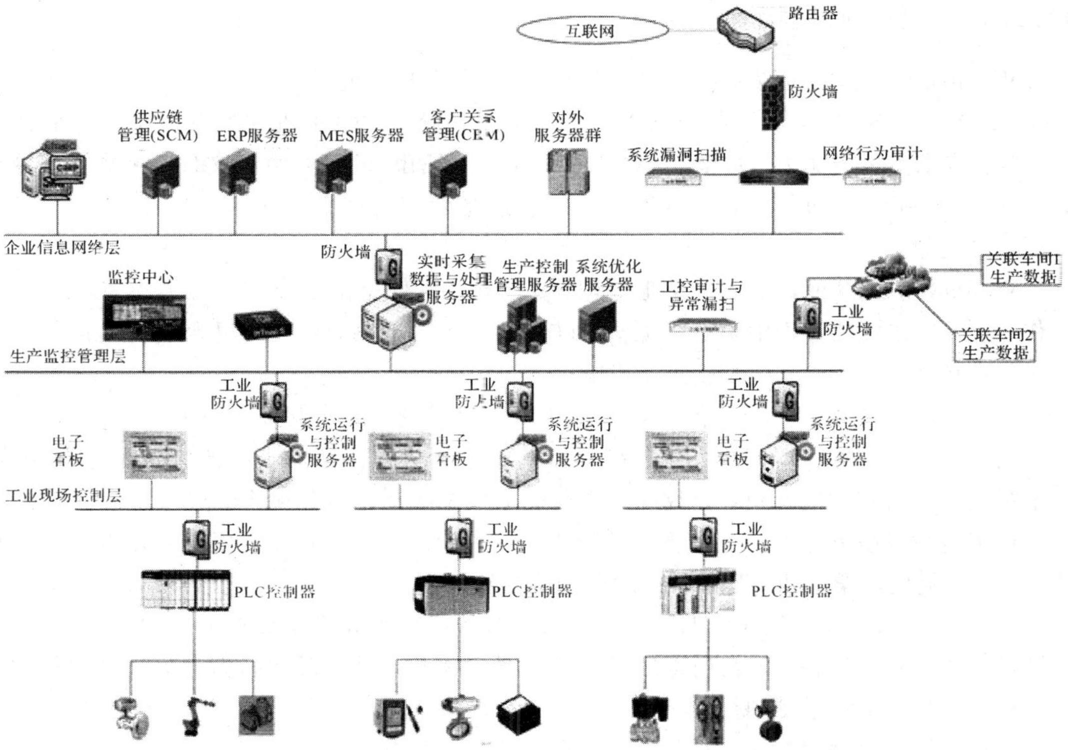

图 11-8　网络整体架构

11.3.3　行业安全现状

实际上，在我国社会经济与科技水平得到快速发展的形势下的智能制造行业安全建设情况已经有很大程度的好转，并且取得了一定的成绩。但随着一系列针对工业控制系统攻击事件的发生，越来越多工业控制系统面临的安全问题浮出水面。

通过对智能制造行业的工控安全建设案例分析，总结工业控制系统安全现状如下：

(1) 中国智能制造的工业控制系统安全建设责任不明确，尚未建立相应的工业控制系统的信息安全管理组织。

(2) 涉及工业控制系统的信息安全制度和规范体系不健全，各项监督制度不健全，缺乏有效的反馈和跟踪。

(3) 施工企业的内部管理相对薄弱，尤其是在制度建设、现场管理都存在不足，安全防护措施不合理，施工人员、运维人员都没有经过系统的培训就上岗。

(4) 技术上缺乏纵深防御的信息安全技术体系，主机、网络、应用、数据等方面都表现出控制力度不足，整体防护薄弱。

(5) 缺乏先进的、实用的技术手段对基础网络与信息系统进行有效的防护、检测、响应、预警、恢复等。

(6) 缺乏对已使用的生产系统(DCS、PLC、SCADA 等)的技术把控，无法判断其安全性。

11.3.4 主要威胁现状

WannaCry(“想哭”)勒索病毒席卷全球。该病毒会扫描电脑上的TCP 445端口(Server Message Block/SMB),以类似于蠕虫病毒的方式传播,攻击主机并加密主机上存储的文件,然后要求支付金额为300美金(约2067.45元人民币)的赎金解锁文件,无数公司受到袭击和影响。据国外媒体报道,雷诺和日产也遭受席卷全球的WannaCry勒索病毒袭击,工厂生产受影响。

WannaCry的变种,会导致宕机或是重复开机。事件是由于员工未按照标准程序进行操作,新机台在安装过程中没有先隔离、确认无病毒再联网,导致新机台里面的病毒在联网后快速传播,所有生产线都受到了影响。

对于台积电来说,生产线停工,部分产品因此报废,造成直接经济损失2.5亿美元,2017年三季度营收将下降3%。毛利率下滑约1个百分点。对企业信誉口碑也存在影响,甚至影响了原有客户的交付,导致客户沟通成本增加甚至有些会额外赔偿。

台积电病毒事件也对产业链上下游产生了一些影响。首当其冲的便是台积电的大客户苹果公司,据伍海桑介绍,苹果新产品已经受到波及。

直到2018年3月,国家互联网应急中心通过自主监测和样本交换形式共发现23个锁屏勒索类恶意程序变种。该类病毒通过对用户手机锁屏,勒索用户付费解锁,对用户财产和手机安全均造成严重威胁。

上述案例也直观展现了当前行业存在的主要安全问题:

(1) 控制系统陈旧、存在漏洞、内外网络混杂管理不严。

(2) 在现场控制层中工控网络主机没有做到有效的安全防护。在工控网络整体架构中,缺少区域及各个厂区之间的有效隔离防护。

(3) 对于网络安全事件没有前期有效预判机制,对于重要的数据没有有效的备份保护机制,缺乏对工控网络整体安全的把控。

11.3.5 防护方案

1. 方案目标

为了能够实现对网络整体的纵深防御,思科锐迪防护方案通过以下六大方面的安全保障建设,实现智能制造工控网络安全“无忧”的目标。

(1) 能够通过采集操作系统、数据库、网络设备、安防设备等网络资产的脆弱性和安全事件信息并通过关联等技术,帮助掌握企业网络资产、脆弱性、告警事件、威胁、攻击和风险,能够从技术角度进行应急响应、调查分析等闭环处置,帮助相关人员进行决策。

(2) 能够对常用工控协议做指令级监测与审计根据业务判断异常,能够实现对工控网络中网络攻击、用户误操作、违规操作、设备非法接入以及蠕虫病毒等恶意软件的传播进行监测和审计,可实现对工控网络环境实时监测、实时告警、安全审计等功能的网络安全系统。

(3) 系统可进行威胁分析,资产分析、流量分析、无线分析、恶意代码检测、基线检查、异常网络行为判断、白名单数据过滤等动作;可以从管理规范和技术要求等方面对所有工控环境进行风险评估,并生成评估报告,在生成报告中可进行详细的漏洞分析,并提供可操作的威胁整改建议，从可视化和专业化的角度帮助用户认识当前工控网络所符合的安全等级和需要整改的部分。

(4) 可实现对工业协议的数据级深度过滤，实现了对 Modbus、OPC、CANBus、PROFIBUS 等主流工业协议和规则的细粒度检查和过滤的功能，能够有效阻断来自网络的病毒传播、黑客攻击等行为，并能支持对私有协议的定制开发。可对常规网络攻击进行有效防护，如：DoS/DDoS 攻击防护、异常数据包攻击防护、扫描防护等功能。

(5) 可对工控网络上位机和重要数据库进行安全防护。可对主机环境、应用、主机接口外部设备、文件、网络通信等，进行安全检查及安全过滤，对用户操作、主机活动进行记录和审计；通过最小权限的细粒度安全配置策略，实现主机及应用运行在可信环境之中；防范恶意攻击，保障主机运行安全。

(6) 能够对重要数据及文件进行安全保护，防止因为人为误操作、病毒感染、大批量删除导致重要文件的丢失。对用户文件提供全方位的保护，能够有效阻止黑客通过病毒、木马等方式，对用户文件进行非法破坏、删除；结合系统响应速度快、判断准确、资源占用少及部署灵活等特点，经广大用户实践，得到了用户的高度认可，数据安全中心系统是一套高效、稳定的文件防护系统。

2. 方案依据

(1)《网络安全法》；

(2)《中华人民共和国计算机信息系统安全保护条例》；

(3)《国家信息化领导小组关于加强信息安全保障工作的意见》(中办发[2003]27 号)；

(4)《关于信息系统安全等级保护工作的实施意见》(公通字[2004]66 号)；

(5)《电子政务信息安全等级保护实施指南(试行)》(网信办[2005]25 号)；

(6)《信息系统安全保护等级定级指南》(公信安[2005]1431 号)；

(7) 网信办《关键信息基础设施保护条例(征求意见稿)》；

(8)《关于加强工业控制系统信息安全管理的通知》(工信部协[2011]451 号)；

(9) 工信部《工业控制系统信息安全防护指南》2016 年 10 月 17 日；

(10)《工业控制系统信息安全事件应急管理工作指南》(工信部信软[2017]122 号)；

(11)《工业控制系统信息安全行动计划(2018－2020 年)》(工信部信软[2017]316 号)；

(12) 国家智能制造标准体系建设指南(2018 年版)。

3. 方案整体架构

方案整体建设以智能制造行业面临的安全现状为基础，从事前监测、事中主动防御和保护、整体监测感知三个方面出发，对智能制造行业工控网络安全提供安全防护。事前通过对工控网络安全态势进行整体评估，经过安全评估后，可通过防御和保护措施对网络安防薄弱环节进行相应加固。各个系统协调统一的情况下，保障工控网络整体基线安全，满足工控行业相关安全规范要求，使网络整体达到安全状态。

在图 11－9 中：以汽车制造业为例，工业网络基本可划分为三大层次，分别为现场控制区、生产区、企业管理区等。各个网络层面之间具有有效的网络通信和基础隔离措施。如图 11－9 在各个生产车间和大区之间部署工控网络防火墙可有效将网络攻击及病毒传播进行隔离，即使发生网络安全事件也可将其控制在小范围之内。

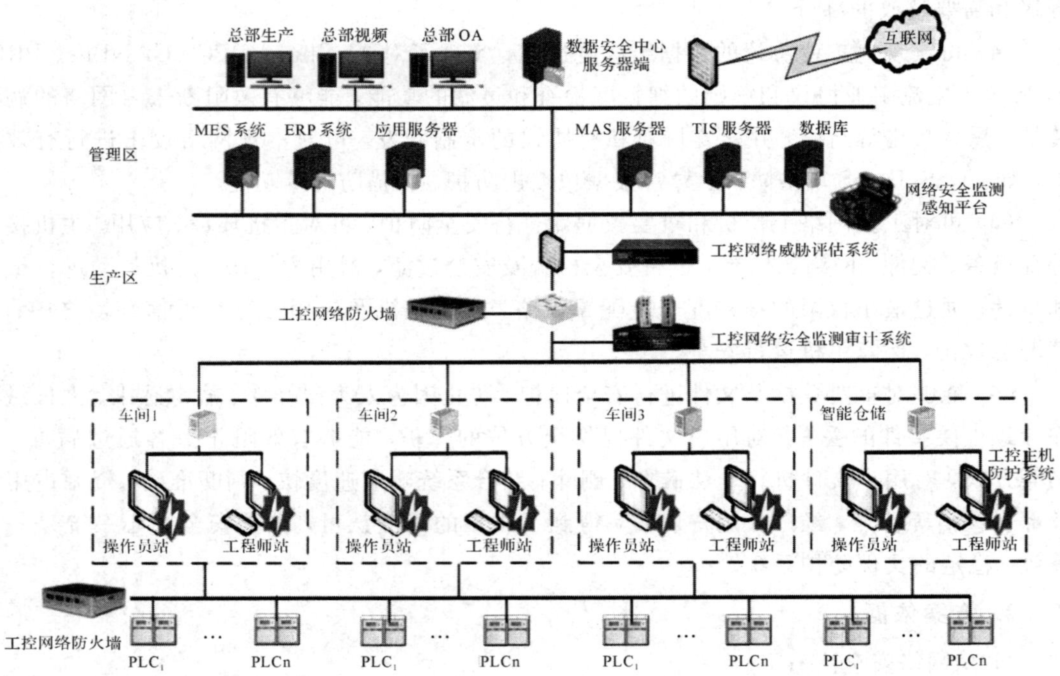

图 11－9　方案网络部署图

部署工控网络威胁评估系统可对工控网络硬件设备、系统、应用网络流量等存在的潜在威胁进行整体评估展示，以便进行对应薄弱点加固。

通过部署数据安全中心系统可对智能制造行业重要设计数据、关键文件等重要数据进行有效保护。

病毒在发起攻击时，网络当中将产生大量异常流量，通过工控网络安全监测审计系统可对网络异常的控制流量进行实时审计告警，可有效地对网络异常流量进行告警，防止网络异常事件在不知情的情况下发生。

通过部署工控主机加固系统，实现对工控服务器、数据库、上位机的整体防护，从病毒传播入口进行有效拦截。若病毒已经入侵到工控网络内部系统，则可通过工控网络防火墙系统对已感染的区域进行有效隔离，防止病毒扩散。

最终通过安全监测感知平台收集工控网络信息、联动安防设备可实现整体网络态势判断，并进行快速有效的响应。

11.3.6　现有智能制造标准

根据国家智能制造标准体系建设指南(2018 年版)，当前智能制造行业建设思路及标准如下：

1. 建设思想

国家智能制造标准体系按照“三步法”原则建设完成。

第一步，通过研究各类智能制造应用系统，提取其共性抽象特征，构建由生命周期、系统层级和智能特征组成的三维智能制造系统架构，从而明确智能制造对象和边界，识别智能制造现有和缺失的标准，认知现有标准间的交叉重叠关系；

第二步，在深入分析标准化需求的基础上，综合智能制造系统架构各维度逻辑关系，将智能制造系统架构的生命周期维度和系统层级维度组成的平面自上而下依次映射到智能特征维度的五个层级，形成智能装备、工业互联网、智能使能技术、智能工厂、智能服务等五类关键技术标准，与基础共性标准和行业应用标准共同构成智能制造标准体系结构；

第三步，对智能制造标准体系结构分解细化，进而建立智能制造标准体系框架，指导智能制造标准体系建设及相关标准立项工作。

2. 智能制造标准体系结构

智能制造标准体系结构包括“A 基础共性”“B 关键技术”“C 行业应用”等三个部分，主要反映标准体系各部分的组成关系。智能制造标准体系结构图如图 11－10 所示。

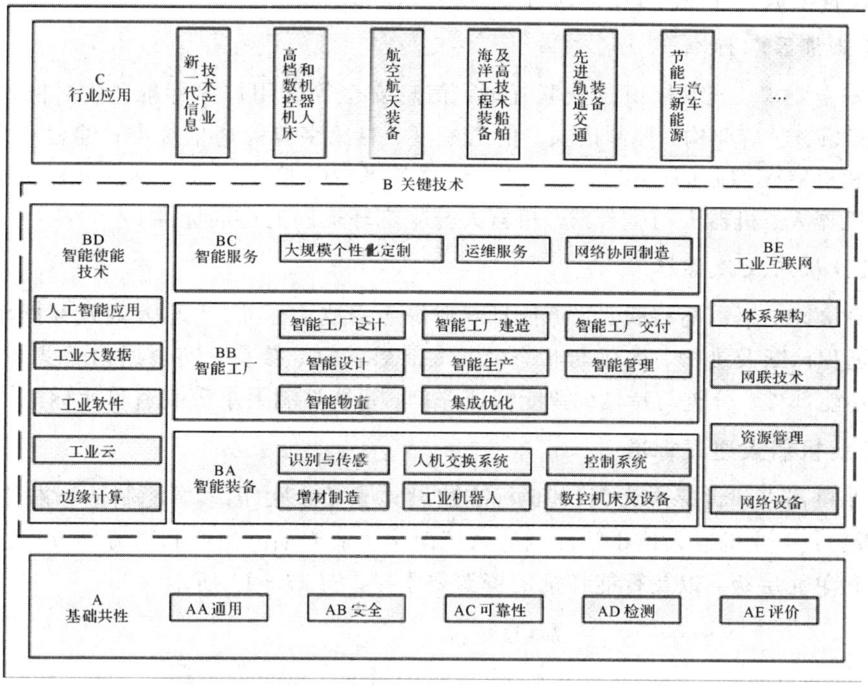

图 11－10　智能制造标准体系结构

具体而言，A 基础共性标准包括通用、安全、可靠性、检测、评价等五大类，位于智能制造标准体系结构图的最底层，其研制的基础共性标准支撑着标准体系结构图上层虚线框内 B 关键技术标准和 C 行业应用标准。

B 关键技术标准是智能制造系统架构智能特征维度在生命周期维度和系统层级维度所组成的制造平面的投影，其中 BA 智能装备对应智能特征维度的资源要素；BB 智能工厂对应智能特征维度的系统集成；BC 智能服务对应智能特征维度的新兴业态；BD 智能使能技术对应智能特征维度的融合共享；BE 工业互联网对应智能特征维度的互联互通。

C 行业应用标准位于智能制造标准体系结构图的最顶层，面向行业具体需求，对 A 基础共性标准和 B 关键技术标准进行细化和落地，指导各行业推进智能制造。智能制造标准体系结构中明确了智能制造的标准化需求，与智能制造系统架构具有映射关系。以大规模个性化定制模块化设计规范为例，它属于智能制造标准体系结构中 B 关键技术（BC 智能服务）中的大规模个性化定制标准。

3. 智能装备标准建设重点

1）识别与传感标准

标识及解析、数据编码与交换、系统性能评估等通用技术标准；信息集成、接口规范和互操作等设备集成标准；通信协议、安全通信、协议符合性等通信标准；智能设备管理、产品全生命周期管理等管理标准。

2）控制系统标准

控制方法、数据采集及存储、人机界面及可视化、通信、柔性化、智能化等通用技术标准；控制设备集成、时钟同步、系统互联等集成标准。

3）工业机器人标准

集成安全要求、统一标识及互联互通、信息安全等通用技术标准；数据格式、通信协议、通信接口、通信架构、控制语义、信息模型、对象字典等通信标准；编程和用户接口、编程系统和机器人控制间的接口、机器人云服务平台等接口标准；制造过程机器人与人、机器人与机器人、机器人与生产线、机器人与生产环境间的协同标准。

4）数控机床及设备标准

智能化要求、语言与格式、故障信息字典等通用技术标准；互联互通及互操作、物理映射模型、远程诊断及维护、优化与状态监控、能效管理、接口、安全通信等集成与协同标准；智能功能部件、分类与特性、智能特征评价、智能控制要求等制造单元标准。

4. 工业机器人建设标准

以工业机器人建设标准为例（其他标准建设具体可参见《国家智能制造标准体系建设指南 2018 版》）：工业机器人位于智能制造系统架构生命周期的生产和物流环节、系统层级的设备层级和单元层级，以及智能特征的资源要素，如图 11－11 所示。

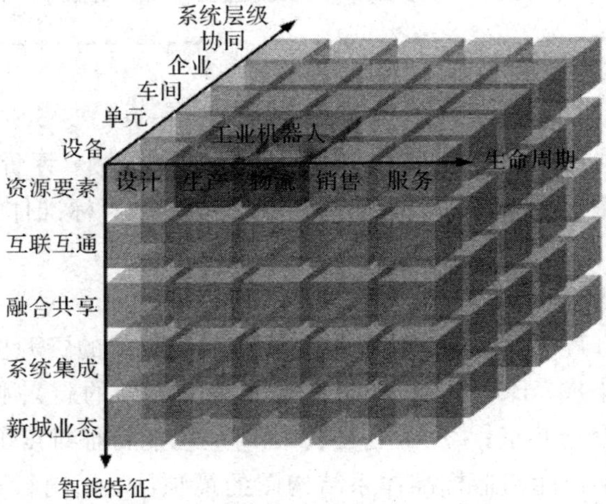

图 11－11　工业机器人建设标准

已发布的工业机器人标准主要包括：

GB 11291.1—2011 工业环境用机器人 安全要求 第 1 部分：机器人

GB 11291.2—2013 机器人与机器人装备 工业机器人的安全要求 第 2 部分：机器人系统与集成

GB/T 19399—2003 工业机器人 编程和操作图形用户接口

GB/Z 20869—2007 工业机器人 用于机器人的中间代码

GB/T 29825—2013 机器人通信总线协议

GB/T 32197—2015 开放式机器人控制器通讯接口规范

GB/T 33267—2016 机器人仿真开发环境接口

GB/T 33266—2016 模块化机器人高速通用通信总线性能

正在制定的工业机器人标准主要包括：

20170041-T-604 工业机器人力控制技术规范

20170049-T-604 工业机器人的通用驱动模块接口

20170052-T-604 工业机器人生命周期风险评价方法

20170987-T-604 工业机器人生命周期对环境影响评价方法

20170989-T-604 工业机器人机器视觉集成技术条件

11.4　交通行业案例

11.4.1　行业发展背景

轨道交通是我国国民经济的命脉和交通运输的骨干网络，不仅承担了绝大部分国家战略、经济物资的运输，还承担着客运运输职能，在促进我国资源输送、加强经济区域交流、解决城市交通拥挤等方面发挥了巨大作用。随着我国轨道交通网络的形成和发展，目前轨道交通行业开始逐步进入到建设与运营维护并重阶段，如何科学地维护规模如此庞大的运营线路，保障基础设施稳定可靠，从而使轨道交通能够长期安全运营是现阶段轨道交通发展所必须面临和解决的问题。

随着列车速度的不断提高，传统信号控制系统得到迅速发展，计算机联锁已经逐渐取代继电器联锁，成为车站联锁设备发展的方向。技术引进使得各种先进的计算机联锁技术广泛应用，比如 Siemens 的 SICAS 联锁、Alcatel 的 VCC 联锁、Alstom 的 VPI 联锁、USSI 的 MICROLOCK 联锁、Westinghouse 的 SESTRACE 联锁、Bombardier 的 EBILOCK 联锁技术。

行车调度控制系统(CTC)也由原来的继电系统、半导体分立元件、集成电路时代发展到现在以计算机技术和现代通讯技术为基础的微机自动化时代。高速铁路由于速度快、发车间隔小等特点，普遍采用新型的分散自律调度集中系统技术。在网络安全防护和调度命令无线传输系统两个方面，无线设备得到快速应用。信号控制系统正向真正意义上的数字化、信息化、自动化、现代化方向迈进。

随着轨道交通的不断发展，其控制网络安全问题也逐步受到更多的关注。

(1) 工控设备(如 PLC、DCS 等)以及工控协议本身普遍在设计之初就较少考虑信息安全方面的问题。工控设备主要关注的是功能安全，系统的稳定性及可靠性方面。互联网通常通过加密、身份认证等方式来保证协议传输的安全性，如 SSH、HTTPS 协议；而工控协议基本都是采用明文方式传输，并且缺少身份认证的支持，这在传统 IT 领域是绝对无法接受的。

(2) 工控系统在建设之初较少考虑信息安全问题。较早建立的工控系统很少有与外网进行信息交互的需求，因此主要采用物理隔离的方式部署，即使存在一些问题，也没有暴露出来。

(3) 随着互联网的发展，"两化融合""互联网＋""工业 4.0"等概念的推进，工控系统与互联网的信息交互变得十分必要且频繁，这就把系统中隐藏的风险、漏洞暴露了出来，同时也会引入新的风险。

基于上述原因，当前工控系统信息安全形势严峻。根据监测数据显示，我国很多重要控制系统都暴露在互联网上，涉及市政供水供热、能源、水利等关键基础设施领域一旦被攻击，后果将非常严重。

11.4.2 网络整体架构

网络整体架构如图 11－12 所示。以城市轨道交通为例，它有多个车站、维护系统、培训中心作为底层，通过上层票务管理系统、设备管理系统经济 ACC 灾备系统等组成了整体运行环境。

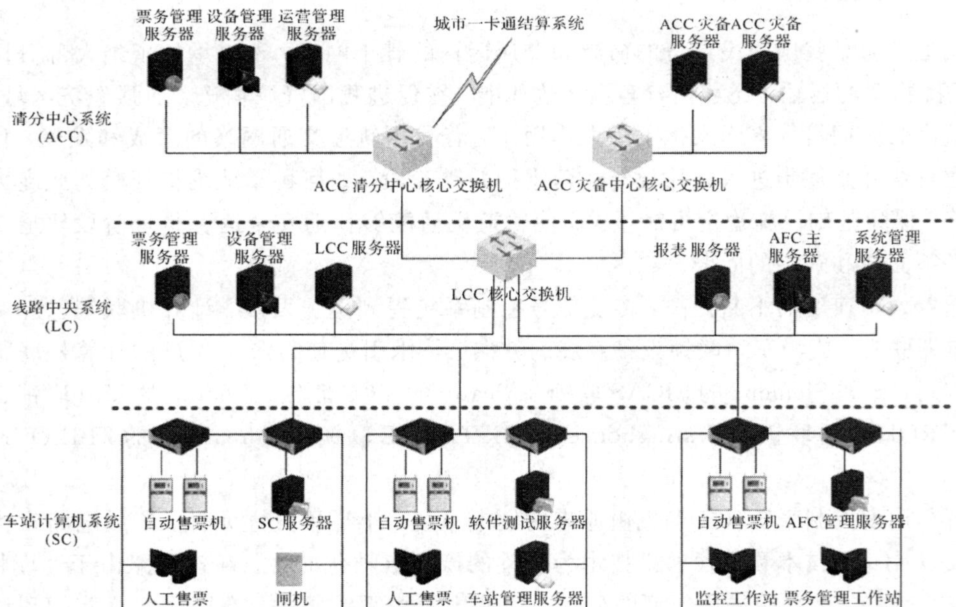

图 11－12 网络整体架构图

11.4.3　行业安全现状

2011 年 7 月 10 日，京沪高铁曲阜东经滕州东至枣庄间下行线接触网出现故障。电网控制系统疑被美国特工放置“蠕虫”，据抢修电网的高级工程师透露，这是一般的雷击，很可能是遭遇恶意软件入侵。从初步的分析结果看，这种蠕虫病毒与 2010 年 11 月侵入伊朗离心机操控系统相类似，先是记录正常的电网电压数据，攻击成功后，电压失控，直至列车瘫痪。工控网络曾出现过多起网络安全事件如震网病毒、火焰病毒、Duqu 木马等案例，交通行业其安全防护薄弱问题主要存在与以下 6 个方面。

1. 防护手段不足

工控网络缺乏系统级网络安全设计，安全设备使用不规范；缺乏灵活有效的区域隔离手段，部分子网间甚至使用网关计算机隔离；更是缺乏对新型未知威胁的防范。

2. 网络存在安全漏洞

工控网络通信协议种类繁多、系统软件难以及时升级、系统补丁兼容性差、发布周期长等问题，使得厂家不具备及时处理严重威胁漏洞的能力。

3. 内部威胁防不胜防

企业越来越多地采用无纸化办公，甚至有大量的企业密级信息以电子文档的形式存储，通过 U 盘拷贝数据更是从物理上绕过了互联网出口的安全防护层，使病毒直达内网，因此内部监管、防护十分重要。

4. 安全管理漏洞

三分技术七分管理。在复杂的多系统网络下，设备策略管理、运维人员操作管理、以及工作人员的安全意识等方面，都有较大提升空间。

5. 无线网络安全

无线技术应用使网络边界变得模糊，轨道交通部分无线通信使用 ISM 频段，采用开放频段和标准协议，部分车站提供 wifi 便民服务，都导致整体网络易受攻击。

6. 互联网攻击威胁

轨道交通信息网络接入互联网已成为必然，而黑客从互联网发起攻击的手段日趋多样，系统扫描、撞库攻击、DDoS 攻击、钓鱼邮件、0day 攻击、DNS 劫持、HTTP 劫持等漏洞、APT 攻击新工具层出不穷。

11.4.4　主要威胁现状

根据当前行业发展及整体网络安全现状分析，交通行业主要安全威胁及防护应从下面 3 点出发。

1. 未升级更新软件及存在漏洞

存在控制系统长时间未升级更新软件，存在漏洞。在病毒识别能力和应对病毒入侵及攻击能力方面相对较弱。目前存在不同程度的系统漏洞等功能问题，攻击者可利用系统漏洞进入生产线，进行攻击或潜伏。安全事件发生将导致不可挽回的重大财产损失甚至重大安全事故。

2. 缺少过滤与隔离措施

网络各个区域之间缺少必要的过滤和隔离措施，若出现网络安全事件无法有效控制事件影响范围。

3. 无预判和备份机制

对于网络安全事件没有前的有效预判机制，对于重要的数据没有有效的备份保护机制，缺乏对工控网络整体安全的把控。

11.4.5 防护方案

1. 方案目标

在保证自动化及相关网络通讯信息传输可靠、可用的基础上，结合当前行业现状，思科锐迪结合工控网络安全相关标准规范将从工控网络整体安全出发从以下五个方面实现网络整体安全。

(1) 通过采集操作系统、数据库、网络设备、安防设备等网络资产的脆弱性和安全事件信息基于大数据关联等技术，从微观角度，掌握企业网络资产、脆弱性、告警事件、威胁、攻击和风险，并进行应急响应、调查分析等闭环处置，帮助相关人员进行决策。

(2) 能够用工控协议做指令级监测与审计，根据业务判断异常，并支持私有协议动态加载，且对工控网络中网络攻击、用户误操作、违规操作、设备非法接入以及蠕虫病毒等恶意软件的传播进行监测和审计，实现对工控网络环境实时监测、实时告警、安全审计等功能的网络安全系统。

(3) 能够对 Modbus、OPC、Canbus、Profibus 等主流工业协议和规则的细粒度检查和过滤的功能，帮助用户阻断来自网络的病毒传播、黑客攻击等行为，而且支持对私有协议的定制开发。它以提供白名单配置方式，默认拒绝所有连接，用户只需只需要配置与业务相关的放行规则即可，这样可以有效避免黑名单的缺陷。它还提供 Dos/DDos 攻击防护、异常数据包攻击防护、扫描防护等功能。

(4) 可对主机环境、应用、主机接口外部设备、文件、网络通信等，进行安全检查及安全过滤，对用户操作、主机活动进行记录和审计；通过最小权限的细粒度安全配置策略，实现主机及应用运行在可信环境之中；防范恶意攻击，保障主机运行安全。

(5) 能够有效阻止黑客通过病毒、木马等方式，对用户文件进行非法破坏、删除；结合系统响应速度快、判断准确、资源占用少及部署灵活等特点，经广大用户实践，得到了用户的高度认可，数据安全中心系统是一套高效、稳定的文件防护系统。

2. 方案依据

(1)《网络安全法》；

(2)《中华人民共和国计算机信息系统安全保护条例》；

(3)《工业控制系统信息安全事件应急管理工作指南》(工信部信软[2017]122 号)；

(4)《工业控制系统信息安全行动计划(2018—2020 年)》(工信部信软[2017]316 号)；

(5)《工业控制系统信息安全防护指南》(工信软函[2016]338 号)；

(6) GB/T 22239—2008 信息安全等级保护基本要求；

(7) GB 17859 计算机信息系统安全保护等级划分准则；

(8) GB/T 22239 信息安全技术信息系统安等级保护基本要求；

(9) JT/T 904 交通运输行业信息系统安全等级保护定级指南。

3. 方案整体架构

方案整体建设以交通行业面临的安全现状为基础，从事前监测、事中主动防御和保护、整体监测感知三个方面出发，对交通行业工控网络安全提供安全防护。事前通过对工控网络安全态势进行整体评估，经过安全评估后，可通过防御和保护措施对网络安防薄弱环节进行相应加固。在各个系统协调统一的情况下，保障工控网络整体基线安全，满足工控行业相关安全规范要求，使网络整体达到安全状态。

如图 11－13 所示：以交通行业为例，工业网络基本可划分为三个层次，分别为现场控制区、生产区、企业管理区等。各个网络层面之间具有有效的网络通信和基础隔离措施。在各个生产车间和大区之间部署工控网络防火墙可有效地将网络攻击及病毒传播进行隔离，即使发生网络安全事件也可将其控制在小范围之内。

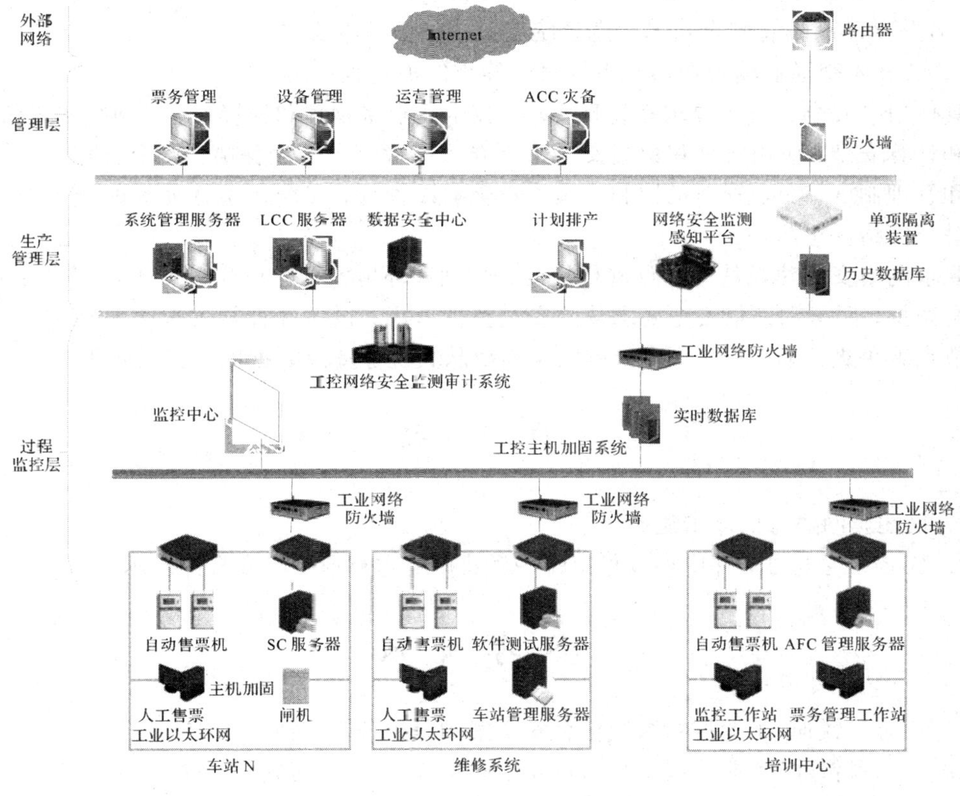

图 11－13　方案网络部署图

通过部署数据安全中心系统可对智能制造行业重要设计数据、关键文件等重要数据进行有效保护。

病毒在发起攻击时，网络中将产生大量异常流量，通过工控网络安全监测审计系统可对网络异常的控制流量进行实时审计告警，也可有效地对网络异常流量进行告警，防止网络异常事件在不知情的情况下发生。

通过部署工控主机加固系统，实现对工控服务器、数据库、上位机的整体防护，从病毒传播入口进行有效拦截。若病毒已经入侵到工控网络内部系统，则可通过工控网络防火墙系统对已感染的区域进行有效隔离，有效防止病毒扩散。

最终通过安全监测感知平台收集工控网络信息、联动安防设备可实现整体网络态势判断，并进行快速有效的响应。

11.4.6 现有标准

网络安全法中首次明确了关键信息基础设施的原则性范围，规定公共通信和信息服务、能源、交通、水利、金融、公共服务、电子政务等均为重要行业和领域。它们一旦遭到破坏、丧失功能或者数据泄露，可能严重危害国家安全和国计民生。关键信息技术设施需要在网络安全等级保护制度的基础上，实行重点保护。标准明确了轨道交通属于市政行业的关键业务。

依据安全等级保护要求，交通运输行业信息系统安全等级保护实施适用于以下标准：

GB 17859 计算机信息系统安全保护等级划分准则

GB/T 22239 信息安全技术信息系统安等级保护基本要求

JT/T 904 交通运输行业信息系统安全等级保护定级指南

具体信息安全有技术要求和管理要求。技术要求从物理和环境安全、网络和通信安全、设备和计算安全、应用安全和数据安全四个方面进行信息安全保障。安全管理需要从安全策略和管理制度、安全管理机构和人员、安全建设管理、安全运维管理等四个方面系统全面地进行网络安全防护。

要求网络安全建设从面到点进行建设。物理和环境安全建设应着重于机房设施的建设和安全防护；网络和通信安全要求从网安全整体考虑；设备和计算安全需要从网络构成的各个节点着手进行防护；应用和数据安全需要从关键业务及数据保护方面着手。

习　题

1. 描述震网病毒的攻击逻辑。
2. 从乌克兰电力事件中可以得出哪些对我国电力行业信息安全的启示。

参考文献

[1] 思科锐迪. 工业控制系统信息安全案例分析[Z]. 西安：2017.

[2] 思科锐迪. 工业控制系统信息安全防护建议[Z]. 西安：2017.